Reine und angewandte Metallkunde in Einzeldarstellungen
Herausgegeben von W. Köster

5

Die Edelmetalle und ihre Legierungen

Von

Professor Dr. Ernst Raub

Leiter des Forschungsinstituts und Probieramts
für Edelmetalle Schwäb. Gmünd

Mit 153 Abbildungen

Springer-Verlag Berlin Heidelberg GmbH

ISBN 978-3-642-51273-5   ISBN 978-3-642-51392-3 (eBook)
DOI 10.1007/978-3-642-51392-3

Siebenter Abschnitt.
Edelmetalle und Gase.

Vorbemerkung.

Die 8 Edelmetalle nehmen im periodischen System der Elemente die Atomnummern 44—47 und 76—79 ein. Silber und Gold bilden mit Kupfer die 1. Nebengruppe, die 6 Platinmetalle mit den Eisenmetallen die 8. Gruppe des periodischen Systems.

Zahlentafel 1. Atomeigenschaften der Edelmetalle.

Metall	Ordnungszahl	Atomgewichte Wert d. intern. Tabellen	Isotope Atomgewichte	Häufigkeit %	Atomradius	Ionenradius
Ruthenium .	44	101,7	96/98/99 100/101 102/104	5/—/12 14/22 30/17	1,30	0,65 (Ru++++)
Rhodium .	45	102,91	101/103	0,08/99,92	1,34	0,69 (Rh+++)
Palladium . .	46	106,7	102/104 105/106 108/110	0,8/9,3 22,6/27,2 26,8/13,5	1,37	
Silber. . . .	47	107,88	107/109	52,5/47,5	1,44	0,97−1,26 * (Ag+)
Osmium . .	76	191,5	184/186 187/188 189/190 192	0,018/1,59 1,64/13,3 16,2/26,4 40,9	1,31	0,67 (Os++++)
Iridium . . .	77	193,1	191/193	38,5/61,5	1,35	0,66 (Ir++++)
Platin . . .	78	195,23	192/194 195/196 198	0,8/30,2 35,3/26,6 7,2	1,38	
Gold	79	197,2			1,44	0,83−1,00 * (Au+)

* Werte schwanken je nach dem Bestimmungsverfahren.

Mit Ausnahme des Goldes bestehen die Edelmetalle aus einem Gemisch mehrerer Isotope[1], deren Anteil am Aufbau der einzelnen Metalle sehr verschieden ist (Zahlentafel 1).

---

[1] Nach den Untersuchungen von A. J. Dempster [Nature **136**, 65 (1935)] und S. Imanishi [Nature **136**, 476 (1935)] muß das Gold ein Reinelement sein, obwohl es nach dem Atomgewichtswert der internationalen Tabelle als Element mit ungerader Ordnungszahl aus zwei Isotopen bestehen sollte (vgl. auch O. Hahn, Ber. dtsch. Chem. Ges. Abt. A 1936, Nr 2, S. 13).

Die Werte des Atomradius liegen bei den Platinmetallen dicht beieinander, ebenso bei Silber und Gold. Das gleiche gilt für die Ionenradien, soweit Messungen vorliegen.

Unter den Metallen haben die Edelmetalle eine gewisse Sonderstellung inne, die auf ihrer hohen chemischen Beständigkeit beruht. Man ist gewohnt, ihnen eine geringe chemische Affinität zuzuschreiben und diese als Ursache für die chemische Beständigkeit anzusehen. Demgegenüber ist hervorzuheben, daß die chemische Affinität gar nicht so gering ist, wie besonders die Arbeiten von W. Biltz, F. Weibke und Mitarbeitern über die Phosphide und Sulfide der Edelmetalle gezeigt haben. Die Bildungswärmen von Verbindungen der Edelmetalle liegen teilweise gleich hoch oder sogar noch höher als die analoger Verbindungen anderer Metalle. Die chemische Beständigkeit beruht auf einer ausgesprochenen Reaktionsträgheit.

Die Möglichkeit der Gewinnung in hoher Reinheit und die chemische Beständigkeit machen die Edelmetalle als Normalmaße für physikalische Messungen besonders geeignet. So dient Platin bzw. Platin-Iridium als Werkstoff für die Herstellung des Normalgewichtes und des Normallängenmaßes. In der gesetzlichen Temperaturskala treten das Platin-Widerstandsthermometer und das Platin-Platinrhodium-Thermoelement auf, und auch sonst dienen Eigenschaften von Gold, Silber und Platin vielfach als Festpunkte bei physikalischen Messungen.

Die hohe Beständigkeit der Eigenschaften des Platins ergibt sich z. B. aus Messungen des Temperaturkoeffizienten des Widerstandes einer Platinspule, die im U. S. Bureau of Standards über einen Zeitraum von 67 Jahren ausgedehnt wurden. Der Wert 0,00308 hat sich während der ganzen Dauer nicht meßbar geändert[1].

Der Wert, der den Edelmetallen beigemessen wird, hat dazu geführt, daß sie nicht nur zur Herstellung von Münzen verwendet wurden, sondern auch vielfach die Grundlage des gesamten Währungssystems bis in die Gegenwart hinein gebildet haben. Wegen ihres hohen Preises werden sie in der Technik neben dem Gebrauch für Schmuck und wertvolleres Gerät nur dort eingesetzt, wo die besonderen chemischen Eigenschaften ihre Anwendung erforderlich machen. Es gibt aber zahlreiche Zweige der Technik, z. B. der chemischen Industrie und der Elektrotechnik, die auf sie nicht verzichten können[2]. Es sei in diesem Zusammenhang noch an die katalytische Fähigkeit des Platins erinnert, die, von Döbereiner entdeckt, in dem Ammoniakverbrennungsverfahren nach Ostwald zu weltwirtschaftlicher Bedeutung gelangt ist. Die katalytischen

---

[1] Atkinson, R. H. u. A. R. Raper: J. Inst. Met. **59**, 200 (1936).

[2] Eine Zusammenstellung der Anwendungen der Edelmetalle in der Technik geben L. Nowack u. J. Spanner: O. Bauer, O. Kröhnke u. G. Masing: Die Korrosion metallischer Werkstoffe, Bd. II, S. 768. Leipzig 1938.

Eigenschaften des Platins fußen auf seiner Fähigkeit, Gase zu adsorbieren und zu aktivieren. Diese Merkmale weisen zwar auch andere Stoffe auf. Die in manchen Fällen nachgewiesene große Überlegenheit des Platins beruht aber auf der erwähnten, den Edelmetallen infolge ihrer chemischen Trägheit zukommenden hohen Beständigkeit und den dadurch bedingten geringen Veränderungen, die die Oberfläche erleidet[1].

Bei dem am meisten verbreiteten, billigsten Edelmetall, dem Silber, ist man in letzter Zeit bestrebt, es in umfangreicherem Maße als technisches Gebrauchsmetall zu verwenden und auch als Bestandteil zahlreicher Legierungen einzuführen[2].

---

[1] Feussner, O.: Z. Metallkde. **26**, 251 (1934).
[2] Vgl. z. B. die Arbeiten des American Silver Producers' Research Project.

Silber.

A. Physikalische Eigenschaften.

1. Kristallisation.

Das Silber hat ein flächenzentriert kubisches Gitter. Mit Hilfe einer besonders entwickelten Debye-Kammer haben W. Hume-Rothery und P. W. Reynolds[1] die Gitterkonstante zwischen — 252° und 943° gemessen. Sie fanden für 20° eine Gitterkonstante von $4{,}0774 \cdot 10^{-8}$ cm. Bei fallender Temperatur sinkt sie auf $4{,}0606 \cdot 10^{-8}$ cm bei — 253°, bei steigender Temperatur wächst sie auf $4{,}1656 \cdot 10^{-8}$ cm bei 943°. Es sind mehrfach verschiedene allotrope Modifikationen vermutet worden. Heute ist jedoch erwiesen, daß Silber nur in einer Modifikation auftritt[2].

Die auffälligste Wachstumsform des Silbers ist das seit langem bekannte, oft untersuchte Haarsilber.

Die Faserachse der Silberhaare ist der [112]-Richtung parallel. Beim Erhitzen auf 900° tritt bei gleichzeitiger Kornvergröberung willkürliche Anordnung der Kristallite auf[3].

Für die Bildung natürlicher und künstlicher Silberhaare ist wichtig die Berührung von Silber mit Silbersulfid, -selenid, -tellurid oder -halogenid.

Die Wanderung des Silbers im Silbersulfid über verhältnismäßig große Strecken hinweg, die für die Entstehung von Haarkristallen erforderlich ist, beruht wahrscheinlich auf einem elektrolytischen Vorgang. Nach R. Schenck und Mitarbeitern liefert die für die Elektrolyse notwendige elektromotorische Kraft eine Thermokette von dem Schema:

$$\text{Ag} \mid \text{Ag}_2\text{S} \mid \text{Ag.}$$
$$\text{T}_1 \qquad \text{T}_2$$

---

[1] Hume-Rothery, W. u. P. W. Reynolds: Proc. roy. Soc., Lond. A **167**, 25 (1938).

[2] Schulze, A.: Chemiker-Ztg. **61**, 89 (1937). — Das von A. Glazunov und E. Drescher [Chem. Listy Vĕdu Prumysl **30**, 260 (1936). Ref. Chem. Zbl. **1937 I**, 3768] elektrolytisch hergestellte „schwarze" Silber dürfte ebenfalls keine besondere Modifikation darstellen.

[3] Schenck, R., R. Fricke u. G. Brinkmann: Z. phys. Chem., Abt. A, Haber-Bd. **1928**, 32.

V. Kohlschütter[1] erklärt die Elektrolyse durch eine Dispersionskette, die zustande kommt durch den höheren Lösungsdruck des bei der Reduktion des Silbersulfids entstehenden, submikroskopisch verteilten Metalls gegenüber makroskopischen Silberkeimen[2].

A. Goetz[3] beobachtete die Bildung von fadenförmigen, dicht aneinander gepackten Silberkristallen auf den Anoden bei Untersuchungen über die glühelektrische Emission des Silbers.

Bei der Kristallisation des Silbers durch galvanische Abscheidung aus wässerigen Lösungen ändern sich Wachstumsform und Anordnung der Kristallite mit der Zusammensetzung des Elektrolyten und den Arbeitsbedingungen. Nach R. Glocker und E. Kaupp[4] ordnen sich bei der Elektrolyse einer n/10-Silbernitratlösung die Silberkristallite mit der [111]- oder der [001]-Richtung parallel zur Stromlinienrichtung, wenn die Stromdichte 0,010 A/cm² beträgt. Bei 0,022 A/cm² tritt an Stelle der geregelten die willkürliche Anordnung der Kristallite auf, die man bei der Elektrolyse von Kaliumsilbercyanidlösung schon bei sehr niedriger Stromdichte erhält. Auf Goldkristallen in der [111]-Orientierung scheiden sich die ersten galvanischen Silberschichten mit der Orientierung des Grundmetalls ab[5].

Durch Wahl geeigneter Versuchsbedingungen gelingt es, wohlausgebildete Einkristalle bestimmter Orientierung elektrolytisch zu züchten[6]. Dabei verhalten sich Salzschmelzen als Elektrolyt ganz anders als wässerige Lösungen. Die schönsten Kristalle entstehen auf Kugelkristallen in Silbernitratschmelze oder in wässerigen Lösungen komplexer Silberhalogenide. In Halogenidschmelzen und Silbernitratlösungen kann man dagegen nicht Einkristalle mit wohlausgebildeten Flächen aus Einkristallkugeln züchten.

Durch chemische Reduktion komplexer Silberverbindungen mit milderen Reduktionsmitteln bilden sich leicht sehr feinkristalline spiegelnde Silberschichten (Liebigsche Lösung zur Herstellung von Silberspiegeln). Durch Aufwachsenlassen von Silber auf Silber-Kupfer-Legierungen oder Kupfer[7] aus Silbernitratlösungen, oder durch Reduktion mit aktiver Kohle[8] bilden sich dagegen unter entsprechenden Arbeits-

---

[1] Kohlschütter, V.: Z. Elektrochem. **38**, 345 (1932).

[2] Abweichend von den elektrolytischen Theorien erklärt K. Soellner [Kolloid-Z. **59**, 55 (1932)] die Haarsilberbildung mit den von K. Volmer entwickelten Anschauungen über die Beweglichkeit adsorbierter Moleküle in festen Grenzflächen.

[3] Goetz, A.: Z. Phys. **43**, 531 (1927).

[4] Glocker, R. u. E. Kaupp: Z. Phys. **24**, 121 (1924).

[5] Finch, G. I. u. C. H. Sun: J. Faraday Soc. **1936**, 852.

[6] Zum Beispiel: Kohlschütter, V. u. A. Torricelli: Z. Elektrochem. **38**, 213 (1932).—Erdey-Gruz, T.: Naturwiss. **21**, 799 (1933); Z. phys. Chem. Abt. A **172**, 157 (1935).—Erdey-Gruz, T. u. R. F. Kordos: Z. phys. Chem. Abt. A **178**, 255 (1937).

[7] Tsuboi, S.: Mem. Coll. Engng., Kyoto **11**, 271 (1928).

[8] Belenki, M. S.: Kolloid-Z. [1] **2**, 225 (1936).

bedingungen nicht selten dendritisch verzweigte bis haar- oder nadelförmige Wachstumsformen.

Dünne bei 20° abs. im Hochvakuum aufgedampfte Silberschichten haben nach Suhrmann und Barth[1] noch eine verhältnis-
mäßig gute elektrische Leit-fähigkeit. Beim Erhitzen steigen, ähnlich wie bei dünnen Filmen anderer Metalle, die elektrische Leit-fähigkeit und die Reflexion. Ein Sprungpunkt, der nach J. Kramer und H. Zahn[2] als Umwandlungspunkt von amorphem in kristallines Silber zu deuten wäre, tritt aber nicht auf. Die Um-wandlungstemperatur der Silberschichten muß sehr viel tiefer liegen, als von Kramer und Zahn berechnet wurde.

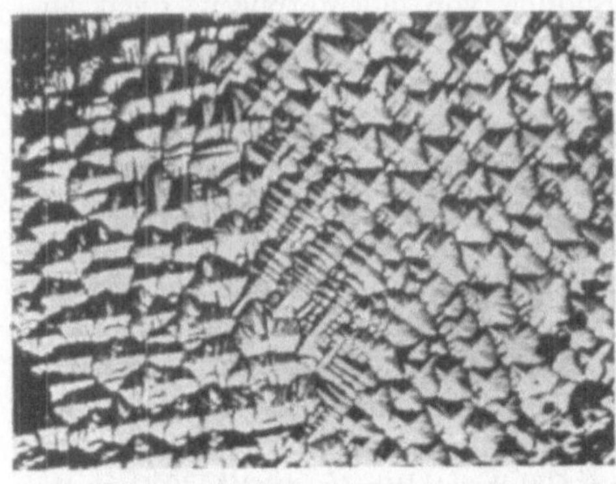
Abb. 1.

G. Hass[3] beobachtete bei der Durchstrahlung von Silberschichten, die bei —175° hergestellt waren, mit Elektronen stark verbreiterte Interferenzringe, die mit steigender Temperatur durch Anwachsen der Kristallite schärfer wurden. Je dünner die Schichten waren, desto verwaschener erschienen bei tiefen Temperaturen die Ringe.

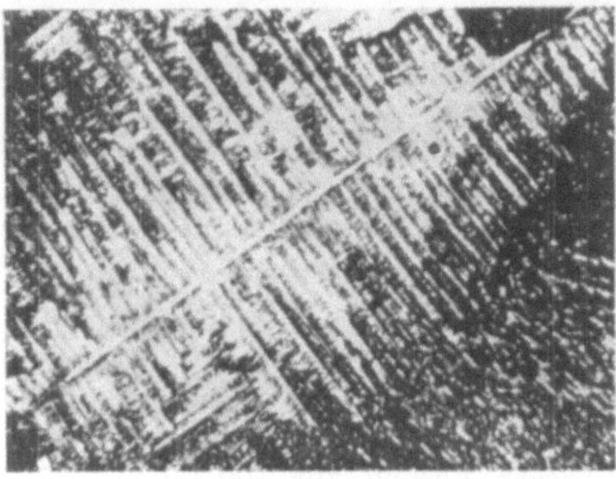
Abb. 2.
Abb. 1 und 2. Dendriten auf der Oberfläche
von Silberguß. Vergr. 30 ×.

H. Howey[4] erhielt beim Aufdampfen von Silber auf geeigneten
Silberkeimen, deren Temperatur dicht unter dem Schmelzpunkt lag,
bis zu 3 mm lange, nadelförmige Einkristalle. In manchen der Nadeln
traten plötzliche Richtungsänderungen ein, aber keine Verzweigungen.

Durch Aufdampfen auf Kochsalz hergestellte Silberschichten orien-
tieren sich jedoch nach neueren Untersuchungen von G. Menzer[5] nicht

[1] Suhrmann R. u. G. Barth: Phys. Z. **35**, 971 (1934).
[2] Kramer, J. u. H. Zahn: Ann. Phys., Lpz. **19**, 37 (1934).
[3] Hass, G.: Naturwiss. **25**, 232 (1937).
[4] Howey, H.: Phys. Rev. **49** [2], 200 (1936).
[5] Menzer, G.: Z. Kristallogr. **99**, 410 (1938).

in Abhängigkeit vom Kochsalz mit den Würfelkanten parallel den Würfelkanten des Kochsalzes[1]. Sie bestehen nicht aus einem einheitlichen Metallgitter, sondern werden vielmehr in den an das Kochsalz grenzenden Teilen von aneinanderstoßenden und sich durchkreuzenden Gitterschichten aufgebaut.

Die Kristallisation aus dem Schmelzfluß ist gekennzeichnet durch ein ausgesprochen dendritisches Wachstum. Man erkennt dieses auf der Oberfläche der Gußstücke (Abb. 1 und 2), bei der Kristallisation in Hohlräumen und auch im Schliffbilde nach geeigneter Ätzung (Abb. 3).

Die Form der Dendriten ändert sich zwar mit den Erstarrungsbedingungen, oft ist sie aber lang und schmal. G. Tammann und A. V. Löwis of Menar[2] machten die bei der Erstarrung von Silber entstehende dendritische Struktur sichtbar durch Herstellung von Radiogrammen von Polonium enthaltendem Silber. Sphärolithische Kristallisation tritt nach Adcock[3] besonders bei im Vakuum geschmolzenem Silber auf. Die strahlig ausgebildeten Körner in der Randzone von Silberguß weisen, wie bei anderen kubisch flächenzentrierten Metallen, einfache Fasertextur auf mit Ordnung der Würfelkante parallel der Längsrichtung der Körner[4].

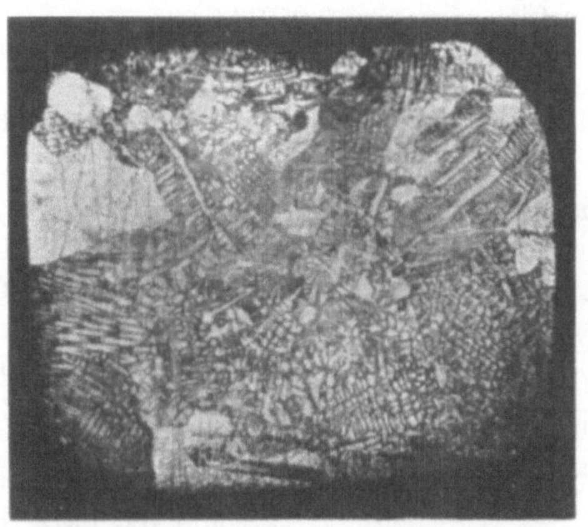

Abb. 3. Schnitt durch langsam erstarrten Silberkönig. Chrom-Schwefelsäure-Ätzung. Vergr. 3 ×.

Aus Silber-Blei-Schmelzen scheidet sich nach Tammann und Dreyer[5] das Silber bei hoher Erstarrungstemperatur und geringer Abkühlungsgeschwindigkeit in runden, bei niedriger Erstarrungstemperatur und großer Abkühlungsgeschwindigkeit in eckigen Kristallformen ab. Die Ecken und Kanten der Polyeder runden sich zwischen 470 und 540° unter der Einwirkung der Oberflächenspannung, die mit steigender Temperatur langsamer fällt als die Festigkeit.

<hr>

[1] Brück, L.: Ann. Phys., Lpz. [5] **26**, 233 (1936). — Lassen, H. u. L. Brück: Ann. Phys., Lpz. [5] **22**, 65 (1935); **23**, 18 (1935). — Kirchner, F. u. O. Rüdiger: Ann. Phys., Lpz. [5] **30**, 505 (1937).
[2] Tammann, G. u. A. V. Löwis of Menar: Z. anorg. allg. Chem. **205**, 145 (1932).
[3] Adcock, F.: J. Inst. Met. **42**, 144 (1929).
[4] Nix, F. C. u. E. Schmidt: Z. Metallkde. **21**, 286 (1929).
[5] Tammann, G. u. K. L. Dreyer: Z. anorg. allg. Chem. **205**, 77 (1932).

2. Dichte.

Die Dichte des Silbers ist bei 20° 10,498. Sie sinkt zwischen Raumtemperatur und dem Schmelzpunkt um 5,05%. Beim Übergang vom festen in den flüssigen Zustand bei 960,5° hat Sauerwald[1] eine Dichteabnahme von 3,67% gemessen. Nach Endo[2] ist die Erstarrungsschrumpfung 5,0%. Zwischen 960,5 und 1100° fällt nach Sauerwald die Dichte um 1,56%; Jouniaux[3] hat zwischen 970 und 1305° eine Abnahme von 9,32 auf 9,00 gemessen. Y. Matuyama[4] gibt für geschmolzenes Silber bis zu 1063° einen mittleren kubischen Ausdehnungskoeffizienten von 0,000114 an.

3. Thermische Eigenschaften.

Auf den Schmelzpunkt des Silbers, dessen richtiger Wert bei 960,5° liegt, ist, wie W. F. Roeser und A. I. Dahl[5] zeigten, der Sauerstoff von besonders großem Einfluß. Schon 0,007% O_2, die bei einem Sauerstoffdruck von 0,4 mm Hg gelöst werden können, genügen, den Schmelzpunkt um 0,5° zu senken. Eine indifferente Atmosphäre ist dem Vakuum gleichwertig. Damit eine Genauigkeit von 0,1% erreicht wird, dürfen die metallischen Verunreinigungen insgesamt 0,01% nicht übersteigen.

Schon das feste Silber besitzt bei erhöhter Temperatur einen merklichen Dampfdruck. Bei 750° wird nach O. Hönigschmid und R. Sachtleben[6] die Verdampfung in Wasserstoff meßbar und steigt mit der Temperatur stark an. Langmuir und Mackay[7] bestimmten an im Vakuum elektrisch erhitzten Silberdrähten bei 894° eine Verdampfungsgeschwindigkeit von $1,54 \cdot 10^{-6}$ g/cm² · min, die bei 925° auf $2,11 \cdot 10^{-6}$ g/cm² · min stieg.

Zahlentafel 2.
Dampfdruck des Silbers.
(Nach J. Fischer.)

Temperatur ° C	Druck mm Hg
1550	8,5
1611	15,7
1616	19
1631	22
1742	54
1838	100
1944	199
2025	390
2152	760 (extrapoliert)

Unter den Dampfdruckmessungen von flüssigem Silber kommt nach A. Eucken[8] den Bestimmungen von Harteck[9] und J. Fischer[10] (Zahlentafel 2) die größte Genauigkeit zu.

[1] Sauerwald, F.: Z. Metallkde. 14, 457 (1922).
[2] Endo, H: J. Inst. Met. 30, 132 (1923).
[3] Jouniaux, A.: Bull. Soc. chim. Fr. [4] 47, 528 (1930).
[4] Matuyama, Y.: Sci. Rep. Tôhoku Univ. 18, 737 (1929).
[5] Roeser, W. F. u. A. I. Dahl: U. S. Bur. Stand. J. Res. 10, 661 (1933).
[6] Hönigschmid, O. u. R. Sachtleben: Z. anorg. allg. Chem. 195, 207 (1931).
[7] Jones, H. A., J. Langmuir u. G. M. J. Mackay: Phys. Rev. [2] 30, 201 (1927).
[8] Eucken, A.: Metallwirtsch. 15, 27, 63 (1936).
[9] Harteck, P.: Z. phys. Chem. Abt. A 134, I (1928).
[10] Fischer, J.: Z. anorg. allg. Chem. 219, 367 (1934).

Die Konstanten der für größere Temperaturbereiche erweiterten Dampfdruckformel:

$$\lg p = -\frac{A}{T} + B + C \cdot \lg T + DT$$

berechnete A. Eucken, der für die Siedetemperatur als richtigsten Wert 2450° abs. angibt. Die Verdampfungswärme ist 60000 cal und die Troutonsche Konstante gleich 24,5.

In Zahlentafel 3 sind die wahren spezifischen Wärmen des festen Silbers nach A. Eucken, K. Clusius und H. Woitinek[1] und nach H. Moser[2] wiedergegeben. Keesom und Kok[3] verfolgten den Verlauf von c_p bis zu tiefsten Temperaturen, sie maßen bei 1,35° abs. noch $0,0_5235$ cal[5]. Nach Rosenbohm[6] beeinflussen geringe, nicht mehr nachweisbare Gasmengen, z. B. ein aus der Luft aufgenommener Gasrest, den Verlauf von c_p sehr stark und verursachen einen schnellen Anstieg oberhalb 600°.

Die spezifische Wärme des flüssigen Silbers liegt bei 0,0761 cal, die Atomwärme bei 8,2 cal. Nach K. K. Kelley ist die spezifische Wärme zwischen dem Schmelzpunkt und 1300° innerhalb etwa 3% konstant.

Zahlentafel 3.
Die spezifische Wärme des Silbers[4].

Nach Eucken, Clusius und Woitinek		Nach Moser	
t °C	c_p cal/g	t °C	c_p cal/g
—261,77	0,000667	51,6	0,0563
—259,46	0,001177	98,7	0,0569
—256,41	0,002206	152,0	0,0573
—253,00	0,003689	249,0	0,0583
—240,86	0,01259	299,1	0,0589
—229,72	0,02163	353,7	0,0596
—217,32	0,02965	399,5	0,0600
—203,27	0,03615	449,3	0,0607
—184,29	0,04187	501,1	0,0613
—141,93	0,04910	569,9	0,0625
— 67,90	0,05334	652,2	0,0635

Der wahrscheinlichste Wert der Schmelzwärme des Silbers ist $2,70 \pm 0,1$ kcal/g-At., bzw. 24,9 cal/g.

Die Wärmeleitfähigkeit des Silbers, ausgedrückt in cal/cm · sec · Grad, liegt innerhalb eines weiten Temperaturbereiches um 1, bei 0° ist sie 0,999. Nach Grüneisen und Reddemann[7] nimmt das Wärmeleitvermögen erst bei tiefen Temperaturen stark zu. Bei —193,8° ist

[1] Eucken, A., K. Clusius u. H. Woitinek: Z. anorg. allg. Chem. **203**, 39 (1931).

[2] Moser, H.: Phys. Z. **37**, 737 (1936).

[3] Keesom, W. H. u. J. A. Kok: Proc. Akad. Wetensch. Amsterd. **35**, 301 (1932).

[4] Die Messungen von H. L. Bronson, E. W. Hewson und A. J. Wilson [Canad. J. Res. [A] **14**, 181, 194 (1936)] stimmen mit denen Mosers gut überein, die Abweichungen beschränken sich auf die 4. Dezimale. Die Werte von Moser liegen durchweg etwas niedriger.

[5] Formeln für den Temperaturgang der spezifischen Wärme s. Landolt-Börnstein-Roth: Physik.-chem. Tabellen, Erg.-Bd. 1, S. 2231.

[6] Rosenbohm, R.: Vortr. Tagg. nordwestdtsch. Chemiedozenten 1938; Angew. Chem. **51**, 171 (1938).

[7] Grüneisen, E. u. H. Reddemann: Ann. Phys., Lpz. [5] **20**, 843 (1934).

es noch 1,05 cal/cm · sec · Grad, bei — 251,9° erreicht es dagegen schon 2,27 cal/cm · sec · Grad. Es hat nach Starr[1] einen positiven Druckkoeffizienten von $4,5 \cdot 10^{-6}$. Die Wiedemann-Franzsche Zahl steigt bei einem Druck von 10000 kg/mm² um etwa 1%. Die früheren Messungen von Bridgman[2] unterliegen nach Starr einem systematischen Fehler.

Zahlentafel 4. Linearer Ausdehnungskoeffizient von Ag. (Nach Eucken und W. Dannöhl.)

$$\alpha = 0,0_4 1872 + 0,0_8 7393 \cdot t + 0,0_{11} 7381 \cdot t^2.$$

$t°C$	Beobachtet	Berechnet	Fehler %
57,5	$0,0_4 1925$	$0,0_4 1917$	$+ 0,4$
71,3	$0,0_4 1945$	$0,0_4 1929$	$+ 0,8$
134,6	$0,0_4 1975$	$0,0_4 1985$	$- 0,5$
202,3	$0,0_4 2040$	$0,0_4 2052$	$- 0,6$
302,6	$0,0_4 2160$	$0,0_4 2163$	$- 0,1$
393,6	$0,0_4 2295$	$0,0_4 2277$	$+ 0,8$
443,2	$0,0_4 2370$	$0,0_4 2340$	$+ 1,1$
550,7	$0,0_4 2480$	$0,0_4 2502$	$- 0,9$
665,0	$0,0_4 2705$	$0,0_4 2696$	$+ 0,3$
745,5	$0,0_4 2810$	$0,0_4 2833$	$- 0,8$
802,5	$0,0_4 2940$	$0,0_4 2941$	
860,1	$0,0_4 3060$	$0,0_4 3054$	$+ 0,2$

Durch eine Zugbeanspruchung von 790 kg/cm² sinkt die Wärmeleitfähigkeit um etwa 1%. Magnetische Felder bis zu 8000 Gauß beeinflussen sie nach Brown[3] dagegen nicht.

Der lineare Ausdehnungskoeffizient zeigt von tiefsten Temperaturen bis zum Schmelzpunkt einen stetigen Temperaturgang. Zahlentafel 4 gibt die von A. Eucken und W. Dannöhl[4] zwischen 50 und 860° gemessenen und berechneten Werte wieder.

Nach Ebert[5] ist der mittlere Ausdehnungskoeffizient zwischen 0 und — 253° gleich $0,0_4 148$. Owen und Yates[6] berechneten aus röntgenographischen Bestimmungen der Ausdehnung des Kristallgitters an im Vakuum erhitzten Silberproben die Länge l_t bei der Temperatur $t°$ aus der Formel:

$$l_t = l_o \left(1 + 18,891 \cdot 10^{-6} t + 3,817 \cdot 10^{-9} t^2\right).$$

4. Elektrische, magnetische und thermoelektrische Eigenschaften.

Das Silber ist der beste Wärme- und Elektrizitätsleiter. Der spezifische elektrische Widerstand hat bei 0° einen Wert von $1,50 \cdot 10^{-6} \,\Omega$. sein Temperaturkoeffizient zwischen 0 und 100° ist 0,004056. Nach Messungen von J. W. Stout und R. E. Barieau[7] an einer Probe mit 99,99% Ag wird der Widerstand bei tiefsten Temperaturen konstant, erst über etwa 25° abs. fängt er an zu steigen.

[1] Starr, C.: Phys. Rev. 54, 210 (1938).
[2] Bridgman, P. W.: Proc. Amer. Acad. 57, 77 (1922).
[3] Brown, H. M.: Phys. Rev. 32, 508 (1928).
[4] Eucken, A. u. W. Dannöhl: Z. Elektrochem. 40, 814 (1934).
[5] Ebert, H.: Z. Phys. 47, 712 (1928). — Weitere Messungen bei tiefer Temperatur: Keesom, W. H. u. A. F. J. Jansen: Phil. Mag. [7] 17, 113 (1934); Latimer: J. Amer. chem. Soc. 48, 2305 (1926).
[6] Owen, E. A. u. E. L. Yates: Proc. Amer. Acad. Arts. a. Sci. 57, 131 (1922).
[7] Stout, J. W. u. R. E. Barieau: J. Amer. chem. Soc. 61, 238 (1939).

Bridgman[1] fand bei $5 \cdot 10^6$ A/cm² Stromdichte einen Widerstandsanstieg von 1%.

Nach Linde ändert sich die Leitfähigkeit mit der Temperatur der Glühung vor der Messung und damit mit der Korngröße nur wenig.

Bei dünnen Silberschichten ist der spezifische Widerstand außer von der Dicke von der Art der Herstellung der Schichten, der Temperatur bei der Entstehung, vom Untergrund und der Nachbehandlung abhängig[2].

Nach L. Hamburger und W. Reinders[3] beginnt die Leitfähigkeit von bei —185° aufgedampften Schichten bei einer Schichtdicke von etwa 2 Atomen. J. Krautkrämer[4], der sich die Auffassungen Kramers über den Zustand dünner Schichten nicht zu eigen macht, sondern ihnen kolloidale Struktur gibt, bestimmte für Silberschichten auf Quarz die kritische Schichtdicke, bei der der Widerstand rasch unmeßbar groß wird, zu 5 mμ bei 20° und zu 37—39 mμ bei 300°.

Die irreversible Abnahme des Widerstandes dünner Schichten bei Temperaturerhöhung wurde von Suhrmann und Barth an einer bei 20° abs. hergestellten Silberschicht von 20 mμ Stärke untersucht.

Den spezifischen Widerstand des geschmolzenen Silbers haben Northrup[5], Tsutsumi[6] und Matuyama[7] bestimmt, beim Schmelzpunkt fand Matuyama 17,3 μΩ, Northrup 16,6 μΩ. Mit steigender Temperatur wächst nach Northrup der spezifische Widerstand auf 21,0 μΩ bei 1340°.

Verunreinigungen des Silbers beeinflussen das Widerstandsverhältnis besonders stark bei tiefer Temperatur. Meißner konnte feststellen, daß es bei reinstem Silber, das von Hönigschmid für Atomgewichtsbestimmungen benutzt wurde, bei der tiefsten untersuchten Temperatur nur noch 0,0029 gegenüber dem doppelten Wert von nicht so reinem Silber ist.

---

[1] Bridgman, P. W.: Proc. Amer. Acad. Arts. a. Sci. **57**, 131 (1922).

[2] Sehr dünne, durch Aufdampfen erhaltene Silberschichten sind außerordentlich empfindlich. Kurze Berührung mit der Atmosphäre, insbesondere geringe Mengen von Feuchtigkeit, führen zu einer raschen Zerstörung der Schichten, weshalb alle Messungen und Beobachtungen im Hochvakuum vorgenommen werden müssen. Aber auch im Vakuum beobachtet man eine langsame Alterung. Auch bei etwas stärkeren Silberfilmen sind noch Alterungserscheinungen festzustellen, die sich sowohl auf die elektrischen als auch auf die optischen Eigenschaften auswirken. Der Ablauf der Alterung ist stark von der Art der Aufbewahrung abhängig (Vakuum, Belichtung). Vgl. z. B. A. Jagersberger u. F. Schmid [Z. Phys. **88**, 265, (1934); **89**, 557, 564 (1934)]. Die Ursachen des Alterns sind 1. Strukturänderungen (Kristallwachstum), 2. Gaseinsaugung [M. Kindinger u. K. Koller: Z. Phys. **110**, 237 (1938)], 3. Chemische Reaktionen.

[3] Hamburger, L. u. W. Reinders: Rec. Trav. chim. Pays-Bas **50**, 441 (1931).

[4] Krautkrämer, J., Ann. Phys., Lpz. [5] **32**, 537 (1938).

[5] Northrup, E. F.: J. Franklin Inst. **178**, 85 (1914).

[6] Tsutsumi, H.: Sci. Rep. Tôhoku Univ. **7**, 93 (1918).

[7] Matuyama, Y.: Sci. Rep. Tôhoku Univ. **16**, 447 (1927).

Zahlentafel 5 gibt nach Linde[1] die atomare Widerstandserhöhung[2] des Silbers durch verschiedene Zusätze, die unter Mischkristallbildung aufgenommen werden, wieder. Ähnliche Zusammenhänge, wie sie sich daraus über die Abhängigkeit der Widerstandserhöhung von der Stellung des Zusatzes im periodischen System ergeben, ließen sich auch für die Diffusion von Fremdmetallen in Silber finden[3]. Diese Tatsache legt nach Eucken[4] die Vermutung nahe, daß sowohl die Widerstandserhöhung wie auch die Diffusion auf die Gitterstörungen durch das Fremdmetall zurückzuführen sind.

Zahlentafel 5. Atomare Widerstandserhöhung des Silbers durch Fremdmetalle. (Nach J. O. Linde.)

Metall	$\dfrac{\mu\Omega \cdot cm}{At.-\%}$	Metall	$\dfrac{\mu\Omega \cdot cm}{At.-\%}$
Cu	0,068	Cd	0,382
Pd	0,436	In	1,78
Au	0,38	Sn	4,32
Pt	1,59	Sb	7,26
Zn	0,62	Hg	0,79
Ga	2,28	Tl	2,27
Ge	5,52	Pb	4,64
As	8,46	Bi	7,3

Die Abnahme des spezifischen Widerstandes unter allseitigem Druck wird nach Bridgman[5] wiedergegeben durch die Formel:

$$\frac{\Delta R}{R} = -3{,}575 \cdot 10^{-6}\,p + 1{,}90 \cdot 10^{-11}\,p^2.$$

Die Widerstandserhöhung unter Zug innerhalb der Elastizitätsgrenze ist nach Bridgman[6] $2{,}86 \cdot 10^{-6}$, nach Rolnick[7] $2{,}51 \cdot 10^{-6}$ bei 20° bzw. Raumtemperatur. Die Widerstandserniedrigung senkrecht zur Zugrichtung liegt bei $0{,}04 \cdot 10^{-6}$.

Der magnetische Koeffizient des Widerstandes wird bei tiefer Temperatur wie der Widerstand selbst konstant[8]. Bei der Temperatur des flüssigen Stickstoffs und Feldstärken von 100000 bis 300000 Gauss beobachtete Kapitza[9] einen Anstieg des Widerstandsverhältnisses $\frac{\Delta R}{R}$ von 0,090 auf 0,376.

A. Deubner[10] stellte bei dünnen, etwa 40 Atomlagen dicken Silberschichten durch Aufladung mit 5000 V eine Zunahme des Widerstandes von $0{,}118\,^0/_{00}$ fest.

Die allen anderen Metallen überlegene elektrische Leitfähigkeit, verbunden mit der gegenüber vielen Unedelmetallen geringen Neigung zur Oxydation bei erhöhter Temperatur, sind der Grund für die weitreichende

---

[1] Linde, J. O.: Ann. Phys., Lpz. [5] 14, 353 (1932); 15, 219 (1932).
[2] Der atomare Widerstand bezieht sich auf das Volumen eines Grammatoms.
[3] Seith, W.: Z. Elektrochem. 42, 570 (1936).
[4] Eucken, A.: Z. Elektrochem. 42, 578 (1936).
[5] Bridgman, P. W.: Proc. Amer. Acad. Arts. a. Sci. 70, 71 (1935).
[6] Bridgman, P. W.: Proc. Amer. Acad. Arts. a. Sci. 60, 423 (1924).
[7] Rolnick, H.: Phys. Rev. 36, 506 (1930).
[8] Stout, J. W. u. D. E. Barieau: Vgl. Fußnote 7, S. 10.
[9] Kapitza, P.: Proc. roy. Soc., Lond. [A] 123, 342 (1929).
[10] Deubner, A.: Ann. Phys., Lpz. [5] 20, 449 (1934).

Anwendung des Silbers in der Elektrotechnik. Allgemein bekannt ist der Gebrauch in Schmelzsicherungen, daneben dient es auch
oft als Kontaktmetall. Bei Silberkontakten, die in Stromkreisen mit
geringen Stromdichten benutzt werden, ist der Kontaktwiderstand, der
durch Bildung von Silbersulfidschichten auf den Kontaktflächen entstehen kann, allerdings unter Umständen störend. Gegenüber Kupfer
und feuerverzinntem Kupfer ist bei Kontakten für stärkere Dauer-
belastung die zeitliche Zunahme des Kontaktwiderstandes klein, und die
Erwärmung[1] der Kontakte bleibt geringer.

Bei sich häufig wiederholendem Öffnen und Schließen des Strom-
kreises unter Anwendung von hohen Stromdichten, wie dies z. B. bei
automatischen Fernsprechapparaten der Fall ist, ändert sich der Kontakt
durch Verdampfen, Zerstäuben, Oxydation und Schmelzen. Diese Vorgänge führen zu einer Metallübertragung und zu Metallverlusten, durch
die die Form der Kontakte wesentlich verändert und ihre Brauchbarkeit
stark herabgesetzt werden kann.

Nach Untersuchungen von Krüger[2] ist Silber als Kontaktmaterial
in Fernmeldegeräten zwar weniger geeignet als Platin, aber besser als eine
Legierung aus 7% Pt, 68% Au und 25% Ag.

Der verhältnismäßig niedrige Schmelzpunkt ist zusammen mit dem
hohen Dampfdruck ein Nachteil für Silber als Kontaktmaterial, wenn
bei häufigen Stromunterbrechungen Funkenbildung auftritt[3]. Die Metallüberführung und die damit verbundenen Veränderungen des Kontaktes
können unter diesen Umständen recht erheblich sein und übertreffen
die anderer Edelmetalle.

An Stelle von Silberdraht wurde in letzter Zeit als Werkstoff für
Schmelzsicherungen mit Silber überzogener Magnesiumdraht vorgeschlagen. Es gelingt so, die wertvolle Eigenschaft des Magnesiums,
durch sofortige Oxydation beim Durchschmelzen die Bildung eines
Lichtbogens zu verhindern, nutzbar zu machen[4].

Die diamagnetische Suszeptibilität des Silbers ist nach de Haas
und van Alphen[5] bei 16° gleich —0,188 · 10^{-6}, bei —259° wurde der
nur wenig höhere Wert von —0,190 · 10^{-6} gefunden.

Honda und Shimizu[6] maßen beim Schmelzen einen Suszeptibilitätssprung von —0,097 · 10^{-6}.

Die transversalen galvanomagnetischen und thermomagnetischen Effekte (Zahlentafel 6) lassen, soweit Messungen vorliegen,

[1] Höpp, W.: ETZ 54, 203 (1933).

[2] Krüger, W.: Z. Fernmeldetechn. 17, 1, 24 (1936).

[3] Kingsbury, E. F.: Amer. min. metallurg. Engr., Techn. Publ. 95, 1 (1928).

[4] Fröhlich, K. W.: Vortrag in der Sitzung des Fachausschusses für Edelmetalle am 21. Jan. 1938 in Stuttgart.

[5] de Haas, W. J. u. P. M. van Alphen: Proc. Akad. Wetensch. Amsterd. 36,
263 (1933).

[6] Honda, K. u. Y. Shimizu: Nature 136, 393 (1935).

Zahlentafel 6. Galvanomagnetische und thermomagnetische
Koeffizienten des Silbers.

Hall $R \cdot 10^6$	Ettinghausen $P \cdot 10^9$	Nernst $Q \cdot 10^6$	Righi-Leduc $S \cdot 10^9$	Corbino $C \cdot 10^9$	Beobachter
— 798					Kamerlingh-Onnes und Beckman
— 890					Koenigsberg und Gottstein
— 897		— 430	— 404		Zahn
— 510	— 1,65	— 180	— 270		Unwin
				— 590	Smith und O'Bryan
				— 490	Chapman

eine lineare Zunahme mit der Feldstärke erkennen. Der Hallkoeffizient
steigt bei tiefen Temperaturen sehr stark an. Kamerlingh-Onnes und
Mitarbeiter[1] maßen bei —270° einen Wert von —1600 · 10⁻⁶ gegenüber —985 · 10⁻⁶ bei —258°; bei höherer Temperatur besteht nur noch eine geringe Temperaturabhängigkeit. Der Einfluß der Schichtdicke und Herstellungsart auf den Hall-Effekt dünner Silberfilme ist noch nicht genau festgelegt[2].

Zahlentafel 7. Thermokräfte
des Konstantan-Silber-
Elementes. (Nach Schulze.)

$t\,^\circ$ C	Konstantan-Silber	
	E	$\dfrac{dE}{dt}$
	mV	µV/Grad
0	0,0	
20	0,78	} 41,2
100	4,12	
200	8,84	42,2
300	14,10	52,6
400	19,77	56,7
500	25,79	60,2
600	32,15	63,6

Unter den zahlreichen Messungen der Thermokraft des Silbers[3] sei eine Arbeit von Borelius, Keesom und Johansson[4] erwähnt, in der die thermoelektrische Kraft gegen eine Normalsilberlegierung mit 0,37 At.-% Au bis zu 10° abs. gemessen wurde. Bei tiefer
Temperatur verläuft die Thermokraft, ähnlich wie bei anderen Metallen,
unregelmäßig. Für reinstes Silber ist sie auch bei 10° abs. noch positiv.

Praktische Bedeutung für Temperaturmessungen zwischen 0 und
600° erreichte das Silber-Konstantan-Element. Wie Zahlentafel 7 zeigt,
ist dieses Element durch große Thermokräfte und damit durch ziemlich
hohe Empfindlichkeit ausgezeichnet.

---

[1] Kamerlingh-Onnes, H. u. Mitarbeiter: Proc. Akad. Wetensch. Amsterd.
17, 520 (1914).

[2] Raethjen, P.: Phys. Z. **25**, 84 (1924). — Steinberg, J. C.: Phys. Rev. [2]
21, 22 (1923).

[3] Siehe Landolt-Börnstein-Roth: Hw. S. 1030—1031; Erg.-Bd. I, S. 551 bis
553 und Erg.-Bd. III, S. 1876—1880.

Außer gegen andere Metalle oder gegen Legierungen wurde auch die Thermokraft
gegen unter Zug oder Druck stehendes Silber und in verschiedenen Ketten fester
Elektrolyte gemessen.

[4] Borelius, G., W. H. Keesom u. C. H. Johansson: Proc. Akad. Wetensch.
Amsterd. **35**, 15 (1932).

Die Thermokraft des Silbers gegen seine Mischkristalle mit Metallen der 1., 2. und 8. Gruppe des periodischen Systems verhält sich ganz ähnlich wie bei Kupfer und Gold. Die Metalle der 1. und 2. Gruppe haben eine mit zunehmender Konzentration im Mischkristall schwach steigende elektronegative Wirkung, jene der 8. Gruppe wirken sehr stark elektronegativ[1].

Der Thomson-Effekt ist bei höheren Temperaturen nach Borelius, Keesom, Johansson und Linde[2] positiv und steigt mit wachsender Temperatur. Bei niedrigen Temperaturen wird er negativ und durchläuft bei etwa 50° abs. ein Minimum[3]. Zwischen 100 und 500° steigt nach Lecher[4] der Thomson-Koeffizient von 3,46 bis $4,95 \cdot 10^{-6}$ V/Grad.

Der aus Messungen von Borelius und Mitarbeitern errechnete Wert für den Peltier-Effekt der Kombination Silber-Kupfer beträgt — 90 μV. Der Peltier-Koeffizient beim Durchfließen des Stromes durch die Verbindungsstelle von druckfreiem zu unter Druck stehendem Silber ist nach Bridgman[5] gleich 10,6 μV.

5. Optische Eigenschaften.

Im sichtbaren Licht hat frisch poliertes Silber das höchste Reflexionsvermögen aller Metalle und ist daher für die Herstellung von Spiegeln und Reflektoren besonders geeignet.

Die höchsten Reflexionswerte wurden an Silberspiegeln beobachtet, die auf chemischem Wege, durch Kathodenzerstäubung oder durch Aufdampfen hergestellt wurden. Bei diesen wurde eine Reflexion von zum Teil über 99% im sichtbaren Licht gemessen, während für poliertes, massives Silber gewöhnlich um einige Prozent niedrigere Werte gefunden wurden.

Der Verlauf der Reflexionskurve des Silbers ist aus Abb. 4 zu ersehen. Ähnlich wie bei zahlreichen anderen Metallen nimmt die Reflexion mit sinkender Wellenlänge ab. Im ultra-

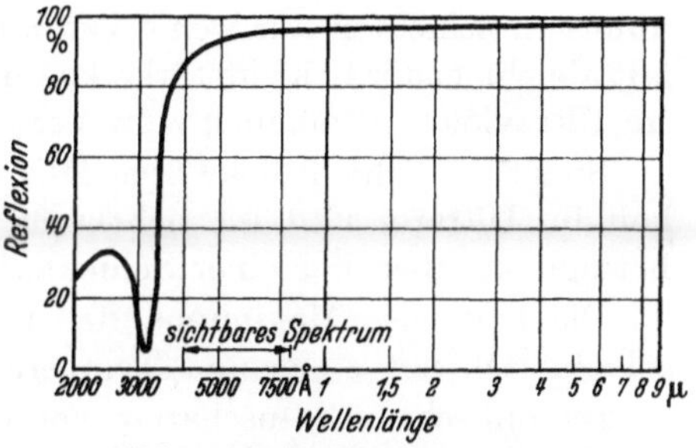

Abb. 4. Die Reflexion des Silbers.

roten und im sichtbaren Licht ist die Abnahme nur gering. Der Steilabfall im ultravioletten Gebiet führt bei 3140 bis $3120 \cdot 10^{-8}$ cm zu einem Minimum, in dem die Reflexion nur noch einige Prozent beträgt.

[1] Norbury, A. L.: Phil. Mag. [7] **2**, 1188 (1926).
[2] Borelius, G., W. H. Keesom, C. H. Johansson u. J. O. Linde: Proc. Akad. Wetensch. Amsterd. **33**, 17 (1930).
[3] Siehe auch Sansoni, M.: Nuovo Cim. **1935**, 616.
[4] Lecher, E.: Ann. Phys., Lpz. [4] **19**, 853 (1906).
[5] Bridgman, P. W.: Proc. Amer. Acad. Arts. a. Sci. **53**, 269 (1918).

Mit steigender Temperatur verschiebt sich dieser Tiefstwert zu höheren Wellenlängen, außerdem tritt eine geringe Verflachung des Minimums ein[1]. Hlučka[2] beobachtete nach einem Höchstwert der Reflexion von 34% bei $2700 \cdot 10^{-8}$ cm ein zweites, flaches Minimum bei noch kürzeren Wellenlängen.

Silberspiegel ändern unter dem Einfluß der Luft ihre Reflexion durch Anlaufen ziemlich schnell. Nach H. W. Edwards und R. P. Petersen[3] sollen dagegen auf Glas im Hochvakuum aufgedampfte Silberspiegel sehr langsam anlaufen und nach 6wöchiger Aufbewahrung in Laboratoriumsluft ohne Schutz nur einen Reflexionsabfall von weniger als 1% aufweisen. Als Ursache hierfür wird auf die Unterschiede in der Struktur zwischen den nach verschiedenen Verfahren gewonnenen Spiegeln hingewiesen.

Bei der regelmäßigen, einmaligen Reflexion an polierten Flächen tritt ein nahezu farbloser Glanz auf. Die diffuse Reflexion an rauhen Flächen führt zu mattweißer Farbe, bei wiederholter Reflexion ist die Farbe je nach Häufigkeit derselben gelbgrau bis schwarz. Photometrisch kann immer ein gelber Farbanteil bestimmt werden[4].

Die Änderung von Reflexion und Durchlässigkeit dünner Silberfilme mit der Schichtdicke wurde vom Ultrarot bis zum Ultraviolett von F. Goos[5] näher untersucht. Mit steigender Schichtdicke nimmt im Ultrarot und im sichtbaren Licht die Reflexion rasch zu, bei 29,4 mμ Schichtdicke liegt sie nur noch wenig unter der des kompakten Silbers. Die Reflexion im Ultraviolett ist dagegen auch bei dünnsten Schichten nur wenig verschieden von der des massiven Silbers. Mit abnehmender Schichtstärke kommt also das Minimum der Reflexion im Ultraviolett allmählich zum Verschwinden.

Steigt die Schichtdicke über 29,4 mμ hinaus, so wird die Durchlässigkeit im Ultrarot und im sichtbaren Licht sehr klein. Im Ultraviolett beträgt sie aber bei einer Schichtstärke von 142 mμ noch fast 7%.

Die Lage des Maximums der Durchlässigkeit im Ultraviolett verschiebt sich mit steigender Temperatur zu höheren Wellenlängen[6].

Die optischen Eigenschaften von dünnen Silberschichten sind ebenso wie die elektrischen sehr stark von dem Zustand abhängig, in dem sich die Schichten befinden. Auch für sie spielt die Alterung, die nach M. Kindinger und K. Koller durch Gaseinsaugung entsteht, eine bedeutende Rolle.

---

[1] Fujioka, T. u. T. Wada: Sci. Pap. Inst. phys. Chem. Res., Tokio **25**, 9 (1934).

[2] Hlučka, F.: Z. Phys. **96**, 230 (1935).

[3] Edwards, H. W. u. R. P. Petersen: Phys. Rev. **50**, 871 (1936).

[4] Kutzelnigg, A.: Kolloid-Z. **61**, 48 (1932).

[5] Goos, F.: Z. Phys. **100**, 95 (1936).

[6] McLennan, J. C., C. E. Smith u. J. O. Wilhelm: Phil. Mag. [7] **12**, 833 (1931).

Die Grenze der Wahrnehmbarkeit dünner Silberschichten mit dem unbewaffneten Auge liegt nach Reinders und Hamburger[1] bei einer etwa 2 Atomlagen entsprechenden Dicke. Im Ultramikroskop weisen gerade noch sichtbare Schichten keine Struktur mehr auf. Unsichtbare Schichten können durch Entwicklung in sichtbare Niederschläge überführt werden. Durch nasse Entwicklung mit Silbernitratlösung gelingt es, Schichten bis zu Mindeststärken von 10^{-10} bis 10^{-11} cm noch sichtbar zu machen.

Die Absorptionsfarben dünner Silberschichten wechseln stark mit den Entstehungsbedingungen und der Nachbehandlung, vor allem aber mit der Schichtdicke. Die dünnsten Schichten sehen hellgelb oder grünlichgelb aus. Mit zunehmender Schichtdicke geht die Farbe über gelbe bis rote und violette Töne und wird schließlich rein blau. Über 7 mμ dicke Schichten weisen metallische Reflexion auf.

Die Angaben über die photoelektrische Austrittsarbeit des Silbers schwanken stark[2]. Borelius[3] gibt aus dem neueren Schrifttum als besten Wert für 20° bei einer Grenzwellenlänge von 2610 Å eine Austrittsarbeit von 4,73 V an. Bei 600° liegt die Grenzwellenlänge bei 2700 Å und die Austrittsarbeit bei 4,56 V.

Die glühelektrische Austrittsarbeit ist für festes Silber bei 1230° abs. 3,56 V, für flüssiges Silber bei 1350° abs. 4,53 V.

6. Mechanische Eigenschaften des Silbers.

Die Oberflächenspannung des flüssigen Silbers fällt nach W. Krause und F. Sauerwald[4] zwischen 995 und 1163° mit steigender Temperatur langsam nahezu linear von 923 auf 902 dyn/cm.

Der Koeffizient der inneren Reibung (η) ist bei 1200° gleich 0,0298 g/cm·sec. Seine Temperaturabhängigkeit wird nach der Formel

$$\eta = \frac{1}{0,03863\,(T - T_s) + 24,15}$$

berechnet[5].

Der Verlauf der Schrumpfung von Silberlamellen unter der Einwirkung der Oberflächenkräfte beim Erhitzen hängt von der Zusammensetzung der Atmosphäre ab. Silberlamellen, die in Sauerstoff bei 300° schrumpfen, bleiben in Wasserstoff bis über 500° unverändert.

Schottky[6] bestimmte die Oberflächenkräfte, die beim Schrumpfungspunkt wirken und fand für 0,19 μ dickes Blattsilber bei 300° einen

---

[1] Reinders, W. u. L. Hamburger: Rec. Trav. chim. Pays-Bas **50**, 351 (1931).
[2] Spanner, J.: In A. E. van Arkel: Reine Metalle, S. 418. Berlin 1939.
[3] Masing, G.: Metallphysik. Leipzig 1935. — Borelius, G.: Physikalische Eigenschaften der Metalle, S. 446—451.
[4] Krause, W. u. F. Sauerwald: Z. anorg. allg. Chem. **181**, 353 (1929).
[5] Radecker, W. u. F. Sauerwald: Z. anorg. allg. Chem. **203**, 156 (1931).
[6] Schottky, H.: Nachr. Ges. Wiss. Göttingen **1912**, 180.

Wert von 10 g/cm Breite. Für 0,7 μ dickes Blattsilber mit einer Schrumpfungstemperatur von 400° waren die Oberflächenkräfte gleich 33 g/cm Breite.

Nach J. Sawai, Y. Ueda und M. Nishida[1] nimmt die Temperatur des Schrumpfungsbeginns bei längerer Erhitzungsdauer ab. J. Sawai und M. Nishida[2] bestimmten bei verschiedenen Temperaturen die Belastung, die den zur Schrumpfung führenden Oberflächenkräften das Gleichgewicht hält. Die Schrumpfungskraft steigt mit der Temperatur rasch, ist aber von der Dicke der Lamellen nur wenig abhängig.

Zahlentafel 8. Mechanische Eigenschaften des Silbers.

Eigenschaft	Wert
E-Modul bei Raumtemperatur	$0,82 \cdot 10^6$ kg/cm²
Torsionsmodul bei Raumtemperatur	$0,288 \cdot 10^6$ kg/cm²
Temperaturkoeffizient des E-Moduls zwischen 0 und 80° C	0,000399
Querdehnungszahl	0,376
Koeffizient der Kompressibilität bei 30°	$0,987-4,4 \cdot 10^{-6}\ p$
Zugfestigkeit	13,8—14,4 kg/mm²
Dehnung	48—50 %
Bruchquerschnittsabnahme	90—91 %
Fließdruck bei 293° abs.	570 kg/cm²
bei 20° abs.	20 000 kg/cm²
Brinellhärte	25 kg/mm²
Skleroskophärte	4
Pendelhärte: Zeithärte $T_{0,21}$	9,48
Skalenhärte $S_{0,21}$	2,1
Ritzhärte: Mohs	2,7
Martens	3,7

Die Änderungen der Struktur von Silberlamellen beim Erhitzen, insbesondere die Rekristallisations- und Kornwachstumserscheinungen, sind durch mikroskopische und röntgenographische Untersuchungen sowie auch nach der Elektronenbeugungsmethode mehrfach bestimmt worden[3].

Über den Reibungswiderstand von Silber gegen Silber, andere Metalle und Glas im Vakuum liegt eine Untersuchung von Shaw und Leavey[4] vor. Danach ist der Reibungskoeffizient bei der Reibung von Silber gegen Silber sehr stark temperaturabhängig. Bei anderen Systemen aus gleichen Stoffen wurde kein oder nur ein sehr geringer Temperaturkoeffizient festgestellt.

Bei der Dehnung von vollkommen weich geglühtem Silber tritt ebenso wie bei anderen kubisch flächenzentrierten Metallen (Gold,

[1] Sawai, J., Y. Ueda u. M. Nishida: Z. anorg. allg. Chem. **193**, 119 (1930).

[2] Sawai, J. u. M. Nishida: Z. anorg. allg. Chem. **190**, 375 (1930).

[3] Vgl. z. B. G. D. Preston u. L. L. Bircumshaw: Phil. Mag. [7] **21**, 713 (1936). — Andrade, E. N. da C.: Trans. Faraday Soc. **31**, 1137 (1935).

[4] Shaw, P. E. u. E. W. Leavey: Phil. Mag. [7] **10**, 809 (1930).

Kupfer) nach McKeown und Hudson[1] keine Proportionalitätsgrenze auf. Eine meßbare Proportionalitätsgrenze, die oft bei geglühtem Silber noch zu beobachten ist, wird auf vorangegangene plastische Verformung, an die noch Erinnerungen hinterblieben, zurückgeführt.

Schon geringe Kaltverformung in Höhe von etwa 5% bewirkt beim Feinsilber das Auftreten einer scharfen Proportionalitätsgrenze in der Größenordnung von 2,33 kg/mm², der Elastizitätsmodul des so verformten Silbers ist gleich $0,71 \cdot 10^6$ kg/cm². Durch nachträgliche Glühbehandlung nimmt die durch Kaltverformung bewirkte Proportionalitätsgrenze nur langsam ab und ist nach einstündigem Glühen bei 700° noch nicht ganz verschwunden. Durch Glühen steigt der Elastizitätsmodul von schwach verformtem Silber mit zunehmender Glühtemperatur stark an. Die Werte der elastischen Konstanten von polykristallinem Silber gibt Zahlentafel 8 wieder.

Die Änderung von Elastizitäts- und Gleitmodul in einem größeren Temperaturgebiet gibt nach den letzten vorliegenden Messungen von Köster[2] bzw. Kikuta[3] Zahlentafel 9 wieder.

Es ist schwierig, die Festigkeitseigenschaften des Silbers (Zahlentafel 8) eindeutig festzulegen, da sie außer vom Bearbeitungszustand der Proben und ihrem Reinheitsgrad teilweise stark von der Korngröße abhängen.

Zahlentafel 9.
Änderung des Elastizitäts- und Gleitmoduls mit der Temperatur.

Elastizitätsmodul (nach W. Köster)		Gleitmodul (nach Kikuta)	
$t°$ C	$E \cdot 10^{-6}$ kg/cm²	$t°$ C	$G \cdot 10^{-6}$ kg/cm²
20	0,820	27	0,268
100	0,798	130	0,260
200	0,770	255	0,240
300	0,717	327	0,225
400	0,662	457	0,193
500	0,614	655	0,142
600	0,566	755	0,111
700	0,517	811	0,104
800	0,465		
900	0,410		
950	0,376		

Die Plastizität bestimmte Shoji[4] durch Messung der Geschwindigkeit der Verlängerung eines weichen Silberdrahtes. Die Längenänderung bei der Torsion unter konstanter Belastung wurde von Lonsdale[5] gemessen. Beim Verwinden von Drähten traten bei einer Last, die weit unter der Streckgrenze lag, schon erhebliche Verlängerungen auf.

Während des Druckversuchs nimmt die Längenänderung nach Überschreiten der Elastizitätsgrenze mit steigender Belastung zunächst zu, um oberhalb eines gewissen Grenzwertes der Belastung (kritische Plastizität) wieder abzunehmen. Bei Silber, das bei 800° weichgeglüht wurde, liegt der Wert der kritischen Plastizität bei einer Verkürzung von 31,1%. Die entsprechende Belastung ist, bezogen auf den Anfangs-

[1] McKeown, J. u. O. F. Hudson: J. Inst. Met. 60, 109 (1937).
[2] Köster, W.: Briefliche Mitteilung.
[3] Kikuta, T.: Sci. Rep. Tôhoku Imp. Univ. 10, 139 (1921).
[4] Shoji, H.: Sci. Pap. Inst. Phys. Chem. Res. Tokio 4, 189 (1926).
[5] Lonsdale, T.: Phil. Mag. [7] 11, 1169 (1931).

querschnitt, 29,5 kg/mm^2 und auf den Querschnitt nach dem Stauchen 20,7 kg/mm^2 [*1].

Mit steigender Temperatur fällt nach D. H. Inghall[2] die Zugfestigkeit bis zu 310° linear, bei hoher Temperatur nimmt sie auf einer logarithmischen Kurve ab. Die Dehnung und Bruchquerschnittsabnahme ändern sich zwischen 0 und 500° nicht deutlich.

Der Fließdruck des Silbers steigt nach R. Holm und W. Meissner[3] bei tiefen Temperaturen sehr stark (Zahlentafel 8).

Die Härte von gepreßtem Silberpulver steigt mit dem Preßdruck und mit sinkender Teilchengröße, sie fällt dagegen mit wachsender Anlaßtemperatur[4].

Den Abnutzungswiderstand von galvanischen Silberüberzügen auf Messing ermittelte Hudson[5] durch Bestimmung des Abriebs auf rotierenden Scheiben unter Verwendung von Magnesia als Poliermittel. Unter den geprüften Metallen (außer Silber wurden noch Platin, Palladium, galvanische Nickelüberzüge und Ms 60 untersucht) zeigte das Silber den geringsten Abnützungswiderstand.

Sachs und Weerts[6] bestimmten an verschieden orientierten Silbereinkristallen das Spannung-Dehnung-Schaubild. In den meisten Fällen beobachteten sie eine kleine, jedoch deutliche Streckgrenze bei einer Zugspannung von 0,107 bis 0,145 kg/mm^2. Als Mittelwert für die kritische Schubspannung an der Streckgrenze errechneten sie 0,06 kg/mm^2. R. F. Miller und E. W. Milligan[7] stellten den Einfluß der Temperatur auf die Elastizitätsgrenze von Einkristallen aus sehr reinem Silber fest unter Verwendung einer Apparatur, in der die Last langsam kontinuierlich gesteigert wurde (Belastungsgeschwindigkeit 1,3608 kg/min). Unterhalb der Rekristallisationstemperatur wurde ebenfalls eine deutliche Streckgrenze gefunden, bei der die kritische Schubspannung an verschiedenen Kristallen und bei Temperaturen zwischen 100 und 300° zu 0,023 bis 0,055 kg/mm^2 bestimmt wurde. Mit steigender Temperatur wurde ein deutlicher Anstieg der Streckgrenze beobachtet[8].

Das Kriechen von Silbereinkristallen bei erhöhter Temperatur unter konstanter Belastung bestimmte C. F. Elam[9] in Langzeitversuchen, die

[*1] Coe, H. J : J. Inst. Met. **30**, 309 (1923).

[2] Inghall, D. H.: J. Inst. Met. **32**, 41 (1924).

[3] Holm, R. u. W. Meissner: Z. Phys. **74**, 736 (1932).

[4] Kikuchi, R.: Sci. Rep. Tôhoku Univ. **26**, 130 (1937).

[5] Hudson, O. F.: J. Inst. Met. **52**, 101 (1933).

[6] Sachs, G. u. J. Weerts: Z. Phys. **62**, 473 (1930).

[7] Miller, R. F. u. E. W. Milligan: Amer. Inst. min. metallurg. Engr. Inst., Met. Div. **124**, 229 (1937).

[8] Die untersuchten Einkristalle wurden wie bei Sachs und Weerts durch langsames Wachstum aus der Schmelze hergestellt.

[9] Elam, C. F.: J. Franklin Inst. **217**, 620 (1934).

sich zum Teil über mehr als 9 Monate erstreckten. Die Kriechgeschwindigkeit bei 400° ändert sich mit der Richtung zu den Kristallachsen. Sie ist am geringsten senkrecht zur Würfelfläche.

Die komplizierteren Verhältnisse der elastischen Konstanten von Silbereinkristallen bei Zimmertemperatur hat H. Röhl[1] vor einigen Jahren überprüft. Sie weisen starke Anisotropieerscheinungen auf. Das Verhältnis des größten zum kleinsten Elastizitätsmodul ($E_{111} : E_{100}$) ist 2,72, beim Gleitmodul ist das Verhältnis $G_{111} : G_{100} = \dfrac{1}{2,26}$. Die Berechnung der Hauptelastizitätskonstanten ergab:

$$s_{11} \quad \text{. .} \quad 23{,}2 \cdot 10^{13} \ \mathrm{cm^2/dyn}$$
$$s_{12} \quad \text{. .} \quad -9{,}93 \ \mathrm{cm^2/dyn}$$
$$s_{44} \quad \text{. .} \quad 22{,}9 \ \mathrm{cm^2/dyn}$$

Die elastische Anisotropie der Silberkristalle verringert sich mit fallender Temperatur, bleibt aber bis zu den tiefsten Temperaturen bestehen[2].

Die Längenänderung von Silbereinkristallen durch Druck läßt sich nach H. Ebert[3] auf Grund von Messungen bis zu Drucken von 4200 kg/cm² bei 20° nach der Formel $\Delta l/l = 3{,}35 \cdot 10^{-7}\, p - 0{,}5 \cdot 10^{-12}\, p^2$ berechnen. Der Koeffizient der kubischen Kompressibilität liegt mit einem Wert von $1{,}005 \cdot 10^{-6}$ etwas über dem des polykristallinen Silbers.

Die Silbereinkristalle verfestigen sich mit steigender Belastung zunächst viel langsamer als Gold und Aluminium. Während jedoch bei diesen Metallen die Verfestigung mit steigender Dehnung rasch abnimmt, verzögert sie sich bei Silber nicht in dem Maße, so daß sich die Kurven schließlich schneiden und bei höherer Dehnung das Silber die höhere Verfestigung aufweist. Beim Kupfer dagegen bleibt die Verfestigung etwa doppelt so groß wie bei Silber.

Die Ermüdungsgrenze von Silbereinkristallen liegt nach Gough und Cox[4] in der Nähe von 3 kg/mm², diese Belastung führt nach $2{,}4 \cdot 10^6$ Lastwechseln zum Bruch.

B. Chemische Eigenschaften.

1. Oxydische Deckschichten.

Das Silber bedeckt sich an der Luft ebenso wie Unedelmetalle mit einer Oxydschicht. Tammann und Arntz[5] leiteten das Vorhandensein derselben aus dem Verlauf der Ausbreitung eines Quecksilbertropfens auf Silber ab.

[1] Röhl, H.: Ann. Phys., Lpz. [5] **16**, 887 (1933).
[2] Goens, E.: Phys. Z. **36**, 246 (1935).
[3] Ebert, H.: Phys. Z. **36**, 383 (1935).
[4] Gough, H, J. u. H. L. Cox: J. Inst. Met. **45**, 71 (1931).
[5] Tammann, G. u. F. Arntz: Z. anorg. allg. Chem. **192**, 45 (1930).

Nach **Hönigschmid** und **Birkenbach**[1] lösen sich 0,04 bis 1,06 mg Silber in 1000 cm³ Wasser.

Krepelka und **Toul**[2] ermittelten eine Löslichkeit von 0,01 mg/l nach 7tägiger und von 0,037 mg/l nach 21tägiger Einwirkung von Wasser auf Silber. Diese Löslichkeit ist abhängig von der Vorbehandlung. Silber, dessen Oberfläche vor dem Versuch mit trockenem Wasserstoff reduziert wurde, löst sich in destilliertem, gasfreiem Wasser nicht auf. Die Löslichkeit kann daher nur durch eine oberflächliche Oxydschicht entstehen. Ein Sauerstoffgehalt des Wassers kann natürlich in gleicher Weise ein Lösen des Silbers veranlassen.

Hunter[3] schließt aus Messungen der photoelektrischen Eigenschaften von Silber im Sauerstoffstrom bei 250°, daß zwischen der Oxydation der Oberfläche und der ihr vorangehenden Adsorption von Sauerstoff ein verhältnismäßig großer Zeitraum liegt.

Die auf der Oxydhaut beruhende Löslichkeit in Wasser ist auch die Ursache für die bekannte, oft untersuchte **oligodynamische Wirkung des Silbers**. Durch das als Ion in Lösung gehende Silber werden die Bakterien getötet. Ausgeglühtes oder in Wasserstoff reduziertes Silber zeigt keine oligodynamischen Eigenschaften. Der Nachweis, daß allein dem in Lösung befindlichen Silberion die keimtötende Wirkung zukommt, wurde von **R. Doerr**[4] erbracht. Aus dem umfangreichen Schrifttum über diesen Gegenstand sei nur eine Arbeit von **Fromherz**[5] erwähnt, der nachwies, daß keimtötende Wirkung nur dann eintritt, wenn die Konzentration der Silberionen in der betreffenden Lösung $2 \cdot 10^{-11}$ Mol/l überschreitet. Über diesem erforderlichen Schwellenwert liegt noch die Löslichkeit der meisten schwer löslichen Silberverbindungen, auch die des Silberjodids. Nur das Silbersulfid mit seinem außerordentlich kleinen Löslichkeitsprodukt von 10^{-51} weist keine oligodynamischen Eigenschaften mehr auf. Die erforderliche Silberionenkonzentration kann nach **Fromherz** außer durch Silberoxyd auch durch andere Silberverbindungen oder durch Lokalströme in Konzentrationsketten, die sich an oberflächlich oxydiertem Silber bilden, erreicht werden.

In der Medizin wird die oligodynamische Wirkung des Silbers schon lange ausgenutzt. Auch für die Sterilisierung von Wasser, Fruchtsäften u. dgl. wurde sie herangezogen. Bei dem Katadynverfahren wird die zur Sterilisierung erforderliche Konzentration an Silberionen durch elektrolytische Auflösung von Silber unter Anwendung einer äußeren Stromquelle erreicht.

[1] Hönigschmid, O. u. L. Birkenbach: Ber. dtsch. chem. Ges. **1921**, 1883.

[2] Krepelka, H. u. F. Toul: Chem. News **138**, 244 (1929).

[3] Hunter, J. S.: Phil. Mag. [7] **19**, 958 (1935).

[4] Doerr, R.: Biochem. Z. **107**, 207 (1920); **131**, 351 (1922). — Vgl. M. Hosenfeld: Chemiker-Ztg. **62**, 3 (1938).

[5] Fromherz, H: Angew. Chem. **50**, 679 (1937).

Die praktische Anwendung des Silbers zur Sterilisierung von Getränken
zeigte jedoch, daß in manchen Fällen die Gegenwart bestimmter Stoffe
die keimtötende Wirkung des Silbers stark herabsetzt und damit die
Entkeimung unsicher macht, oder aber Silbermengen erfordert, die den
sonst benötigten Schwellenwert weit übersteigen[1]. In dieser Richtung
wirken vor allem organische Kolloide oder fein verteilte Schwebstoffe,
die das Silberion adsorbieren. Ebenso wird in Gegenwart von Stoffen,
die das Silberion komplex binden oder ausfällen, wie z. B. Zyankali oder
Schwefelwasserstoff, die keimtötende Wirkung des Silbers aufgehoben
oder doch wenigstens stark herabgemindert. Bei dem Matzka-Verfahren[2]
wird die oligodynamische Wirkung des Silbers verstärkt durch Erwärmen
der Fruchtsäfte auf 50—60°; dadurch soll die Abtötung der Keime stark
beschleunigt und die dazu nötige Silbermenge auf einen kleinen Bruchteil
der in der Kälte erforderlichen herabgesetzt werden. G. A. Krause
erhält durch thermische Zersetzung von Silberverbindungen ein besonders wirksames Silberpulver.

2. Schwefelverbindungen.

Das Silber verbindet sich sehr leicht mit Schwefel und Schwefelverbindungen. Je nach der Art der Schwefelverbindungen, mit denen
es in Berührung ist, kommt es dabei zu zwei verschiedenen charakteristischen Veränderungen der Oberfläche, dem Silbergeruch und -geschmack
ohne sichtbare Verfärbungen, oder dem Anlaufen.

Das Auftreten eines kennzeichnenden Geruchs und Geschmacks
wird hin und wieder an Bestecken, aber auch an anderen silbernen und
versilberten Geräten beobachtet.

Die viel geäußerte Ansicht, daß es sich dabei um dem Metall selbst
eigene Merkmale handle, wird schon durch die Tatsache widerlegt,
daß nicht alles Silber riecht, sondern nur bestimmte im Gebrauch ge-
wesene oder gelagerte Waren. Mögliche Verunreinigungen, z. B. Selen
oder Tellur, konnten als Erklärung für ihr Auftreten nicht herangezogen
werden, denn Zusätze bis 0,5% rufen den Geruch und Geschmack nicht
hervor.

Dagegen müssen als Ursache Schwefelverbindungen der Merkaptan-
und Thioäthergruppe angenommen werden, die sich mit dem Silber
verbinden und ihm so die unangenehmen Eigenschaften verleihen. Auf
diese Art der Entstehung von Geruch und Geschmack weisen zahlreiche Eigenschaften des riechenden Silbers hin[3].

Das Anlaufen des Silbers. Die Bildung von Sulfidschichten auf
Silber ist von größter praktischer Bedeutung. Sie bewirkt das Auftreten von Interferenzfarben und verursacht auf diese Weise das sog.

---

[1] Hosenfeld, M.: Chemiker-Ztg. **62**, 20 (1938).
[2] Ref. Chemiker-Ztg. **62**, 604 (1938).
[3] Raub, E.: Angew. Chem. **47**, 673 (1934).

Anlaufen. Die Dicke der Silbersulfidschichten auf angelaufenen Gegenstände erreicht nach Vinal und Schramm[1] zwischen 0,18 und 0,36 μ.

Wird das Anlaufen durch gasförmige oder flüssige Stoffe bewirkt, so überzieht sich die Oberfläche mit einer mehr oder weniger gleichmäßig gefärbten Schicht von Schwefelsilber. Geht dagegen die Schwefelsilberbildung von festen Staubteilchen aus, so breitet sich der Anlauf in nahezu konzentrischen Schichten auf der Oberfläche mit abnehmender Schichtstärke nach außen hin aus.

Die Verstärkung der Sulfidschichten findet an der Grenze Sulfid/Gas oder -/Lösung bzw. -/feste schwefelhaltige Substanz statt unter Wanderung des Silberions durch die Sulfidschicht hindurch[2].

K. Fischbeck[3] bestimmte die zeitliche Aufeinanderfolge der Anlauffarben und die zugehörige Dicke der Sulfidschicht bei der anodischen Polarisation des Silbers in einer Lösung von Natriummonosulfid und wies dabei für diesen Anlaufvorgang die Gültigkeit des Fickschen Diffusionsgesetzes nach.

L. E. Price und G. J. Thomas[4] beobachteten, daß die Verstärkung der Sulfidschichten auf walzblankem und geschmirgeltem Silber sich zunächst nach der Parabelformel vollzieht, bei geschmirgeltem Silber dann aber linear mit der Zeit zunimmt, da die Sulfidschicht nicht mehr als geschlossener Film die Oberfläche überzieht.

Verfolgt man das Anlaufen des Silbers im Dauerversuch unter der Einwirkung normaler Wohn- oder Arbeitsraumatmosphäre so vollziehen sich die Anlaufvorgänge infolge der wechselnden Zusammensetzung der Atmosphäre oft in sehr verschiedener Weise[5]. Neben Interferenzfarben durch Sulfidbildung beobachtet man Korrosionserscheinungen, die sich nicht selten unter dem Einfluß elektrolytischer Vorgänge vollziehen.

Die Hauptbedeutung bei den Veränderungen des Silbers an der Luft gibt man gewöhnlich dem Schwefelwasserstoff und den sich von ihm ableitenden Schwefelverbindungen. Dies ist nur teilweise richtig. Die schweflige Säure kann zwar nicht unmittelbar das Auftreten von Anlauffarben bewirken, sie ist aber trotzdem durch ihre leichte Oxydierbarkeit zu Schwefelsäure sowohl für das Anlaufen als insbesondere für andere Korrosionserscheinungen wichtig.

Nur in einer schwefeldioxydarmen Luft beobachtet man ähnlich wie im Kurzversuch das Auftreten von nach der Parabelformel durch Diffusion

---

[1] Vinal, G. W. u. G. N. Schramm: J. Acad. Sci. Washington 13, 139 (1923).

[2] Reinhold, H. u. H. Seidel: Z. Elektrochem. 41, 499 (1935). — Reinhold, H. u. H. Möhring: Z. phys. Chem. Abt. B 28, 178 (1935). — Wagner, C.: Angew. Chem. 49, 736 (1936).

[3] Fischbeck, K.: Z. anorg. allg. Chem. 201, 177 (1931).

[4] Price, L. E. u. G. J. Thomas: J. Inst. Met. 63, 29 (1938).

[5] Raub, E.: Mitt. Forsch.-Inst. Edelmet. 8, 63 (1934). — Price, L. E. u. G. J. Thomas: Vgl. Fußnote 4, S. 24.

wachsenden Sulfidschichten, wenn nicht durch die Beschaffenheit der Silberoberfläche ihre einheitliche Ausbildung verhindert wird. Die Abnahme, die die Reflexion des Silbers hierbei im Spektralgebiet des sichtbaren Lichtes zeigt, gibt Abb. 5 wieder, aus der man ersieht, daß auch in normaler Wohnraumatmosphäre der Anlauf ziemlich schnell zunimmt und besonders im blauen und violetten Licht zu einem raschen Abfall der Reflexion führt.

In schwefeldioxydreicher Atmosphäre kommt es nach Price und Thomas unter Umständen nicht zur Ausbildung von Interferenzfarben. Die auf der Oberfläche entstehenden Schichten enthalten neben Schwefelsilber wechselnde Mengen von Silbersulfat.

Neben dem Schwefel ist der Feuchtigkeitsgehalt der Atmosphäre besonders wichtig; in trockener Luft läuft das Silber nicht an. Ammoniak beschleunigt die Bildung von Sulfidschichten, offenbar durch Auflösung vorhandener Deckschichten, die das Silber bis zu einem gewissen Grade schützen können. Staub, der sich auf der Oberfläche absetzt, fördert

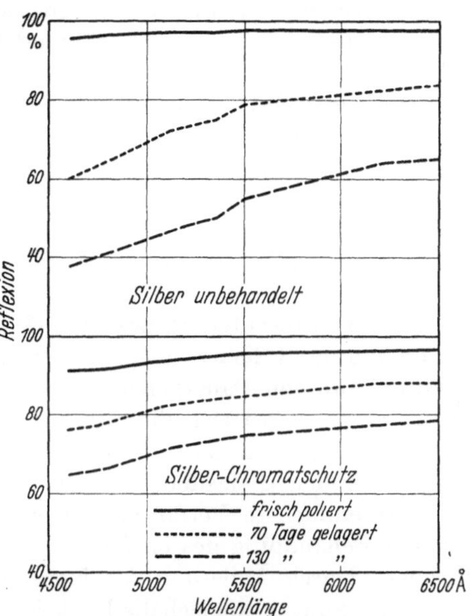

Abb. 5. Abnahme der Reflexion des Silbers in normaler Wohnraumatmosphäre.

nicht nur dann, wenn er selbst schwefelhaltig ist, das Anlaufen durch Bildung der weiter oben erwähnten Flecken, sondern er beschleunigt auch die Verstärkung der die Oberfläche mehr oder weniger gleichmäßig bedeckenden Sulfidschichten. Diese Wirkung von Staubteilchen beruht wahrscheinlich darauf, daß sie die Bildung zusammenhängender, das Anlaufen verzögernder Deckschichten verhindern, oder aber auch durch Elementbildung ihre Zerstörung beschleunigen.

Von nicht geringem Einfluß auf die Anlaufgeschwindigkeit ist auch die Oberflächenbeschaffenheit des Silbers. Hochglänzend poliertes Silber läuft unter den gleichen Bedingungen gewöhnlich langsamer an als mattiertes, sog. „oxydiertes" Silber. Auf der polierten Oberfläche können sich bei der Berührung mit der Atmosphäre einheitliche, oxydische Deckschichten ausbilden, die die Bildung von Schwefelsilberschichten etwas hemmen, auf der rauhen Oberfläche des geätzten, geschliffenen oder gekratzten Silbers dagegen nicht. Price und Thomas beobachteten bei walzblanken Silberblechen infolge der in der Oberfläche vorhandenen Verunreinigungen ungleichmäßige Anlauffarben, geschmirgelte Bleche zeigten dagegen einen die Oberfläche gleichmäßig überziehenden Anlauf. Elektrolytisch abgeschiedenes Silber hatte vielfach eine etwas höhere Anlaufbeständigkeit als gegossenes und gewalztes. Eine gewisse Abhängigkeit der Anlaufgeschwindigkeit vom Poliermittel scheint nach Price und Thomas bei polierten Proben zu bestehen. Alkalische Poliermittel, wie Wiener Kalk und Magnesia, erhöhten die Anlaufgeschwindigkeit anscheinend ein wenig, während Eisenoxyd, Chromoxyd und Tripel ohne Einfluß blieben.

Den verschiedenen vorgeschlagenen Kurzversuchen zur Prüfung der Anlaufbeständigkeit von Silber haften Fehler an, die man auch sonst bei Kurzprüfungen zur Feststellung der Korrosionsbeständigkeit metallischer Werkstoffe kennt. Es ist schwierig, die Bedeutung der zahlreichen Einzelvorgänge, die das Anlaufen des Silbers im Gebrauch mitbestimmen, richtig zu erfassen. Die Kurzversuche können stets nur einen oder wenige davon ermitteln, nicht aber die normalen Bedingungen in dem gewünschten verstärkten Maßstabe wiedergeben. Aus diesem Grunde kommt dem Schnellversuch nur eine beschränkte Bedeutung zu, und er kann den Dauerversuch nicht ersetzen. Man beobachtet z. B. im Kurzversuch, daß sich die Silber-Kupfer-Legierungen rascher verfärben als Feinsilber; im Dauerversuch hat aber nicht selten die Legierung gegenüber dem Feinsilber die höhere Anlaufbeständigkeit.

Das einfachste Verfahren der Kurzprüfung des Anlaufwiderstandes ist die Behandlung des entfetteten Gegenstandes in Natriumpolysulfidlösung. Durch Änderung der Konzentration der Lösung und der Versuchstemperatur läßt sich die Reaktionsgeschwindigkeit in weiten Grenzen verschieben. Unter Anwendung einer n/100-Natriummonosulfidlösung, die mit Schwefel gesättigt wurde, beobachtet man bei 20° schon nach 10 sec eine deutliche Verfärbung von poliertem Feinsilber[1]. Mit steigender Versuchsdauer verstärken sich die Verfärbungen rasch. Da Natriumpolysulfidlösung nur eine geringe Haltbarkeit hat, schlägt Fischbeck[2] eine beständigere gesättigte Lösung von Schwefel in Anilin vor, die Anlaufgeschwindigkeit ist in dieser Lösung geringer als in einer $n\text{-Na}_2\text{S}_5$-Lösung.

In schwefelfreier Natriummonosulfidlösung läuft das Silber nicht an, man kann diese aber trotzdem mit Erfolg für Schnellversuche zur Prüfung des Anlaufwiderstandes von Silber verwenden, wenn die Probe in der Lösung anodisch polarisiert wird[3].

Neben den Anlaufversuchen in Sulfidlösungen haben weiterhin die Gasanlaufversuche größere Bedeutung. Hierbei benutzt man als wichtigstes Reagens Schwefelwasserstoff, außerdem noch Wasserdampf und

---

[1] Moser, H. u. E. Raub: Korrosion u. Metallsch. 7, 139 (1931).

[2] Fischbeck, K.: Z. Elektrochem. 37, 593 (1931).

[3] Fischbeck, K.: Z. anorg. allg. Chem. 201, 177 (1931). — Grube, G. u. E. Kesting: Z. Elektrochem. 39, 948 (1933).

Schwefeldioxyd. Vinal und Schramm[1] schlagen ein Gasgemisch vor, bestehend aus 1% Schwefelwasserstoff, 5% Schwefeldioxyd, Rest Luft. Die Einwirkungsdauer in dem Gemisch soll 15 min betragen. Jordan, Grenell und Herschman[2] halten, wenn Proben mit hohem Anlaufwiderstand vorliegen, ein Gasgemisch, das einen auf 2% erhöhten Schwefelwasserstoffgehalt hat, für geeigneter. Außerdem wählen sie eine Versuchsdauer von 45 min.

Price und Thomas verwandten für die Kurzprüfung in Gasen Gefäße mit 200 cm³ Inhalt, in denen sich 50 cm³ einer 1 : 10 verdünnten gesättigten Schwefelwasserstofflösung befanden, der teilweise noch 0,5 cm³ Ammoniak von der Dichte 0,880 zugesetzt wurde.

Die Kurzprüfung des Anlaufwiderstandes mit festen schwefelhaltigen Substanzen wird in der Praxis des öfteren vorgenommen. Bei Tafelgeräten verwendet man vielfach schwefelhaltige Speisen. Ein beliebtes Prüfverfahren ist auch das Bestreuen mit geriebenen Gummistückchen.

Die Anlaufgeschwindigkeit bestimmt man gewöhnlich durch Vergleich der Interferenzfarben. Diese Methode versagt stets dann, wenn keine einwandfreien, die Oberfläche gleichmäßig überziehenden Interferenzfarben auftreten, wie dies oft im Dauerversuch der Fall ist.

Sind einwandfreie Anlauffarben zu beobachten, so gilt als Maß für die Anlaufgeschwindigkeit die Zeit, in der eine bestimmte Anlauffarbe erreicht wird, oder die Anlauffarbe, die sich nach einer bestimmten Zeit zeigt. Die Anlaufbeständigkeit ist gegeben durch die Zeit, die bis zu der ersten sichtbaren Veränderung der Oberfläche verstreicht.

Die subjektive Ablesung der Interferenzfarben läßt sich bei Silbersulfidschichten durch ein Spektroskop nicht verbessern, dagegen ist das Pulfrichsche Stufenphotometer für diesen Zweck sehr geeignet[3]. Durch Reflexionsmessungen mit dem Stufenphotometer, die zweckmäßig über den ganzen Spektralbereich des sichtbaren Lichtes ausgedehnt werden, gelingt es, Anlaufbeständigkeit und Anlaufgeschwindigkeit zahlenmäßig zu erfassen.

Die Bestimmung des Dickenwachstums der Sulfidschichten durch Wägung ist zu ungenau, solange die Farben erster und zweiter Ordnung durchlaufen werden, erst bei dickeren Schichten wird sie genügend genau.

Setzt man nach der Newtonschen Farbenskala die Dicke gleichfarbiger Luftschichten zwischen zwei Glasplatten ein, so erhält man eine Kurve, die in ziemlich regelmäßigen Abständen Knicke aufweist,

---

[1] Vinal, G. W. u. G. N. Schramm: Metal. Ind., N. Y. **22**, 15, 110, 151, 231 (1924).

[2] Jordan, L., L. H. Grenell u. H. K. Herschman: Technol. Pap. U.S. Bur. Stand. **21**, 459 (1926/27).

[3] Fischbeck, K.: Vgl. Fußnote 2, S. 26.

die durch eine anomale Dispersion des Silbersulfids entstehen. K. Fischbeck bestimmte das Verhältnis von wahrer Schichtdicke zu äquivalenter Luftschichtdicke bei anodischer Sulfidbildung auf Silber in Natriummonosulfidlösung. Der bei anodischer Polarisation von Silber in Natriummonosulfidlösung am Silber entladene Schwefel wird vollkommen zu Silbersulfid gebunden. Die gebildete Menge Silbersulfid ist also der aufgewandten Strommenge äquivalent. Die Dicke der Sulfidschichten und damit auch die einer bestimmten Interferenzfarbe entsprechende Schichtdicke läßt sich daher auch für den Fall berechnen, daß man den Anlaufvorgang nicht anodisch, sondern chemisch vor sich gehen läßt unter der Voraussetzung, daß es ebenso wie bei der anodischen Polarisation in Monosulfidlösung zur Ausbildung reiner, Interferenzfarben aufweisender Sulfidschichten kommt.

Price und Thomas setzten die Dicke der Sulfidschichten auf Silber in Beziehung zu Kupferoxydulschichten auf Kupfer mit gleicher Anlauffarbe. Sie legten dem Vergleich die von Constable[1] gegebene Tabelle über die bestimmten Anlauffarben entsprechende Dicke von Kupferoxydulschichten zugrunde. Wenn man auch nicht die Schichtdicke für äquivalente Farben bei verschiedenem Grundmetall nnd verschieden zusammengesetzten Filmen gleichsetzen kann, so liefert diese Methode doch Anhaltspunkte für das Dickenwachstum der Silbersulfidschichten.

Durch kathodische Behandlung in einem Elektrolyten geeigneter Zusammensetzung wird das Silbersulfid reduziert. Nach Beendigung der Reduktion, die durch einen Sprung des Kathodenpotentials gekennzeichnet ist, tritt Wasserstoffentwicklung auf. Aus der bis zum Sprungpunkt des Kathodenpotentials verbrauchten Strommenge bestimmten Price und Thomas die Dicke der Sulfidschicht. Enthält diese Sulfat, so beobachtet man in Ammoniumchlorid als Elektrolyt zwei Sprungpunkte, von denen der eine der Reduktion des Silbersulfids, der andere der von Silberchlorid entspricht, das aus dem Sulfat in Ammoniumchloridlösung entsteht. Es läßt sich daher auf diese Weise auch der Sulfatgehalt von Sulfidschichten bestimmen.

Zum Schutz von Silberoberflächen gegen das Anlaufen sind neben den schwer anlaufenden Legierungen zahlreiche Verfahren vorgeschlagen worden, die sich in drei Gruppen einteilen lassen,

1. Bedecken der Oberfläche mit einem anlaufbeständigen Metall durch galvanische Abscheidung.

2. Überziehen der Oberfläche mit einem farblosen, durchsichtigen Lack.

3. Passivierung der Oberfläche durch Erzeugung zusammenhängender Deckschichten von Oxyden oder Salzen.

Zur ersten Gruppe gehören die galvanischen Rhodium- und Chromüberzüge auf Silber. Die Anwendungsgebiete beider Metalle sind

---

[1] Constable, F. H.: Proc. roy. Soc., Lond. (A) **117**, 376 (1927).

begrenzt, das Chrom wird nur in der Uhrenindustrie gebraucht, das Rhodium bei der Uhren- und Silberschmuckherstellung. Bei Großsilberwaren konnte Chrom überhaupt nicht, Rhodium nur vorübergehend eingeführt werden. Die Hauptursache der nur begrenzten Ausbreitung dieser Metalle als Anlaufschutz für Silber, trotz ihrer vorzüglichen Schutzwirkung, sind ihre hinter dem Silber zurückbleibenden optischen Eigenschaften. Die Reflexion des Rhodiums liegt im sichtbaren Licht nahezu 20% unter der des Silbers, die des Chroms liegt noch viel tiefer.

Um die Schwierigkeiten zu umgehen, die durch die Änderung der Reflexion entstehen, hat Fischbeck[1] vorgeschlagen, auf dem Silber galvanisch anlaufbeständige Metalle in so dünner Schicht abzuscheiden, daß diese noch durchsichtig ist und auf den Glanz und die Farbe des Silbers ohne Einfluß bleibt. Mit diesem Verfahren verläßt man den Hauptvorteil der metallischen Schutzschichten gegenüber den Verfahren der Gruppen 2 und 3, nämlich ihren höheren Widerstand gegen mechanische Abnützung; außerdem ist es schwierig, profilierte Gegenstände galvanisch gleichmäßig mit einem dünnen, noch durchsichtigen Metallfilm zu überziehen. Praktische Anwendung hat dieser Vorschlag bis heute nicht gefunden.

Die Verfahren der Gruppen 2 und 3 verändern das Aussehen der Oberfläche zwar vielfach weit weniger als die metallischen Überzüge, sie haben aber den Nachteil der geringeren mechanischen und teilweise auch chemischen Beständigkeit. Den wirksamsten Schutz erhält man bei diesen Verfahren auch nur dann, wenn die Oberfläche des zu schützenden Gegenstandes hochglänzend ist, bei matten Oberflächen ist die Schutzwirkung beschränkter, und man beobachtet oft schon nach verhältnismäßig kurzer Zeit das Auftreten von Verfärbungen.

Die farblosen Lacke, die zum Überziehen des Silbers benutzt werden, sind gewöhnlich Nitrozelluloselacke, die sogenannten Zapone. Ihre Anwendung ist vorwiegend auf galvanisch versilberte Gegenstände aus Unedelmetall beschränkt. Der Hauptnachteil des Zapons ist die geringe Temperaturbeständigkeit, insbesondere bei Berührung mit wässerigen Lösungen, weshalb die Zaponierung nicht als Schutz angewendet werden kann bei Gegenständen, die derartigen Einwirkungen ausgesetzt sind.

Die Herstellung passivierender Deckschichten aus Oxyden und Salzen ist mehrfach vorgeschlagen worden. Als erstes Verfahren dieser Art wurde ein amerikanisches Patent[2] bekannt. Danach wird das Silber mit freiem oder gebundenem Halogen behandelt, wobei auf der Oberfläche Halogensilberschichten gebildet werden.

Praktische Bedeutung als Anlaufschutz für Silber konnten chromoxydhaltige Deckschichten erlangen[3]. Diese werden gewonnen durch

---

[1] Fischbeck, K.: DRP. 496972.

[2] A.P. 1750293.

[3] Raub, E.: Mitt. Forsch.-Inst. Edelmet. 5, 67 (1931); 8, 3 (1934).

Behandlung des Silbers in Lösungen, die Chromsäure-Ionen enthalten. Die besten Schichten erzielt man durch kathodische Polarisation in chromathaltigen alkalischen Bädern und nachträgliches Tauchen in fremdsäurefreie Chromsäure- oder Dichromatlösungen. Der Aufbau der dabei entstehenden chromoxydhaltigen Deckschichten ist im einzelnen nicht bekannt. Der Einfluß auf die Farbe und den Glanz des Silbers ist unmerklich. Ihre Verzögerung des Anlaufens des Silbers zeigt Abb. 5. Ihr Hauptnachteil ist die leichte Löslichkeit in schweflige Säure enthaltender Luft oder sauren Lösungen und ihre fehlende mechanische Beständigkeit.

Price und Thomas[1] untersuchten kürzlich die kathodische Abscheidung von Beryllium- und Aluminiumoxydschichten auf Silber, in der Absicht, auf diese Weise auf dem Silber eine Oxydschicht geringer elektrischer Leitfähigkeit herzustellen, die nach der von C. Wagner entwickelten Theorie über das Wachstum von Oxydschichten auf Metallen die Diffusionsgeschwindigkeit des Silberions stark zurückdrängen und damit das Anlaufen unterbinden muß. Aus Aluminiumsalze enthaltenden Lösungen entstehen bei der Elektrolyse auf Silberkathoden stets nur lockere, unzusammenhängende Schichten. Die Abscheidung von Berylliumoxydschichten hängt vor allem von der p_H-Zahl des Elektrolyten ab[2].

Gegen Anlaufen weitgehend beständiges Silber wird durch kataphoretische Abscheidung von Berylliumhydroxyd nur dann erhalten, wenn die Schichten so dick hergestellt werden, daß sie auf poliertem Silber irisieren und die Reflexion deutlich herabsetzen. Mit zunehmender Schichtdicke steigt der Schutzwert. Auf poliertem Silber unsichtbare Schichten erhöhen die Anlaufbeständigkeit nicht. Als praktischer Anlaufschutz für Silber ist daher die kathodische Abscheidung von Berylliumhydroxyd unbrauchbar.

Für einen Sonderzweck, den Schutz von Silberspiegeln gegen Anlaufen, wurde das Bedecken mit einer dünnen Quarzschicht durch Aufdampfen im Hochvakuum vorgeschlagen.

3. Säuren, Laugen und Halogene.

Das Normalpotential Ag/Ag^+ liegt bei $+ 0,81$ V. Das Silber wird daher von Säuren nicht unter Wasserstoffentwicklung gelöst. In oxydierenden Säuren oder in nichtoxydierenden Säuren in Gegenwart von Oxydationsmitteln löst es sich dagegen mehr oder weniger leicht.

Charakteristisch ist die besonders hohe Beständigkeit gegen Laugen. Auch durch geschmolzene Alkalien wird Silber nicht angegriffen. Neben der hohen Alkalibeständigkeit ist kennzeichnend die geringe Löslichkeit

---

[1] Price, L. E. u. G. J. Thomas: J. Inst. Met. **63**, 29 (1938); **65**, Adv. copy 844 (1939).

[2] Raub, E. u. M. Engel: Z. Metallkde **31**, 339 (1939). Mitt. Forsch.-Inst. Edelmet. **1939**, Heft 3.

in vielen organischen Säuren, insbesondere Essigsäure und anderen Speisesäuren.

Auf dieses Verhalten gründet sich die steigende Anwendung des Silbers im chemischen Apparatebau (Abb. 6). Zur Steigerung der Festigkeitseigenschaften und aus Ersparnisgründen wird dabei für Großapparaturen gewöhnlich Silber nur als Auskleidung oder in neuerer Zeit als Plattierung benutzt. Bei der mechanischen Plattierung auf Eisen dient als Zwischenschicht Kupfer, daneben hat sich auch die unmittelbare Plattierung eingeführt[1].

Sehr rasch wird das Silber von Salpetersäure und heißer konzentrierter Schwefelsäure angegriffen. Liegt die Dichte der angreifenden Schwefelsäure unter etwa 1,7, so tritt auch in der Hitze keine Auflösung mehr ein. Bei der Auflösung in Salpetersäure beobachtet man zunächst je nach der Temperatur und der Säurekonzentration eine längere oder kürzere Inkubationszeit, nach der dann der eigentliche Lösungsvorgang mit hoher Geschwindigkeit einsetzt. Die anfängliche Beständigkeit des Silbers in Salpetersäure ist auf das Fehlen von Stickoxyden, die die Auflösung katalysieren, zurückzuführen. Bei langsamem Lösen in Salpetersäure ist häufig das Auftreten von festem Silbernitrit, das in Form von verästelten Nadeln an der Oberfläche des sich lösenden Silbers aufwächst, festzustellen[2].

Abb. 6. Kühler und Destillationsblasen aus Silber bzw. mit Silber plattiertem Stahl. (Werkphoto Siebert.)

Ganz anders ist das Verhalten in heißer Essigsäure. Das Silber wird zu Versuchsbeginn deutlich angegriffen, mit steigender Versuchsdauer verlangsamt sich der Angriff rasch und hört schließlich ganz auf. Die anfängliche geringe Gewichtsabnahme ist auf die Auflösung vorhandener oxydischer Deckschichten und den Sauerstoffgehalt der Säure zurückzuführen.

In sauerstoffhaltiger Salzsäure überzieht sich das Silber mit Silberchlorid, durch das eine weitgehende Passivierung eintritt. Nach E. Rabald[3] ist bei 25° der Silberverlust in 15%iger Salzsäure 0,3 mm/Jahr.

---

[1] Kaltschweißen von Silber vgl. A. Butts u. G. R. van Duzee: J. electrochem. Soc. 74, 327 (1938).

[2] Urmánczy, A. beobachtete bei der Auflösung von sich drehenden Silberplatten in Salpetersäure charakteristische wirbelförmige Ätzfiguren. Z. anorg. allg. Chem. 235, 363 (1938).

[3] Rabald, E.: Chem. Fabrik 11, 294 (1938).

Die Stärke des in Chlorwasser entstehenden Silberchloridfilms auf Silber nimmt nach Shimadzu[1] zunächst mit steigender Tauchdauer rasch zu, danach tritt über eine gewisse Tauchzeit hinweg keine Verstärkung mehr ein, bis schließlich wieder erneutes Wachstum einsetzt, wobei die Schichtstärke nahezu linear mit der Zeit anwächst.

Gegen flüssiges Chlor ist Silberpulver bei Zimmertemperatur beständig, auch bei 80° konnten Meyer und Aulich[2] nur eine schwache Silberchloridbildung beobachten. Durch geringe Wassermengen wird der Angriff bedeutend verstärkt.

Gasförmige Halogene rufen wie Schwefelwasserstoff auf dem Silber Anlauffarben hervor. Tammann[3] wies nach, daß auch für das Anlaufen des Silbers unter Einwirkung von Joddampf das Ficksche Diffusionsgesetz gilt.

Die Wachstumsgeschwindigkeit von Silberjodidfilmen beim Überleiten jodhaltiger Luft über Silber ist abhängig von der Oberflächenbeschaffenheit des Silbers. Mit zunehmender Glätte der Oberfläche steigt sie an.

In der Anlaufschicht wandern bei der Bildung von AgBr und AgJ aus Ag und Br_2 bzw. Ag und J_2 die Metallionen in gleicher Weise wie bei der Ag_2S-Bildung[4].

Die Bildung von Silberchlorid aus Silber und gasförmigem Chlor und seine Verflüchtigung bei höherer Temperatur sind für die verflüchtigende, chlorierende Röstung von Interesse. Nach H. Borchers[5] ist die Chlorierungsgeschwindigkeit bis zu etwa 300° nur gering. Bei höherer Temperatur beginnt sie rasch anzusteigen. Die Verflüchtigung beginnt schon bei tiefen Temperaturen, aber erst bei über 1000° setzt sie in stärkerem Maße ein.

Die Löslichkeit des Silbers in Alkalizyanidlösungen in Gegenwart von Sauerstoff ist von technischer Bedeutung bei der Gewinnung des Silbers aus seinen Erzen. Sie ist oft Gegenstand eingehender Untersuchungen gewesen, deren Ergebnisse in dem hüttenkundlichen Schrifttum eingehender besprochen werden, weshalb auf ihre Wiedergabe an dieser Stelle verzichtet werden kann. Es sei nur auf eine eigentümliche Form der Korrosion hingewiesen, die der leichten Löslichkeit des Silbers in sauerstoffhaltigen Zyanidlösungen ihre Entstehung verdankt. Bei galvanisch versilberten Gegenständen aus Silber- oder Kupferlegierungen beobachtet man oft nach längerer oder kürzerer Zeit das Auftreten von rundlichen oder länglichen mattweißen Flecken[6], die bei schwacher

<hr>

[1] Shimadzu, S.: Mem. Coll. Sci. Kyoto Imp. Univ. **19**, 229 (1936).

[2] Meyer, J. u. W. Aulich: Angew. Chem. **44**, 23 (1931).

[3] Tammann, G.: Z. anorg. allg. Chem. **111**, 78 (1920).

[4] Wagner, C.: Z. phys. Chem. Abt. B **32**, 447 (1936). — Nagel, K.: u. C. Wagner: Z. phys. Chem. Abt. B **25**, 71 (1934).

[5] Borchers, H.: Metallwirtsch. **14**, 713 (1935).

[6] Moser, H., K. W. Fröhlich u. E. Raub: Angew. Chem. **44**, 97 (1931).

Vergrößerung das Aussehen von Abb. 7 haben. Die Flecken stellen Anätzungen der Oberfläche dar. Es ließ sich nachweisen, daß sie immer von Poren in der Oberfläche ausgehen und sich von dort nach allen Seiten verbreiten. Als Ursache dieses in der unmittelbaren Umgebung von Poren einsetzenden Angriffs wirken Reste des zyankalischen Silberbades, die in den Poren verblieben und beim Spülen nach der Versilberung nicht beseitigt wurden. Beim Auftrocknen der Gegenstände kristallisierten sie in den Poren aus. Da die eingetrockneten Badsalze

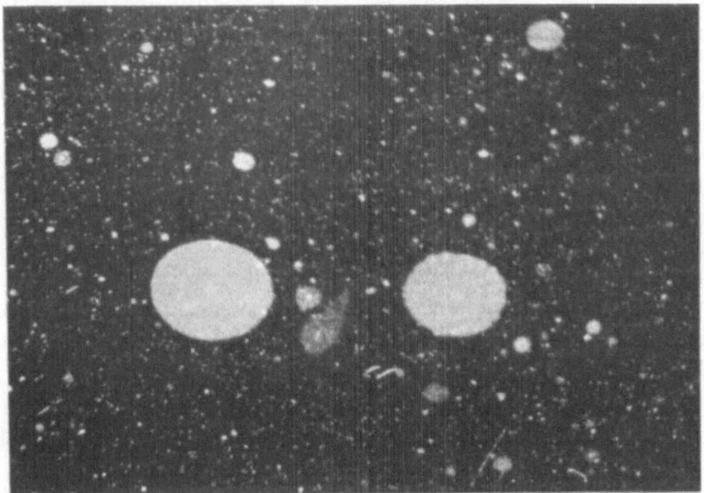

Abb. 7. Ausblühungen auf einem versilberten Gegenstand. Vergr. 15 ×.

aber hygroskopisch sind, nehmen sie in feuchter Atmosphäre wieder Wasser auf, verflüssigen sich und treten aus den Poren aus, wobei sie dann das Silber angreifen. Die erfolgreiche Bekämpfung dieser Korrosionserscheinungen gelingt durch möglichste Beseitigung aller Fehler im Grundmetall und in der Versilberung, durch die porige Niederschläge entstehen. Auskochen der versilberten Gegenstände in schwach sauren Lösungen erleichtert die Beseitigung der Silberbadreste aus den Poren der Versilberung durch das Spülen.

C. Folgen der Kaltverformung.

Änderung der physikalischen Eigenschaften. Im Silber sind wie bei anderen flächenzentrierten Metallen die Oktaederebenen **die Gleitebenen**, auf jeder Gleitebene treten die [110]-Richtungen als Gleitrichtungen auf[1]. Die Oktaederebenen sind auch die Zwillingsebenen.

---

[1] Elam, C. F.: Proc. roy. Soc., Lond. **112**, 289 (1926).

Die Ziehtextur wurde von E. Schmid und G. Wassermann[1] an hart gezogenem Silber bestimmt. Ebenso wie auch bei anderen kubisch flächenzentrierten Metallen, treten die [111]- und die [100]-Richtung parallel zur Zugrichtung auf. Es besteht jedoch insofern ein Unterschied gegenüber anderen kubisch flächenzentrierten Metallen, als die zweite, die [100]-Lage, stark überwiegt. Nur 25% der Kristallite lagern sich mit der [111]-Richtung parallel zur Zugrichtung. Der Streuwinkel beträgt bei der [100]-Richtung 7° 30', bei der [111]-Richtung nur 3° [2,3].

Die Walztextur des Silbers ist nach R. Glocker[4] und v. Göler und Sachs[5] gekennzeichnet durch nur eine bevorzugte Lage: die bei hohen Walzgraden eintretende weitgehende Ordnung der [112]-Richtung parallel zur Walzrichtung und der (011)-Ebene parallel zur Walzebene. F. Wever und W. Schmidt[6] beobachteten dagegen auch bei Silber die zweite bei anderen kubisch flächenzentrierten Metallen festgestellte Textur, bei der die [111]-Richtung der Walzrichtung und die (112)-Ebene der Walzebene parallel geordnet sind. Nach Wassermann[7] sind diese Unstimmigkeiten nicht, wie früher angenommen wurde, auf verschiedene Vorbehandlung der Proben und dadurch bedingte Unterschiede in der Textur zurückzuführen, sondern sie beruhen in der Hauptsache darauf, daß ein wirklich objektives Auswertungsverfahren für die Texturen von Blechen fehlt.

Bei der Verformung von polykristallinem Silber tritt leicht Zwillingsgleitung ein, bei der Verformung von Einkristallen dagegen beobachtete H. J. Gough[8] nicht die geringste Andeutung für die Bildung von Zwillingslamellen bei mikroskopischer und röntgenographischer Untersuchung, obwohl die Oberfläche sich mit einem vollkommenen System von Gleitlinien überzog. Auch bei nachträglicher Glühbehandlung bis zu 300° trat keine Zwillingsbildung ein, während nach Rosenhain[9] leichtes Polieren der Oberfläche bei gegossenem, polykristallinem Silber genügt, beim Glühen in sehr starkem Maße Zwillingslamellen hervorzubringen.

Das Auftreten der Verformungstextur hat einen starken Einfluß auf einige plastische Eigenschaften des Silbers. Besonders deutlich

---

[1] Schmid, E. u. G. Wassermann: Z. Metallkde. **19**, 325 (1927).

[2] Die Angaben gelten nur für die durch kräftiges Ätzen freigelegten Kernzonen der Drähte, an der Oberfläche ist die Fasertextur weit unvollkommener.

[3] Beim Silber-Kupfer-Eutektikum ist nach G. Wassermann (Texturen metallischer Werkstoffe, S. 71. Berlin 1939) keine gegenseitige Beeinflussung der Texturen festzustellen.

[4] Glocker, R.: Z. Phys. **31**, 386 (1925).

[5] Göler, Frhr. v. u. G. Sachs: Z. Phys. **56**, 477 (1929).

[6] Wever, F. u. W. Schmidt: Z. techn. Phys. **8**, 398 (1927).

[7] Wassermann, G.: Texturen metallischer Werkstoffe, S. 74. Berlin 1939.

[8] Gough, H. J.: J. Inst. Met. **55**, 71 (1931).

[9] Rosenhain, W.: J. Inst. Met. **55**, 90 (1931).

zeigt sich dieser Einfluß in der Anisotropie der Festigkeitseigenschaften von einseitig gewalztem Silberblech[1]. Mit zunehmendem Winkel zur Walzrichtung steigt die Zugfestigkeit, während die Dehnung entsprechend abnimmt (Abb. 8). Parallel der Walzrichtung liegt die Zugfestigkeit etwa 8 kg tiefer als senkrecht dazu. Die Anisotropie der Festigkeitseigenschaften wird durch wechselweises Walzen in zwei zu einander senkrechten Richtungen bei gleichbleibendem Gesamtwalzgrad stark verringert (vgl. Abb. 8).

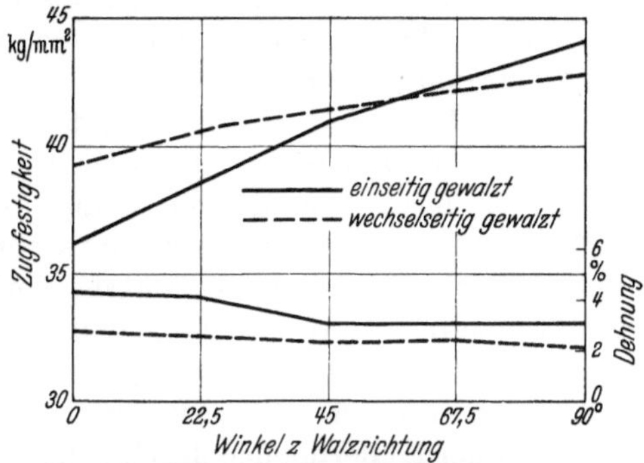

Abb. 8. Anisotropie der Zugfestigkeit und Dehnung von hartgewalztem Silber.

Die Tiefung nimmt, wie Holzmann[2] zeigte, bei einseitigem Walzen mit steigendem Walzgrad zunächst stark, dann langsamer ab (Abb. 9). Bei 90% Abwalzung weist sie einen Mindestwert auf, um dann wieder anzusteigen.

Verhindert man die Ausbildung der Walztextur durch Drehen der Probe um 90° nach jedem Walzstich, so bleibt die Tiefung bis zu den höchsten Walzgraden innerhalb der Fehlergrenze gleich.

Wesentlich geringer ist der Einfluß der Walztextur auf die Brinellhärte. Bei einseitig gewalztem Silber steigt mit zunehmender Verformung die Härte nach Kurve c in Abb. 9, während bei wechselseitig gewalztem Silber die Härte etwas langsamer, gemäß Kurve d, ansteigt.

Die Änderung der anderen physikalischen Eigenschaften durch die Kaltverformung be-

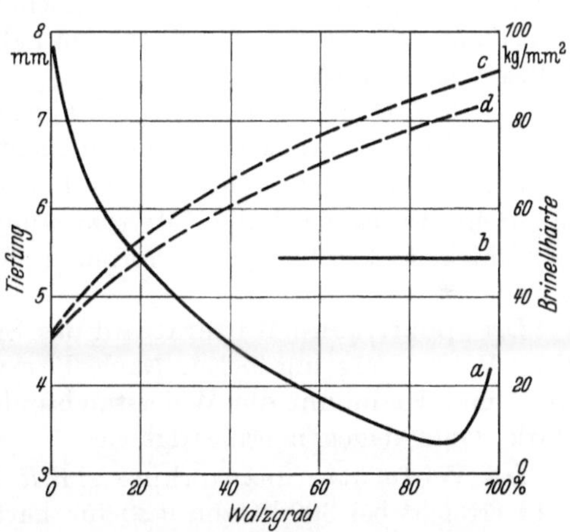

Abb. 9. Änderung von Härte und Auftiefung bei einseitigem und wechselseitigem Walzen.
(Nach Holzmann.)
a Tiefung, einseitig gewalzt; b Tiefung, wechselseitig gewalzt; c Härte, einseitig gewalzt; d Härte, wechselseitig gewalzt.

wegt sich mit einigen Ausnahmen in ziemlich engen Grenzen, eine deutliche Richtungsabhängigkeit wurde bisher nicht beobachtet.

[1] Göler, Frhr. v. u. G. Sachs: Z. Phys. **56**, 495 (1929).
[2] Holzmann. H.: Siebert-Festschrift 1931, S. 121.

Über die Energiemengen, die das Silber während der Kaltverformung latent bindet, gewann G. Sato[1] Vergleichswerte durch Aufnahme der Erhitzungskurven von kaltverformten und weichgeglühten Proben mit Differentialthermoelementen. Dabei ergab sich, daß mit steigender Verformung der latent werdende Anteil der aufgewendeten Energie stark abnimmt.

Die Dichte des Silbers sinkt mit zunehmender Verformung. K. Honda und Y. Shimizu[2] beobachteten eine Abnahme von 10,4898 auf 10,4403 beim Pressen von Silber unter einem Gesamtpreßdruck von 90510 kg. A. Igata[3] bestimmte bei 30- bis 50%iger Verformung durch Hämmern eine Dichteabnahme von etwa $4 \cdot 10^{-4}$. Beim Walzen und Hämmern war die Dichteänderung geringer als bei der Dehnung durch Zug.

Von Sauerwald, Patalong und Rathke[4] unter möglichster Ausschaltung aller Fehlerquellen durchgeführte Versuche ergaben im Vakuum eine um 57—214% höhere Verdampfung des harten Silbers gegenüber dem weichen.

Jaeger, Rosenbohm und Bottema[5] fanden für kaltbearbeitetes Silber eine höhere spezifische Wärme. Aus ihren Interpolationsformeln ergibt sich bei 0° für umgeschmolzenes, langsam abgekühltes Silber ein c_p-Wert von 0,055614, für kalt gewalztes und gehämmertes Silber von 0,055936.

Der Koeffizient der thermischen Ausdehnung ändert sich wie bei anderen kubischen Metallen nicht.

Das Wärmeleitvermögen wird nach Tammann und Boehme[6] in gleicher Weise durch die Kaltverformung beeinflußt wie die elektrische Leitfähigkeit; bei 98%iger Verformung steigt der Wärmewiderstand um 5,8%.

Der spezifische Widerstand des Silbers erhöht sich um 5,2% bei einer Verformung um 98%[7]. Nach Tammann und Dreyer[8] erhöhen Zink und Kadmium die Widerstandsänderung durch Kaltbearbeitung stark, Gold dagegen erniedrigt sie.

Die Widerstandszunahme $\Delta R/R$ im senkrechten Magnetfeld erreicht bei 300 kGauß 0,30 für hartes Silber bei der Temperatur

[1] Sato, G.: Sci. Rep. Univ. Sendai [1] **20**, 140 (1931).

[2] Honda, K. u. Y. Shimizu: Sci. Rep. Univ. Sendai [1] **20**, 460 (1931).

[3] Igata, A.: Mem. Coll. Sci. Kyoto Imp. Univ. **19**, 215 (1936); **20**, 35 (1937).

[4] Sauerwald, F., H. Patalong u. H. Rathke: Z. Phys. **41**, 355 (1927).

[5] Jaeger, F. M., E. Rosenbohm u. J. A. Bottema: Proc. Akad. Wetensch. Amsterd. **35**, 763 (1932).

[6] Tammann, G. u. W. Boehme: Ann. Phys., Lpz. [5] **22**, 500 (1935).

[7] Nach K. Takahasi [Sci. Rep. Univ. Sendai (1) **19**, 265 (1930)] steigt der Widerstand von gezogenem Draht bis zu einem Verformungsgrad von 40% um etwa 3%, mit weiter zunehmender Verformung sinkt er wieder.

[8] Tammann, G. u. K. L. Dreyer: Ann. Phys., Lpz. [5] **16**, 357 (1933).

der flüssigen Luft, 0,38 für weiches Silber bei der Temperatur des flüssigen Stickstoffs.

Die diamagnetische Suszeptibilität liegt bei kalt verformtem Silber deutlich höher als bei weich geglühtem. K. Honda und Y. Shimizu[1] fanden für weichgeglühtes Silber $\varkappa = -0{,}185 \cdot 10^{-6}$, für verformtes $\varkappa = -0{,}198 \cdot 10^{-6}$. Die früher beobachtete scheinbare Abnahme[2] der diamagnetischen Suszeptibilität mit steigender Verformung und der schließliche Übergang in Paramagnetismus sind auf geringe Mengen ferromagnetischer Verunreinigungen zurückzuführen.

In einem Thermoelement aus kaltverformtem und weichgeglühtem Silber bildet ersteres den positiven Schenkel. Tammann und Bandel[3] maßen bei einem Ziehgrad von 90% eine Thermokraft von $+0{,}46 \cdot 10^{-6}$ V/Grad, während Noll[4] $+0{,}39$ und Borelius[5] $+0{,}55 \cdot 10^{-6}$ V/Grad fanden. Bei der Kaltbearbeitung eines Silberdrahtes durch Tordieren beobachteten Tammann und Bandel nach der Torsion um $6 \cdot 360$ °/cm gegenüber geglühtem Silber eine Thermokraft von $+0{,}129 \cdot 10^{-6}$ V/Grad.

Das Minimum der Reflexion im Ultraviolett liegt nach Margenau[6] für poliertes, also bearbeitetes Silber, bei höheren Wellenlängen als für geätztes. Der größte beobachtete Unterschied betrug $20 \cdot 10^{-8}$ cm.

An einem harten Draht beobachtete A. Wertheim[7] einen um 3% höheren Elastizitätsmodul als an weichem.

Für den Gleitmodul fand Tomlison[8] bei hartem Silber einen Wert von $2{,}69 \cdot 10^{11}$ dyn/cm² und bei weichem Silber von $2{,}66 \cdot 10^{11}$ dyn/cm².

Der Einfluß der Kaltbearbeitung auf die Festigkeit und Härte ist ziemlich groß, wenn auch geringer als bei manchen anderen Metallen. Wie weiter oben gezeigt wurde, ist mit dem Auftreten der Verformungstextur teilweise eine starke Richtungsabhängigkeit dieser Eigenschaften verbunden. Die plastischen Eigenschaften hängen daher oft nicht so sehr vom Verformungsgrad als vielmehr von der Verformungsart ab. Ihre Größenordnung ist aus den Abb. 8 und 9 zu ersehen.

Änderung der chemischen Eigenschaften. Durch Kaltbearbeitung wird das Silber unedler. G. Tammann und C. Wilson[9] stellten jedoch bei der Messung des Potentials einer Kette

$$\text{Ag hart}/0{,}02 \ n\text{Ag}_2\text{SO}_4/\text{Ag weich}$$

ziemlich starke Schwankungen fest. Das nach jeweils 5 min. Tauchdauer

[1] Honda, K. u. Y. Shimizu: Nature, Lond. **1933**, 565.
[2] Honda, K. u. Y. Shimizu: Sci. Rep. Univ. Sendai [1] **20**, 460 (1931).
[3] Tammann, G. u. G. Bandel: Ann. Phys., Lpz. [5] **16**, 120 (1933).
[4] Noll, K.: Ann. Phys., Lpz. **53**, 895 (1894).
[5] Borelius, G.: Ann. Phys., Lpz. **60**, 381 (1919).
[6] Margenau, H.: Phys. Rev. [2] **33**, 1035 (1929); **40**, 800 (1932).
[7] Wertheim, A.: Pogg. Ann. **78**, 391 (1849).
[8] Tomlison: Trans. roy. Soc., Lond. [A] **174**, 1 (1883).
[9] Tammann, G. u. C. Wilson: Z. anorg. allg. Chem. **173**, 156 (1928).

gemessene Potential betrug 1 bis 10 mV, wobei in 20 Fällen das harte Silber, in 9 Fällen das weiche Silber unedler war. Durch Polieren oder Hämmern wird nach Fawsitt[1] das Potential um 5 bzw. 3 mV unedler.

Das unedlere Verhalten des harten Silbers kommt deutlicher bei der Fällungsgeschwindigkeit von Polonium aus wässerigen Lösungen zum Ausdruck. Tammann und Wilson[2] beobachteten an harten, geschmirgelten Silberoberflächen gegenüber weichen eine um 16,3% höhere Fällungskonstante. Bei Verwendung einer schwach sauren 10%igen Bleinitratlösung an Stelle einer reinen Poloniumlösung mit gleichem Poloniumgehalt wurde der Unterschied in der Fällungsgeschwindigkeit noch bedeutend verstärkt.

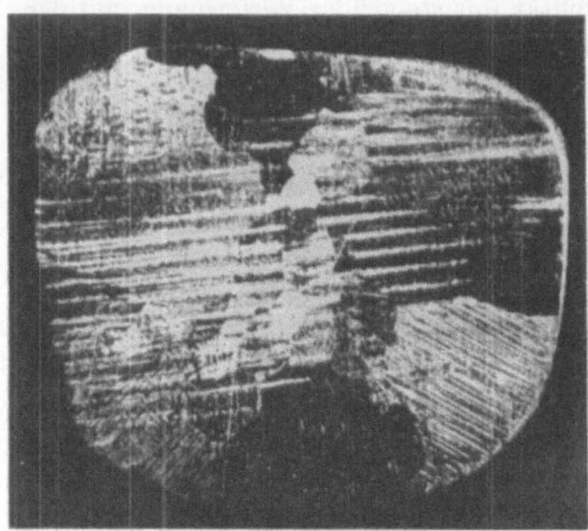

Abb. 10. Verstärkte Auflösung kalt verformter Gebiete von Silber bei der Ätzung mit Chrom-Schwefelsäure.

Die Steigerung der Auflösungsgeschwindigkeit des Silbers in Säuren durch Kaltverformung zeigt Abb. 10 an einem kleinen Silberkönig, bei dem durch das Ätzen nach dem Polieren die beim Sägen aufgetretene Kaltverformung wieder sichtbar wurde.

Hart gewalztes Silber reagiert, wie Beutel und Kutzelnigg[3] feststellten, schneller mit Eisenchlorid als umgeschmolzenes. Auf hart gewalztem Silber entsteht durch Angriff des Eisenchlorids eine dunkelbraun gefärbte Silberchloridschicht. Auf aus dem Schmelzfluß erstarrtem, nicht verformtem Silber bildet sich eine schmutzig weiße Schicht mit einem rötlichen Stich.

Die Ausbreitungsgeschwindigkeit des Hofes eines Quecksilbertropfens ist auf hartem Silber etwa doppelt so groß wie auf weichem. Auf hartem Silber maßen Tammann und Arntz[4] 0,25 $\pm$ 0,02 mm/min, auf weichem dagegen nur 0,12 $\pm$ 0,02 mm/min.

D. Die Erholung von den Folgen der Kaltbearbeitung.

Die Erholung des Silbers von der Kaltbearbeitung durch Erhitzen vollzieht sich in einem begrenzten Temperaturbereich, der für

[1] Referat, McDonald, D.: Met. Ind., Lond. 38, 242 (1931).
[2] Tammann, G. u. C. Wilson: Z. anorg. allg. Chem. 173, 137 (1928).
[3] Beutel, E. u. A. Kutzelnigg: Mh. Chem. Wien 61, 189 (1932).
[4] Tammann, G. u. F. Arntz: Z. anorg. allg. Chem. 192, 56 (1930).

alle Eigenschaften gleich ist[1]. Bei der graphischen Darstellung einer Eigenschaft von verformtem Silber in Abhängigkeit von der Temperatur beobachtet man daher stets in einem bestimmten engen Temperaturgebiet einen ausgesprochenen Wendepunkt, bei dem der harte Zustand in den weichen übergeht. Nach Tammann sinkt die Federkraft zwar schon von 20° an, der Wendepunkt ihrer Temperaturkurve stimmt aber trotzdem mit dem der anderen Eigenschaften überein. Die Temperatur des Wendepunktes, die gleichzeitig die Rekristallisationstemperatur des Silbers ist, schwankt innerhalb weiter Grenzen, und nicht immer läßt sich eine eindeutige Erklärung hierfür geben.

Mit zunehmendem Grade der Verformung sinkt die Rekristallisationstemperatur. Nach Tammann und Dreyer liegt sie nach 50%iger

Verformung 150° tiefer als nach 10%iger. Diese Abhängigkeit der Erholungs- und Rekristallisationstemperatur vom Grade der Kaltbearbeitung äußert sich auch in der Temperatur der Wärmeabgabe beim Erhitzen von kaltverformtem Silber[2].

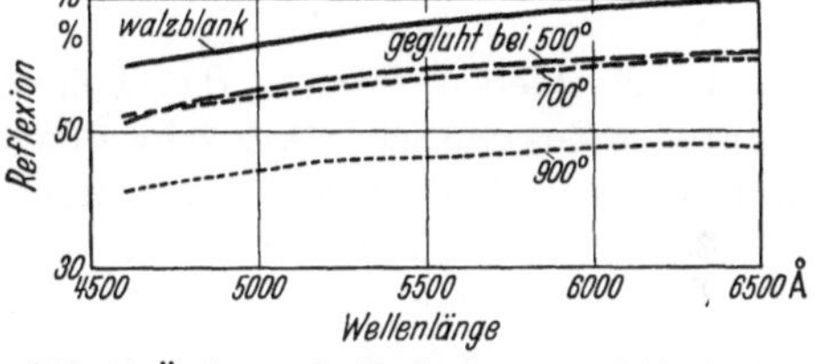

Abb. 11. Änderung der Reflexion von walzblankem Silber beim Glühen.

Der elektrische Widerstand von hartgezogenem Silberdraht (Bearbeitungsgrad 90%) fällt nach Tammann und Straumanis[3] am stärksten zwischen 200 und 300°. Bei höherer Glühtemperatur sinkt die Widerstandsabnahme zunächst langsam, dann schneller. Durch Glühen bei Temperaturen von mehr als 800° wird eine Widerstandszunahme beobachtet als Folge der Grobkristallisation und des damit verbundenen Auftretens kapillarer Hohlräume.

Die spiegelnde Reflexion von walzblankem, fettfreiem Silber sinkt bei der Rekristallisation im Hochvakuum um etwa 10%, bleibt mit steigender Glühtemperatur dann nahezu konstant, bis sie bei höherer Glühtemperatur durch die eintretende Sammelkristallisation wieder abfällt[4] (Abb. 11).

Die Zugfestigkeit-Temperaturkurve von kaltverformtem Silber zeigt nach Ingall[5] qualitativ den gleichen Verlauf wie die des unverformten Silbers. Mit steigendem Verformungsgrad fällt die Temperatur, bei der die geradlinige Abhängigkeit der Zugfestigkeit von der Temperatur aufhört, stark ab. Für ein um 75% verformtes Silber liegt sie bei 180°, ein nur um 25% verformtes Silber hat noch eine Wendetemperatur von 260°.

---

[1] Tammann, G.: Z. Metallkde. **24**, 220 (1932); **28**, 6 (1936).
[2] Sato, G.: Vgl. Fußnote 1, S. 36.
[3] Tammann, G. u. M. Straumanis: Z. anorg. allg. Chem. **169**, 372 (1928).
[4] Raub, E. u. M. Engel: Z. Metallkde. **31**, 342 (1939).
[5] Vgl. Fußnote 2, S. 20.

Nach Glocker und Kaupp[1] liegt die Rekristallisationstemperatur bei gleichem Gesamtwalzgrad um so tiefer, je größer die Dickenabnahme bei jedem Stich während des Walzens war. Widmann[2] stellte fest, daß auch die Temperatur, bei der Zwischenglühungen während der Bearbeitung vorgenommen werden, die Rekristallisation stark beeinflussen kann.

Durch Dauerbeanspruchung wird, wie Dehlinger[3] zeigte, die Rekristallisationstemperatur stark herabgesetzt. Nach einer Lastwechselzahl von 500000 und darüber ist röntgenographisch Kornneubildung festzustellen bei einem Silber, das unter normalen Bedingungen erst bei 180° rekristallisiert[4].

Neben den genannten Faktoren ist aber für die Rekristallisation der Reinheitsgrad des Silbers von ausschlaggebender Bedeutung. Geringe Mengen von Verunreinigungen können die Rekristallisationstemperatur stark verschieben. Schon das Feinsilber des Handels weist ohne absichtliche Zusätze sehr stark schwankende Rekristallisationstemperaturen auf, wie aus Zahlentafel 10 hervorgeht.

Besonders auffällig ist die Spontanrekristallisation, die gerade bei den Proben mit dem höchsten Reinheitsgrad nach längerem oder kürzerem Liegen bei Zimmertemperatur einsetzt. Durch einen geringen Kupfergehalt wird sie vollkommen unterbunden. Eisen, das nur in Spuren von Silber aufgenommen wird, bleibt ohne Einfluß, beschleunigt nach Osswald aber offenbar die Rekristallisationsgeschwindigkeit der bei Zimmertemperatur rekristallisierenden Proben.

Metalle, die mit Silber Mischkristalle bilden, wie Gold, Zink, Aluminium, Antimon und Kadmium, erhöhen die Rekristallisationstemperatur. Dabei sind die ersten kleinen Zusätze stets von besonders großem Einfluß. Größere Mengen an Zusatzmetall führen zum Auftreten von zwei Wendepunkten in den Eigenschaftstemperaturkurven des harten Silbers. Nach Parravano und Agostini[5] erhöht auch Wasserstoff die Rekristallisationstemperatur sehr stark, während Stickstoff, Kohlendioxyd und Sauerstoff nur einen geringen Einfluß haben.

---

[1] Glocker, R. u. E. Kaupp: Z. Metallkde. **16**, 377 (1924). — Glocker, R., E. Kaupp u. H. Widmann: Z. Metallkde. **17**, 353 (1925). — Glocker: Z. Phys. **31**, 386 (1925).

[2] Widmann, H.: Z. Phys. **45**, 200 (1927).

[3] Dehlinger, U.: Metallwirtsch. **16**, 26 (1931).

[4] W. Seith und G. Kupferle [Z. Metallkde. **29**, 218 (1937)] prüften die Anwendbarkeit der Emaniermethode nach Hahn auf die Bestimmung der Rekristallisationstemperatur. Während bei nicht bearbeitetem Silber die Emanationsabgabe mit der Temperatur stetig steigt, treten bei verformten Proben Abweichungen von diesem Verlauf auf, die bei der Temperatur des Rekristallisationsbeginns aber nur gering sind und erst bei höherer Temperatur durch die Umordnung der Kristallite stärker hervortreten.

[5] Parravano, N. u. P. Agostini: Atti R. Accad. Lincei Roma [5] **30**, 481 (1921).

Zahlentafel 10. Rekristallisationstemperatur von Silber verschiedenen
Reinheitsgrades.
Messung: röntgenographisch, Walzgrad 99%. (Nach Osswald.)

Bezeichnung bzw. Zusammensetzung der Probe	Rekristallisationstemperatur ° C	Zeit
Ag (a) (enthält 0,04 bis 0,05% Cu)	175	Sofort nach dem Auswalzen best. Rekristallisationstemperatur. Bei Zimmertemperatur keine Kornneubildung selbst nach 5 Monaten Lagern
Ag (a) + 0,2% Au	170	Desgl.
Ag (a) + 0,1% Fe	150	Desgl.
Ag (b) (chemisch rein, alte Lieferung, enthält Spuren Fe, Cu, Au)	95 / 25	Sofort nach dem Walzen. Nach 3 Wochen Lagerung vollständig rekristallisiert
Ag (c) (chemisch rein, neue Lieferung, enthält Spuren Cu)	25	Schon am Tage nach dem Walzen haben sich neue Körner gebildet
Ag (c) + 0,1% Fe	25	Desgl.
Ag (d) (analysenrein, enthält Cu-Spuren)	90 / 20	Sofort nach dem Walzen / Bei verschiedenen Proben nach 12 bis 22 Tagen nach dem Walzen
Ag (d) + 0,1% Fe	80 / 20	Sofort nach dem Walzen / 14 Tage nach dem Walzen schon vollständig rekristallisiert

T. H. Rose[1] fand für stark verformtes reines Silber die Temperatur
des Erholungsbeginns bei 80°. Nahezu vollständige Erholung war eingetreten nach $\frac{1}{2}$stündigem Erhitzen bei 400°. In weniger als einer
Minute war bei einer Glühtemperatur von 500° die Erholung beendet.
Durch einen Kupferzusatz von 7,5 bis 10% wurde die Temperatur des
Erholungsbeginns auf 230° heraufgesetzt. Nahezu vollkommen erholt
waren diese Legierungen nach $\frac{1}{2}$stündigem Glühen bei 500 bis 600°.
Bei einem Kupfergehalt von 20% begann die Erholung bei 300°, abgeschlossen war sie erst nach $\frac{1}{2}$stündigem Glühen bei 700°.

Wird gewalztes Silber erhitzt, so bleibt bis zur Erholungstemperatur
die Walztextur bestehen. Oberhalb der Wendetemperatur der Eigenschaften tritt Kornneubildung ein. Hierbei stellt sich aber nicht die regellose Verteilung der Kristallite ein, sondern es behält die [112]-Richtung
ihre parallele Lage zur Walzrichtung[2]. Die neu gebildeten Kristallite
entstehen unter Drehung um diese Richtung als Achse, so daß bei
der Rekristallisationstextur die Kristallite mit der (113)-Ebene
parallel der Walzebene liegen und nicht wie bei der Walztextur mit der

[1] Rose, T. H.: J. Inst. Met. 8, 86 (1912).
[2] Glocker, R. u. E. Kaupp: Z. Metallkde. 16, 377 (1924). — Glocker, R.,
E. Kaupp u. H. Widmann: Z. Metallkde. 17, 353 (1925).

(011)-Ebene. Die Rekristallisationstextur bleibt nach Glocker bei Glühtemperaturen bis zu 750° bestehen, mit Steigerung der Glühtemperatur tritt sogar eine Verschärfung der Rekristallisationslage der Kristallite ein. Durch längere Glühdauer bei Temperaturen von 200 bis 700° gelingt es nicht, den ungeordneten Verteilungszustand der Kristallite herzustellen. Erst nach einer Glühtemperatur von 850° ist die Rekristallisationstextur verschwunden und an ihre Stelle die willkürliche Anordnung der Kristallite getreten. Nach v. Göler und Sachs[1] kann die Rekristallisationstextur auch bis zu den höchsten Glühtemperaturen erhalten bleiben.

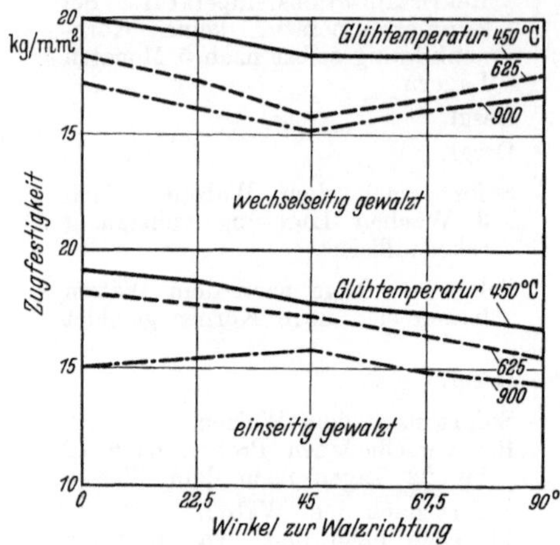

Abb. 12. Anisotropie der Zugfestigkeit von rekristallisiertem Silber.

Das Auftreten der Rekristallisationstextur führt, wie schon v. Göhler und Sachs feststellten, zu einer Umkehr der Anisotropie der Zugfestigkeit, die beim geglühten Silber parallel der Walzrichtung ihren Höchstwert, senkrecht zur Walzrichtung ihren Tiefstwert erreicht. Wie aus Abb. 12 ersichtlich, ändert sich das Verhalten etwas bei der höchsten Glühtemperatur, das Minimum der Zugfestigkeit senkrecht zur Walzrichtung bleibt aber bestehen.

Ändert man während der Kaltbearbeitung durch Walzen die Richtung nach jeweils gleichen Walzgraden um 90°, so treten nach dem Glühen bei höheren Temperaturen Anisotropieerscheinungen auf, die ähnlich denen bei anderen flächenzentriert kubischen Metallen sind. Unter 45° zu den beiden Walzrichtungen beobachtet man ein ausgesprochenes Minimum der Festigkeit (vgl. Abb. 12) und ein entsprechendes Maximum der Dehnung[2].

Das Kornwachstum bei konstanter Temperatur in Abhängigkeit von der Zeit kann nach Tammann und Crone[3] durch eine unsymmetrische Hyperbel dargestellt werden. Die Kornzahl n nach der Zeit z läßt sich durch die Gleichung

$$n \cdot z = k + b \cdot z$$

wiedergeben. In dieser Gleichung sind k und b zwei Konstanten.

Das Kornwachstum bei der Rekristallisation von Silber verschiedenen Verformungsgrades zeigt nach Feussner[4] den von anderen Metallen

[1] Göler, Frhr. v. u. G. Sachs: Z. Phys. **56**, 435 (1929).
[2] Raub, E.: Mitt. Forsch.-Inst. Edelmet. **121**, 89 (1937).
[3] Tammann, G. u. W. Crone: Z. anorg. allg. Chem. **187**, 294 (1930).
[4] Feussner, O.: Z. Metallkde. **19**, 342 (1927).

her bekannten Verlauf. Es tritt ein kleiner, mit steigender Temperatur schmaler werdender Verformungsbereich auf, in dem keine Rekristallisation eintritt, daran schließt sich das Gebiet der starken Grobkristallisation bei schwacher Verformung an. Mit steigendem Bearbeitungsgrad sinkt die Korngröße zunächst schnell, dann langsam. Bei den höchsten Glühtemperaturen wird die Körngröße vom Bearbeitungsgrade fast unabhängig. Das von J. Czochralski und J. Rohozinska[1] aufgestellte Rekristallisationsdiagramm (Abb. 13), weist in Abweichung von den Rekristallisationsdiagrammen anderer Metalle ein Minimum der Korngröße bei 10% Stauchgrad und 900° Glühtemperatur auf, je ein Maximum der Korngröße ist bei 2 und 25% Stauchung zu beobachten.

An stark verformtem Silber lassen sich nach Graf[2] bei der Rekristallisation die beiden nacheinander verlaufenden Vorgänge, die Bearbeitungsrekristallisation und die Oberflächenrekristallisation oder Sammelkristallisation sehr schön getrennt voneinander beobachten. Die Bearbeitungsrekristallisation, die nach erfolgter Keimbildung unter Weiterwachsen der Keime zum vollkommenen Verschwinden des Verformungsgefüges führt, ist sehr rasch abgeschlossen. Sie ist verbunden mit der sprunghaft bei gleicher Temperatur sich vollziehenden Erholung der Eigenschaften. Infolge der hohen Keimzahl ist das bei der Bearbeitungsrekristallisation entstehende Kristallkorn sehr fein. Zwischen 200 und 700° ändern sich Korngröße, Festigkeit und Dehnung nur sehr wenig. Bei 700° setzt die stark

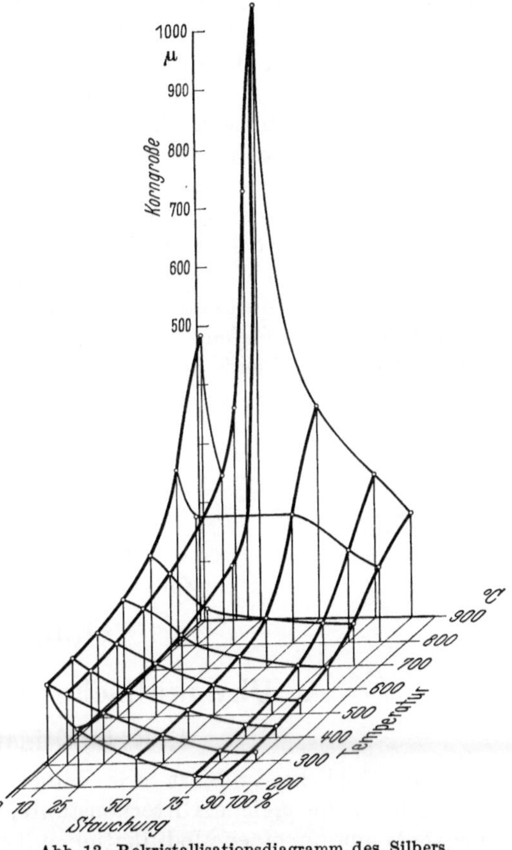

Abb. 13. Rekristallisationsdiagramm des Silbers.
(Nach Czochralski u. Rohozinska.)

---

[1] Czochralski, J. u. J. Rohozinska: Mitt. Inst. Met. Metallkde. Techn. Hochsch. Warschau 4, Nr. 3—4, 82 (1937).
[2] Graf, L.: Z. Metallkde. 30, 106 (1938).

zeitabhängige Sammelkristallisation[1], das Kornwachstum ohne vorherige Keimbildung, ein. Sie ist mit einem allmählichen, mit zunehmender Korngröße stärker werdenden Abfall von Festigkeit und Dehnung verbunden.

Außer durch Verformungsgrad und Glühtemperatur kann das Kornwachstum auch durch die Vorbehandlung und den Reinheitsgrad stark beeinflußt werden. So ist nach Widmann für das Kornwachstum bei der Rekristallisation die Temperatur, bei welcher Zwischenglühungen während der Bearbeitung vorgenommen wurden, von besonderer Bedeutung. Nach Saeftel und Sachs sinkt die Temperatur des Beginns der Grobkristallisation durch Zusatz von Zink, Kadmium und Antimon um 50 bis 100°.

Lange Glühdauer führt schon bei verhältnismäßig niedriger Glühtemperatur zu einem starken Kornwachstum. Nach K. W. Fröhlich[2] kommt ein mehrwöchiges Erhitzen auf 400 bis 600° in seiner Wirkung auf die Korngröße einem mehrstündigen Glühen bei 700 bis 800° gleich. Durch Sammelkristallisation entstandene Grobkörnigkeit hat eine starke Versprödung im Gefolge. Um der Kornvergröberung von Silber in Apparaten der chemischen Industrie, die oft lange Zeit hindurch erhöhter Temperatur ausgesetzt sind, zu begegnen, verwendet K. W. Fröhlich einen Zusatz von etwa 0,3 bis 0,5% Ni.

Zweiter Abschnitt.

Gold.

A. Physikalische Eigenschaften.

1. Kristallisation.

Das Gold kristallisiert wie Silber kubisch flächenzentriert und hat nahezu die gleiche Gitterkonstante, nämlich 4,070 cm^{-8}. Es tritt ebenfalls nur in einer Modifikation auf [3].

Die Natur der polierten Oberfläche ist wie bei anderen Metallen noch umstritten. Nach Hopkins[4] befindet sich an der polierten Ober-

---

[1] Saeftel, F. u. G. Sachs: Z. Metallkde. 17, 158 (1925). — Glocker, R., E. Kaupp u. H. Widmann: Z. Metallkde. 17, 353 (1925). — Widmann, H.: Z. Phys. 45, 200 (1927).

[2] Fröhlich, K. W.: Chem. Fabrik 12, 30 (1939).

[3] A. G. Quarell [Proc. phys. Soc., Lond. 49, 279 (1937)] schließt aus Untersuchungen mittels Elektronenstrahlen, daß die bei der Entstehung von Filmen sich abscheidende erste Atomschicht nicht kubisch flächenzentriert, sondern in hexagonaler dichtester Kugelpackung auftritt. Bei wachsender Schichtdicke geht das Gitter schrittweise in das kubische über. Die Untersuchung erstreckte sich außer auf Gold noch auf Silber, Palladium und Platin.

[4] Hopkins, H. G.: Trans. Faraday Soc. 31, 1095 (1935).

fläche eine 30 Å starke amorphe Schicht. Mit wachsender Tiefe unter der Oberfläche nimmt die Korngröße zu. Die amorphe Oberflächenschicht ist von dem ungestörten Untergrund durch eine Schicht gerichteter Kristallite getrennt[1].

Dünne Goldfilme sollten nach Berechnungen von Kramer und Zahn[2] bei 80° abs. einen Umwandlungspunkt amorph-kristallin aufweisen. Ein Sprungpunkt der elektrischen Leitfähigkeit konnte bisher aber selbst bei Schichten, die bei 20° abs. hergestellt wurden, nicht festgestellt werden[3].

Dünne galvanische Goldschichten aus zyankalischen Elektrolyten haben die Orientierung der Oberfläche des Grundmetalls. Stärkere Schichten sind so geordnet, daß die (111)-Ebene parallel der Ober-

Abb. 14. Schrumpfungsringe auf der Oberfläche eines Goldbarrens. Vergr. 25 ×.

fläche des Grundmetalles liegt[4]. Mit den Arbeitsbedingungen kann sich die Ordnung der Kristallite verschieben.

Bei der Kristallisation aus dem Dampf hängt die Anordnung der Kristallite von den Abscheidungsbedingungen, insbesondere von der Temperatur und der Struktur der Unterlage, ab. Im allgemeinen steigt der Grad der Orientierung, wie auch bei aufgedampften Schichten anderer Metalle, mit der Temperatur an[5].

Durch Kristallisation aus dem Schmelzfluß entstandene stengelige Kristallite liegen mit der [100]-Richtung in ihrer Längsrichtung[6].

In der Technik wird das Gold oft in liegende Formen zu kleinen, flachen Barren, mit 150 bis 200 g Gewicht gegossen. Auf der Oberfläche dieser Barren zeigen sich gewöhnlich kennzeichnende Schrumpfungsringe, die von dem zuerst erstarrten Rand ausgehen und die zuletzt verfestigten eingesunkenen Teile umschließen (Abb. 14).

---

[1] Lees, C. S.: Trans. Faraday Soc. **31**, 1102 (1935).

[2] Kramer. J. u. H. Zahn: Naturwiss. **20**, 792 (1932).

[3] Suhrmann, R. u. G. Barth: Phys. Z. **36**, 843 (1935).

[4] Finch, G. J. u. C. H. Sun: Trans. Faraday Soc. **1936**, 852.

[5] Brück, L.: Ann. Phys., Lpz. [5] **26**, 233 (1936). — Rüdiger, O.: Ann. Phys., Lpz. [5] **30**, 505 (1937).

[6] Nix, F. C. u. E. Schmid: Vgl. Fußnote 4, S. 7.

Bannister[1] beobachtete bei der Untersuchung der Sphärolithe auf der Oberfläche von Goldkörnern, wie sie bei der Feuerprobe durch Abtreiben mit Blei entstehen, ebenfalls den Kristallisationskeim umschließende Schrumpfungslinien.

Die Kristallisationsgeschwindigkeit nach dem Verfahren von Czochralski bestimmte Beckerowna[2] bei dendritischen Gold-Einkristallen zu 24 mm/min.

2. Dichte.

Für spektroskopisch reines Gold ergibt sich aus den Röntgeninterferenzen nach Owen und Yates[3] eine Dichte von 19,309 bei 0° und von 19,294 bei 20°. W. Trzebiatowski[4] beobachtete an bei 300° unter einem Druck von 15000 kg/cm² aus Goldpulver hergestellten Preßlingen einen Dichtehöchstwert von 19,11. Nach Krause und Sauerwald[5] fällt die Dichte des Goldes zwischen 18° und 1000° von 19,21 auf 18,23. Das spezifische Volumen des flüssigen Goldes ist eine geradlinige Funktion der Temperatur[6]. Die Erstarrungsschrumpfung ist 4,79%, nach Endo 5,1%. Zwischen 1200° und dem Beginn der Erstarrung schwindet das flüssige Gold um 0,94% des Volumens bei 1200°. Zwischen 1200 und 20° beobachteten Krause und Sauerwald eine Gesamtschwindung von 10,9%.

3. Thermische Eigenschaften.

Der Schmelzpunkt des Goldes liegt bei 1063°. Auf seine Lage ist die Zusammensetzung der Atmosphäre ohne Einfluß, da die normalerweise vorkommenden Gase nicht, oder wie z. B. Sauerstoff, nur sehr wenig gelöst werden. Metallische Verunreinigungen senken teilweise den Schmelzpunkt sehr stark. Sie sind aber leicht auszuschließen, da das Gold ohne Schwierigkeiten in genügendem Reinheitsgrad zu gewinnen ist.

Der Dampfdruck ist sehr viel niedriger als der des Silbers. Der genaue Verlauf der Dampfdruckkurve ist noch nicht festgelegt. Nach A. Eucken[7] sind nur die Messungen Hartecks genügend sicher, der nach der Effusionsmethode von Knudsen bei 1155 und 1200° einen Dampfdruck von $7 \cdot 10^{-5}$ bzw. $1,7 \cdot 10^{-4}$ mm Hg bestimmte.

Eucken berechnete mit Hilfe dieser Werte einen Siedepunkt von 3220° abs. bei 760 mm und von 2130° abs. bei 1 mm. Für die

---

[1] Bannister, C. O.: J. Inst. Met. **42**, 141 (1929).

[2] Beckerowna, Z.: Wiadomosci Institutu Metallurgi i Metalaszuawstwa 1934, I. Ref. J. Inst. Met. Abstr. **1936**, 385.

[3] Owen, L. A. u. E. L. Yates: Phil. Mag. [7] **15**, 472 (1933); **16**, 606 (1933).

[4] Trzebiatowski, W.: Z. phys. Chem. Abt. B **24**, 45 (1934).

[5] Krause, W. u. F. Sauerwald: Z. anorg. allg. Chem. **181**, 347 (1929).

[6] Vgl. auch A. Jouniaux: Bull. Soc. chim. Fr. [4] **47**, 682 (1930).

[7] Vgl. Fußnote 8, S. 8.

Verdampfungswärme (L_s) gibt er 82300 cal und für die Troutonsche Konstante die Zahl 25,6 als richtigste Werte an.

Die mehrfach beobachteten Unterschiede in der spezifischen Wärme des Goldes beruhen, wie Jaeger, Rosenbohm und Bottema[1] zeigten, darauf, daß der innere Zustand der Proben oft schlecht definiert ist und daß zum Ausgleich der Spannungen, die die spezifische Wärme beeinflussen, eine bestimmte Wärmebehandlung erforderlich ist. Für durch Schmelzen und langsame Abkühlung stabilisiertes Gold wurde von Jaeger und Mitarbeitern ein Temperaturgang der spezifischen Wärme nach der Formel $c_p = 0,031234 + 0,16635 \cdot 10^{-5}\,t + 0,46558 \cdot 10^{-8}\,t^2$ gefunden.

Bei tiefer Temperatur läßt sich die Temperaturabhängigkeit der spezifischen Wärme nicht durch die einfache Debyesche Funktion wiedergeben, obwohl das Gold regulär kristallisiert[2].

Die Atomwärme des flüssigen Goldes ist nach Kelley 7,00 und bleibt bis zu 1573° abs. innerhalb 5% konstant.

Die Schmelzwärme liegt bei 3,03 $\pm$ 0,2 kcal/g-At.

Gold hat bei 0° ein Wärmeleitvermögen von 0,744 cal/cm·sec·Grad, der Temperaturkoeffizient zwischen 0 und 100° ist 0,00400.[3] Bei einem Einkristall maßen Grüneisen und Goens[4] 3,72 und 0,799 cal/cm·sec·Grad bei —252 bzw. —190°. Nach Hämmern und längerem Glühen bei 380°, wodurch der Einkristall in ein feinkörniges, polykristallines Gold überging, war die Wärmeleitfähigkeit bei den gleichen Temperaturen mit Werten von 3,70 und 0,794 nur wenig geringer. Stark vermindert wird sie bei tiefen Temperaturen dagegen, ähnlich wie bei Silber, durch Verunreinigungen. Technisch reines, weich geglühtes Gold hat nach Grüneisen und Goens bei —252° nur eine Wärmeleitfähigkeit von 0,994.

In einem magnetischen Längsfeld von 10000 Gauß ändert sich die thermische Leitfähigkeit nicht meßbar[5]. Der Druckkoeffizient der Wärmeleitfähigkeit von 99,97%igem Gold ist nach C. Starr zwischen 0 und 12000 kg/mm² gleich 4,0 $\pm$ 0,4 · 10^{-6}.

Der Druckkoeffizient der Wiedemann-Franzschen Zahl ist gleich 1,0 $\pm$ 0,4 · 10^{-6}, bei einem Druckkoeffizienten der elektrischen Leitfähigkeit von 2,98 · 10^{-6}.

---

[1] Jaeger, F. M., E. Rosenbohm u. J. A. Bottema: Rec. Trav. chim. Pays-Bas **52**, 61 (1933).

[2] Clusius, K. u. P. Harteck: Z. physik. Chem. Abt. A **134**, 243 (1928).

[3] Andere Messungen liegen unter diesen von W. Meißner [Ann. Phys. (Lpz.) [4] **47**, 1001 (1915)] beobachteten Werten; am nächsten kommen ihnen die von W. G. Kannuluik [Proc. Roy. Soc. [A] **131**, 320 (1931)].

[4] Grüneisen, E. u. E. Goens: Z. Phys. **44**, 615 (1927).

[5] Brown, H. M.: Phys. Rev. **32**, 508 (1928).

Der Ausdehnungskoeffizient hat bei $0°$ einen Wert von $0{,}0_4140$, er steigt mit der Temperatur stetig. Borelius[1] errechnete aus den vorliegenden Messungen bei -200, -100 und $100°$ Ausdehnungskoeffizienten von $0{,}0_591$, $0{,}0_4130$ und $0{,}0_4146$.

4. Elektrische und magnetische Eigenschaften.

Gold hat bei $0°$ einen spezifischen elektrischen Widerstand von $2{,}06 \cdot 10^{-6}\,\Omega$.[2] Bei $1{,}34°$ abs. hat Meißner noch ein Widerstandsverhältnis R_T/R_O von $0{,}0_3291$ gemessen. Das Widerstandsverhältnis R_{1063}/R_{20} ist nach E. F. Northrup[3] $5{,}827$. Beim Schmelzpunkt hat das flüssige Gold einen $2{,}283$mal größeren Widerstand als das feste.

Besondere Beachtung verdient eine Beobachtung von de Haas, de Boer und van den Berg[4], nach der ein Widerstandsminimum bei einer Temperatur von $3{,}7°$ abs. auftritt. Der Widerstandsanstieg bis zu $1{,}63°$ abs. beträgt etwa 1%. Unterhalb $1°$ abs. ist der Widerstandsanstieg von sehr reinem Gold noch ausgeprägter, wodurch die Vermutung nahe gelegt wird, daß beim absoluten Nullpunkt der Widerstand unendlich wird[5].

Steigt der Restwiderstand des Goldes, z. B. durch Verunreinigungen, so verschiebt sich der Tiefstwert zu höherer Temperatur. Giauque, Stout und Clark[6] stellten bei Gold, das mit $0{,}1\%$ Ag legiert war, das Widerstandsminimum bei etwa $8°$ abs. fest. Bei $1{,}6°$ abs. lag der Widerstand etwa 2% höher als bei $4°$ abs.

Die Wiedemann-Franzsche Zahl ist bei tiefsten Temperaturen außerordentlich stark vom Reinheitsgrad abhängig. So wächst sie bei $21{,}2°$ abs. nach Grüneisen und Goens mit zunehmender Verunreinigung des Goldes von $1{,}05$ auf $3{,}06 \cdot 10^{-8}$.

Nach Barlow[7] hat das Ohmsche Gesetz bei Goldfolien von 10^{-5} cm Stärke bis zu einer Stromdichte von $2 \cdot 10^6$ A/cm² Gültigkeit. Bridgman[9] findet für Blattgold bei $5 \cdot 10^6$ A/cm² eine Abweichung von 1%.

Bei Goldpreßlingen, hergestellt aus fein verteiltem Metallpulver unter einem Druck von 30000 kg/cm², beobachtete Trzebiatowski[9]

---

[1] Borelius, G.: Masings Handbuch der Metallphysik, Bd. I, S. 224. Leipzig 1935.

[2] Meißner, W.: Ann. Phys. (Lpz.) [4] **47**, 1001 (1915). — An Einkristallen aus reinstem Gold haben E. Grüneisen u. E. Goens [Z. Phys. **44**, 615 (1927)] bei gleicher Temperatur $2{,}04 \cdot 10^{-6}\,\Omega$ bestimmt.

[3] Northrup, E. F.: J. Franklin Inst. **177**, 1287 (1914); **178**, 85 (1914).

[4] de Haas, W. J., J. de Boer u. G. J. van den Berg: Physica, Haag **1**, 1115 (1934).

[5] de Haas, W. J., H. B. G. Casimir u. G. J. van den Berg: Physica, Haag **5**, 225 (1938).

[6] Giauque, W. F., J. W. Stout u. C. W. Clark: Phys. Rev. **51**, 1108 (1937). Giauque, W. F. u. J. W. Stout: J. Amer. chem. Soc. **60**, 388 (1938).

[7] Barlow, H. M: Phil. Mag. (7) **9**, 1041 (1930).

[8] Bridgman, P. W.: Amer. Acad. Arts. Sci. **57**, 131 (1922).

[9] Vgl. Fußnote 4, S. 46.

einen spezifischen Widerstand von $2,8 \cdot 10^{-6}$. Der Temperaturkoeffizient des Widerstandes der Preßlinge zeigte einen ähnlichen Verlauf wie der dünner Schichten; dies wird auf adsorbierte Gasschichten und Rekristallisationsvorgänge zurückgeführt.

Bei dünnen Goldschichten nimmt der spezifische Widerstand mit abnehmender Schichtdicke zu. Bei grün und blau.durchscheinenden Schichten ist der Widerstandsanstieg nur klein, beim Übergang zu den rot durchscheinenden Schichten erreicht er sehr schnell außerordentlich hohe Werte[1]. Nach Krautkrämer ist die kritische Dicke, unter der der Widerstand rasch unendlich groß wird, bei 100° gleich 4,1 mμ, bei 200° gleich 16 bis 17 mμ. Auch bei dikkeren Schichten, deren spezifischer Widerstand wie beim kompakten Metall schon von der Schichtdicke unabhängig ist, beobachtet man noch einen irreversiblen, negativen Temperaturkoeffizienten des Widerstandes, wenn die Schichten bei genügend tiefer Temperatur hergestellt wurden. Deaglio[2] stellte fest, daß auch für dünne Goldfilme die von Biltz abgeleitete Abhängigkeit zwischen Leitfähigkeit und ihrem Temperaturkoeffizienten besteht[3].

Zahlentafel 11. Atomare Widerstandserhöhung des Goldes durch Mischkristallbildung. (Nach Linde.)

Element	$\dfrac{\mu\Omega \cdot cm}{At.\text{-}\%}$	Element	$\dfrac{\mu\Omega \cdot cm}{At.\text{-}\%}$
Cu	0,485	Rh	4,2
Ni	1,000	Pt	1,02
Co	6,1	Zn	0,96
Fe	7,66	Ga	2,2
Mn	2,41	Ge	5,2
Cr	4,25	Cd	0,64
Tl	14,4	In	1,41
Ag	0,38	Sn	3,63
Pd	0,407	Hg	0,41

Die atomare Widerstandserhöhung durch Metalle, die unter Mischkristallbildung aufgenommen werden, gibt Zahlentafel 11 nach Linde wieder. Bei Gold lassen diese Werte die gleichen Beziehungen des Widerstandsanstiegs zu der Stellung der betreffenden Elemente im periodischen System erkennen wie bei Silber.

Beim Zufügen eines b-Metalles nimmt der atomare Widerstand angenähert linear mit dem Quadrat seines Abstandes vom Gold im periodischen System zu. Weniger einfach liegen die Verhältnisse bei den Legierungen mit a-Metallen; bei diesen ist es notwendig, für die Deutung der Ergebnisse auch die quantenmäßigen Unterschiede in den Eigenschaften der Atome mit heranzuziehen.

Die Widerstandsänderung unter Druck wird von Bridgman[4] wiedergegeben durch die Gleichung:

$$\frac{\Delta R}{R} = -3,017 \cdot 10^{-6}\,p + 1,05 \cdot 10^{-11}\,p^2.$$

---

[1] Schulze, R.: Phys. Z. **34**, 24 (1933).

[2] Deaglio, R.: Z. Phys. **91**, 657 (1934).

[3] Wie bei anderen Metallen hängt die elektrische Leitfähigkeit dünner Goldfilme von den Herstellungsbedingungen und der Nachbehandlung stark ab.

[4] Bridgman, P. W.: Proc. Amer. Acad. Arts. a. Sci. [3] **70**, 71 (1935).

Mit sinkender Temperatur steigt bei tiefen Temperaturen der Druckkoeffizient des Widerstandes stark an.

Der Widerstandsanstieg durch Zug bei der Spannung s in kg/cm² ist nach Bridgman[1] $3{,}87 \cdot 10^{-6}$ s, nach Rollnick[2] $2{,}86 \cdot 10^{-6}$ s.

In einem senkrechten Magnetfeld steigt der Widerstand nahezu proportional, der Feldstärke und zwar bei tiefer Temperatur stärker als bei hoher. Bei Einkristallen fanden Justi und Scheffers[3] eine bisher bei kubischen Kristallen nicht bekannte Anisotropie, die darin besteht, daß die Zunahme des elektrischen Widerstandes nicht nur von Feldstärke und Temperatur, sondern vor allem auch von dem Winkel zwischen magnetischer Feldrichtung und den Kristallachsen abhängt. Es treten beim Drehen des Feldes um die [100]-Achse des Goldkristalls 8 Maxima auf, beim Drehen um die [111]-Achse 12 Maxima. Vergleiche mit Aluminium-, Kupfer- und Silber-Kristallen, die allerdings unreiner waren, ergaben eine viel geringere Anisotropie als bei Gold.

Bei der Untersuchung des magnetischen Koeffizienten bei tiefsten Temperaturen wurden mehrfach Anomalieerscheinungen beobachtet, die mit dem Widerstandsminimum des Goldes zusammenhängen dürften. Meißner und Scheffers[4] stellten bei 4,2° abs. unter Anwendung einer Feldstärke bis zu 200 Gauß einen Widerstandsabfall, bei höherer Feldstärke dagegen den normalen Widerstandsanstieg fest. Giauque und Stout[5] fanden für ein durch 0,1% Ag verunreinigtes Gold bei 1,63° abs. einen mit der Feldstärke ansteigenden negativen magnetischen Koeffizienten des Widerstandes. Bei 4,23° abs. zeigte das Gold wieder normales Verhalten. An einer anderen, ebenfalls stärker verunreinigten Goldprobe beobachteten J. W. Stout und R. E. Bareau[6], daß durch steigende Magnetfelder das Widerstandsminimum bei etwa 8° abs. verflachte, der magnetische Koeffizient des Widerstandes aber bis zu der tiefsten untersuchten Temperatur von 1,548° abs. ein positives Vorzeichen behielt. Die Extrapolation der Widerstandstemperaturkurven ergab jedoch für noch tiefere Temperaturen ebenfalls das Auftreten eines negativen magnetischen Koeffizienten des Widerstandes.

Deaglio[7] beobachtete bei der Aufladung von Goldfilmen mit 5000 V eine reversible Widerstandszunahme von bis zu 40%, Deubner[8] dagegen nur einen gerade noch meßbaren, sehr geringen Effekt. Eine eindeutige Erklärung dieser Unterschiede fehlt noch.

Das Gold bietet in der Elektrotechnik durch seine besonders hohe chemische Beständigkeit gegenüber den anderen Edelmetallen

---

[1] Bridgman, P. W.: Proc. Amer. Acad. Arts. a. Sci. **67**, 305 (1932).
[2] Vgl. Fußnote 7, S. 12.
[3] Justi, E. u. H. Scheffers: Phys. Z. **37**, 383, 475 (1936).
[4] Meißner, W. u. H. Scheffers: Phys. Z. **30**, 827 (1929); **31**, 574 (1930).
[5] Vgl. Fußnote 6, S. 48. [6] Vgl. Fußnote 7, S. 10.
[7] Deaglio, R.: Nuovo Cim. **11**, 288 (1934). [8] Vgl. Fußnote 10, S. 12.

gewisse Vorteile. Es ist im Gegensatz zu Silber praktisch vollkommen beständig gegen Schwefelverbindungen und bildet bei höherer Temperatur nicht in stärkerem Maße intermediäre, flüchtige Oxyde, durch die die Verluste durch Verdampfung erheblich gesteigert werden können. Diese Eigenschaften machen Gold als Kontaktmaterial besonders geeignet, allerdings sind bei der Verwendung für diesen Zweck die niedrigen Festigkeitseigenschaften und der gegenüber Platinmetallen niedrige Schmelzpunkt ein Nachteil.

Kingsbury[1] beobachtete in seiner für die Untersuchung von Kontaktmetallen gewählten Anordnung unter den geprüften Edelmetallen bei Gold die geringsten Volumenverluste an der Kathode. Der Gewichtsverlust war allerdings größer als bei Palladium, jedoch kleiner als bei Platin und insbesondere Silber.

C. Benedicks und J. Härdén[2] untersuchten die mit der Metallüberführung und den Metallverlusten bei Kontakten aus Gold und einigen seiner Legierungen auftretenden Fragen. Sie stellten fest, daß bei Änderung der Stromdichte die Metallübertragung zwischen den Kontakten sich nicht nur der Größe, sondern auch der Richtung nach ändert. Bei niedrigen Stromdichten wird allgemein Metall von der Anode zur Kathode übertragen. Mit steigender Stromdichte wächst der Metallverlust an der Anode zunächst an, nimmt dann aber ab und sinkt schließlich auf Null; mit weiterem Wachsen der Stromdichte verliert dann die Kathode mit dem Strom langsam ansteigend an Gewicht, während die Anode schwerer wird. Die Metallübertragung kehrt sich also bei einer bestimmten Stromdichte um. Der Metalltransport von Anode zu Kathode führt gewöhnlich zu einer zentralen Erhöhung der Kathode und einer kraterförmigen Aushöhlung der Anode. Der Metalltransport in umgekehrter Richtung läßt an den Randzonen der Anode leicht Auswüchse entstehen, die für die Arbeitsweise der Kontakte besonders störend sind. Für die Formänderungen der Kontaktstifte ist die Wärmeabfuhr besonders wichtig; bei rascherer Wärmeabfuhr, wie sie bei dünnen Stiften eintritt, zeigen die Kontakte besseres Verhalten als bei langsamer Wärmeabfuhr, wie sie dickere Stifte bei gleicher Stromdichte aufweisen.

Das reine Gold, das in der Praxis als Kontaktmaterial nicht selten Anwendung findet, ist unter den Arbeitsbedingungen, wie sie in der von Benedicks und Härdén benutzten Apparatur herrschten, als Kontaktmaterial weniger geeignet als seine Legierungen mit Kobalt, Mangan, Kupfer, Kadmium, Wolfram, Iridium, Silber und Platin. Unter den geprüften Legierungen zeigte das günstigste Verhalten ein Gold mit 7% Pt.

---

[1] Vgl. Fußnote 3, S. 13.
[2] Benedicks, C. u. J. Härdén: Z. techn. Phys. **13**, 71, 111, 166 (1932).

Die diamagnetische Suszeptibilität des Goldes ist nach den letzten vorliegenden Messungen von de Haas und van Alphen[1] bei 14,2° abs. gleich — 0,139 · 10⁻⁶, bei + 16° gleich — 0,132 · 10⁻⁶, also wie die des Silbers von der Temperatur nur wenig abhängig. K. Honda[2] hat beim Schmelzen einen Suszeptibilitätssprung von — 0,071 · 10⁻⁶ festgestellt.

Von den elektromagnetischen und thermomagnetischen Effekten ist der Hall-Koeffizient von verschiedenen Bearbeitern innerhalb eines weiten Gebietes von Feldstärke und Temperatur untersucht worden. Über die anderen Effekte liegen Messungen von E. H. Hall[3] vor, dessen Ergebnisse Zahlentafel 12 wiedergibt.

Zahlentafel 12. Galvanometrische und thermomagnetische Effekte. (Nach Hall.) Feldstärke 9000 Gauß.

Effekt	Temperatur °C	Wert
Hall	+ 25	— 704 · 10⁻⁶
	+ 55	— 699 · 10⁻⁶
Ettinghausen .	+ 25	— 1,1 · 10⁻⁹
	+ 55	— 0,6 · 10⁻⁹
Nernst	+ 25	— 181 · 10⁻⁶
	+ 55	— 181 · 10⁻⁶
Righi-Leduc . .	+ 25	— 300 · 10⁻⁹
	+ 55	— 264 · 10⁻⁹

Aus den Literaturauszügen von A. Goetz[4] ist wie bei Silber bei sehr tiefen Temperaturen eine starke Zunahme des negativen Wertes des Hall-Koeffizienten zu entnehmen. Von W. Frey wurde der Hall-Koeffizient bis zu 840° herauf verfolgt, die Messungen bei den tiefen Temperaturen wurden von Kamerlingh-Onnes und Beckman durchgeführt.

Warburton und Todd[5] beobachteten an dünnen, durch Kathodenzerstäubung hergestellten Goldfilmen beim Erhitzen von Raumtemperatur auf 110° einen anormalen Verlauf des Hall-Koeffizienten, ähnlich dem des elektrischen Widerstandes.

Die Thermokräfte von reinem Gold gegen eine Normalsilberlegierung, die bis zu tiefen Temperaturen herab Borelius, Keesom, Johansson und Linde[6] verfolgten, sinken mit fallender Temperatur und werden bei etwa — 235° negativ[7].

---

[1] Haas, W. J. de u. P. M. van Alphen: Proc. Akad. Wetensch. Amsterd. **36**, 263 (1933).

[2] Vgl. Honda, K. u. Y. Shimizu: Nature, Lond. **136**, 393 (1935).

[3] Hall, E. H.: Proc. nat. Acad. Amer. **11**, 416 (1925). Phys. Rev. (2) **26**, 820 (1925).

[4] Goetz, A.: Landolt-Börnstein-Roth: Phys.-Chem. Tabellen, Erg.-Bd. I, S. 667.

[5] Warburton, F. W. u. J. W. Todd: Phys. Rev. **37**, 775 (1931).

[6] Borelius, G., W. H. Keesom, C. H. Johansson u. J. O. Linde: Proc. Akad. Wetensch. Amsterd. [1] **33**, 17 (1930).

[7] Eine Zusammenstellung der zahlreichen Messungen über die thermoelektrische Kraft von Gold verschiedenen Reinheitsgrades gegen andere Metalle ist in dem Tabellenwerk von Landolt-Börnstein-Roth zu finden.

Deaglio[1] beobachtete zwischen massivem Gold und grün durchscheinenden Filmen mit einem elektrischen Widerstand von $5 \cdot 10^5$ bis $10^9\,\Omega$ eine thermoelektrische Kraft von (5 bis 40) 10^{-4} V bei einer Temperaturdifferenz der beiden Verbindungsstellen von 50°.[2]

Beim Gold steigt unterhalb 76° abs. der von Borelius und Mitarbeitern aus den Thermokräften berechnete Thomson-Koeffizient steil an, ohne jedoch, im Gegensatz zu Silber, irgendwelche Andeutungen für das Vorhandensein eines Maximums aufzuweisen. Während der Thomson-Koeffizient von Silber und Kupfer im Minimum negativ wird, bleibt er beim Gold positiv[3].

Der Peltier-Effekt von Gold gegen Kupfer ist nach Borelius[4] bei 0° 0,0813 mcal/Coul.

5. Optische Eigenschaften.

Das Gold reflektiert das weiße Tageslicht in gelber Farbe. Dementsprechend ändert sich das Reflexionsvermögen mit der Wellenlänge im sichtbaren Licht schon stark. Während es im Ultrarot mit wachsender Wellenlänge langsam zunehmend nahezu gleich 100% wird, beginnt es bei etwa $5500 \cdot 10^{-8}$ cm steil abzufallen, um im langwelligen Ultraviolett ein schwach ausgeprägtes Minimum zu durchlaufen, auf das bei weiter sinkender Wellenlänge wieder ein Maximum folgt. Der quantitative Verlauf der Reflexionskurve ist sowohl an massivem Gold wie auch an auf verschiedene Weise hergestellten Goldüberzügen mehrfach gemessen worden und ist aus Abb. 15 zu entnehmen.

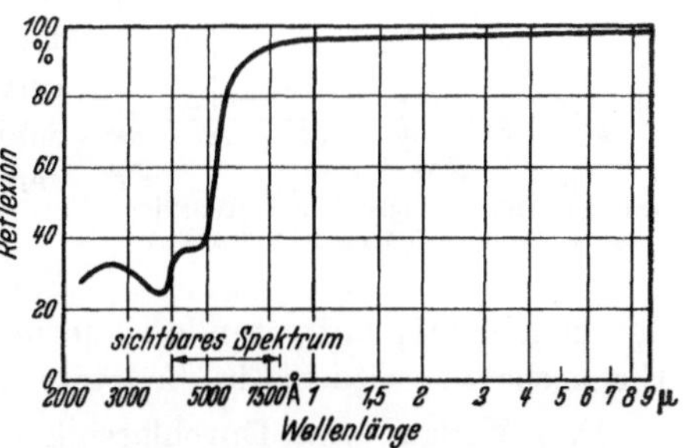

Abb. 15. Die Reflexion des Goldes.

Zwischen —180° und +100° weist nach Fujioka und Wada[5] die Reflexionskurve im sichtbaren Licht und im Ultraviolett keinen einheitlichen Temperaturgang auf. Im allgemeinen liegt bei —180° die Reflexion jedoch tiefer als bei +100°.

Dickere Goldfilme erscheinen im durchfallenden Licht grün. Mit abnehmender Stärke beobachtet man blaue, violette und rote Farben.

---

[1] Deaglio, R.: C. R. Acad. Sci., Paris **202**, 831 (1936).

[2] Die Filme wiesen dagegen gegenüber massivem Gold in Wasser keinen meßbaren Potentialunterschied auf. Erst bei blau oder rot durchscheinenden Goldhäutchen war bei gleicher Versuchsanordnung gegenüber massivem Gold ein starker Spannungsunterschied festzustellen.

[3] Vgl. auch Sansoni, M.: Nuovo cim. **1935**, 616.

[4] Borelius, G.: Ann. Phys. **56**, 388 (1918).   [5] Vgl. Fußnote 1, S. 16.

Die Farbe ist zum Teil wenig stabil[1]. Besonders unbeständig sind die rot durchscheinenden dünnsten Filme. Wie andere physikalische Eigenschaften, so weisen auch die optischen Konstanten bei den Farbübergängen kennzeichnende Merkmale auf. So tritt bei dem Übergang zu den rot durchscheinenden Filmen ein plötzlicher Anstieg der Reflexion auf, der zu einem ausgesprochenen Maximum führt[2]. Diesem Maximum der Reflexion entspricht ein Minimum der Durchlässigkeit, das den Anstieg der Durchlässigkeitskurve mit sinkender Schichtstärke unterbricht. Bei den grün durchscheinenden dickeren Schichten nimmt mit steigender Wellenlänge die Reflexion sehr stark zu, nicht hingegen bei den blauen und roten Schichten. Bei den grünen Filmen bleibt nach Haringhuizen und Mitarbeitern die Absorption von der Wellenlänge unabhängig, wenn diese etwa $5000 \cdot 10^{-8}$ cm übersteigt, während die dünneren Filme zwischen 5000 und 7000 $\cdot 10^{-8}$ cm ein deutliches Maximum der Absorption aufweisen, das sich mit abnehmender Schichtdicke zu kürzeren Wellenlängen verschiebt.

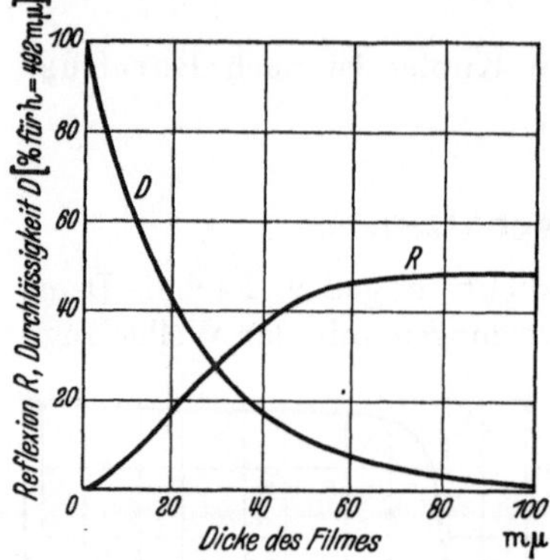

Abb. 16. Durchlässigkeit und Reflexion von Goldfilmen. (Nach R. Schulze.)

Die Deutung der verschiedenen Färbungen bei den Goldschichten und der gleichzeitig auftretenden anormalen Änderungen der physikalischen Eigenschaften wird bis in die letzte Zeit in verschiedener Weise gesucht.

Den Verlauf von Durchlässigkeit und Reflexion mit zunehmender Schichtdicke gibt nach R. Schulze Abb. 16 für die Wellenlänge wieder, die dem Maximum der Durchlässigkeit im sichtbaren Licht entspricht. Bis zur Dicke des Filmes von etwa 50 mμ ändern sich beide Eigenschaften rasch, mit weiterer Zunahme der Schichtdicke nähern sie sich allmählich dem Verhalten des kompakten Goldes.

Das Gold weist zwei ausgesprochene Maxima der Durchlässigkeit auf. Das erste liegt im sichtbaren Licht bei etwa $4900 \cdot 10^{-8}$ cm, das zweite im Ultraviolett bei $2950 \cdot 10^{-8}$ cm, letzteres ist für alle Metalle der ersten Nebengruppe des periodischen Systems kennzeichnend[3]. Bre-

---

[1] Vgl. z. B. L. Hamburger: Kolloid-Z. **23**, 177 (1919). — Haringhuizen, P. J., D. A. Was u. A. M. Kruithof: Physica, Haag **4**, 695 (1937). — Beobachtungen über die Abhängigkeit der Farbe von der Wärmebehandlung siehe besonders S. R. Swamy: Proc. roy. Soc., Lond. [A] **131**, 307 (1931).

[2] Schulze, R.: Vgl. Fußnote 1, S. 49. — Haringhuizen, P. J., D. A. Was u. Kruithof: Vgl. Fußnote 1, S. 54.

[3] Haringhuizen, P. J., D. A. Was u. A. M. Kruithof: Vgl. Fußnote 1, S. 54. — Vgl. auch Hartzler, H. H.: J. opt. Soc. Amer. **24**, 339 (1934).

chungsindex und Absorptionskoeffizient bleiben bis zu einer Schichtdicke von 2 mμ konstant, bei den niedrigsten Schichtdicken ändern sie sich[1].

Die Grenzwellenlänge der photoelektrischen Emission liegt für 20° bei $2650 \cdot 10^{-8}$ cm und für 740° bei $2610 \cdot 10^{-8}$ cm. Die photoelektrische Austrittsarbeit ist bei diesen Temperaturen 4,82 bzw. 4,73 V.

Die glühelektrische Austrittsarbeit beträgt bei 1350° abs. 3,9 V.[2]

6. Mechanische Eigenschaften.

Die Oberflächenspannung des flüssigen Goldes sinkt mit steigender Temperatur nahezu linear. Zwischen 1120° und 1310° fällt sie nach Krause und Sauerwald[3] von 1128 auf 1109 dyn/cm.

Sawai u. Nishida[4] bestimmten bei einem Blattgold von $7,7 \cdot 10^{-4}$ mm Stärke zwischen 650 und 850° die Belastung, bei der weder Schrumpfung noch Verlängerung eintritt und errechneten auch die Schrumpfungskraft in diesem Temperaturgebiet in gleicher Weise wie bei Blattsilber. Tammann und Boehme[5] maßen an elektrolytisch hergestellten Gold-häutchen die Schrumpfungstemperatur, die Schrumpfungsgeschwindigkeit und die Oberflächenspannung des festen Goldes.

Die Schrumpfungstemperatur der Goldschlägerfolien liegt bei gleicher Dicke nahezu 200° höher als die elektrolytisch hergestellter Lamellen; dies führen Tammann und Boehme auf Unterschiede in der Struktur und auf die geringere Reinheit der Goldschlägerfolie zurück.

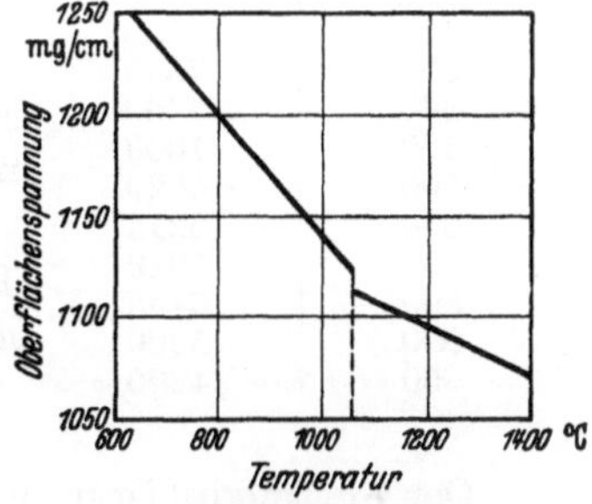

Abb. 17. Oberflächenspannung von Gold.
(Nach Tammann u. Boehme.)

Zur Feststellung der Oberflächenspannung von Goldlamellen bestimmten Tammann und Boehme für gleiche Temperaturen die Anfangsgeschwindigkeit der Längenänderung und ihre Abhängigkeit von der Belastung. Die Belastung, bei der die so erhaltene Isotherme die Nullachse schneidet, also weder Verlängerung noch Verkürzung eintritt, ist doppelt so hoch wie die Oberflächenspannung. Abb. 17 zeigt den Verlauf der Oberflächenspannung beim festen und flüssigen Gold in Abhängigkeit von der Temperatur. Beim festen Gold fällt mit steigender Temperatur die Oberflächenspannung linear, beim Übergang vom festen in den flüssigen Zustand tritt eine geringe sprunghafte Abnahme ein.

---

[1] Woltersdorff, W.: Z. Phys. **91**, 230 (1934).

[2] Borelius, G.: Physikalische Eigenschaften der Metalle. In G. Masing: Handbuch der Metallphysik, Bd. I, S. 445—451.

[3] Krause, W. u. F. Sauerwald: Z. anorg. allg. Chem. **181**, 357 (1929).

[4] Vgl. Fußnote 2, S. 18.

[5] Tammann, G. u. W. Boehme: Ann. Pys. [5] **12**, 820 (1932).

Beim flüssigen Gold sinkt mit steigender Temperatur die Oberflächenspannung wiederum linear, aber langsamer.

Bartell und Miller[1] beobachteten bei der Messung des Kontaktwinkels zwischen Gold, Silber oder Platin und nicht mischbaren Flüssigkeiten, sowie zwischen diesen Metallen und Flüssigkeit und Luft sehr starke Schwankungen bei Änderungen der Oberfläche der Metallproben, wie sie z. B. durch Wärmebehandlung in verschiedenen Atmosphären hervorgerufen werden.

Die elastischen Eigenschaften des Goldes sind nur wenig verschieden von denen des Silbers. Eine Elastizitätsgrenze tritt beim Zugversuch nach McKeown und Hudson[2] nur dann auf, wenn das Gold nicht vollkommen weichgeglüht ist. Bei um 5% kalt verformtem Gold maßen McKeown und Hudson eine Proportionalitätsgrenze von 2,02 kg/mm², die durch Glühen nur langsam sank; nach $^1/_2$ stündigem Erhitzen auf 300° betrug sie noch 0,93 kg/mm².

Zahlentafel 13 gibt nach Köster[3] den Elastizitätsmodul bei 20° und seine Änderung mit der Temperatur bis zu 950° wieder.

Jaquerod und Mügli fanden für die Temperaturabhängigkeit des Elastizitätsmoduls zwischen 0 und 100° die Formel

$$\frac{e}{e_0} = 1 - 0{,}0_3 39875 \; t.$$

Zahlentafel 13.
Elastizitätsmodul
von Gold.
(Nach W. Köster.)

Temperatur ° C	E-Modul kg/mm²
20	7900
100	7750
200	7550
300	7300
400	7000
500	6620
600	6215
700	5810
800	5405
900	5000
950	4800

Der Gleitmodul ist nach Grüneisen bei reinem Gold 0,282·10⁶ kg/cm², die Querkontraktionszahl 0,420.

Die Änderung des Gleitmoduls über größere Temperaturgebiete hinweg wurde von Guye und Schapper (—195° bis +100°), Koch und Dannecker (0° bis 900°), Jokibé und Sakai (53° bis 318°) und Kikuta (26° bis 912°) bestimmt[4]. Nach Bridgman ist der Koeffizient der Kompressibilität bei 30° 0,58·10⁻⁶.

Die plastischen Eigenschaften des Goldes gibt Zahlentafel 14 wieder.

---

[1] Bartell, F. E. u. M. A. Miller: J. phys. Chem. 40, 889 (1936).

[2] McKeown, J. u. O. F. Hudson: Vgl. Fußnote 1, S. 19.

[3] Köster, W.: Briefliche Mitteilung. Frühere Messungen bei Raumtemperatur: Grüneisen, E.: Ann. Phys., Lpz. 22, 801 (1907). 0,812 · 10⁶ kg/cm². — Jaquerod, A. u. H. Mügli: Helv. phys. Acta 4, 3 (1931). 0,806 · 10⁶ kg/cm². — McKeown, J. u. O. F. Hudson (vgl. Fußnote 1, S. 19) 0,724 · 10⁶ bis 0,795 · 10⁶ kg/cm², je nach Vorbehandlung.

[4] Siehe Landolt-Börnstein-Roth: Phys.-Chem. Tabellen, Erg.-Bd. I, S. 15. 1927.

Die Plastizität, gekennzeichnet durch die Geschwindigkeit der Verlängerung bei einer Belastung, die wenig über der Streckgrenze liegt, ist nach Schogi bei Gold höher als bei Silber. Für die untersuchten Metalle ergab sich nach sinkender Plastizität geordnet die Reihenfolge: Cd, Pb, Sn, Au, Zn, Ag, Al, Cu. Versuche von Lonsdale über die Längenänderung bei der Torsion mit geringer Belastung führten zu gleichen Ergebnissen wie bei Silber.

Die Härtezahlen liegen für Gold durchweg etwas niedriger als für Silber. Der höhere Wert der Pendelhärte dürfte darauf zurückzuführen sein, daß von Sandifer[1] ein unreines Gold verwendet wurde.

Der Fließdruck des Goldes steigt nach Holm und Meißner[2] mit sinkender Temperatur im Gegensatz zu Silber und Platin verhältnismäßig langsam.

Zahlentafel 14. Plastische Eigenschaften des Goldes.

Eigenschaft	Wert
Zugfestigkeit in kg/mm^2	12,2
Dehnung in %	40—50
Bruchquerschnittsabnahme in %	90—94
Brinellhärte in kg/mm^2	18,5
Skleroskophärte	3—4
Pendelhärte[3]:	
Zeithärte $T_{0,21}$	9,38
Skalenhärte $S_{0,21}$	2,3
Ritzhärte:	
Mohs	2,4
Martens	3,7
Fließdruck in kg/cm^2	
bei 293° abs.	$1,3 \cdot 10^3$
bei 20° abs.	$2,7 \cdot 10^3$

Die Dauerfestigkeit von weichgeglühtem Gold mit einer Brinellhärte von 28 kg/mm^2 liegt, wie Lauderdale, Dowell und Casselman[4] durch Biegeschwingungsversuch feststellten, bei 3,24 kg/mm^2. Eine vergleichsweise mitgeprüfte Dentallegierung, die 75% Au, 12,75% Ag, 6,25% Cu und 6% Pt enthielt, hatte bei einer Brinellhärte von 115 kg/mm^2 eine Schwingungsfestigkeit von 20,04 kg/mm^2.

Auf die außerordentlich hohe Verformbarkeit des Goldes gründet sich eines der ältesten Gewerbe, die Goldschlägerei, die für die verschiedensten Zwecke der Vergoldung dünne Goldfolien herstellt. Die gewöhnlich erreichte Dicke des Blattgoldes liegt bei etwa $^1/_{9000}$ mm[5], womit aber bei weitem nicht die Grenze des Möglichen erreicht ist. Für die Herstellung des Blattgoldes verwendet man Feingold, daneben aber auch vielfach Legierungen mit wechselndem Silber- und Kupfergehalt. Durch die Zusatzmetalle gelingt es, Blattgold verschiedener Farbe herzustellen, allerdings dürfen die Zusätze nur einige Prozent

[1] Sandifer, D. A. N.: J. Inst. Met. 44, 115 (1930).

[2] Holm, R. u. W. Meißner: Z. Phys. 74, 736 (1932).

[3] Reinheitsgrad des Goldes: 99,5% Au.

[4] Lauderdale, R. H., R. L. Dowell u. K. Casselmann: Metals & Alloys 10, 24 (1939).

[5] Blattsilber erreicht eine Stärke von etwa $^1/_{5000}$, Rauschgold (Messing) von $^1/_{2500}$ mm.

erreichen, wenn die durch die verminderte Dehnbarkeit erreichbare Mindestdicke nicht zu sehr erhöht werden soll[1].

Die Herstellung des Blattgoldes aus dem Gußstück geschieht heute zumeist durch Kaltwalzen, mit Zwischenglühungen bis zu einer Dicke[2] von 0,02 mm. Unter dem Federhammer wird das Goldblech weiter gestreckt. Bei dieser Arbeit werden etwa 500 durch Pergamentzwischenlagen getrennte quadratische Bleche von 2,5 auf 15 cm Kantenlänge gehämmert. Die darauf folgende Feinarbeit geschieht von Hand durch den Goldschläger, der etwa 1000—1200 Folien, die durch Zwischenlagen aus der sog. Goldschlägerhaut[3] getrennt sind, mit verschiedenen Hämmern bis zur gewünschten Stärke bearbeitet[4].

Folien gleichmäßiger Dicke, wie sie durch Goldschlägerei nicht zu gewinnen sind, lassen sich nach einem Verfahren von Müller elektrolytisch herstellen. Hierbei wird das Gold auf eine stärkere Hilfsschicht zunächst niedergeschlagen. Der dünne Goldniederschlag wird dann noch mit einer Metallschicht überzogen und die Hilfsschichten, in die das Gold eingebettet ist, schließlich weggelöst[5].

Sachs und Weerts[6] stellten an Goldkristallen ebenso wie an Silberkristallen eine deutliche Streckgrenze bei einer kritischen Schubspannung von 0,091 kg/mm² fest.

Die von Goens[7] gemessenen Werte der elastischen Konstanten von Einkristallen stimmen mit denen von Röhl überein, soweit sie die Anisotropie betreffen, die für den Elastizitätsmodul 2,72:1 und für den Gleitmodul 1:2,26 wie bei Silber ist. Für die Hauptelastizitätskonstanten findet jedoch Goens die folgenden, von denen Röhls abweichenden Werte:

$$S_{11} = 23,3 \cdot 10^{13} \ \text{cm}^2/\text{dyn},$$
$$S_{12} = 10,65 \cdot 10^{13} \ \text{cm}^2/\text{dyn},$$
$$S_{44} = 23,80 \cdot 10^{13} \ \text{cm}^2/\text{dyn}.$$

Ebert[8] beobachtete bei der Kompression unter 1506 kg/cm² eine Längenänderung von 0,295 mm/m, unter 3999 kg/cm² eine solche von 0,750 mm/m. Der Koeffizient der kubischen Kompressibilität von Goldeinkristallen ist gleich $0,588 \cdot 10^{-6}$ und ist etwas höher als beim polykristallinen Gold, ändert sich allerdings weniger mit dem Druck.

---

[1] Zusammensetzung verschiedener Blattgoldlegierungen s. L. Sterner-Rainer: Die Edelmetallegierungen in Industrie und Gewerbe, S. 126. Leipzig 1930.

[2] Die Walzbarkeit geht bei Gold und den andern gut verformbaren Edelmetallen (Silber, Platin, Palladium) bis auf $^2/_{1000}$ mm herab. [Müller, C.: Metallwirtsch. 7, 472 (1928)].

[3] Besonders präparierte Oberhaut des Blinddarms des Rindes.

[4] Nähere Angaben s. Th. Wolf: Metallbörse 25, 114, 146 (1935).

[5] Müller. C.: Metallwirtsch. 7, 472 (1928).   [6] Vgl. Fußnote 6, S. 20.

[7] Goens, E.: Phys. Z. 37, 321 (1936).   [8] Vgl. Fußnote 3, S. 21.

Goldeinkristalle verfestigen bei der Belastung unter Zug zunächst schneller als Silbereinkristalle. Mit steigender Belastung verlangsamt sich die Verfestigung aber mehr als bei diesem.

B. Chemische Eigenschaften.

1. Sauerstoff und Oxyde.

Sauerstoff und die anderen Bestandteile der Luft verändern in der Kälte und Hitze die Oberfläche des Goldes nicht sichtbar. Bei Beobachtungen über das anodische Verhalten in Salzsäure wiesen jedoch Müller und Löw[1] nach, daß auch das Gold sich mit einer unsichtbaren Oxydschicht bedeckt. Thiessen und Schütza[2] konnten an feinverteiltem Gold eindeutig den chemischen Nachweis für die Bildung von Goldoxyd erbringen. So oxydierte sich z. B. ein durch Reduktion mit Wasserstoff bei 350° aus Goldoxyd hergestelltes Gold bei 450° in Sauerstoff so stark, daß das auf der Oberfläche entstandene Oxyd durch Ablösen leicht nachweisbar war[3].

Auf das Vorhandensein von Oxyd auf der Oberfläche von Gold ist auch die, gegenüber Silber allerdings geringe, keimtötende Wirkung zurückzuführen.

Clark und Wolthuis[4] vermuten auf Grund von Untersuchungen der Elektronenbeugung an Goldfolien, die in verschieden zusammengesetzter Atmosphäre auf 350—450° erhitzt wurden, das Auftreten eines Oxyds.

Walmsley[5] konnte in Goldnebeln, die er durch Lichtbogenübergang zwischen Goldelektroden in Sauerstoffatmosphäre erzeugte, stets nur Metall, niemals Oxyd nachweisen.

Die Auflösung des Goldes in Silikatschmelzen in Gegenwart von Sauerstoff, die für die Bildung des sog. Rubinglases Bedeutung hat, vollzieht sich nicht kolloidal oder molekular, sondern chemisch in der Weise, daß das Gold bei der Aufnahme als chemische Verbindung gelöst wird[6].

---

[1] Müller, W. J. u. E. Löw: Ber. dtsch. Chem. Ges. **1935 I**, 989.

[2] Thiessen, P. A. u. H. Schütza: Z. anorg. allg. Chem. **243**, 32 (1939).

[3] Schon G. Neumann [Mh. **13**, 40 (1892)] beobachtete nach längerem Erhitzen von Gold bei etwa 450° im Sauerstoffstrom und nachträglicher Reduktion mit Wasserstoff eine Aufnahme von Sauerstoff durch Gold.

[4] Clark, G. L. u. E. Wolthuis: J. appl. Physics 8, 630 (1937). Ref. Chem. Zbl. **1938 I**, 1543.

[5] Walmsley, H. P.: Phil. Mag. 7, 1097 (1929).

[6] Eitel, W. u. B. Lange: Z. anorg. allg. Chem. **171**, 168 (1928). — Lange, B.: Veröff. K.-Wilh.-Inst. Silikatforschg. 3, 5 (1930).

2. Säuren und Laugen.

Gegenüber den meisten Säuren ist Gold beständig. Wie jedoch Tammann und Brauns[1] zeigten, wird es von Schwefelsäure und Salzsäure merklich angegriffen. In Schwefelsäure wird die Löslichkeit bei 250° deutlich und steigt mit der Temperatur. In Schwefelsäure, deren Temperatur durch Zugabe von 50% Natriumsulfat auf 350° gesteigert werden konnte, beobachteten Tammann und Brauns nach 1stündigem Erhitzen auf 345° einen Gewichtsverlust von 0,032 bis 0,078 mg/10 cm² Oberfläche, wobei die Auflösung mit der Zeit stark stieg. Die Löslichkeit des Goldes in heißer, konzentrierter Schwefelsäure ist auf die oxydierenden Eigenschaften derselben zurückzuführen.

Von hochkonzentrierter, chlorfreier Salpetersäure (s = 1,5) wird das Gold schon bei 20° merklich gelöst.

Für die Vorgänge bei der Bildung von Goldlagerstätten ist die Löslichkeit in Ferrisulfat- und Ferrichloridlösungen von Bedeutung. Der Angriff dieser Lösungen steigt mit ihrem Gehalt an freier Säure, mit der Temperatur und dem Druck[2].

Laugen greifen in der Kälte und in der Hitze das Gold nicht merklich an. Leicht löslich ist es dagegen in Alkalicyanidlösungen bei Anwesenheit von Sauerstoff. Für die Gewinnung des Goldes aus seinen Erzen ist diese Reaktion von besonderer technischer Bedeutung[3]. Neben verdünntem Königswasser oder Säuren mit Zusatz von stärkeren Oxydationsmitteln ist auch eine Wasserstoffsuperoxyd enthaltende Cyankalilösung, die sich allerdings rasch zersetzt, ein beliebtes metallographisches Ätzmittel für Gold und Goldlegierungen.

3. Halogene.

Am schnellsten gelöst wird das Gold von freien Halogenen. Das eigentliche Lösungsmittel ist daher auch das Königswasser (3 Teile HCl und 1 Teil HNO_3), in dem es sich unter Bildung von $AuCl_3$ bzw. $HAuCl_4$ rasch löst. Bei Raumtemperatur löst nach Rabald 10%iges Königswasser 7,5 g/m²Tg., konzentriertes dagegen 12960 g/m²Tg. Auch von flüssigem Chlor wird Gold verhältnismäßig leicht unter Bildung von Goldtrichlorid[4] angegriffen. Im Chlorstrom tritt nach H. Borchers[5] bei niedriger Temperatur langsam Chlorierung ein, mit steigender Temperatur beginnt das Chlorid sich zu verflüchtigen. Bei etwa 300° zerfällt es, mit weiter steigender Temperatur nehmen daher Chlorierung und

---

[1] Tammann. G. u. E. Brauns: Z. anorg. allg. Chem. **200**, 212 (1931).

[2] Ogryzlo, S. P.: Econ. Geol. **30**, 400 (1935); Chem. Zbl. **1935 II**, 2192. — Milner, R. L.: Proc. Nova Scotian Inst. Sci. 18, 267 (1935); Chem. Zbl. **1935 II**, 2192.

[3] Alle Einzelheiten über die Cyanidlaugerei sind aus dem hüttenkundlichen Schrifttum zu entnehmen.

[4] Meyer, J. u. W. Aulich: Angew. Chem. **44**, 22 (1931).

[5] Vgl. Fußnote 5, S. 32.

Verflüchtigung ab. Zwischen etwa 400 und 700° tritt keine Chlorierung ein. Das bei hoher Temperatur entstehende Chlorid ist bei der Bildungstemperatur sehr flüchtig, so daß die Chlorierungs- und Verflüchtigungskurven zusammenfallen.

C. Folgen der Kaltbearbeitung.

Der Verformungsvorgang ist für Gold und Silber gleich. Die Verformungstexturen beider Metalle weichen aber teilweise voneinander ab.

Schmid und Wassermann[1] beobachteten bei stark abgeätzten gezogenen Golddrähten die gleichen bevorzugten Lagen wie bei Silber und Kupfer, nämlich die [100]- und die [111]-Richtung parallel der Zugrichtung, der Anteil beider Lagen ist aber je 50%. Die Streuung der Einstellung ist größer als bei Silber und Kupfer. Beim gewalzten Gold tritt wie bei anderen flächenzentriert kubischen Metallen neben der [112]-Textur als zweite Lage die [111]-Richtung parallel der Walzrichtung geordnet auf. Parallel der Walzebene sind die (110)- und die (112)-Ebene gelagert.

Bei Goldschlägerfolien ist nach S. Tanaka[2] die (110)-Ebene parallel der Oberfläche der Folie geordnet.

Der Einfluß der durch die Kaltbearbeitung auftretenden Textur auf die mechanischen Eigenschaften wurde bisher nicht untersucht. Aus der Gleichheit der Texturen dürfen wir aber ähnliche Ergebnisse wie bei Kupfer und Aluminium erwarten.

Die Dichte von hart gezogenem Golddraht ist nach Kahlbaum und Sturm[3] 19,2504, die des weichgeglühten 19,2601. Honda und Shimizu[4] fanden bei der Verformung durch Pressen eine kontinuierliche Abnahme der Dichte von 19,2697 beim Preßdruck 0 auf 19,2452 bei einem Gesamtpreßdruck von 83120 kg.

Jaeger, Bottema und Rosenbohm[5] fanden für kalt bearbeitetes Gold eine höhere spezifische Wärme als für geschmolzenes und langsam erstarrtes.

Der elektrische Widerstand steigt bei reinem Gold durch Kaltbearbeitung um 1,6%. Durch Silber wird dieser Wert zunächst erniedrigt, durchläuft bei 2,5% Ag ein Minimum, um mit weiter steigendem Silbergehalt wieder zu wachsen[6].

---

[1] Schmid, E. u. G. Wassermann: Vgl. Fußnote 1, S. 34.

[2] Tanaka, S.: Mem. Coll. Sci. Kyoto Imp. Univ. (A) 10, 183 (1927).

[3] Kahlbaum, G. W. A. u. E. Sturm: Z. anorg. allg. Chem. 46, 217 (1905).

[4] Honda, K. u. Y. Shimizu: Sci. Rep. Univ. Sendai (1) 20, 460 (1931).

[5] Jaeger, F. M., J. A. Bottema u. E. Rosenbohm: Proc. Akad. Wetensch. Amsterd. 35, 763 (1932).

[6] Tammann, G. u. K. L. Dreyer: Vgl. Fußnote 8, S. 36.

Die Widerstandszunahme im senkrechten Magnetfeld ist gleich 0,16 für hartes Gold bei einer Feldstärke von 300 kGauss und der Temperatur der flüssigen Luft. Geglühtes Gold erreicht nach Kapitza bei der Temperatur des flüssigen Stickstoffs eine Widerstandsänderung von 0,28 bei 300 kGauss.

Seemann und Vogt[1] beobachteten bei gewalztem Gold eine magnetische Suszeptibilität von $-0,138 \cdot 10^{-6}$. Nach dem Glühen bei 800° und langsamer Abkühlung stieg die diamagnetische Suszeptibilität auf $-0,141 \cdot 10^{-6}$. Der Einfluß der Kaltbearbeitung auf die magnetische Suszeptibilität ist danach klein, aber immerhin meßbar.

Hartes Gold mit 93% Ziehgrad weist gegenüber weichgeglühtem eine thermoelektrische Kraft von $+0,045 \cdot 10^{-6}$ V/° C auf[2]. Bei Verformung durch Tordieren tritt ebenfalls eine geringe thermoelektrische Kraft auf. Tammann und Bandel beobachteten bei einer Torsion von $6 \cdot 360°$/cm gegen nicht tordierten weichen Draht eine thermoelektrische Kraft von $0,01 \cdot 10^{-6}$ V/° C.

Tammann und Boehme[3] stellten fest, daß bei Gold durch Kaltverformung die Temperatur des Beginns der Graustrahlung von 398 auf etwa 388°, also um 10°, herabgesetzt wird; Platin zeigte das gleiche Verhalten, beim Silber konnte dagegen kein Unterschied festgestellt werden.

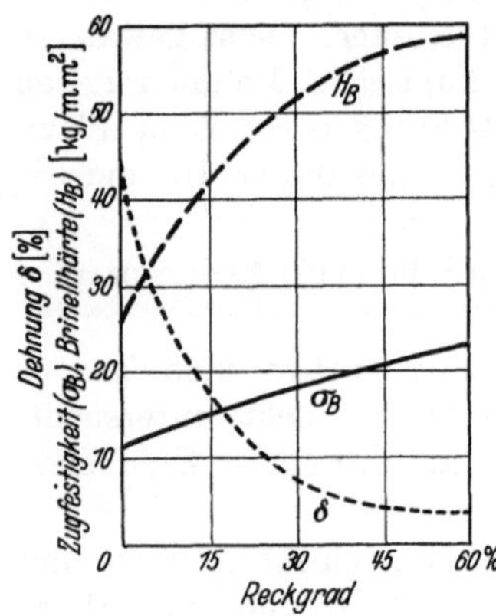

Abb. 18. Änderung der plastischen Eigenschaften von Gold durch Kaltwalzung. (Nach Sterner-Rainer.)

Die im Schrifttum zu findenden Angaben über die mechanischen Eigenschaften von kaltverformtem Gold hat Burkhardt[4] zusammengestellt. Die verschiedenen Werte stimmen teilweise wenig überein, sie sind infolge des voneinander abweichenden Zustandes der untersuchten Proben meistens nicht miteinander vergleichbar. Die Abhängigkeit von Zugfestigkeit, Dehnung und Brinellhärte vom Bearbeitungsgrad bestimmte Sterner-Rainer[5] bis zu Verformungen von 60% (Abb. 18). Die Bruchquerschnittsabnahme wird nach Sachs bei Drähten durch Ziehen bei einer Querschnittsabnahme von 49% nur wenig beeinflußt. Die Änderung

[1] Seemann, H. J. u. E. Vogt: Ann. Phys., Lpz. [5] 2, 980 (1929).
[2] Tammann, G. u. G. Bandel: Vgl. Fußnote 3, S. 37.
[3] Tammann, G. u. W. Boehme: Ann. Phys., Lpz. [5] 7, 863 (1933).
[4] Burkhardt, H.: Die mechanisch-technologischen Eigenschaften der reinen Metalle, S. 325—329. Berlin 1935.
[5] Sterner-Rainer, L.: Die Edelmetallegierungen in Industrie und Gewerbe, S. 55, Leipzig 1930.

der Pendelhärte mit dem Bearbeitungsgrad ermittelte Sandifer[1]. Der durch Bearbeitung erreichte Maximalwert betrug für die Zeithärte bei 0,21 mm Pendellänge 20,34, gegenüber dem ursprünglichen Wert von 9,48.

An Goldpulver, das unter hohem Druck gepreßt wurde, erreichte Trzebiatowski bei 200° einen Härtehöchstwert, der den durch Kaltbearbeitung erreichten um ein Vielfaches übertraf.

D. Erholung von den Folgen der Kaltbearbeitung.

Wie bei Silber erholen sich alle Eigenschaften des kaltbearbeiteten Goldes nach Tammann bei der gleichen Temperatur, die auch die Rekristallisationstemperatur ist. Die Wendetemperatur der Eigenschaften ist auch durch eine starke Abhängigkeit vom Bearbeitungsgrad gekennzeichnet. Die Wendetemperatur ist allerdings teilweise nicht so scharf ausgeprägt wie bei Silber.

Das Gold hat wie Kupfer, Aluminium und Nickel als Rekristallisationstextur die Würfellage, die gekennzeichnet ist durch Ordnung der [100]-Richtung in die Walzrichtung und der (001)-Ebene parallel der Walzebene.

Nach Tammann[2] bleibt bei 100° die Fasertextur des harten Bleches auch nach längerem Erhitzen noch bestehen. Nach 2stündigem Erwärmen auf 200° läßt sich jedoch Kornneubildung in den Fasern beobachten. Bei Steigerung der Erhitzungstemperatur bleiben bis etwa 600° die Grenzen der Fasern sichtbar, das Gefüge des Rekristallisationskornes tritt aber in steigendem Maße hervor. Ab 700° ist starkes Kornwachstum zu beobachten. Bei diesen höheren Glühtemperaturen konnte zwar eine gewisse Umordnung der Kristallite beobachtet werden, regellose Verteilung wurde jedoch auch bei 1000° nicht erreicht. Bei den Verschiebungen der Grenzen der Kristallite durch Kornwachstum bleiben die alten Grenzen zunächst sichtbar. Bei längerer Erhitzung tritt dann starke Zwillingsbildung auf[3].

Nach Rose[4] beginnt die Rekristallisation von um 97% verformtem Gold mit dem Beginn der Erholung der Härte und ist erst nach vollkommener Erholung abgeschlossen. Kornwachstum durch Sammelkristallisation tritt ähnlich wie bei Silber erst nach beendeter Bearbeitungsrekristallisation ein.

Für die Rekristallisationstemperatur finden sich im Schrifttum Werte zwischen 100 und 400°. Die Ursache hierfür dürfte weniger in der verschiedenen Art der Meßmethode bzw. in nicht gleichem Bearbeitungsgrade liegen als in Verunreinigungen des Goldes. Besonders stark ist

---

[1] Vgl. Fußnote 1, S. 57.

[2] Tammann, G.: J. Inst. Met. 44, 60 (1930).

[3] Vogel, R.: Z. anorg. allg. Chem. 126, 13 (1923).

[4] Rose, T. K.: J. Inst. Met. 10, 162 (1913).

unter Umständen der Einfluß von Gasen auf die Rekristallisationstemperatur[1].

Nach Tammann und Dreyer[2] rekristallisiert reines Gold mit einem Bearbeitungsgrad von 97% bei 115°. Portevin und Chevenard[3] finden den Wendepunkt für den Gleitmodul von hart gezogenem Golddraht bei etwa 225°. Nach Czochralski und Wrzesinska liegt die Rekristallisationstemperatur zwischen 200 und 400°. Durch Verunreinigungen steigt sie im allgemeinen. Geringe Silbermengen bleiben allerdings

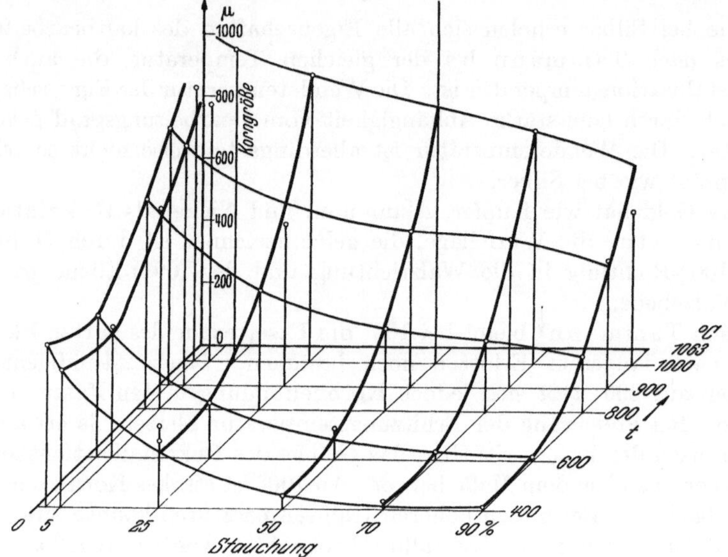

Abb. 19. Rekristallisationsdiagramm des Goldes. (Nach Czochralski u. Wrzesinska.)

ohne stärkeren Einfluß. Bei Silbergehalten von 5% und mehr treten zwei Wendepunkte auf. Für eine Legierung mit 5% Ag liegt die Temperatur des oberen Wendepunktes bei 250, die des unteren bei 90°. Viel stärker als Silber beeinflußt Kupfer die Wendetemperatur der Härte des Goldes. Nach Rose wird durch 10% Cu die Temperatur des Rekristallisationsbeginns von 80 auf 300° erhöht. Die Temperatur, bei der nach weniger als einer Minute die Erholung nahezu abgeschlossen ist, steigt von 200° für reines Gold auf 600° für die Legierung mit 10% Cu. Nach Sachs[4] führt die Sammelkristallisation bei hoher Glühtemperatur nicht zu einer deutlichen Versprödung des Goldes. Die Zugfestigkeit sinkt zwar, die Bruchquerschnittsabnahme bleibt aber erhalten.

---

[1] Parravano, N. u. P. Agostini: Vgl. Fußnote 5, S. 40.

[2] Vgl. Fußnote 8, S. 36.

[3] Portevin, A. M. u. P. Chevenard: C. R. Acad. Sci., Paris **181**, 716 (1925).

[4] Sachs, G.: Sachs-Fiek; Der Zugversuch, S. 120. Leipzig 1926.

Das Rekristallisationsdiagramm des Goldes stellten Czochralski und Wrzesinska[1] auf (Abb. 19). Es wurden dabei gestauchte Goldproben mit einem Verformungsgrad von 2 bis 90% benutzt und diese zwischen 200 und 1000° rekristallisiert. Das Diagramm zeigt keine Abweichungen von dem bekannten Schema anderer Metalle.

Dritter Abschnitt.

Platinmetalle.

A. Physikalische Eigenschaften.

1. Kristallisation.

Palladium, Iridium und Platin haben ein kubisch flächenzentriertes Gitter, Umwandlungen konnten bei ihnen nicht beobachtet werden.

Die Allotropieverhältnisse des Rhodiums sind noch nicht vollkommen geklärt. Dieses Metall tritt in zwei Modifikationen auf. Ein eigentlicher Umwandlungspunkt, gekennzeichnet durch diskontinuierliche Übergänge der Eigenschaften, wurde bisher jedoch nicht beobachtet. Auch die um 1200° mehrfach festgestellten Eigenschaftsänderungen sind kein Beweis für das Auftreten eines Umwandlungspunktes bei dieser Temperatur. Nach Jaeger[2] handelt es sich beim Rhodium um einen Fall von dynamischer Allotropie, wobei sich bei jeder Temperatur ein bestimmtes Gleichgewicht zwischen beiden Modifikationen einstellen sollte, wenn nicht die Gleichgewichtseinstellung gehemmt würde. Zwischen 1100 und 1200° ist die Zustandsänderung nach dem Verhalten mancher Eigenschaften offenbar am deutlichsten. Von den beiden auch röntgenographisch beobachteten Modifikationen ist die kubisch flächenzentrierte β-Form, die bei genügend hoher Temperatur allein existieren dürfte, am besten untersucht. Das α-Rhodium hat ein einfaches kubisches Gitter.

Osmium kristallisiert in hexagonaler dichtester Kugelpackung, es besteht nur in einer Modifikation. Dagegen tritt Ruthenium in mehreren Modifikationen auf. Bei der Messung der Atomwärme zwischen 0 und 1600° fanden Jaeger und Rosenbohm[3] Umwandlungspunkte bei etwa 1035, 1200 und 1500°. Näher untersucht wurde bisher nur das α-Ruthenium, das ein Gitter von hexagonal dichtester Kugelpackung besitzt.

---

[1] Czochralski, J. u. E. Wrzesinska: Mitt. Inst. Met. Metallkde. Techn. Hochsch. Warschau 4, 79 (1937).

[2] Jaeger, F. M.: Z. anorg. allg. Chem. 203, 99 (1931).

[3] Jaeger, F. M. u. E. Rosenbohm: Rec. Trav. chim. Pays-Bas 5, 1 (1932).

Die Gitterkonstanten der Platinmetalle sind in Zahlentafel 15 zusammengestellt.

Über die Ausbildung von Texturen bei der Kristallisation und über die Wachstumsformen von Platinmetallkristallen liegen Beobachtungen vor, die sich hauptsächlich auf dünne Filme, vor allem des Platins und Palladiums, beziehen; hierbei konnten ähnliche Gesetzmäßigkeiten der Orientierung der Kristallite festgestellt werden wie bei Gold- und Silberfilmen[1]. Sprungpunkte der elektrischen Leitfähigkeit, die nach Kramer auf dem Übergang des amorphen Zustandes in den kristallinen beruhen, wurden bei Platin- und Palladium-Filmen[2] festgestellt, solange die Dicke der Filme etwa $300 \cdot 10^{-8}$ cm nicht übersteigt. Im Hochvakuum auf Glimmer aufgedampfte Rhodium- und Iridiumschichten weisen dagegen nach Auwärter und Ruthardt keine diskontinuierliche Leitfähigkeitszunahme bei bestimmter Temperatur auf.

Zahlentafel 15.
Gitterkonstanten
der Platinmetalle.

Metall	Gitterkonstante $\cdot 10^{-8}$ cm	c/a
Ruthenium α	$a = 2,69$	1,59
Rhodium . .	$a = 3,795_6$	
Palladium .	$a = 3,881$	
Osmium . .	$a = 2,724$	1,585
Iridium . . .	$a = 3,831_2$	
Platin . . .	$a = 3,915$	

2. Dichte.

Man unterscheidet die Platinmetalle nach ihrer Dichte in die drei leichten und die drei schweren Platinmetalle. In jeder Gruppe weichen

Zahlentafel 16. Dichte der Platinmetalle bei 20° C.

Metall	d_{20}	Metall	d_{20}
Ruthenium	12,3	Osmium	22,48
Rhodium (spektr. rein) . . .	$12,41_4$	Iridium (99,8 % Ir.)	$22,65_0$
Palladium (spektr. rein) . .	12,027	Platin (spektr. rein)	21,447

die Dichtewerte nur wenig voneinander ab (Zahlentafel 16). Dichtemessungen bei hoher Temperatur fehlen[3].

Jaeger und Rosenbohm konnten bei Rhodium nach verschiedener Wärmebehandlung keine Dichteunterschiede feststellen.

---

[1] Dembinska, S.: Z. Phys. **54**, 46 (1929). — Thomson, G. P., N. Stuart u. C. A. Murison: Proc. phys. Soc., Lond. **45**, 381 (1933). — Finch, G. J.: Proc. roy. Soc., Lond. **49**, 114 (1937). — Rüdiger, O.: Vgl. Fußnote 5, S. 45.

[2] Kramer, J.: Z. Phys. **106**, 675 (1937). — Auwärter, M. u. K. Ruthardt: Z. Elektrochem. **44**, 581 (1938).

[3] Die Temperaturabhängigkeit des Atomvolumens der Platinmetalle bestimmten G. Destrian [J. Chim. physique **33**, 527 (1936)] und E. Owen u. E. W. Roberts [Z. Kristallogr. **96**, 497 (1937)].

3. Thermische Eigenschaften.

Der Schmelzpunkt ist für die beiden höchstschmelzenden Platin-metalle, Ruthenium und Osmium, noch nicht genau ermittelt. Ruthenium schmilzt bei etwa 2500°, Osmium zwischen 2500 und 2700°. Zahlentafel 17 zeigt, daß bei den leichten und auch bei den schweren Platinmetallen mit steigendem Atomgewicht der Schmelzpunkt fällt. Das schwere Platinmetall hat jeweils einen höheren Schmelzpunkt als das entsprechende leichte. Die gleiche Reihenfolge beobachtet man bei den allerdings nur in grober Annäherung bekannten Siedepunkten.

Zahlentafel 17. Thermische Eigenschaften der Platinmetalle.

Metall	Schmelzpunkt ° C	Schmelz-wärme cal/g	Siede-temperatur ° C
Ruthenium	höher als Iridium	46	2700
Rhodium .	1966 $\pm$ 3	52	2500
Palladium .	1553 $\pm$ 2	34,2	2200
Osmium. .	höher als Ruthenium	35	5300
Iridium . .	2454 $\pm$ 3	28	4800
Platin . .	1773,5 $\pm$ 1	23,7	4200

Nach Moissan sind alle Platinmetalle im Lichtbogen destillierbar. Die verhältnismäßig leichte Verdampfbarkeit des Platins kann man an elektrischen Platindrahtöfen feststellen, bei denen aber gewöhnlich durch die Gegenwart von Sauerstoff die Verdampfung beeinflußt wird. Den Verdampfungsbeginn beobachtete Boldyrew[1] bei 1010°[2]. Der Dampfdruck des Platins wurde von Langmuir und Mackay[3] durch Messung der Verdampfungsgeschwindigkeit von Platindrähten festgestellt. Die nach diesen Messungen von Eucken[4] neu berechneten Werte des Dampfdruckes gibt Zahlentafel 18 wieder.

Zahlentafel 18. Dampfdrucke des Platins. (Nach Jones, Langmuir und Mackay). (Neuberechnet von Eucken.)

$t°$ abs.	p mm Hg
1700	$3,09 \cdot 10^{-7}$
1800	$2,28 \cdot 10^{-6}$
1900	$1,35 \cdot 10^{-5}$
2000	$0,67 \cdot 10^{-4}$

Den Siedepunkt berechnete Eucken zu 4400° abs. und die Verdampfungswärme L_s zu 112000 cal. Daraus ergibt sich eine Troutonsche Konstante von 25,5.

Zahlentafel 19 gibt nach einer Zusammenstellung von Atkinson und Raper[5] die mittleren spezifischen Wärmen der Platinmetalle zwischen 0 und 100° wieder. Die leichten Platinmetalle haben eine fast doppelt so hohe spezifische Wärme wie die schweren. Nach Jaeger und Mitarbeitern ist die spezifische Wärme gegen Änderungen im Zustand der Proben besonders empfindlich.

---

[1] Boldyrew, A. K.: Zbl. Min. Geol. Paläont. A **1930**, 408.

[2] Offenbar war bei diesen Versuchen der Sauerstoff nicht ausgeschlossen, der von starkem Einfluß auf die Verdampfung von Platin ist.

[3] Langmuir, J. u. G. M. J. Mackay: Phys. Rev. **4**, 377 (1914).

[4] Eucken, A.: Metallwirtsch. **15**, 67 (1936).

[5] Atkinson, R. H. u. A. R. Raper: J. Inst. Met. **59**, 199 (1936).

Zahlentafel 19. Spezifische Wärme, Wärmeleitfähigkeit und lineare Ausdehnung der Platinmetalle.

Metall	Mittlere spezifische Wärme zwischen 0 und 100° C cal/g	Wärmeleitfähigkeit bei 17 bis 18° C cal / cm Grad sec	Lineare Ausdehnung	
			$\beta \cdot 10^{-6}$	Temperatur ° C
Ruthenium . .	0,061	—	7,0	0—100
Rhodium . . .	0,058	0,210	8,5	12—30
Palladium . . .	0,0590	0,1683	11,86	50
Osmium	0,031	—	6,57	40
Iridium	0,032	0,141	6,58	17—100
Platin	0,0319	0,167	8,99	0—100

Jaeger und Rosenbohm[1] maßen für alle sechs Platinmetalle die spezifische Wärme über ein weites Temperaturgebiet hinweg und klärten dabei die Allotropieerscheinungen beim Ruthenium auf. In den Abb. 20 und 21 sind die Temperaturkurven der Atomwärme nach Jaeger und Rosenbohm dargestellt. In der Kurve des Rutheniums treten die 4 früher erwähnten Modifikationen deutlich hervor.

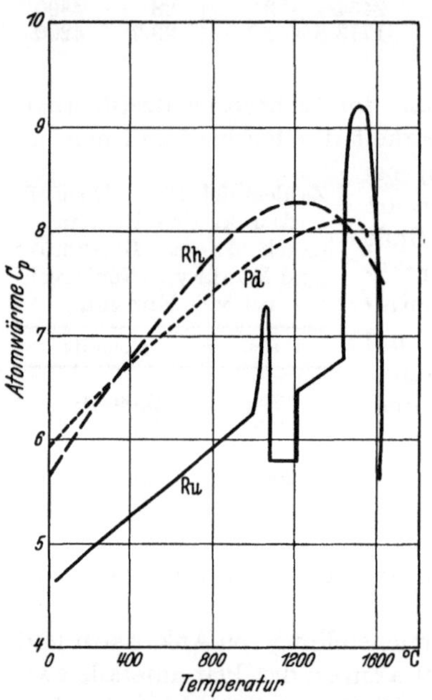

Abb. 20.
Die Atomwärme der leichten Platinmetalle. (Nach Jaeger u. Rosenbohm.)

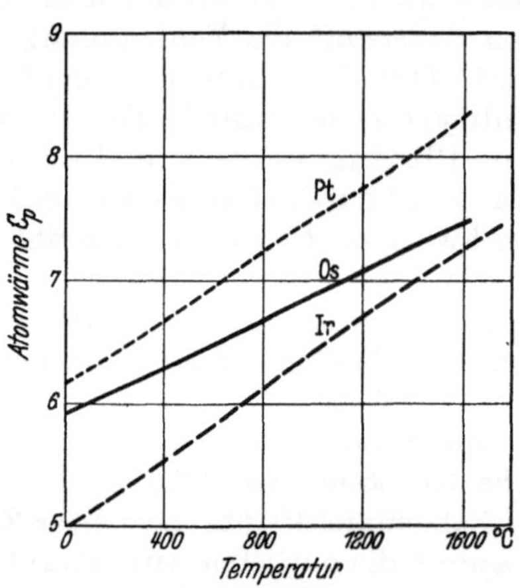

Abb. 21.
Die Atomwärme der schweren Platinmetalle. (Nach Jaeger u. Rosenbohm.)

Die Atomwärme des Rhodiums weist bei 1200° ein ausgesprochenes Maximum auf, das jedoch nicht ohne weiteres durch eine Modifikationsänderung gedeutet werden kann.

[1] Jaeger, F. M. u. E. Rosenbohm: Proc. Acad. Sci. Amsterd. 30, 905, 1069 (1927); 33, 457 (1930); 34, 808 (1931). — Rec. Trav. chim. Pays-Bas 47, 513 (1928); 50, 1085 (1931).

Auch beim Palladium ist dicht unter dem Schmelzpunkt eine Abnahme der Atomwärme festzustellen, die allerdings schwächer als beim Rhodium ist. Obwohl auch von anderer Seite auf Grund des Verhaltens schwach belasteter Palladiumdrähte beim Schmelzen auf eine Umwandlung dicht unter dem Schmelzpunkt geschlossen wurde[1], rechtfertigen andere Untersuchungen diese Annahme nicht. Jaeger[2] stellt jedoch die Möglichkeit einer dynamischen Allotropie ähnlich der des Rhodiums nicht in Abrede. Bei den drei schweren Platinmetallen steigt die Atomwärme mit der Temperatur nahezu linear ohne irgendwelche Unstetigkeiten.

Kalorimetrische Messungen der Schmelzwärme der Platinmetalle liegen bis auf eine Bestimmung von Violle[3] nicht vor. Die berechneten Schmelzwärmen schwanken mit der der Berechnung zu Grunde liegenden Formel. E. Grüneisen[4] berechnete für die Platinmetalle aus dem Atomvolumen und dem Ausdehnungskoeffizienten nach der Formel von Richards[5] die folgenden Werte: Ruthenium 46 cal/g, Rhodium 52 cal/g, Palladium 27,8 cal/g, Osmium 35 cal/g, Iridium 28 cal/g, Platin 27,8 cal/g.

Die Wärmeleitfähigkeit wurde gemessen bei Rhodium, Palladium, Iridium und Platin (Zahlentafel 19). Die Wärmeleitfähigkeit des Platins fällt oberhalb Raumtemperatur mit sinkender Temperatur[6]. Bei tieferen Temperaturen durchläuft sie jedoch ein Minimum und steigt dann wieder an. Bei den tiefsten Temperaturen wird ihr Anstieg besonders stark. Nach Meißner[7] erreicht das Leitfähigkeitsverhältnis k_T/k_{273} bei 20,7° abs. einen Wert von 5,2, während es bei 91,4° abs. erst gleich 1,09 ist. Wie das Platin weisen auch Palladium[8] und Rhodium[9] bei tiefer Temperatur einen starken Anstieg der Wärmeleitfähigkeit auf. Verunreinigungen setzen wie auch bei anderen Metallen den Wärmeleitfähigkeitsanstieg von Platin und Palladium im Gebiet tiefer Temperaturen stark herab.

Durch allseitigen Druck nimmt bei 12000 kg/cm² die Wärmeleitfähigkeit von Platin um 1,9% ab[10]. Bei der Einwirkung von Zug ergibt sich ebenfalls eine Abnahme, die bei 780 kg/cm² 0,189% erreicht[11]. Der Druckkoeffizient der Wärmeleitfähigkeit beträgt somit — 1,6 · 10⁻⁶ und ihr Zugkoeffizient — 2,39 · 10⁻⁶.

---

[1] Ribaud, G. u. S. Nikitine: Ann. Phys., Paris **1929**, 451.

[2] Jaeger, F. M.: Z. anorg. allg. Chem. **203**, 103 (1931).

[3] Violle, J.: C. r. Acad. Sci., Paris 85, 546 (1877).

[4] Grüneisen, E.: Verh. dtsch. phys. Ges. 14, 330 (1912).

[5] Richards, J. H.: Chem. News **75**, 278 (1897).

[6] Holm, R. u. R. Störmer: Wiss. Veröffentl. Siemens-Konzern **9**, 312 u. 323 (1930).

[7] Meißner, W.: Ann. Phys., Lpz. [4] 47, 1038 (1915).

[8] Grüneisen, E. u. H. Reddemann: Ann Phys., Lpz. [5] **20**, 843 (1934).

[9] Grüneisen, E. u. E. Goens: Z. Phys. 44, 615, 642 (1927).

[10] Bridgman, P. W.: Proc. Amer. Acad. Arts. a. Sci. **57**, 13 (1921/22).

[11] Bridgman, P. W.: Proc. Amer. Acad. Arts. a. Sci. **59**, 127 (1923/24).

Der Ausdehnungskoeffizient der Platinmetalle ist gering, er erreicht teilweise den Wert verschiedener Gläser (Zahlentafel 19). Dies führte auch zu der Anwendung des Platins für Einschmelzungen in Glas. Das Palladium hat die größte lineare Ausdehnung; es folgen in ziemlich weitem Abstand Platin und Rhodium. Eine Zusammenstellung der zahlreichen Messungen über die lineare Ausdehnung des Platins gibt Gmelins Handbuch der anorganischen Chemie[1], so daß es sich erübrigt, darauf einzugehen.

Die Ausdehnung-Temperaturkurven der Platinmetalle weisen keine Diskontinuität auf; für Ruthenium liegen im Temperaturgebiet der Umwandlungen allerdings keine Bestimmungen vor. Die Ausdehnung des Rhodiums verläuft aber, wie Ebert[2] zeigte, bis zu 1500° vollkommen kontinuierlich ohne Andeutungen für eine Umwandlung zwischen 1100 und 1200°.

Nach Holzmann[3] ist der Ausdehnungskoeffizient des Rhodiums bis zu 1000° eine lineare Funktion der Temperatur, während der des Palladiums sich nur durch eine Formel mit drei Konstanten wiedergeben läßt.

4. Elektrische und magnetische Eigenschaften.

In Zahlentafel 20 sind die wichtigsten elektrischen Konstanten der Platinmetalle zusammengestellt. Neben der thermoelektrischen Kraft

Zahlentafel 20. Elektrische Konstanten der Platinmetalle.

Metall	Spezifischer Widerstand $\varrho_0 \cdot 10^6$	Temperaturkoeffizient des Widerstandes zwischen 0 und 100°	Wiedemann-Franzsche Zahl bei 18°	Widerstandsänderung durch Druck $\dfrac{\varDelta R}{R_0} \cdot 10^6$		Widerstandsänderung durch Zug $\dfrac{\varDelta R}{R_0} \cdot 10^6$ parallel der Zugrichtung
				$-182,9°$	$-78,4°$	
Ru	7,64	0,004 58	—	2,48 (0°)	3,20 (95°)	—
Rh	4,3	0,004 43	$2,57 \cdot 10^{-8}$	—2,26	—1,86	—
Pd	10,2	0,003 77	$2,59 \cdot 10^{-8}$	—2,82	—2,32	+2,44
Os	8,9	0,004 20	—	—	—	—
Ir	4,85	0,004 11	$2,49 \cdot 10^{-8}$	—1,35 (30°)	—1,34 (95°)	—
Pt	9,81	0,003 923	$2,51 \cdot 10^{-8}$	—2,34	—1,97	+2,08

gilt der Temperaturkoeffizient des Widerstandes als Kennzeichen für den Reinheitsgrad des Platins. Das höchste, an reinstem Platin gemessene Widerstandsverhältnis R_{100}/R_0 liegt bei 1,3923. Meißner, Franz und Westerhoff[4] haben an reinstem Platin bei 1,35° abs. ein Widerstands-

---

[1] Gmelin: Handbuch der anorganischen Chemie. Berlin 1939, System-Nummer 68, Teil B, Lieferung I, S. 29—34.

[2] Ebert, H.: Phys. Z. **39**, 6 (1938).

[3] Holzmann, H.: Siebert-Festschr. 1931, S. 154.

[4] Meißner, W., H. Franz u. H. Westerhoff: Phys. Z. **35**, 220 (1934).

verhältnis von nur 0,0003 ermittelt. Schon geringe Verunreinigungen erhöhen diesen Wert sehr stark; so maß Meißner[1] an nicht ganz so reinem Platin ein Widerstandsverhältnis von 0,0016.

Das Platinwiderstandsthermometer tritt in der gesetzlichen Temperaturskala zwischen — 190 und 660° als Normalthermometer auf. Nach Henning[2] kann man sich auch zwischen 20 und 90° abs. mit Vorteil des Platinwiderstandsthermometers bedienen. Die Abhängigkeit des Widerstandes von der Temperatur läßt sich bei diesen tiefsten Temperaturen mit genügender Genauigkeit durch eine Formel mit 5 Konstanten wiedergeben. Meißner und Voigt[3] bestimmten das Widerstandsverhältnis der Platinbeimetalle bis zu sehr tiefen Temperaturen. Sie fanden für: Ruthenium $0,0827$ bei $1,1_7°$ abs., Rhodium $0,0030_0$ bei $1,3_2°$ abs., Palladium $0,0055_9$ bei $1,1_7°$ abs. und Iridium $0,0478$ bei $1,3°$ abs. Bei reinstem Palladium maßen Meißner, Franz und Westerhoff noch einen Restwiderstand von nur $5 \cdot 10^{-4} R_0$. Bei keinem der Platinmetalle tritt Supraleitung auf.

In den Widerstand-Temperaturkurven des Rhodiums wurden Andeutungen für das Auftreten allmählich vor sich gehender Strukturänderungen beobachtet[4].

Mit 2500 atü im zweiten Preßgang gepreßtes Platinpulver hat nach Skaupy und Kantorowicz[5] den 100fachen Widerstand des kompakten Platins.

Die von Reuter[6] gemessenen Widerstandszunahmen bei dünnen Drähten und die sich daraus ergebende, gegenüber anderen Metallen außerordentlich hohe freie Weglänge der Leitungselektronen ist nach Riedel[7] nicht richtig; er fand bei dünnen Drähten geringere Widerstandserhöhungen, aus denen sich die auch bei anderen Metallen bekannten Werte von 10—100 mμ für die freie Weglänge errechnen lassen.

Bei der Messung des elektrischen Widerstandes dünner Platinfilme beobachtet man das gleiche Verhalten wie bei dünnen Filmen anderer Metalle. Die Ergebnisse der Leitfähigkeitsmessungen hängen ebenfalls von den Herstellungsbedingungen und der Vorbehandlung der Filme vor der Messung ab.

Unter 1,5—3 mμ dicke Schichten leiten den elektrischen Strom nicht mehr. Mit wachsender Schichtdicke wird der spezifische Widerstand rasch

[1] Meißner, W.: Z. Phys. 38, 647 (1926).

[2] Henning, F.: Phys. Z. 37, 601 (1936). — Henning, F. u. G. Otto: Phys. Z. 37, 639 (1936).

[3] Meißner, W. u. B. Voigt: Ann. Phys., Lpz. [5] 7, 761, 892 (1930).

[4] Holborn, L. u. W. Wien: Wied. Ann. 56, 385 (1895). — Dixon, E. H.: Phys. Rev. [2] 37, 66 (1931). — Jaeger, F. M. u. E. Rosenbohm: Rec. Trav. chim. Pays-Bas 51, 19 (1932).

[5] Skaupy, F. u. O. Kantorowicz: Metallwirtsch. 10, 46 (1931).

[6] Reuter, H.: Ann. Phys., Lpz. [5] 30, 494 (1937).

[7] Riedel, L.: Ann. Phys., Lpz. [5] 33, 733 (1938).

kleiner, die Schichtdicke, bei der der Widerstand konstant wird, wurde zwischen 7 und 50 mμ gefunden. Féry[1] erhielt durch kathodische Zerstäubung von Platin in Luft bei tiefer Temperatur Filme von „schwarzem Platin", deren Widerstand erst bei 285 mμ konstant wurde, aber auch bei dieser Dicke noch um ein Vielfaches über dem des normalen Platins lag. Der Übergang des schwarzen Platins in das normale durch Erhitzen vollzog sich bei 300° über verschiedene Schwellenwerte der Temperatur hinweg, bei denen eine sprunghafte irreversible Abnahme des Widerstandes auftrat. Bei sehr geringen Schichtdicken, 3—6 mμ, ließ sich zwischen beiden Formen des Platins nicht unterscheiden.

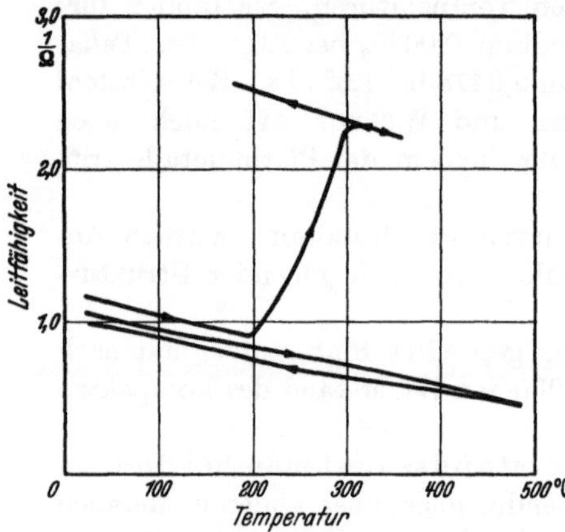

Abb. 22. Änderung der elektrischen Leitfähigkeit von Rhodiumfilmen (untere Kurve) und Palladiumfilmen (obere Kurve) mit der Temperatur. (Nach Auwärter.)

Die Widerstand-Temperatur-Kurve dünner Platinfilme, die bei genügend tiefer Temperatur hergestellt wurden, weist in einem bestimmten Temperaturgebiet einen irreversiblen, sprunghaften Abfall des Widerstandes auf, der nach Kramer bei 510° abs. liegt und dem Umwandlungspunkt amorph/kristallin entspricht. Abb. 22 zeigt nach Auwärter[2] die Leitfähigkeit-Temperaturkurve dünner Palladiumschichten, bei denen ebenfalls, und zwar zwischen 200 und 300°, ein starker irreversibler Anstieg der Leitfähigkeit beobachtet wird. Im Gegensatz dazu weisen Rhodiumschichten diese Anomalie nicht auf; die aus Abb. 22 zu entnehmende geringe Hysterese ist auf Oxydbildung an der Oberfläche zurückzuführen.

Auwärter und Ruthardt[3] erreichten die in einem engen Temperaturintervall eintretende sprunghafte Abnahme des Widerstandes dünner Platin- und Palladiumschichten schon bei Zimmertemperatur durch Sättigung mit Wasserstoff. Die zeitliche Widerstandsabnahme ist in Wasserstoff jedoch viel geringer als nach dem Erhitzen auf die „Rekristallisationstemperatur", sie hält jedoch auch noch an, wenn der Wasserstoff durch Stickstoff ersetzt wird.

Bei erhöhter Temperatur wird unter der Einwirkung von Gasen der Widerstand dünner, durchsichtiger Schichten in einem begrenzten, für jedes Gas charakteristischen Temperaturgebiet unendlich groß. Dieser Widerstandsanstieg ist auf die Bildung von Verbindungen zwischen Metall

---

[1] Féry, A.: Proc. phys. Soc., Lond. **49**, 136 (1937).

[2] Auwärter, M.: Z. techn. Phys. **18**, 459 (1937).

[3] Auwärter, M. u. K. Ruthardt: Z. Elektrochem. **44**, 578 (1938).

und Gas zurückzuführen. Dabei reagieren Platin- oder Palladiumschichten nur bis zu einer bestimmten Tiefe mit dem betreffenden Gas.

Den Druck- und Zugkoeffizienten des elektrischen Widerstandes gibt Zahlentafel 20 wieder. Soweit die vorliegenden Messungen erkennen lassen, sind die Widerstandsänderungen den wirkenden Kräften proportional.

Nach Bridgman beobachtet man auch senkrecht zur Zugrichtung eine geringe Widerstandserhöhung.

Die Zunahme des spezifischen Widerstandes von reinstem Platin in einem senkrechten Magnetfeld von 12200 Oerstedt bei — 252,82° ist nach Grüneisen und Adenstedt[1] $6,53 \cdot 10^{-9} \Omega$. Die Wiedemann-Franzsche Zahl ändert sich von $0,959 \cdot 10^{-8}$ bei der Feldstärke 0 auf $0,990 \cdot 10^{-8}$ bei der Feldstärke 12200. Aus den Messungen von Kapitza ergibt sich bei 78° abs. und 100000 Gauß Feldstärke ein Widerstandsverhältnis $\Delta R/R$ von 0,02 für Palladium und von 0,008 für Platin. Bei 300000 Gauß steigen die Werte auf 0,102 bzw. 0,072.

Ein paralleles Magnetfeld ruft nur eine sehr geringe, mit der Feldstärke linear ansteigende Änderung des Widerstandes von Platin hervor.

Das Platin und seine Beimetalle stellen ein wertvolles Hilfsmittel der Elektrotechnik dar, und ein nicht geringer Anteil des Verbrauchs beruht auf der besonderen Eignung als Werkstoff für empfindliche Kontakte. Gegenüber dem Silber bietet Platin den Vorteil der höheren chemischen Beständigkeit, des höheren Schmelzpunktes und des niedrigeren Dampfdruckes. Ein geringer Übergangswiderstand tritt zwar ebenso wie bei Gold auch auf, verschwindet aber durch Erhitzen oder Behandlung im Vakuum[2]. Höhere Übergangswiderstände durch Bildung stärkerer Deckschichten beobachtet man im allgemeinen nicht.

Gegenüber Gold hat das Platin vor allem den Vorteil der besseren Festigkeitseigenschaften und des höheren Schmelzpunktes, besonders in Legierungen mit Iridium oder Rhodium. Bei Kontakten, die sich unter Funkenbildung häufiger öffnen und schließen, ist der Angriff des Platins geringer als der der anderen Edelmetalle, insbesondere des Silbers. Nach Versuchen von Kingsbury[3] bleibt in diesen Fällen der Angriff von Platin allerdings größer als der der höchstschmelzenden Unedelmetalle, z. B. Wolfram und Molybdän.

Die paramagnetische Suszeptibilität, deren Temperaturabhängigkeit Zahlentafel 21 zeigt, verhält sich bei den Platinmetallen verschieden. Das Palladium weist bei Raumtemperatur weitaus die höchste Suszeptibilität auf; ihr Wert fällt aber mit wachsender Temperatur stark. Ebenso sinkt auch beim Platin die Suszeptibilität mit steigender Temperatur. Beide Metalle folgen dem Curie-Weißschen

---

[1] Grüneisen, E. u. H. Adenstedt: Ann. Phys., Lpz. [5] **31**, 723 (1938).
[2] Holm, R. u. W. Meißner: Z. Phys. **86**, 787 (1933).
[3] Vgl. Fußnote 3, S. 13.

Zahlentafel 21. Magnetische Suszeptibilität der Platinmetalle.
(Nach Goutrie und Bourland.)

Temperatur °abs.	$\varkappa \cdot 10^6$			Temperatur °abs.	$\varkappa \cdot 10^6$		
	Ru	Rh	Pd		Os	Ir	Pt
298	0,427	1,08	5,15	298	0,052	0,133	0,982
333	0,431	1,09	4,79	348	—	0,138	0,947
380	0,435	1,11	4,39	398	0,059	0,141	0,925
433	0,443	1,12	4,03	473	—	0,146	0,876
480	0,452	1,14	3,73	548	0,065	0,151	0,831
523	0,457	1,15	3,53	623	—	0,159	0,795
573	0,466	1,16	3,27	698	0,070	0,167	0,745
623	0,475	1,17	3,05				
673	0,487	1,18	2,85				
723	0,496	1,19	2,66				

Gesetz. Bei Ruthenium, Rhodium, Osmium und Iridium steigt die paramagnetische Suszeptibilität dagegen mit der Temperatur langsam, fast linear an. Beim Ruthenium beobachtete HONDA[1] zwischen 1000 und 1100° eine starke Zunahme der Suszeptibilität. Nach Jaeger und Rosenbohm ist dieses Verhalten auf die in diesem Temperaturgebiet liegende Umwandlung zurückzuführen.

Zahlentafel 22. Galvanomagnetische und thermomagnetische Effekte der Platin-Metalle.

Metall	t° C	Hall $R \cdot 10^6$	Etting-hausen $P \cdot 10^9$	Nernst $Q \cdot 10^6$	Righi-Leduc $S \cdot 10^9$
Pd	45	—855	+18,8	+326	—41,4
Ir	20	+402	klein	—5	+55
Pt	18	—127	—	—21	—

Die Koeffizienten der galvanomagnetischen und thermomagnetischen Effekte von Palladium, Iridium und Platin gibt Zahlentafel 22 nach den Literaturauszügen des Tabellenwerkes von Landolt-Börnstein-Roth[2] wieder, wobei die an gleichen Proben gemessenen Werte ausgewählt wurden.

Der Hall-Effekt von Palladium- und Platinfilmen ist nur wenig niedriger als der der kompakten Metalle[3]. Nach Riede bleibt er bei Pt-Filmen nahezu konstant bis zu einer Dicke von 30 mμ, nimmt mit weiter sinkender Dicke aber rasch ab.

5. Thermoelektrische Eigenschaften.

Die thermoelektrische Kraft des Platins hängt sehr stark von seiner Reinheit ab und ist nach Atkinson und Raper[4] ein empfind-

[1] Honda, K.: Ann. Phys., Lpz. [4] 32, 1027 (1910).
[2] Landolt-Börnstein-Roth: Erg.-Bd. I, S. 670 u. 671.
[3] Peacock, H. B.: Phys. Rev. 27, 474 (1926).
[4] Atkinson, R. H. u. A. R. Raper: J. Inst. Met. 59, 197 (1936).

licheres Reagens auf Verunreinigungen als die spektroskopische Untersuchung. Die geringste, noch spektroskopisch nachweisbare Verunreinigung entspricht bei einer Temperatur der heißen Lötstelle von 1200° einer thermoelektrischen Kraft von etwa 20 μV. Verunreinigtes Platin ist gegenüber reinem im allgemeinen thermoelektrisch positiv.

Booth und Dixon[1] beobachteten eine diskontinuierliche Änderung der Thermokraft des Rhodiums bei 1091°, die sie durch eine Strukturänderung des Rhodiums erklären. Nach Wensel und Tuckerman[2] ist diese Änderung nicht real, sondern muß auf die Bildung von Rhodiumoxyd an der Oberfläche zurückgeführt werden.

Unter den vielen Metallkombinationen mit Platin, deren thermoelektrische Kraft untersucht wurde, ist das zuerst von Le Chatelier im Jahre 1887 in Vorschlag gebrachte Platin-Platinrhodium-Element, dessen legierter Schenkel 10% Rh enthält, auch heute noch von größter praktischer Bedeutung. Es ist für Temperaturmessungen zwischen 200 und 1600° verbreitet und tritt in der gesetzlichen Temperaturskala zwischen 600 und 1063° als Normalthermometer auf. Die hohe Empfindlichkeit der Thermokraft des Platins gegen Verunreinigungen stellt an den Reinheitsgrad des zur Herstellung der Thermoelemente verwendeten Platins besondere Ansprüche. Besonders störend ist eine Verunreinigung durch Eisen. Geringer ist der Einfluß von Iridium und von Palladium.

Zahlentafel 23. Eichwerte für das Platin-Platinrhodium-Thermoelement, bezogen auf eine Temperatur der kalten Lötstelle von 20° C. (Bei 0° Bezugstemperatur sind die Werte um 0,11 mV zu erhöhen.)

Temperatur °C	Thermospannung mV	Temperatur °C	Thermospannung mV	Temperatur °C	Thermospannung mV
20	0,00	600	5,13	1200	11,85
100	0,54	700	6,16	1300	13,04
200	1,33	800	7,23	1400	14,25
300	2,22	900	8,36	1500	15,45
400	3,15	1000	9,50	1600	16,62
500	4,12	1100	10,66		

In Deutschland ist die Thermokraft des Le Chatelier-Elements auf bestimmte Werte festgelegt (Zahlentafel 23). Die höchste erreichbare Genauigkeit ist 1°, wenn die Temperatur nicht wesentlich über 1200° gesteigert wird. Durch längeren Gebrauch bei höheren Temperaturen ändert sich das Element, so daß nur mehr eine Genauigkeit von 5° bestehen bleibt. Es hat nicht an Versuchen zur Herstellung empfindlicherer Elemente mit höherer Thermokraft gefehlt[3]. Die Empfindlichkeit des Le Chatelier-Elementes kann durch Erhöhung des Rhodium-

[1] Booth, E. T. u. E. H. Dixon: Rev. sci. Instrum. 8, 381 (1937).
[2] Wensel, T. H. u. L. B. Tuckerman: Rev. sci. Instrum. 9, 237 (1938).
[3] Goedecke, W.: Siebert-Festschr. 1931, S. 72.

gehaltes des legierten Schenkels nur wenig gesteigert werden[1], außerdem steigen bei höheren Rhodiumzusätzen die Schwierigkeiten bei der Herstellung des Drahtes.

Goedecke zeigte, daß eine Anzahl von Platinlegierungen Thermoelemente mit sehr viel höheren Thermokräften als die Rhodiumlegierungen liefert. Dabei verhalten sich besonders günstig: Rhenium, Osmium, Wolfram und Molybdän, die auch bis zu Gehalten von 10% bearbeitbare Legierungen mit Platin bilden. Elemente, die unter Verwendung dieser Legierungen hergestellt wurden, haben aber den Nachteil der rascheren Veränderung, da die Zusatzmetalle eine hohe Affinität zum Sauerstoff haben.

Bei der sonst durch gute Eigenschaften ausgezeichneten Rheniumlegierung[2] lassen sich die vorhandenen Schwierigkeiten weitgehend beheben durch Zusatz von Rhodium, wodurch die Thermokraft allerdings etwas herabgesetzt wird, aber immerhin noch doppelt so hoch bleibt wie die des Le Chatelier-Elementes. Es gelingt so mit Hilfe einer Legierung, die 4,5% Re und 5% Rh enthält, ein Thermoelement herzustellen, das bei Beachtung der auch beim Le Chatelier-Element erforderlichen Vorsichtsmaßnahmen für Dauerbetrieb geeignet ist[3].

Alle Thermoelemente, bei denen ein Schenkel aus Platin besteht, sind nur brauchbar bis zu 1600°; bei höheren Temperaturen verwendbare Thermoelemente erhält man bei Benutzung höher schmelzender Platinmetalle und -legierungen. Bis zu 1800° läßt sich nach Goedecke ein Element verwenden, bei dem ein Schenkel aus Rhodium und der andere aus einer Platin-Rhenium-Legierung mit 8% Re besteht; bis zu 1900° kann ein Element aus Rhodium und einer Legierung von Rhodium mit 8% Rhenium Verwendung finden. Die Thermokraft dieses Elementes bleibt aber ziemlich klein.

Ein in der Physikalisch-Technischen Reichsanstalt[4] ausgearbeitetes Thermoelement, bei dem ein Schenkel aus Iridium und der andere aus einer Legierung von Iridium mit 10% Ru besteht, gestattet, eine Temperatur von 2000° zu erreichen. Das Element ist allerdings infolge der Oxydation des Rutheniums ziemlich unbeständig und bedarf häufiger

---

[1] Vgl. auch W. A. Nemilow u. N. M. Woronow: Z. anorg. allg. Chem. **226**, 189 (1936).

[2] Goedecke bestimmte außer der Thermokraft auch den spezifischen Widerstand, den Temperaturkoeffizienten des Widerstandes und die Brinellhärte der platinreichen Platin-Rheniumlegierungen.

[3] Feußner, O.: ETZ 48, 535 (1927) schlägt an Stelle des Le Chatelier-Elementes ein solches vor, bei dem beide Schenkel legiert sind, und zwar so, daß der eine Schenkel gegen reines Platin positiv, der andere negativ ist. Auf diese Weise erhält er ein Thermoelement mit besonders hoher Empfindlichkeit.

[4] Vgl. A. Schulze: Chemiker-Ztg 62, 285 (1938). Siehe auch die zusammenfassende Darstellung über Thermoelemente von A. Schulze: Metallwirtsch. 18, 249 (1939).

Zahlentafel 24. Thermokräfte des Iridium-Iridiumruthenium-Elementes.
(Nach F. Hoffmann.)

$t°$ C	E mV	$\varepsilon = dE/dt$ µV/Grad	$t°$ C	E mV	$\varepsilon = dE/dt$ µV/Grad
0	0		1400	3,47	
1000	2,45				2,1
		2,8	1500	3,68	
1100	2,73				1,9
		2,7	1600	3,87	
1200	3,00				1,7
		2,4	1700	4,09	
1300	3,24				1,5
		2,3	1800	4,19	

Nacheichung. Wie aus Zahlentafel 24 ersichtlich ist, sind die Thermokräfte dieses Elementes sehr klein; bei 2300° steigen sie erst auf 10 mV, mithin bleibt auch die Empfindlichkeit weit hinter der des Le Chatelier-Elementes zurück. Ein empfindlicheres Element für hohe Temperaturen stellte Feußner[1] her durch Verwendung von Iridium und einer Rhodium-Iridium-Legierung mit 60% Rh, die noch bearbeitbar ist. Die Thermokräfte dieses Elementes sind in Zahlentafel 25 wiedergegeben.

Zahlentafel 25. Thermokräfte des Iridium-Rhodiumiridium-Elementes.
(Nach O. Feußner.)

$t°$ C	E mV	$\varepsilon = dE/dt$ µV/Grad	$t°$ C	E mV	$\varepsilon = dE/dt$ µV/Grad
200	1,10		1200	6,60	
		5,5			5,25
400	2,20		1400	7,65	
		5,5			5,25
600	3,30		1600	8,70	
		5,5			5,5
800	4,40		1800	9,80	
		5,5			5,25
1000	5,50		2000	10,85	
		5,5			

Als Schutzrohrmaterial für Thermoelemente eignet sich nach Feußner bis 1700° Korund, bis 1950° Spinell, für noch höhere Temperaturen Magnesiumoxyd, Berylliumoxyd und Thoriumoxyd.

Messungen des Thomson- und Peltier-Effektes liegen bei Platin und Palladium vor. Der Verlauf des Thomson-Effektes von Platin und Palladium bei tiefen Temperaturen[2] ist für beide Metalle nahezu gleich. Bei tiefen Temperaturen ist der Thomson-Koeffizient positiv,

---

[1] Feußner, O.: ETZ 54, 155 (1923).
[2] Borelius, G., W. H. Keesom, C. H. Johansson u. J. O. Linde: Vgl. Fußnote 2, S. 15.

durchläuft ein Maximum, um zwischen 60 und 70° abs. negativ zu werden und mit steigender Temperatur langsam weiter zu sinken.

Der Peltier-Effekt von Kupfer-Platin und Kupfer-Palladium ist bei 0° gleich 0,238 (Cu-Pt) bzw. 0,538 mcal/Coul. (Cu-Pd).

6. Optische Eigenschaften.

Die optischen Konstanten wurden bei Rhodium, Palladium, Iridium und Platin untersucht. In Abb. 23 ist die Reflexion dieser Metalle in Abgängigkeit von der Wellenlänge im sichtbaren Licht nach Auwärter[1] wiedergegeben. Die von verschiedenen Bearbeitern gemessenen Werte schwanken zum Teil stark, stets wurde aber der auch von den meisten anderen Metallen bekannte Abfall der Reflexion mit sinkender Wellenlänge festgestellt. Das höchste Reflexionsvermögen bis ins langwellige Ultrarot hat das Rhodium. Im sichtbaren Licht sinkt seine Reflexion mit der Wellenlänge weniger als die der anderen Platinmetalle. Aus diesem Grunde eignet es sich auch besonders für die Herstellung von Reflektoren und infolge der hohen Anlaufbeständigkeit für Schutzschichten auf Silber.

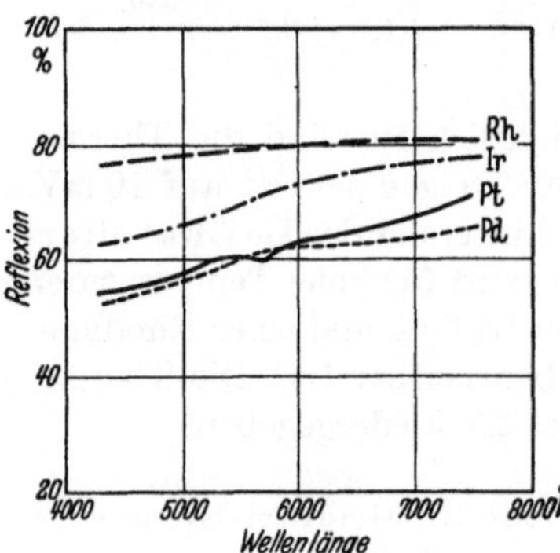

Abb. 23. Die Reflexion der Platinmetalle. (Nach Auwärter.)

Seine Reflexion bleibt jedoch hinter der des frisch polierten Silbers um fast 20% zurück, außerdem fällt sie mit der Wellenlänge im sichtbaren Licht stärker, so daß das Rhodium nicht den Glanz und die Farbe des Silbers erreicht. Der Abfall der Reflexion im Ultraviolett ist bei den Platinmetallen ziemlich stark, bleibt aber wesentlich unter dem des Silbers. Beim Rhodium ist nach Coblentz und Stair[2] die Reflexion noch etwa $^2/_3$ der im sichtbaren Licht.

Bei dünnen Platinschichten beobachtet man zunächst die gleiche Wellenlängenabhängigkeit der Reflexion wie bei massivem Platin, bei sehr dünnen Schichten sinkt die Reflexion jedoch umgekehrt mit steigender Wellenlänge. Dies ist bei allen Schichten der Fall, deren Reflexion nicht mehr als etwa 10% beträgt[3]. Die Durchlässigkeit von Platinfilmen zeigt nach Schuch u. a. die umgekehrte Abhängigkeit von der Schichtdicke. Bei den dünnsten Schichten mit hoher Durchlässigkeit steigt mit der Wellenlänge des Lichtes die Durchlässigkeit, bei den dickeren Schichten beobachtet man das umgekehrte Verhalten.

[1] Auwärter, M.: Z. techn. Phys. **1937**, 457.

[2] Coblentz, W. W. u. R. Stair: Bur. Stand. J. Res. **4**, 189 (1930).

[3] Schuch, E.: Ann. Phys., Lpz. [5] **13**, 297 (1932).

Dazwischen ergibt sich eine bestimmte Schichtdicke, bei der die Durchlässigkeit nahezu unabhängig von der Wellenlänge des Lichtes ist.

Auwärter stellte an Rhodiumschichten fest, daß ihre Durchlässigkeit im Gegensatz dazu bei verschiedenen Schichtdicken im sichtbaren Licht von der Wellenlänge des Lichtes unabhängig ist. Im Ultrarot zeigen sich nach Messungen von Gerlach jedoch Abweichungen vom konstanten Verlauf der Durchlässigkeit im gleichen Sinne wie bei Platin. Bei Rhodiumschichten mit einer Durchlässigkeit von 10% im sichtbaren Licht steigt im Ultraviolett mit sinkender Wellenlänge die Reflexion ähnlich wie bei Platinfilmen an.

Zahlentafel 26. Konstanten der photo- und thermoelektrischen Emission der Platinmetalle. (Nach einer Zusammenstellung von Borelius.)

| Metall | Lichtelektrische Konstanten | | Temperatur °C | Thermoelektrische Austrittsarbeit in V |
	Grenzwellenlänge in Å	Austrittsarbeit in V		
Rh	2500	4,57	20	4,58 (bei 1550° abs.)
	2700	—	240	
Pd	2490	4,96	R.T.	4,99 (bei 1550° abs.)
Pt	1962	6,30	R.T.	6,37 (bei 1550° abs.)

Die Konstanten der photoelektrischen und thermoelektrischen Emission der Platinmetalle gibt Zahlentafel 26 wieder.

Die thermoelektrische Austrittsarbeit von Platin verschiedenen Reinheitsgrades ändert sich mit der Temperatur auf stark streuenden Geraden, die sich in der Nähe des Schmelzpunktes schneiden. Die Streuung der Werte ist bei tiefen Temperaturen sehr groß und erreicht in der Nähe des absoluten Nullpunktes bis zu etwa 300%.

7. Mechanische Eigenschaften.

Zahlentafel 27 gibt den Elastizitätsmodul der Platinmetalle nach Messungen von Grüneisen[1] wieder. Nach Jaquerod und Mügli liegt

Zahlentafel 27. Elastische Konstanten der Platinmetalle bei 18° C. (Nach Grüneisen.)

Metall	Reinheitsgrad und Vorbehandlung	E-Modul 10^6 kg/cm²	G-Modul 10^6 kg/cm²	Querdehnungszahl
Rhodium . . .	rein, gegossen	2,800		
Palladium . . .	,, ,,	1,148	0,521	0,393
Iridium	,, ,,	5,25		
Platin	,, ,,	1,708	0,622	0,387

der mittlere Temperaturkoeffizient für Platin zwischen 0 und 80° bei $0,0_475$. Die Temperaturabhängigkeit des Gleitmoduls wurde für Platin

[1] Grüneisen, E.: Ann. Phys., Lpz. [4] **22**, 801 (1907); **25**, 825 (1908).

und Palladium über ein größeres Temperaturgebiet hinweg von Guye und Schapper[1], Koch und Dannecker[2], und für Platin auch von Jokibé und Sakai[3] und Kikuta[4] bestimmt. Einige der Werte von Koch und Dannecker sind in Zahlentafel 28 zusammengestellt.

Die Kompressibilität der Platinmetalle ist nach den letzten von Bridgman[5] vorliegenden Ergebnissen in Zahlentafel 29 wiedergegeben. Bridgman bestimmte auch die Scherfestigkeit zwischen 10000 und 50000 kg/cm² Druck.

Einigermaßen vollständig untersucht sind die plastischen Eigenschaften der beiden leichtest verformbaren Metalle, des Palladiums und des Platins. Nur die Härte wurde bei allen Platinmetallen

Zahlentafel 28.
G-Modul von Palladium und Platin bei verschiedenen Temperaturen. (Nach Koch und Dannecker.)

$t°$ C	G-Modul 10^6 kg/cm²	
	Pd	Pt
0		0,724
20	0,490	—
200	0,487	0,724
400	0,469	0,720
600	0,426	0,694
800	0,370	0,574
1000	0,279	0,471

Zahlentafel 29. Kompressibilität der Platinmetalle bei 0—12000 kg.
(Nach Bridgman.)

Metall	Reinheitsgrad und Vorbehandlung	$t°$ C	10^{-6} cm²/kg
Ruthenium ..		30	$0,342 - 2,13 \cdot 10^{-6} p$
		75	$0,345 - 2,13 \cdot 10^{-6} p$
Rhodium....	sehr rein	30	$0,3606 - 2,73 \cdot 10^{-6} p$
		75	$0,3703 - 2,75 \cdot 10^{-6} p$
Palladium ...	sehr rein, 800° geglüht	30	$0,519 - 2,1 \cdot 10^{-6} p$
		75	$0,511 - 2,0 \cdot 10^{-6} p$
Iridium		30	$0,268 - 1,3 \cdot 10^{-6} p$
		75	$0,281 - 2,2 \cdot 10^{-6} p$
Platin	chem. rein, 800° geglüht	30	$0,360 - 1,8 \cdot 10^{-6} p$
		75	$0,364 - 1,8 \cdot 10^{-6} p$

gemessen. Die zur Zeit vorliegenden sichersten Werte sind in Zahlentafel 30 zusammengestellt. Die höchste Härte hat das Osmium; es folgen in ziemlich weitem Abstand Ruthenium und Iridium.

Die Angaben über die Zugfestigkeit von Platin und Palladium schwanken und sind vom Reinheitsgrad der untersuchten Metalle abhängig. Nach Geibel hat Handelsplatin eine Zugfestigkeit von 22 kg/mm², Reinplatin von 16 kg/mm².

[1] Guye, E. u. H. Schapper: C. R. Acad. Sci., Paris 150, 962 (1910).
[2] Koch, K. R. u. C. Dannecker: Ann. Phys., Lpz. [4] 47, 197 (1915).
[3] Jokibé, K. u. S. Sakai: Sci. Rep. Tôhoku Univ. 10, 14 (1921).
[4] Kikuta, T.: Sci. Rep. Tôhoku Univ. 10, 139 (1921).
[5] Bridgman, P. W.: Proc. Amer. Acad. Arts. a. Sci. 68, 27 (1933) (Ru, Rh); 58, 163 (1923) (Pd, Pt); 59, 107 (Ir).

Zahlentafel 30. Die plastischen Eigenschaften der Platinmetalle im weichgeglühten oder gegossenen Zustand.

	Ru	Rh	Pd	Os	Ir	Pt
Proportionalitätsgrenze kg/mm²			3,4			3,7—7,0
Zugfestigkeit kg/mm²			21—21,8[1]			15—16,6
Dehnung δ_{10} in %			55			50
Bruchquerschnitts- abnahme in %			etwa 90			etwa 90
Härte						
Brinell	220	101	52		172	50
Vickers		121—125		350		
Skleroskop		12	8			7
Pendelhärte (Zeithärte, Pendellänge 0,1 mm)		15,09	14,05		33,03	21,24
Mohs	6,5	6,0	4,8	7,0	6,5	4,3
Erichsen-Tiefung mm			12,0			12,2

Seidl[2] bestimmte den Einfluß der Belastungsgeschwindigkeit auf die Zugfestigkeit von 0,01 mm starken Platinfäden. Bei langsam, stetig steigender Belastung fand er eine Zugfestigkeit von 49 kg/mm². Wurde die Belastung diskontinuierlich in Zeitabständen von 1 min um 1 kg gesteigert, so erreichte die Zugfestigkeit 96,08 kg/mm², bei rascher Zunahme der Belastung wurde dagegen nur eine Zugfestigkeit von 21 kg/mm² festgestellt.

Das Palladium weist gegenüber dem Platin bei Zimmertemperatur höhere Zugfestigkeit und Härte auf. Bei Palladium sind nach Wise und Eash[3] die plastischen Eigenschaften von der Atmosphäre abhängig, in der das Metall geglüht wurde. Für in Wasserstoff geglühtes und rasch abgekühltes Palladium wurde z. B. eine besonders hohe Festigkeit bei stark herabgeminderter Dehnung gefunden.

Platin und Palladium haben eine hohe Bruchquerschnittsabnahme, sie lassen sich ähnlich wie Gold und Silber zu dünnen Lamellen ausschlagen[4], die auch gewisse technische Bedeutung erlangten.

Der Fließdruck des Platins, ausgedrückt in 10^3 kg/cm², steigt nach Holm und Meißner mit fallender Temperatur von 3,0 bei 293° abs. auf 11,4 bei 77° abs. und auf 26,7 bei 20° abs.

Hudson[5] fand für Palladium eine etwa doppelt so starke Abnützung, bezogen auf die Dickenabnahme, wie für Platin. Der Gewichtsverlust war hingegen beim Palladium nur wenig größer. Galvanische Überzüge von

---

[1] Tiefster Literaturwert 14 kg/mm².   [2] Seidl, F.: Z. Phys. **75**, 735 (1932).

[3] Wise, E. M. u. J. T. Eash: Amer. Inst. min. metallurg. Engr., Inst. Met. Div. **117**, 313 (1935).

[4] Siehe z. B. M. Ballay: J. Inst. Met. **59**, 208 (1936). — Kunz, G. F.: Miner. Ind. **39**, 474 (1931).

[5] Hudson, O. F.: Vgl. Fußnote 5, S. 20.

Platin und Palladium nutzten sich langsamer ab als die kompakten Metalle. Die Dickenabnahme war nach gleicher Beanspruchung bei Palladium größer als bei Platin, der Gewichtsverlust verhielt sich in diesem Falle allerdings umgekehrt.

Wise und Eash[1] ermittelten zwischen Raumtemperatur und 1100° die in Abb. 24 wiedergegebene Temperaturabhängigkeit von Festigkeit, Dehnung und Bruchquerschnittsabnahme von Palladium und Platin.

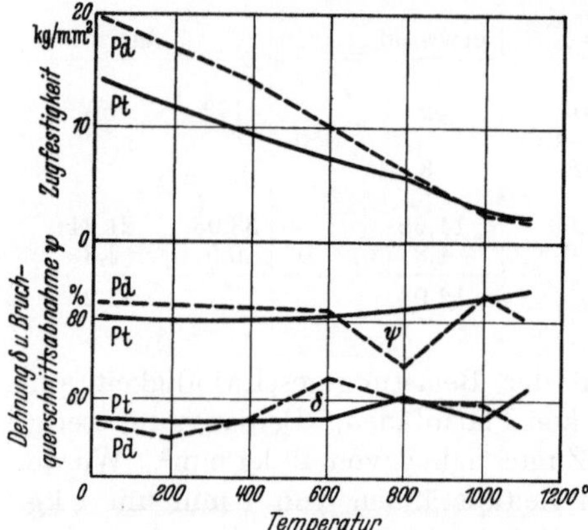

Abb. 24. Zugfestigkeit, Dehnung und Bruchquerschnittsabnahme von Palladium und Platin
in Abhängigkeit von der Temperatur.
(Nach Wise u. Eash.)

Die mehrfach bestätigte höhere Zugfestigkeit des Palladiums bei Raumtemperatur bleibt danach bei hoher Temperatur nicht bestehen. Die Dehnung und auch die Bruchquerschnittsabnahme schwanken bei höherer Temperatur teilweise infolge der Kornvergröberung.

Schon Jedele[2] beobachtete die später von Wise und Eash bestätigte Tatsache, daß bei Raumtemperatur das Palladium, bei hoher Temperatur das Platin die höhere Zugfestigkeit aufweist. Er fand für Palladium bei Raumtemperatur eine Zugfestigkeit von 22,4 kg/mm², bei 850° von 5,3 kg/mm². Beim Platin ergaben sich für die gleichen Temperaturen die Werte 14,8 kg/mm² und 6,9 kg/mm².

B. Chemische Eigenschaften.

1. Sauerstoff und Oxyde.

Beim Lagern an der Luft passivieren sich die kompakten Platinmetalle gegenüber den äußeren chemischen Einwirkungen ebenfalls durch Bildung von oxydischen Deckschichten. Beim Platin tritt bei der Berührung mit Luft die Bildung einer Oxydschicht auf, die sich ähnlich wie bei Silber durch Erhitzen oder durch Reduktion beseitigen läßt[3].

Osmiumpulver oxydiert sich bei Zimmertemperatur an der Luft langsam und weist den charakteristischen Geruch des Osmiumtetroxyds auf. In der Hitze zersetzt das Osmium Wasserdampf. Schon Berzelius beobachtete, daß feinverteiltes Osmium leicht brennbar ist, und an einem

---

[1] Wise, E. M. u. J. T. Eash: Amer. Inst. min. metallurg. Engr., Met. Techn. Publ. 1938, Nr 899.

[2] Jedele, A.: Z. Metallkde 27, 271 (1935).

[3] Günterschulze, A. u. H. Betz: Z. Elektrochem. 44, 253 (1938).

Punkte angezündet, fortfährt zu verglimmen, wobei es unter Auftreten des heftigen Geruchs von Osmiumtetroxyd verschwindet. Gesintertes Osmium oxydiert sich bei erhöhter Temperatur weit langsamer; die bei der Oxydation freiwerdende Wärme reicht nicht mehr aus, ohne Wärmezufuhr die Verbrennung zu unterhalten[1].

Bei pulverförmigem Ruthenium wird die Oxydation bei etwa 100° deutlich wahrnehmbar, sie nimmt mit der Temperatur rasch zu. Auch die anderen 4 Platinmetalle lassen sich in fein verteiltem Zustande durch Erhitzen auf Temperaturen, die noch im Existenzbereich der Oxyde liegen, mehr oder weniger rasch oxydieren. Die Oxydationsgeschwindigkeit hängt von der Temperatur und dem Verteilungsgrad ab. Von feinverteiltem Rhodium ist bekannt, daß es unter Umständen pyrophore Eigenschaften aufweist[2].

Auch bei den pulverförmigen Metallen gelingt es nicht, die Oxydation quantitativ durchzuführen. Nach raschem Einsetzen kommt sie stets vor vollkommener Überführung des Metalls in Oxyd zum Stillstand. Durch die mit der Versuchsdauer zunehmende Sinterung verkleinert sich die Oberfläche der restlichen Metallteile so stark, daß die Oxydation nur noch sehr langsam fortschreitet.

Kompakte Platinmetalle oxydieren bei erhöhter Temperatur im allgemeinen nur langsam. Aber nicht nur bei Rhodium und Iridium beobachtet man beim Erhitzen in Sauerstoff die Bildung von Oxydschichten, sondern auch Platin und Palladium werden in Gegenwart von Sauerstoff oberflächlich oxydiert, wenn bei der betreffenden Erhitzungstemperatur der Sauerstoffdruck über der Dissoziationsspannung des betreffenden Oxyds liegt.

Bei 400° läuft nach Tammann und Schneider[3] das Palladium in 1 Stunde bis zum Rot 1. Ordnung an, bei Steigerung der Temperatur bis zu 750° werden die Farben von Orange 1. Ordnung bis Gelbgrün 2. Ordnung beobachtet. Wöhler[4] stellte nach einstündigem Erhitzen von Palladiumblech auf 810° eine graublaue Anlauffarbe ohne Gewichtszunahme[5] fest; nach 3 Stunden war eine deutliche Gewichtszunahme eingetreten, die nach 100 Stunden bei einem 0,1 mm dicken Blech von 1,0595 g Gewicht 3,5 mg erreichte. Das Palladium hatte dabei die graugrüne Farbe von Palladiumoxydul angenommen.

Bei Platinfolie konnte Wöhler durch wochenlanges Erhitzen auf 520° erstmals die unmittelbare Bildung von Oxyd aus Metall und Sauerstoff nachweisen.

---

[1] Berzelius, J. J.: Lehrbuch der Chemie, übersetzt von F. Wöhler, 4. Aufl. Bd. 3, S. 201—202. 1836.

[2] Bunsen, R.: Ann. Chem. Pharm. 146, 265. — Brunck, O.: Chemiker-Ztg. 48, 433, 497 (1937). — Weller, A.: Chemiker-Ztg. 48, 497 (1937).

[3] Tammann, G. u. A. Schneider: Z. anorg. allg. Chem. 171, 367 (1928).

[4] Wöhler, L.: Z. Elektrochem. 11, 836 (1905).

[5] Palladiumschwamm war nach dieser Behandlung schon zu 80% oxydiert.

Das Platin hat die geringste Affinität zum Sauerstoff. Bei der thermischen Dissoziation des Platindioxyds tritt unmittelbar metallisches Platin auf. Dem Sesquioxyd oder Oxydul entsprechende Zwischenstufen sind nicht zu beobachten. Die Oxyde des niedriger wertigen Platins besitzen eine höhere Sauerstofftension, beim Erhitzen zerfallen sie in Dioxyd und Metall. Die Aufnahme einwandfreier Sauerstoffdruck-Temperaturkurven ist beim Platindioxyd nicht möglich wegen der außerordentlich starken Beeinflussung der Reaktion durch das Sintern

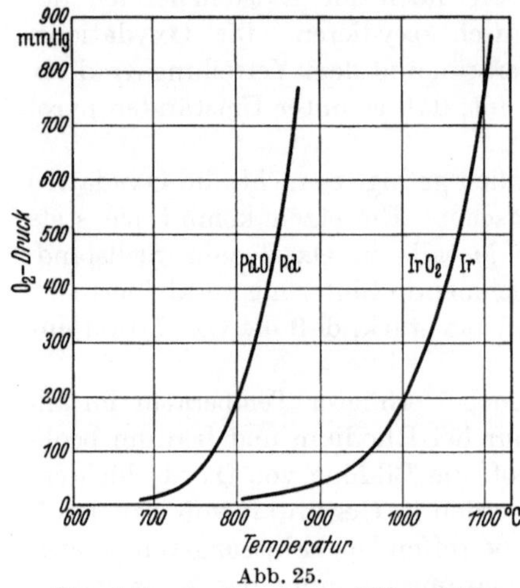

Abb. 25.
Dissoziationsdruckkurve von PdO und IrO_2.
(Nach Wöhler und Wöhler u. Witzmann.)

des Platins und des Dioxyds, wozu noch die Bildung fester Lösungen tritt. Es gelang Wöhler und Frey[1], nur festzustellen, daß bei 530° der Sauerstoffdruck unter 592 mm und bei 510° unter 203 mm liegt. Bei 458° erreicht er höchstens 162 mm.

Bei den Oxyden des Palladiums und Iridiums ist dagegen die Beobachtung des Dissoziationsgleichgewichtes ohne weiteres möglich. Druckkonstanz wird bei den höheren Dissoziationstemperaturen dieser Oxyde schon in kurzer Zeit erreicht. Auch bei Palladiumoxydul und Iridiumdioxyd machen sich die Sinterung und das Auftreten beschränkter gegenseitiger Löslichkeit von Oxyd und Metall bemerkbar und bewirken Reaktionshemmungen und Änderungen der Gleichgewichtsdrucke.

Abb. 25 gibt für Palladiumoxydul[2] und für Iridiumdioxyd[3] die Zersetzungsdrucke wieder, die bei Verwendung von nicht gesinterten, an Sauerstoff weitgehend gesättigten Bodenkörpern gemessen wurden. Schenck und Kurzen[4] bestimmten die Abhängigkeit der Sauerstofftension über Palladiumoxyd vom Sauerstoffgehalt des Bodenkörpers durch isothermen Abbau bei 780°. Im Gebiet der sauerstoffreichsten Bodenphasen mit Sauerstoffgehalten von 13,01—12,5 Gew.-% beobachteten sie mit abnehmender Sauerstoffkonzentration einen Steilabfall des Druckes von 246 auf 111 mm. Zwischen 12,5 und 1 Gew.-% O_2 blieb der Sauerstoffdruck konstant. Es treten also in diesem Gebiet zwei Phasen, eine metallische und eine oxydische, nebeneinander auf. Der

[1] Wöhler, L. u. W. Frey: Z. Elektrochem. **15**, 129 (1909).
[2] Wöhler, L.: Z. Elektrochem. **11**, 836 (1905).
[3] Wöhler, L. u. W. Witzmann: Z. Elektrochem. **14**, 97 (1908).
[4] Schenck, R. u. F. Kurzen: Z. anorg. allg. Chem. **220**, 97 (1934).

festgestellte Druckabfall über sauerstoffarmen Bodenkörpern ist eine auch bei anderen Systemen häufig beobachtete Erscheinung[1]. Als Ursache für die starke Abhängigkeit der Sauerstofftension von der Zusammensetzung bei den sauerstoffreichsten Bodenkörpern vermuten Schenck und Kurzen Verunreinigungen des Palladiumoxyduls durch andere Edelmetalle.

Die Dissoziation von IrO_2 und PdO führt direkt zu Metall. Beim thermischen Zerfall des Rhodiumsesquioxyds (Rh_2O_3) treten dagegen als Zwischenstufen die Oxyde des zwei- und einwertigen Rhodiums auf. Wöhler und Müller[2] fanden, daß die Sauerstofftensionen der drei Oxyde sich nur wenig voneinander unterscheiden. Das höchste, durch unmittelbare Vereinigung von Sauerstoff und Rhodium herstellbare Oxyd[3], das Rh_2O_3, erreicht bei 1113° Atmosphärendruck, beim RhO wird bei 1121° und beim Rh_2O bei 1127° der Sauerstoffdruck gleich einer Atmosphäre. Die Sauerstoffdruck-Temperaturkurven der Rhodium-oxyde fallen mit der Kurve des IrO_2 fast zusammen.

Die von Wöhler und Jochum[4] aus den Versuchsergebnissen er-rechneten Bildungswärmen der Oxyde, bezogen auf 1 At. Sauerstoff, weichen nur wenig voneinander ab (Zahlentafel 31).

Zahlentafel 31. Bildungswärmen der Oxyde der Platinmetalle. (Nach Wöhler und Jochum.)

Oxyd	Molekulare Bildungswärme kcal	Bildungswärme je Atom Sauerstoff kcal
IrO_2	40,14	20,07
PdO	20,40	20,40
Rh_2O_3	68,30	22,73
RhO	21,72	21,72
Rh_2O	22,70	22,70

Durch Adsorption an Silikagel oder Aluminiumoxyd wird das Palladiumoxydul stabilisiert. Nach Schenck und Kurzen sinkt beim isothermen Abbau von an Silikagel adsorbiertem Palladiumoxydul der Sauerstoffdruck schon bei einem Sauerstoffgehalt des Bodenkörpers von 8,2% und fällt dann weiter rasch ab. Wird der Abbau mit dem gleichen Präparat wiederholt, so sinkt der Druck erst bei 4% O_2. Bei mehrfach wiederholtem Abbau tritt dann jedoch keine wesentliche Änderung mehr ein. Durch das Sintern bei längerem Erhitzen geht also ein Teil des an Silikagel adsorbierten Palladiumoxyduls wieder in den Normalzustand über.

Osmium und Ruthenium bilden flüchtige Tetroxyde, durch die sie sich schon bei verhältnismäßig tiefer Temperatur leicht verflüchtigen lassen. Aber auch bei den anderen Platinmetallen liegen zahlreiche Beobachtungen über ihre Flüchtigkeit in Gegenwart von Sauerstoff vor,

---

[1] Schenck, R.: Z. anorg. allg. Chem. **206**, 73 (1932).

[2] Wöhler, L. u. W. Müller: Z. anorg. allg. Chem. **149**, 133 (1925).

[3] Zur Herstellung von fein verteiltem Rh_2O_3 empfehlen Wöhler und Müller das Erhitzen von $RhCl_3$ im Sauerstoffstrom bei etwa 800°.

[4] Wöhler, L. u. N. Jochum: Z. phys. Chem., Abt. A **167**, 176 (1933).

die wie bei Silber mit steigendem Sauerstoffdruck und steigender Temperatur ansteigt. Es bilden also auch die Platinmetalle mit dem Sauerstoff bei hoher Temperatur intermediäre, flüchtige Oxyde.

Die Erhöhung der Verdampfungsgeschwindigkeit von Platin durch Sauerstoff untersuchten Rideal und Wansbrough-Jones[1]; sie versuchten auch gleichzeitig, den Reaktionsvorgang zu deuten. Den Gewichtsverlust von Platin beim Glühen bestimmten Burgess und Mitarbeiter[2]. Die dabei festgestellten Verluste sind ab 1000° merklich.

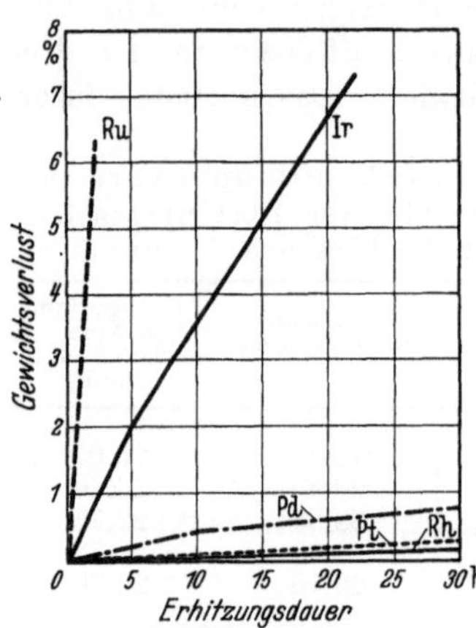

Abb. 26. Flüchtigkeit der Platinmetalle in Luft bei 1300° C. (Nach Crookes.)

Iridium, das zur Erhöhung der mechanischen und chemischen Beständigkeit dem Laboratoriumsplatin zulegiert wird, erhöht die Flüchtigkeit stark. Rhodium ruft dagegen bei einem Zusatz von 8% eine geringe Abnahme der Flüchtigkeit hervor. Nach Feußner[3] läßt sich die Flüchtigkeit des Platins in Gegenwart von Sauerstoff bei hoher Temperatur zurückdrängen durch Zugabe von leicht oxydierbaren Metallen, die, wie z. B. Kalzium, auf der Oberfläche einen Film eines feuerfesten Oxyds bilden. Crookes[4] untersuchte auch den Gewichtsverlust der Platinbeimetalle beim Glühen in Luft. Palladium und Iridium zeigten schon bei 900° deutliche Gewichtsabnahmen. Bei Steigerung der Temperatur auf 1300° (vgl. Abb. 26) weist Ruthenium einen mit der Zeit sehr schnell zunehmenden Gewichtsverlust auf, dann kommt Iridium, und schließlich folgen in weitem Abstand die anderen Platinmetalle[5]. Am wenigsten flüchtig ist das Rhodium.

Die relativ hohe Flüchtigkeit des Iridiums in Gegenwart von Sauerstoff bei erhöhter Temperatur stellten schon früher Holborn, Henning und Austin[6] und Wöhler und Witzmann[7] fest. Letztere bestimmten auch die Flüchtigkeit bei tieferen Temperaturen und stellten dabei fest, daß Iridiumschwamm schon bei 775° eine ziemlich starke Verflüchtigung

[1] Rideal, E. K. u. O. H. Wansbrough-Jones: Proc. roy. Soc., Lond. [A] 123, 202 (1929).

[2] Burgess, G. K. u. P. D. Sale: U. S. Bur. Stand. Sci. Pap. 1915, Nr. 254. — Burgess, G. K. u. R. G. Waltenburg: U. S. Bur. Stand. Sci. Pap. 1916, Nr. 280.

[3] Feußner, O.: Z. Metallkde. 26, 253 (1934).

[4] Crookes, W.: Proc. roy. Soc., Lond. [A] 86, 461 (1911/12).

[5] Das Osmium, das bekanntlich in Gegenwart von Sauerstoff bei erhöhter Temperatur sehr flüchtig ist, wurde von Crookes nicht untersucht.

[6] Holborn, L., F. Henning u. L. Austin: Wiss. Abh. phys.-techn. Reichsanst. Berlin 4, 85 (1904).

[7] Wöhler, L. u. W. Witzmann: Z. Elektrochem. 14, 106 (1908).

aufweist. Auch bei den tieferen Temperaturen, die noch im Existenzbereich des als feste Phase auftretenden Iridiumdioxyds liegen, nimmt die Verflüchtigung des Iridiums mit dem Sauerstoffdruck und mit der Temperatur zu[1].

Die Platinmetalle besitzen die Fähigkeit, sich bei hoher Temperatur mit Metalloxyden, aber auch mit keramischen Massen verschiedener Art zu verbinden. Diese Reaktion tritt auch an der Oberfläche der kompakten Metalle auf. Zahlreiche Beobachtungen aus der chemischen Laboratoriumspraxis liegen hierfür vor. Es handelt sich hierbei jedoch in vielen Fällen nicht um eine Oxydation der Platinmetalle, sondern um die oft nachgewiesene Erhöhung des Zersetzungsdruckes von Oxyden durch die Gegenwart eines Metalls, durch das die Möglichkeit zur Legierungsbildung gegeben ist. Hierfür sprechen auch Ergebnisse von Kohlmeyer und Westermann[2], die fanden, daß die Temperatur, bei der Reaktionen zwischen Platin und Oxyden eintreten, mit steigender Bildungswärme der Oxyde ansteigt.

2. Schwefelverbindungen.

Schwefeldioxyd wirkt bei Temperaturen bis zu 1100° auf Platin nach Wise und Eash[3] nicht stärker ein als Luft. Durch Schwefelwasserstoff wird bei erhöhter Temperatur Platin unter Bildung eines dünnen blauen Films leicht angegriffen. Der Sulfidfilm scheint jedoch das Platin zu passivieren, da ein Vordringen von Schwefel an den Korngrenzen oder eine Versprödung des Platins nicht beobachtet wurde. Mit der Filmbildung in Schwefelwasserstoff ist stets eine deutliche Gewichtszunahme verbunden.

3. Säuren, Halogene und Schmelzen.

Gegen Säuren sind die Platinmetalle im allgemeinen sehr beständig. Am leichtesten lösen sich das Palladium und das Platin. Das Lösungsmittel für beide Metalle ist Königswasser, das das Palladium schon in der Kälte, das Platin in der Hitze rasch auflöst. In kaltem, 10%igem Königswasser lösen sich 0,5 g/m²·Tg, in konzentriertem Königswasser lösen sich ebenfalls bei Raumtemperatur 9,6 g/m²·Tg Platin[4]. Das Palladium wird auch von Salpetersäure und Schwefelsäure, namentlich, wenn es in feiner Verteilung vorliegt, verhältnismäßig leicht angegriffen.

---

[1] Ein interessantes Beispiel für die Empfindlichkeit des Iridiums gegen geringe Sauerstoffmengen bei hoher Temperatur zeigte Emich (Sitzgsber. Wien. **1905**, Abt. 2b, 545), der die Flüchtigkeit des Iridiums in Kohlensäure mit Erfolg als Maß für die Dissoziation derselben in Kohlenoxyd und Sauerstoff benutzte.

[2] Kohlmeyer, E. J. u. I. Westermann: Siebert-Festschr. 1931, S. 193.

[3] Wise, E. M. u. J. T. Eash: Amer. Inst. min. metallurg. Engr., Met. Techn. Publ. **1938**, Nr. 899.

[4] Rabald, E.: Chem. Fabrik 11, 294 (1938).

Die übrigen Platinmetalle sind in allen Säuren, auch in Königswasser, im kompakten Zustande praktisch unlöslich. Die Verhältnisse ändern sich allerdings teilweise, wenn sie fein verteilt oder mit löslichen Metallen legiert vorliegen. Es tritt dann oft ein deutlicher Angriff ein, der entweder zur Auflösung unter Bildung löslicher Salze oder wie beim Osmium zum Auftreten von flüchtigem Oxyd führt.

Salzsäure löst unter erhöhtem Druck auch sonst sehr beständige Platinmetalle, wie Rhodium und Iridium[1].

Halogene greifen bei Rotglut die Platinmetalle an und führen sie in die entsprechenden Halogenide über. Durch Mischen mit Kochsalz und Überleiten von Chlor bei Glühtemperatur wird oft der Angriff sehr stark erleichtert, so daß dieses Verfahren zur Auflösung von Rhodium und Iridium benutzt wird.

Salzschmelzen verhalten sich gegenüber Platinmetallen verschieden. Wenig beständig sind die Platinmetalle gegen alkalische Schmelzen, insbesondere in Gegenwart von Sauerstoff und Oxydationsmitteln. Mit steigender Temperatur wächst der Angriff stark an. Die dabei auftretenden Reaktionsprodukte richten sich nach der Zusammensetzung der Schmelzen und nach der Art des Metalles. Mit der Affinität zum Sauerstoff nimmt die Angreifbarkeit zu. So wird das Platin von Bisulfatschmelzen nicht angegriffen, wohl dagegen Iridium und Rhodium, wobei das erstere unlösliches Oxyd bildet, das letztere gelöst wird. Die Korrosion von Platingeräten durch die verschiedensten Salzschmelzen, die in der analytischen Laboratoriumspraxis vorkommen können, untersuchte Bauer[2].

Die Entwicklung des Gefüges der Platinmetalle durch Ätzung ist infolge der teilweise sehr geringen chemischen Angreifbarkeit oft schwierig. Für Platin und Palladium kommt als Ätzmittel vor allem Königswasser in Frage, das auch für lösliche Legierungen brauchbar ist. Die Hauptschwierigkeit beim Ätzen besteht darin, daß nur eine schmutzige Oberflächenschicht entsteht, ohne daß ein klares Gefügebild entwickelt wird. Jedele[3] zeigte, daß dieses Verhalten auf das Vorhandensein der dünnen, beim Polieren sich bildenden oberflächlichen Schmierschicht zurückzuführen ist, die bei Platin durch Rekristallisation bei etwa 800° beseitigt werden kann. In Königswasser nicht oder nur wenig lösliche Platinmetalle und ihre Legierungen werden in Kaliumbisulfatschmelze geätzt, deren Wirkung Nemilow[4] durch Zugabe von Natriumchlorid und Braunstein beim Ätzen von Platin-Iridium-Legierungen verstärkte. Nach Beck[5] eignet sich rotglühende Kalium-

---

[1] Tronew, W. G.: C. R. Acad. Sci. URSS., N. s. **15**, 555 (1937). Ref. Chem. Zentralbl. **1938 II**. 2094.

[2] Bauer, G.: Chemiker-Ztg. **62**, 257 (1938).

[3] Jedele, A.: Metallwirtsch. **13**, 335 (1934).

[4] Nemilow, W. A.: Z. anorg. allg. Chem. **204**, 41 (1932).

[5] Beck, F.: Metallwirtsch. **12**, 636 (1933).

bisulfatschmelze nicht zum Ätzen von Rhenium-Legierungen der Platinmetalle. Eine brauchbare Ätzung erhielt Beck durch anodische Auflösung in Kochsalzschmelze bei 860°. Eine weitere Möglichkeit der Ätzung bei hoher Temperatur bietet die Flüchtigkeit in Gegenwart von Sauerstoff. Es lassen sich bei den Platinmetallen und ihren Legierungen, soweit sie keine Unedelmetalle enthalten, die beständige Oxyde bilden, schon durch Erhitzen in Luft oft klare Gefügebilder erhalten.

Alle bei hoher Temperatur arbeitenden Ätzverfahren haben den Nachteil, daß die Rekristallisationstemperatur überschritten wird und dadurch oft unerwünschte Gefügeänderungen eintreten.

Eine einfache Möglichkeit der Gefügeentwicklung in der Kälte bietet die Auflösung durch Wechselstromelektrolyse[1].

Bei Platin erhält man gut entwickelte Gefügebilder durch Wechselstromelektrolyse in Salzsäure und in Kaliumzyanidlösung. Salzsäure liefert Kornfelderätzung, während in Kaliumzyanidlösung eine ausgesprochene Korngrenzenätzung auftritt. Iridium wird durch Wechselstromelektrolyse in allen Elektrolyten langsamer angegriffen als Platin, die klarsten Ätzbilder erhält man in Schwefelsäure. Für die Rhodiumätzung sind Salzsäure und Zyankalilösung als Elektrolyt am geeignetsten, sie führen zunächst zu einer ausgesprochenen Korngrenzenätzung; bei stärkerem Angriff zeigt sich aber auch durch verschieden starken Angriff der einzelnen Kornfelder eine deutliche Felderätzung.

Für Palladium eignet sich die Auflösung durch Wechselstromelektrolyse zur Gefügeentwicklung weniger als die einfache chemische Ätzung in Königswasser oder oxydischer Zyankalilösung, da die Übersättigung des Palladiums mit Wasserstoff durch die Wasserstoffentladung bei den kathodischen Stromstößen zu einer weitgehenden Zerstörung der Oberfläche führt. Durch Verkürzung der Ätzdauer und Herabsetzung der Stromdichte kann man allerdings auch durch Wechselstromelektrolyse zu brauchbaren Ätzbildern auf Palladium kommen.

C. Folgen der Kaltverformung.

Beim Walzen des Platins tritt wie bei anderen kubisch flächenzentrierten Metallen als Hauptlage die [112]-Richtung parallel der Walzrichtung und die (110)-Ebene parallel der Walzebene auf. Daneben beobachtet man als zweite Lage die [100]-Richtung parallel der Walzrichtung und die (001)-Ebene parallel der Walzebene.

Nach GREENWOOD[2] ist bei gezogenem Platin nur die Orientierung der [111]-Richtung parallel der Kraftrichtung festzustellen, ähnlich wie

---

[1] Raub, E. u. G. Buß: Z. Metallkde **30**, 152 (1938). — Z. Elektrochem. **46**, Schenck-Heft 195 (1940).

[2] Greenwood, G.: Z. Kristallogr. **78**, 242 (1931).

bei Aluminium und Blei. Gezogenes Palladium weist jedoch nach Ettisch, Polanyi und Weissenberg[1] daneben noch die [100]-Orientierung auf.

Die Dichte des Platins sinkt nach Honda und Shimizu[2] beim Pressen unter einem Gesamtdruck von 121 250 kg von 21,4313 auf 21,4013.

Bei Platindrähten steigt der elektrische Widerstand nach einem Ziehgrad von 96% um 0,5%; bei Palladium beobachtet man einen Widerstandsanstieg von 2%. Der Temperaturkoeffizient des Widerstandes ist zwischen 0 und 100° bei hartem Platin 0,003917 gegenüber 0,003923 bei weichem. Die paramagnetische Suszeptibilität des Platins sinkt nach Honda und Shimizu[3] bei der Bearbeitung von $1,100 \cdot 10^{-6}$ auf $1,073 \cdot 10^{-6}$.

Die Angaben über die Thermokraft zwischen bearbeitetem und weichem Platin schwanken. Tammann und Bandel beobachteten je Grad Temperaturunterschied $+0,065\ \mu\mathrm{V}$, Noll $+0,04\ \mu\mathrm{V}$ und Borelius $-0,25\ \mu\mathrm{V}$.[4] Die starken Unterschiede können nur auf die besonders hohe Empfindlichkeit der thermoelektrischen Kraft gegen Verunreinigungen zurückgeführt werden.

Zahlentafel 32. Einfluß der Kaltverformung auf die plastischen Eigenschaften von Palladium und Platin.

Eigenschaft		Pt		Pd	
		nach Carter	nach Atkinson und Raper	nach Carter	nach Atkinson und Raper
Zugfestigkeit kg/mm² . .	hart	34	24,8	39	32,4
	weich	15	15,2—16,6	14	21,8
Proportionalitätsgrenze kg/mm²	hart		18,6		22,0
	weich		3,7—7		3,4
Dehnung % (Meßlänge 5,08 cm, 0,5 mm Draht)	hart	0,8	2,5	1,0	1,5
	weich	32	24—34	24	39—41
Bruchquerschnittsabnahme %	hart		95		91,5
	weich		92		89—92
Härte: Brinell	hart	97		109	
	weich	47		49	
Skleroskop . . .	hart	21		25	
	weich	7		8	
Erichsen-Tiefung mm	hart	7,8		7,6	
	weich	12,2		12,0	

[1] Ettisch, U., M. Polanyi u. K. Weissenberg: Z. Phys. **7**, 181 (1921): Z. phys. Chem. **99**, 332 (1921).

[2] Vgl. Fußnote 4, S. 61.

[3] Honda, K. u. Y. Shimizu: Nature, Lond. **32**, 565 (1933).

[4] Vgl. Fußnoten 3—5, S. 37.

Die Änderung der mechanischen Eigenschaften von Platin und Palladium durch Kaltverformung ist aus Zahlentafel 32 zu ersehen. Ihre Abhängigkeit vom Bearbeitungsgrad wurde von Sterner-Rainer bei Platin und Palladium bis zu einer Verformung von 60% bestimmt[1].

D. Erholung von den Folgen der Kaltbearbeitung.

Tammann stellte fest, daß im Gegensatz zu Kupfer, Silber und Gold in der Erholungstemperatur der verschiedenen Eigenschaften von Palladium und Platin teilweise sehr erhebliche Unterschiede bestehen. Der elektrische Widerstand und die Federkraft von Drähten beginnen schon bei ziemlich tiefer Temperatur abzusinken. Die Wendetemperatur liegt für Platin bei 220° und für Palladium bei 200°. Die Thermokraft von harten Drähten erholt sich bei der gleichen Temperatur (150 bis 400°). Die Härte des Platins erholt sich dagegen erst bei 900°, die des Palladiums bei 500°. Die Wendetemperatur der Biegezahl liegt zwischen der von Härte und elektrischem Widerstand. Das erste, mikroskopisch sichtbare Auftreten der Rekristallisation wird bei der Temperatur beobachtet, bei der der Härteabfall einsetzt. Nach Feußner[2] treten diese Unterschiede in der Temperatur der Erholung von den Folgen der Kaltverformung bei reinsten Metallen nicht auf. Sie beruhen vielmehr nur auf speziellen Einflüssen von Fremdstoffen.

Weiterhin ist für die Erholung von Platin und Palladium kennzeichnend die Unabhängigkeit der Wendetemperatur der Härte vom Bearbeitungsgrad und der große Temperaturbereich, in dem die Erholung vor sich geht. Nach Tammann und Bandel erstreckt sich die Erholung der Thermokraft bei Platin über ein Temperaturgebiet von 350° und bei Palladium sogar über ein solches von 450°.

Im gewalzten Palladium liegen nach Tammann und Schneider[3] die Dodekaederebenen in der Walzrichtung. Beim Erhitzen des Bleches tritt bei 400° Kornneubildung auf. Nach dem Erhitzen auf 550° ist das Rekristallisationskorn so groß, daß die Bestimmung der Orientierung nach dem Ätzen möglich ist. Mit steigender Glühtemperatur tritt eine Umordnung der Kristallite in der Weise ein, daß die bei niedriger Glühtemperatur auftretende (112)-Ebene wieder verschwindet.

Feußner[4] untersuchte die Rekristallisation des Platins in gleicher Weise wie beim Silber. Er fand die in den Abb. 27 und 28 dargestellte Abhängigkeit der Korngröße von Verformungsgrad und Glühtemperatur. Die niedrigste Rekristallisationstemperatur bestimmte Feußner aus seinen Versuchen zu etwa 650°.

---

[1] Sterner-Rainer, L.: Die Edelmetallegierungen in Industrie und Gewerbe, S. 57 u. 60. Leipzig 1930.

[2] Feußner, O.: Z. Metallkde. **26**, 251 (1934).

[3] Tammann, G. u. A. Schneider: Z. anorg. allg. Chem. **172**, 43 (1938).

[4] Feußner, O.: Vgl. Fußnote 4, S. 42.

Nach Sachs ist bei Platin die Grobkristallisation nach dem Erhitzen auf hohe Temperaturen wie bei Gold ohne Einfluß auf die Verformungsfähigkeit. Bei Palladium tritt jedoch mit der Grobkristallisation eine starke Versprödung ein, die sich in einem Steilabfall der Bruchquerschnittsverminderung äußert. Die Zugfestigkeit sinkt im Bereich der Grobkristallisation wie auch bei allen anderen Metallen langsam ab.

Bei den Platinbeimetallen außer Palladium liegen über die Erholung von den Folgen der Bearbeitung, soweit spanlose Formung in der Kälte überhaupt möglich ist, und über die Rekristallisation nur Einzelbeobachtungen vor. Bei Feilspänen aus

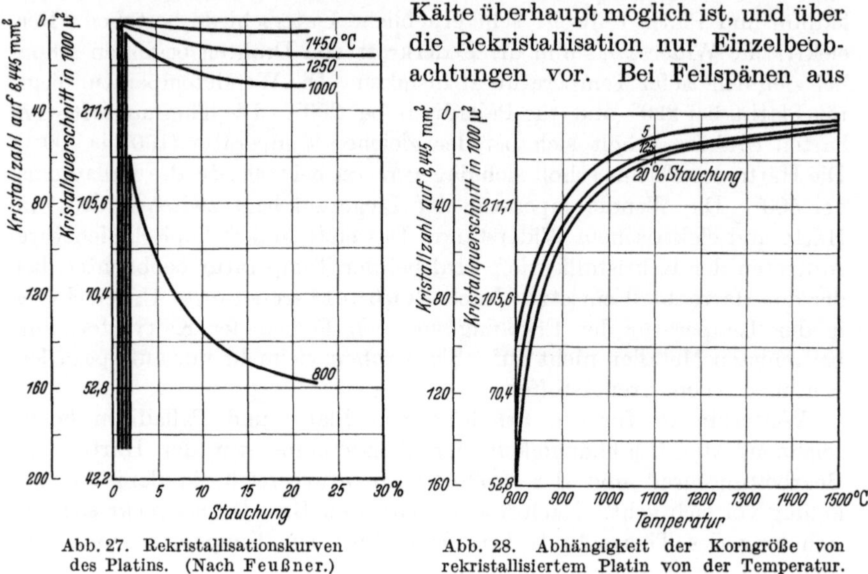

Abb. 27. Rekristallisationskurven des Platins. (Nach Feußner.)

Abb. 28. Abhängigkeit der Korngröße von rekristallisiertem Platin von der Temperatur. (Nach Feußner.)

Iridium beobachteten Owen und Yates[1] nach 10tägigem Erhitzen auf 600° einige wohlausgebildete Linien, an denen Messungen vorgenommen werden konnten. Die Gitterstörungen, die bei Ruthenium und Osmium durch Zerkleinerung auftreten, verschwinden bei einer Glühtemperatur von 1000° nach 4 bzw. 5 Stunden[2].

E. Schmelzen und Verarbeiten der Platinmetalle.

Das Schmelzen der Platinmetalle wird erschwert durch den hohen Schmelzpunkt und durch ihre Eigenschaft, die Sauerstofftension von Oxyden bei hoher Temperatur stark zu steigern. In reduzierender Atmosphäre werden fast alle feuerfesten Oxyde in Gegenwart von Platinmetallen schon weit unter deren Schmelzpunkt reduziert; die dabei

[1] Owen, E. A. u. E. L. Yates: Phil. Mag. [7] 15, 472 (1933).
[2] Owen, E. A., L. Pickup u. I. O. Roberts: Z. Kristallogr. [A] 91, 70 (1935).

entstehenden Metalle legieren sich mit den Platinmetallen und verunreinigen sie so. Abb. 29 zeigt z. B. das Gefüge einer Platin-Osmium-Legierung mit 7% Os, die nach der Verarbeitung zu Blech bei 1600⁰ unter Wasserstoff in einem Tiegel aus Sintertonerde geglüht wurde. An der Berührungsstelle von Blech und Tiegelwand ist durch Reduktion Aluminium aufgenommen worden, das teilweise an den Korngrenzen angereichert ist, daneben aber als Phase, die offenbar aus einer inter-

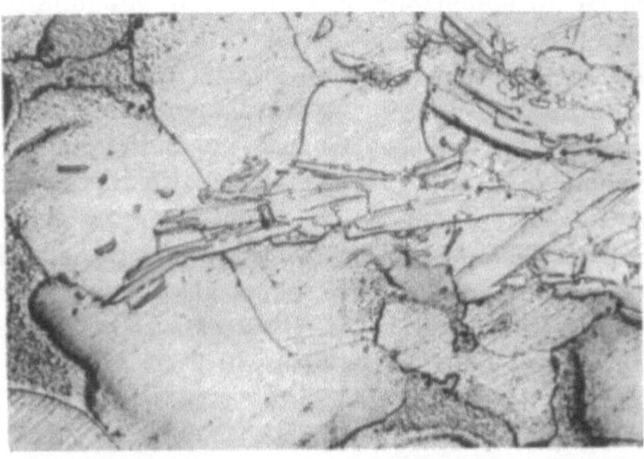

Abb. 29. Bei 1600⁰ in Wasserstoff geglühte Platin-Osmium-Legierung (7% Os). Reaktion mit der Tiegelwand aus Sintertonerde. Vergr. 300 ×. Ätzung: Wechselstromelektrolyse in HCl-NaCl-Lösung.

metallischen aluminiumhaltigen Verbindung besteht, in den Kristallkörnern auftritt.

Die erforderliche hohe Temperatur zum Schmelzen der Platinmetalle erreicht man in der Gebläseflamme oder im Hochfrequenzofen[1].

Beim Schmelzen in der Gebläseflamme kann man für Palladium und Platin noch ein Leuchtgas-Sauerstoffgebläse verwenden. Höher schmelzende Platinbeimetalle muß man im Knallgas- oder Acetylen-Sauerstoffgebläse schmelzen. Es gelingt auf diese Weise, Rhodium, Iridium und kleine Rutheniummengen zu schmelzen; für Osmium reicht die Temperatur des Knallgasgebläses nicht mehr aus[2].

Beim Schmelzen in oxydierender Flamme ist die Sauerstoffaufnahme störend, da der von den Schmelzen gelöste Sauerstoff während der Erstarrung ähnlich wie bei Silber unter Spratzerscheinungen wieder abgegeben wird. Andererseits reduziert eine weiche Flamme das Tiegelmaterial und das Platinmetall wird verunreinigt. Die Flamme soll daher nur bis zum Schmelzbeginn stark oxydierend sein. Dann wird die Sauerstoffzufuhr so weit gedrosselt, daß sie nur noch schwach oxydierend bleibt.

---

[1] Neben diesen beiden Schmelzverfahren hat das Sinterverfahren nach Wollaston heute keine technische Bedeutung mehr. Eine eingehendere Schilderung dieses Verfahrens geben Atkinson u. Raper [J. Inst. Met. **59**, 187 (1936)].

[2] Deville, H. St. C. u. H. Debray: Ann. Chim. physique **56**, 385 (1859).

Als Tiegelmaterial verwendet man beim Schmelzen Kalziumoxyd. Dieses ist temperaturbeständig und schwer reduzierbar. Es ist leicht in genügendem Reinheitsgrad zu erhalten, die vorhandenen unvermeidlichen Verunreinigungen schaden nicht. Die Kalziummenge, die vom Platin unter normalen Bedingungen aufgenommen wird, ist sehr gering, läßt sich jedoch spektroskopisch noch nachweisen. Nach Sivil[1] liegt die Kalziumaufnahme bei etwa 0,0001%. Wird das Platin in reduzierender Atmosphäre im Hochfrequenzofen in Kalktiegeln geschmolzen, so nimmt es dagegen bis zu 1% Ca auf. Eine Beeinflussung der physikalischen Eigenschaften tritt durch die normalerweise nur geringe Kalziumaufnahme nicht ein. Verunreinigungen des Platins werden bei dem oxydierenden Schmelzen im Gebläse vielfach oxydiert und durch das Kalziumoxyd verschlackt, so daß gleichzeitig eine Reinigung erreicht wird[2].

Neben Kalziumoxyd findet beim Schmelzen von kleineren Mengen Platin oder Palladium auch Quarz Anwendung, wobei allerdings besonders darauf zu achten ist, daß keine unvollkommen verbrannten Flammengase auftreten, die die Kieselsäure leicht reduzieren.

Beim Schmelzen kleiner Metallmengen wird ein einfaches Handgebläse gebraucht. Die Flamme wird unmittelbar auf das Platinmetall gerichtet, das sich auf einem starken Quarzscherben befindet. Größere Platinmengen werden heute noch vielfach in dem Gebläseofen von Deville und Debray geschmolzen. Dieser Ofen ist mit Kalziumoxyd ausgekleidet, mit Ausguß versehen und schwenkbar angeordnet; durch den Deckel wird das Gebläse, dessen Spitze aus Platin-Iridium besteht, eingeführt. Die Flamme wirkt unmittelbar auf das Metall.

Das Schmelzen im Hochfrequenzofen[3] bietet den großen Vorteil der einfachen Kontrolle des gesamten Schmelzvorganges. Vor allem ist die Schmelzofenatmosphäre in ihrer Zusammensetzung beliebig zu regeln, auch ist die Möglichkeit des Schmelzens im Vakuum[4] gegeben.

In der Wahl des Tiegelmaterials ist man beim Schmelzen im Hochvakuum etwas freier als beim Schmelzen in der Gebläseflamme. Sollen reinste Metalle und Legierungen gewonnen werden, so ist Thoriumoxyd am geeignetsten[5, 6]. Im allgemeinen genügen auch Kalziumoxyd, Magnesiumoxyd, Aluminiumoxyd, Zirkonoxyd und Zirkonsilikat als Tiegelmaterial, jedoch treten bei Tiegeln aus diesen Stoffen unter Umständen

[1] Sivil, C. S.: Amer. Inst. min. metallurg. Engr., Inst. Met. Div. **93**, 246 (1931).

[2] Stören kann u. U. die Aufnahme von Feuchtigkeit und von Kohlendioxyd, durch die beim Erhitzen die Kalktiegel leicht zerstört werden.

[3] Das Schmelzen im Lichtbogen scheidet wegen der Gefahr einer Verunreinigung der Platinmetalle durch Kohlenstoff aus. Auch andere versuchte Schmelzverfahren führten zu keinem Ergebnis (C. S. Sivil: Vgl. Fußnote 1, S. 94).

[4] Reeve, H. T.: Met. & Alloys **2**, 184 (1931).

[5] Vgl. R. H. Atkinson u. A. R. Raper: J. Inst. Met. **59**, 190 (1936).

[6] Nach J. Fischer, vgl. Fußnote 10, S. 8 wird Thoriumoxyd bei 2000° allerdings schon durch Platin unter Bildung einer Platin-Thoriumlegierung reduziert.

Verunreinigungen auf, insbesondere, wenn das Schmelzen in reduzierender Atmosphäre durchgeführt wird. In oxydierender Atmosphäre kann

Abb. 30. Verarbeitung von Platinbarren zu Blech und Folie. (Werkphoto Heraeus.)

Reduktion dieser Oxyde nicht eintreten; damit ist auch die Aufnahme der Metalle durch das flüssige Platinmetall ausgeschlossen.

Abb. 31. Platinnetz-Weberei. (Werkphoto Siebert.)

Sollen fein verteilte, durch Reduktion aus chemischen Verbindungen gewonnene schwammförmige Platinmetalle geschmolzen werden, so preßt man sie zweckmäßig zunächst und sintert sie dann kräftig vor.

Gegossen werden die Schmelzen der Platinmetalle gewöhnlich in Graphitformen. Diese werden kalt oder wenig angewärmt verwendet, um eine Verunreinigung durch Kohlenstoff zu vermeiden.

Die spanlose Verformung durch Walzen, Schmieden usw. ist bei den beiden hexagonal kristallisierenden Platinbeimetallen, Ruthenium und Osmium, bis heute nicht gelungen. Es fehlt allerdings auch an eingehenden, von reinsten Metallen ausgehenden Versuchen, die die Bearbeitung in einem genügend großen Temperaturgebiet berücksichtigen. Nach Atkinson und Raper liegen Anzeichen dafür vor, daß gesintertes Rutheniumpulver bei sehr hoher Temperatur durch Schmieden verformbar ist. Die Osmiumfäden, die früher in den Glühlampen verwendet wurden, erhielt man durch Spritzen von Osmiumpulver zusammen mit einem Bindemittel, das dann ausgebrannt wurde.

Bei der Verarbeitung der anderen Platinmetalle beobachtet man nicht selten Unterschiede, die nicht immer ohne weiteres zu erklären sind. So stellte Swanger bei unter Vakuum im Hochfrequenz-

Abb. 32. Platinnetz-Webmaschine. (Werkphoto Siebert.)

ofen geschmolzenem, grobkörnig erstarrtem Rhodium manchmal vollkommene Unverarbeitbarkeit bei offenbar interkristallinem Bruch fest. Andere Schmelzen aus dem gleichen Rhodiumschwamm bei gleicher Korngröße waren dagegen gut verformbar. Wurde im Vakuum geschmolzenes Rhodium erneut auf Kalziumoxyd im Knallgasgebläse geschmolzen, so erwies es sich stets als gut verarbeitbar. Ähnliche Beobachtungen lassen sich auch bei Platinlegierungen machen.

Rhodium und Iridium sind heiß gut verformbar, die Kaltbearbeitbarkeit ist dagegen begrenzt. Palladium und Platin sind gut heiß und kalt verformbar.

Palladium und Platin werden in der Praxis zunächst gewöhnlich heiß, bei einer Temperatur von etwa 800°, durch Schmieden oder Walzen bearbeitet. Die Weiterverarbeitung zu Blech oder Draht erfolgt durch Kaltwalzen oder -ziehen. Oft werden sie zu dünnen Folien und feinen Drähten verarbeitet (Abb. 30). Platinfeindraht läßt sich sehr gut verspinnen oder auf Webmaschinen verweben (Abb. 31, 32 und 33). Die chemische Industrie benötigt derartige Netze als Katalysator.

Noch heute ist das Hammerschmieden bei der Herstellung von Geräten aus Platinblech verbreitet. Daneben wird aber auch die maschinelle Auftiefung von Platingeräten angewendet, die allerdings gewisse Vorsichtsmaßnahmen zur Unterbindung von sonst leicht auftretender Rißbildung erfordert.

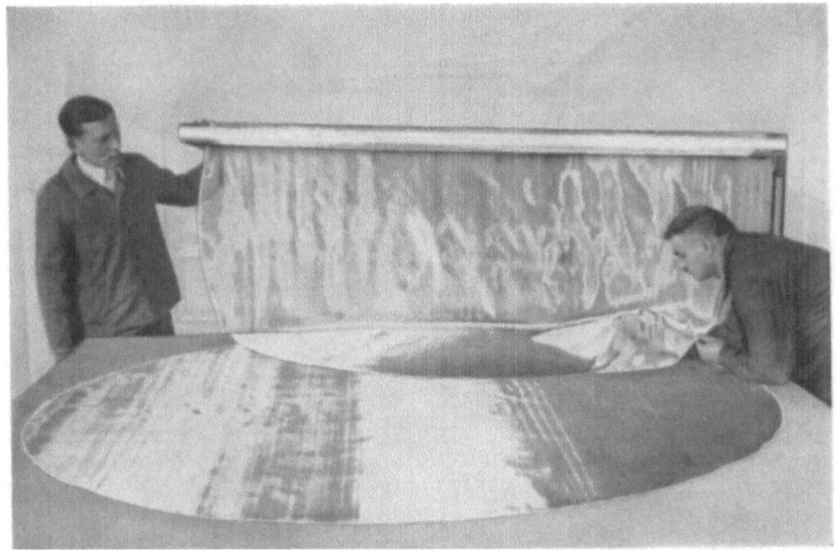

Abb. 33. Großes Platinnetz. (Werkphoto Heraeus.)

Das Platin erweicht bei etwa 650—800°. Zum Weichglühen wählt man für chemisch reines Platin nach Wise und Eash[1] aber zweckmäßig 5 min langes Erhitzen auf 900—1000°, für weniger reines Platin erhöht sich die Temperatur auf 1050—1100°.

Das Platin neigt verhältnismäßig stark zur Sammelkristallisation und weist oft während der Bearbeitung ein sehr grobes Korn auf, wie Abb. 34a an einem nach der letzten Glühung bei 800° um 30% kaltgewalzten Platinblech zeigt[2]. Nach einstündigem Erhitzen auf 900° hat ein derartiges Blech ein uneinheitliches teils feineres, teils gröberes Rekristallisationskorn (Abb. 34b), das durch Glühen bei höherer Temperatur durch Sammelkristallisation rasch gröber wird (Abb. 34c und d).

Platin läßt sich sehr leicht schweißen, unter gleichzeitiger Bearbeitung mit dem Hammer tritt die Verschweißung schon bei ziemlich niedriger Temperatur ein. Als Lote für Platin kommen Feingold, oder, wenn die

---

[1] Vgl. Fußnote 3, S. 81.
[2] Raub, E. u. G. Buß: Vgl. Fußnote 1, S. 89.

Lötfuge weiß sein soll, Legierungen aus Palladium mit Gold und Silber oder auch Platin und Kupfer in Frage.

Auch Rhodium und Iridium werden heute zu Blech und Draht verarbeitet (Abb. 35). Das Verformungsvermögen des Rhodiums ist besser

Abb. 34a.   800° geglüht, 30% kalt gewalzt.

Abb. 34b. 1 Std. bei 900° rekristallisiert.

Abb. 34c. 1 Std. bei 1400° rekristallisiert.

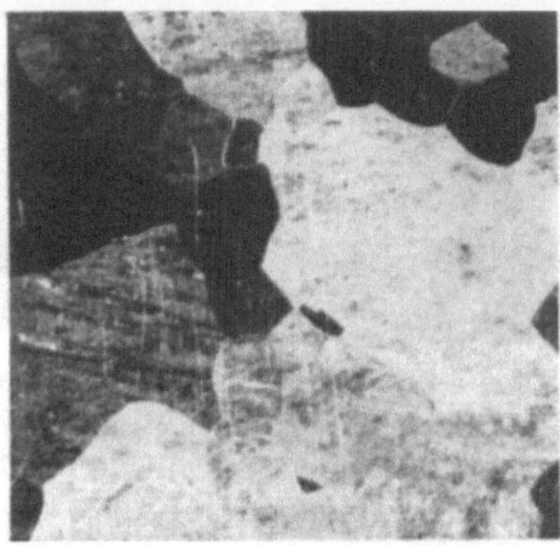

Abb. 34d. 1 Std. bei 1650° rekristallisiert.

Abb. 34a—d. Kaltbearbeitetes und bei verschiedener Temperatur rekristallisiertes Platin.
Vergr. 7,5×. Ätzung: Wechselstromelektrolyse in HCl-NaCl-Lösung.

als das des Iridiums. In der Hitze treten bei der Bearbeitung durch Schmieden mit dem Handhammer (bei 1100°), durch Gesenkschmieden (bei 1000°) oder auch durch Walzen bei Weißglut größere Schwierigkeiten nicht auf. Im Gesenk läßt es sich zu Draht von weniger als 1 mm Durchmesser verarbeiten, der für die Herstellung von Widerstandsöfen verwendbar ist. Nach dem Ziehen durch Steine aus Wolframkarbid bei allmählich sinkender Temperatur gelingt es nach Swanger, Drähte herzustellen, die sich ohne Zwischenglühung von 0,5 auf 0,35 mm kalt

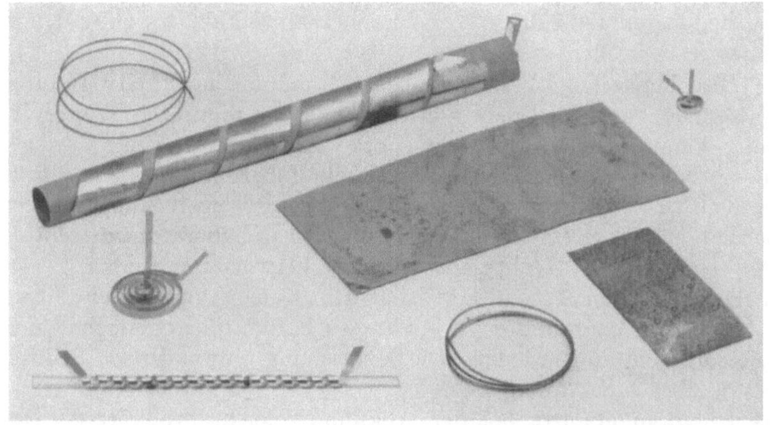

Abb. 35. Iridium und Rhodium in Form von Blech, Band und Draht. (Werkphoto Heraeus.)

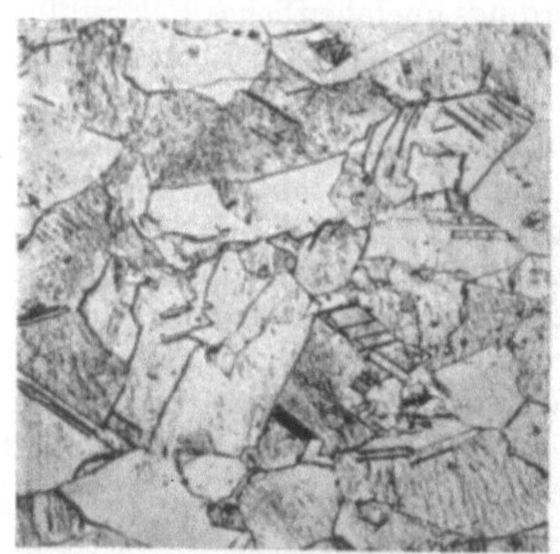

Abb. 36 a. Heiß gewalzt.

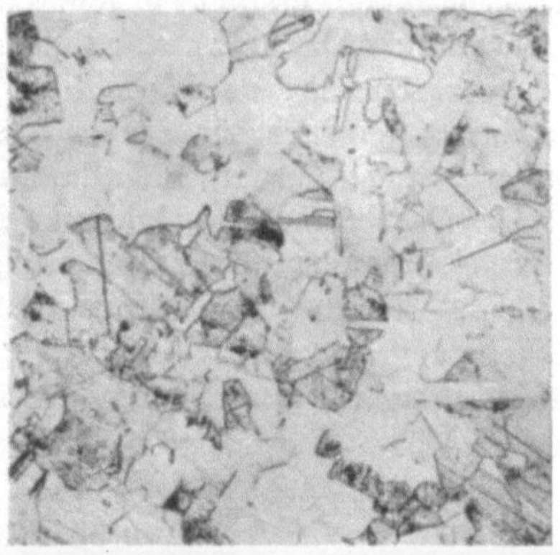

Abb. 36 b. 1 Std. bei 1400° geglüht.

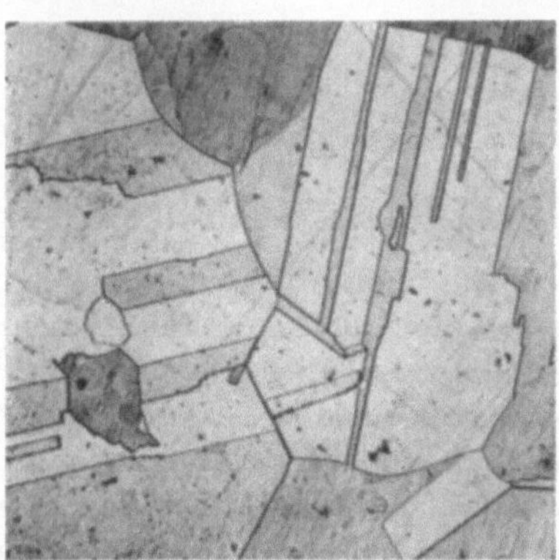

Abb. 36 c. 1 Std. bei 1600—1700° geglüht.

Abb. 36a—c. Rhodium heiß gewalzt und bei verschiedener Temperatur rekristallisiert. Vergr. 50×.
Ätzung: Wechselstromelektrolyse in 20%iger KCN-Lösung und in HCl-NaCl-Lösung.

7*

weiterziehen lassen. Auf diese Weise kann man Drähte bis zu 0,01 mm Durchmesser herstellen.

Die Blechherstellung geschieht beim Rhodium nach Sivil durch Heißwalzen bis zu einer Dicke von weniger als 1 mm. Die Weiterverarbeitung kann durch Kaltwalzen unter Zwischenschaltung häufiger Glühungen bei 1200° geschehen[1]. Es gelingt, Folien in 0,025 mm Stärke herzustellen. Das Rhodium kann infolge seiner noch annehmbaren Bearbeitbarkeit zur Herstellung von einfacheren Laboratoriumsgeräten und von Drähten für Hochtemperaturöfen Verwendung finden.

Im Gegensatz zu Platin läßt sich Rhodium schlecht schweißen. Durch Schweißen hergestellte Verbindungen haften oft ungenügend und lösen sich im Gebrauch wieder. Die Herstellung einwandfreier Schweißungen ist aber nicht unmöglich.

Das Rhodium erstarrt bei der Abkühlung leicht grobkörnig. Das Gefüge eines heiß gewalzten Bleches zeigt Abb. 36a. Durch Rekristallisation bei 1400° entsteht ein feines, allerdings uneinheitliches Rekristallisationskorn (Abb. 36b). Nach dem Glühen bei 1600° ist eine starke Kornvergröberung zu beobachten (Abb. 36c). Kennzeichnend für das bearbeitete und rekristallisierte Rhodium ist das Auftreten von Zwillingsstreifen, die bei Platin, Palladium und Iridium nicht beobachtet wurden[2].

Die Bearbeitung des Iridiums ist schwieriger als die des Rhodiums, wenn sie ihr auch bis zu einem gewissen Grade ähnlich ist. In der Kälte ist Iridium bis heute noch unbearbeitbar; nur sehr reines Iridium läßt eine geringe Kaltverformung zu, die aber schon bei verhältnismäßig geringer Verunreinigung verschwindet. Am besten bearbeitbar ist es bei Weißglut.

Vierter Abschnitt.

Die Legierungen des Silbers.

A. Reinheitsgrad des Silbers.

Das Silber ist chemisch und elektrolytisch in hohem Reinheitsgrad herzustellen. Zur Herstellung der Legierungen dient stets Elektrolytsilber mit wenigstens 99,9% Ag, nicht das im Verhüttungsprozeß der Erze gewonnene 99,6%ige Brandsilber. Durch wiederholte Elektrolyse läßt sich der Reinheitsgrad auf 99,999% Ag steigern.

Das Silber enthält als Hauptverunreinigungen Kupfer, Gold und Blei. Daneben lassen sich noch Eisen, Zink und oft auch Platinmetalle

---

[1] Sivil, C. S.: Vgl. Fußnote 1, S. 94.
[2] Raub, E. u. G. Buß: Z. Elektrochem. **46**, 199 (1940).

nachweisen. Auf die technologischen Eigenschaften sind diese Beimengungen ohne merklichen Einfluß.

Harte Metalle, die nicht oder nur wenig von Silber gelöst werden, und spröde intermetallische Verbindungen führen oft erst in größerer Menge zu einer starken Herabsetzung der Verformbarkeit[1]. Kleinste Mengen stören aber oft bei der mechanischen Bearbeitung der Oberfläche, insbesondere bei dem Polieren.

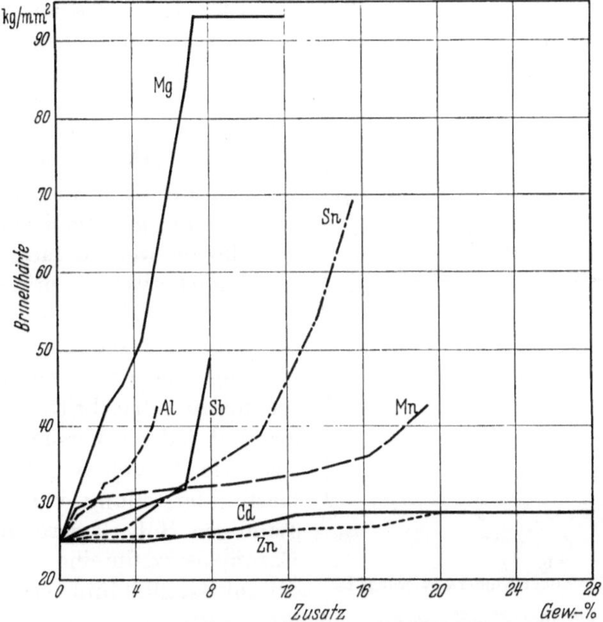

Abb. 37. Einfluß von unter Mischkristallbildung aufgenommenen Metallen auf die Härte des Silbers.
(Nach Saeftel und Sachs.)

Die Zunahme der Härte des Silbers durch Zusätze, die unter Mischkristallbildung aufgenommen werden, bleibt vielfach gering; nur in einigen Fällen, z. B. bei Magnesium, steigt sie mit zunehmender Sättigung des Mischkristalls stark[2] (Abb. 37).

Phosphor wird ebenso wie Sauerstoff von geschmolzenem Silber aufgenommen und bei der Erstarrung unter heftigem Spratzen wieder abgegeben. Im Silber nach der Erstarrung noch verbliebene Phosphorreste liegen als Silberphosphid (AgP_2) in eutektischer Anordnung vor. Das Eutektikum enthält 0,96 bis 1,00% P und schmilzt bei 875°[3].

---

[1] Dies gilt z. B. für Cu_3P [Moser, H., E. Raub u. K. W. Fröhlich: Metallwirtsch. 12, 497 (1933). — AgLi [Raub, E., H. Klaiber u. H. Roters: Metallwirtsch. 15, 785 (1936)]. — Ag_2Te (Raub, E.: Unveröffentlichte Versuche).

[2] Saeftel, F. u. G. Sachs: Z. Metallkde. 17, 155, 258, 294 (1925).

[3] Moser, H., K. W. Fröhlich u. E. Raub: Z. anorg. allg. Chem. 208, 227 (1932).

B. Die binären Legierungen des Silbers.

Das Silber ist mit einer Reihe von technisch wichtigen Metallen im festen und flüssigen Zustand nicht oder nur beschränkt mischbar, z. B. mit den Eisenmetallen und Chrom. Trotzdem ist aber die nachgewiesene geringe gegenseitige Löslichkeit von Silber und Eisen[1] technisch nicht unwichtig. Fink und de Marchi[2] stellten an silberhaltigem Eisen, das durch Sinterung von Pulver hergestellt wurde, ein dem gekupferten Eisen ähnliches Korrosionsverhalten fest. Besonders deutlich war die Verringerung des Angriffs von Salzsäure und Essigsäure. Die geringste Auflösung durch Säuren zeigte ein Eisen mit 1 bis 1,5% Ag.

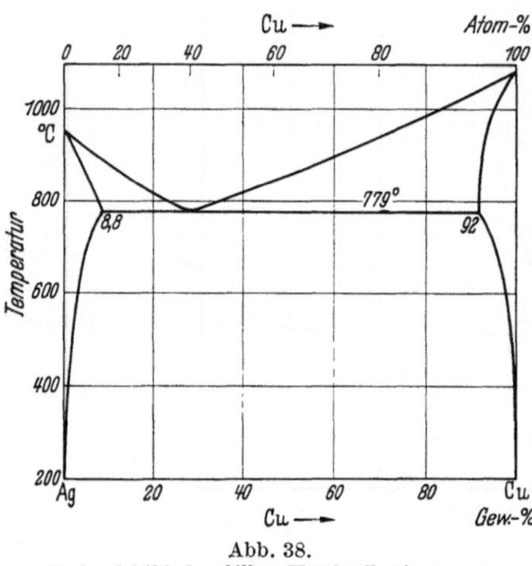

Abb. 38.
Zustandsbild der Silber-Kupfer-Legierungen.

Durch Silber wird auch die Porenbildung beim Gießen von Armco-Eisen sehr stark zurückgedrängt, woraus auf eine merkliche Löslichkeit im geschmolzenen Eisen geschlossen werden muß[3].

Möglicherweise bringt auch eine eingehendere Beschäftigung mit anderen bisher als bedeutungslos angesehenen Systemen noch technische Fortschritte. Aussichtslos sind jedoch Versuche von der Art, wie die schon mehrfach probierte Herstellung von anlaufbeständigen Silberlegierungen durch Chromzusatz, die eine weitreichende Mischkristallbildung erfordern.

1. Silber—Kupfer.

Die Silber-Kupfer-Legierungen sind als Werkstoff der Silberwarenindustrie und der Münzstätten das technisch weitaus wichtigste System. Die Silberwarenindustrie verwendet Legierungen mit 93,5 bis 80% Ag und 6,5 bis 20% Cu. Die Münzen enthalten 50 und 62,5% Ag.

a) Zustandsbild. Das Zustandsbild (Abb. 38) zeigt beschränkte gegenseitige Mischbarkeit im festen Zustande und ein bei 779° schmelzendes Eutektikum, dessen Zusammensetzung bei etwa 71,5% Ag liegt. Die eutektische Konzentration läßt sich nicht genau festlegen. Mit den Versuchsbedingungen schwankt sie[4]. Die Sättigungsgrenze der Mischkristalle erreicht bei der eutektischen Temperatur etwa 8% Cu und

[1] Tammann, G. u. W. Oelsen: Z. anorg. allg. Chem. **186**, 277 (1932).
[2] Fink, C. G. u. V. S. de Marchi: Trans. electrochem. Soc. **74**, 280 (1938).
[3] Dornblatt, A. J.: Trans. electrochem. Soc. **74**, 280 (1938).
[4] Leroux, I. A. A. u. E. Raub: Z. anorg. allg. Chem. **178**, 257 (1929).

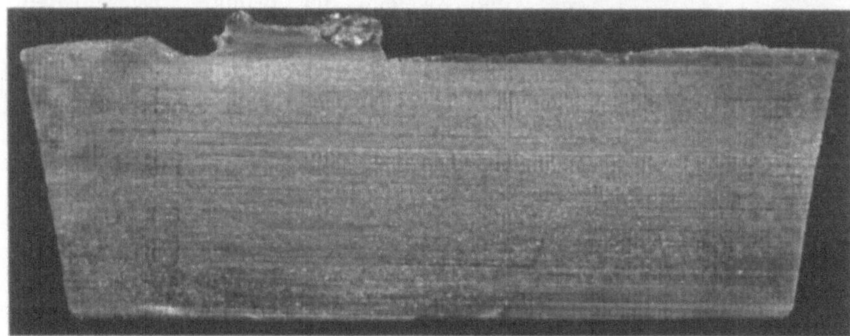

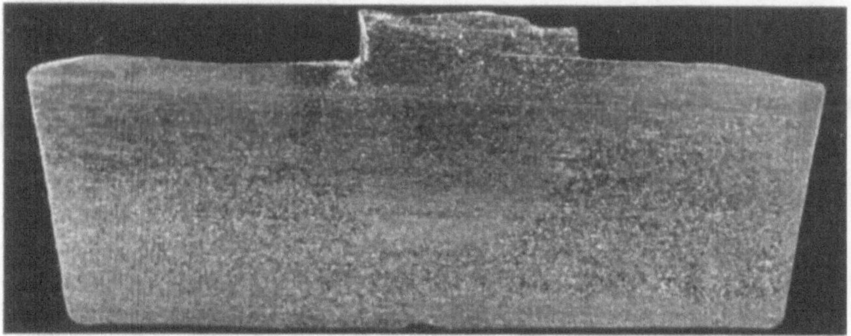

Abb. 39. Abhängigkeit der Korngröße von der Zusammensetzung der Silber-Kupfer-Legierungen. (Nach H. Moser.)

8,8% Ag. Bei Zimmertemperatur überschreitet die gegenseitige Löslichkeit nicht 0,1%[1].

---

[1] Eine Zusammenstellung der zahlreichen Untersuchungen über den Verlauf der Löslichkeitskurven gibt M. Hansen (Der Aufbau der Zweistofflegierungen, S. 25—27. Berlin 1936).

Die technisch wichtigen Legierungen sind heterogen, mit Ausnahme der silberreichsten, 93,5 und 92,5% Ag enthaltenden Legierungen, die nach dem Abschrecken von hoher Temperatur als homogene Mischphase vorliegen.

Abb. 40. Lunker mit Kristallen in einer Legierung mit 83,5% Ag und 16,5% Cu. Vergr. 7×.

Die Kristallisation der Schmelzen erfolgt, wie auch bei anderen heterogen erstarrenden Legierungen in der Weise, daß um jeden Kristallkeim das kristallographisch orientierte Wachstum der Primärkristalle einsetzt. Das bei der sekundären eutektischen Erstarrung zwischen den Zweigen der primär ausgeschieden Dendriten ebenfalls kristallisierende zweite Metall fügt sich der Orientierung der primären Kristallite ein[1]. Das Kristallkorngefüge ändert sich stark mit der Zusammensetzung und den Erstarrungsbedingungen. Unter gleichen Bedingungen erstarrt, weisen die übereutektischen, silberreichen Legierungen das größte Kristallkorn auf (Abb. 39). Bei der Kristallisation in einem Hohlraum beobachtet man hin und wieder wohlausgebildete kubische Kristalle (Abb. 40). Die eutektische Schmelze kristallisiert häufig unter Bildung von Sphärolithen. In besonders schöner Ausbildung beobachtet man die Sphärolithe an der Oberfläche der Gußstücke, nicht selten sieht man dabei die den Kern umziehenden Schrumpfungsringe (Abb. 41). Durch starke Ätzung mit Chrom-Schwefelsäure läßt sich auch auf Schliffflächen die sphärolithische Kristallisation des Eutektikums gut sichtbar machen. Mit der Erstarrungszeit wächst das Kristallkorn beim Eutektikum besonders stark (Abb. 42).

Abb. 41. Silber-Kupfer-Eutektikum, Sphärolithe. Vergr. 70×.

[1] Raub, E.: Z. Metallkde. 27, 77 (1935).

b) Seigerung. Das Auftreten von Seigerungen wird durch das teilweise große Erstarrungsintervall stark gefördert. Bei langsamer Erstarrung tritt Schwereseigerung ein, durch die stets Silber am Boden angereichert wird. Versuche über das Ausmaß der Schwereseigerung veröffentlichte Watson[1].

Wichtiger ist die umgekehrte Blockseigerung, durch die bei Legierungen mit 71,5 bis 100% Ag eine Anreicherung, bei Legierungen mit 28,5 bis 100% Cu eine Verarmung an Silber in der Kernzone auftritt. Hirose[2], der die umgekehrte Blockseigerung von Silber-Kupfer-Legierungen beim Gießen in eiserne Flachbarrenformen (Münzzaine)[3]

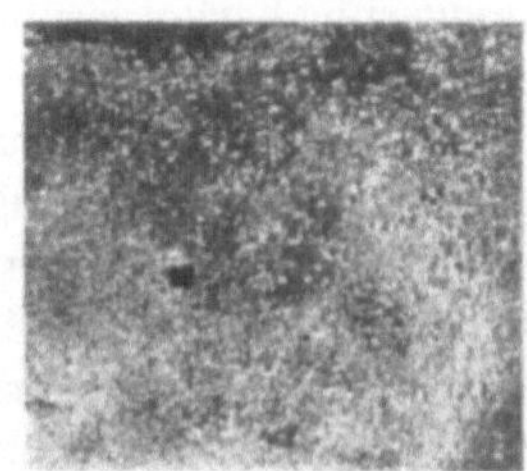

Abb. 42. Silber-Kupfer-Eutektikum nach rascher Erstarrung (a), nach langsamerer Erstarrung (b).

untersuchte, stellte stets nur eine geringe Entmischung fest auf Schnitten, die nur die rasch verfestigten Rand- und Bodenzonen der Gußstücke erfaßten, besonders ausgeprägt war sie auf Querschnitten durch die mittleren und oberen Teile und auf einem Längsschnitt durch die Mitte der Gußstücke. Die Silberanreicherung im Kern bei den übereutektischen Legierungen war am stärksten bei 80% Ag. Die Silberverarmung im Kern untereutektischer Legierungen durchlief bei 50% Ag ihren Höchstwert. Die untereutektischen Legierungen entmischten sich viel stärker als die übereutektischen.

Nach Phillips und Brick[4] tritt bei Einkristallen der silberreichen Mischphase die normale, bei kupferreichen dagegen die umgekehrte Blockseigerung auf. Wiest[5] beobachtete bei kupferreichen Mischkristallen geringe Konzentrationsänderungen in der Längsrichtung von Einkristallstäben, starke Konzentrationsunterschiede in der Querrichtung, die sich auch durch äußerst gründliches Homogenisieren bei hoher Temperatur nicht beseitigen ließen.

Von Bedeutung für die Erklärung der umgekehrten Blockseigerung ist ein Versuch von Watson[6], der Proben der Legierung mit 50% Ag

[1] Watson, J. H.: J. Inst. Met. **49**, 347 (1932).

[2] Hirose, T.: Mem. Imp. Mint, Osaka **1927**, Nr. 1.

[3] Münzzaine: Maße der Formen 1,3×4,8×58,5 cm.

[4] Phillips, A. u. R. M. Brick: Amer. Inst. min. metallurg. Engr., Inst. Met. Div. **124**, 313 (1937).

[5] Wiest, P.: Z. Phys. **74**, 225 (1932).   [6] Vgl. Fußnote 1, S. 105.

längere Zeit zwischen Liquidus und Solidus erhitzte und, nachdem so die primären, kupferreichen Kristallite sich durch Schwereseigerung von der Restschmelze weitgehend getrennt hatten, durch Einführen eines Eisenstempels von oben die schnelle Erstarrung der Restschmelze einleitete. Durch die an dem kalten Eisenstempel nunmehr sehr rasch einsetzende restliche Kristallisation wurden die kupferreichen Kristallite von der Oberfläche fortgedrängt und die durch Schwereseigerung hervorgerufene Entmischung umgekehrt.

Abb. 43. Mit SO₂ begaste Schmelze (40% Ag, 60% Cu) nach langsamer Erstarrung mit ausgepreßter eutektischer Restschmelze. Vergr. 3,5×.

Die Bedeutung des Gasdrucks für die umgekehrte Blockseigerung durch Entbindung von Gasen während langsamer Erstarrung zeigen die Abb. 43 und 44 an einem Schnitt durch eine Probe, die im Schmelzfluß mit Schwefeldioxyd begast und dann langsam abgekühlt wurde. Das während der Erstarrung unter hohem Druck freiwerdende Schwefeldioxyd hat die eutektische Restschmelze weitgehend ausgepreßt.

Bei der Münzlegierung mit 50% Cu hat man sehr starke örtlich begrenzte Seigerungen beim Gießen in liegende offene Kokillen und beim Granulieren durch Eingießen in Wasser beobachtet, auf die bei der Probenahme unter Umständen Rücksicht genommen werden muß.

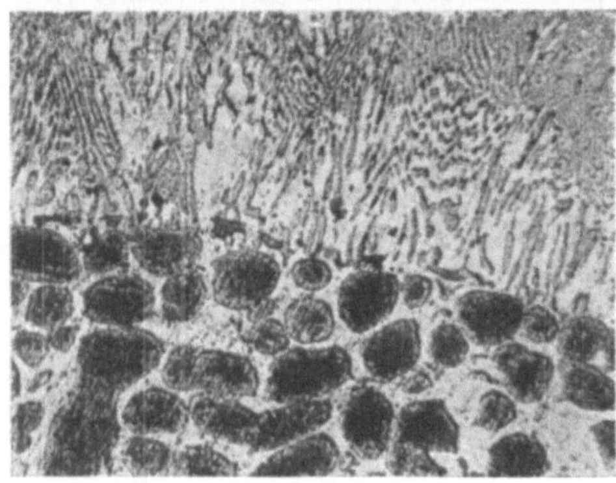

Abb. 44. Mikrogefüge der Legierung Abb. 43. Vergr. 210×.

c) Physikalische Eigenschaften. Dichte und spezifisches Volumen von geschmolzenen Silber-Kupfer-Legierungen ändern sich mit der Zusammensetzung nach Krause und Sauerwald[1] nahezu additiv.

Die Oberflächenspannung der flüssigen Legierungen[2] steigt mit dem Kupfergehalt. Von 0 bis 70% Cu ist ihr Temperaturkoeffizient negativ, über 70% Cu dagegen positiv[3] infolge des umgekehrt gerichteten Temperaturkoeffizienten der reinen Metalle.

[1] Krause, W. u. F. Sauerwald: Z. anorg. allg. Chem. **181,** 347 (1929).
[2] Krause, W. u. F. Sauerwald: Z. anorg. allg. Chem. **181,** 353 (1929).
[3] Die eutektische Schmelze hat unter 850° ebenfalls einen positiven Temperaturkoeffizienten der Oberflächenspannung.

Flüssiges Silber und Kupfer haben eine nur wenig voneinander abweichende innere Reibung[1]. Eine Beeinflussung derselben durch die Legierungsbildung ist nicht zu beobachten.

Die eutektische Schmelzgeschwindigkeit steigt nach Tammann und Hartmann[2] bei unter bestimmtem Druck gegeneinander gepreßten Kupfer- und Silberstäben mit der Temperatur linear, wenn die Temperatur der Stäbe um mehr als 16° über der Eutektikalen liegt, bei 0 bis 16° Temperaturunterschied steigt sie schneller.

Für die physikalischen Eigenschaften der im Gleichgewicht befindlichen festen Legierungen ergibt sich die nach dem Zustandsbild zu erwartende Abhängigkeit von der Zusammensetzung. Im Gebiet der beiderseitigen homogenen Mischphasen tritt mit Zunahme der zweiten Komponente bei einer Reihe von Eigenschaften eine rasche Änderung ein, im zweiphasigen Gebiet beobachtet man dagegen eine einfache lineare Verschiebung. Die Richtungsänderung der Eigenschaft-Konzentrationskurven beim Übergang vom einphasigen ins zweiphasige Zustandsfeld ist oft so deutlich, daß sie sich zur Bestimmung der Löslichkeitsgrenze verwenden läßt[3]. Einige Eigenschaften zeigen aber auch im gesamten Konzentrationsgebiet einen additiven Verlauf, z. B. die Dichte und die magnetische Suszeptibilität[4].

In gegossenen Legierungen nimmt die eutektische Zusammensetzung nach rascher Erstarrung eine Sonderstellung ein. Ihr entspricht ein Spitzenwert der Wärmeleitfähigkeit, der zwischen zwei Tiefstwerten bei 92,5 und 25,0% Ag liegt. Auch Härte und Zugfestigkeit erreichen einen Höchstwert. Die schnell kristallisierte, feinkörnige eutektische Legierung ist über doppelt so hart wie die langsam erstarrte grobkörnige[5].

Die Abnutzungsgeschwindigkeit gegossener Legierungen zeigt nach Hirose keinen einfachen Zusammenhang mit der Härte. Reiben gleiche Legierungen gegeneinander, so steigt der Gewichtsverlust der Proben bis zu etwa 6% Cu, fällt dann auf einen Tiefstwert bei der eutektischen Legierung, um mit weiter sinkendem Silbergehalt zunächst langsam, dann rascher anzusteigen. Beim Reiben gegen gehärteten Stahl wurde dagegen der größte Gewichtsverlust bei der eutektischen Legierung beobachtet.

Die Intensität der Reflexion ist nach Chikashige[6] am geringsten bei der eutektischen Legierung und steigt von da nach der Kupfer- und

[1] Radecker, W. u. F. Sauerwald: Z. anorg. allg. Chem. **203**, 156 (1931).

[2] Tammann, G. u. H. Hartmann: Z. anorg. allg. Chem. **230**, 57 (1936).

[3] Hansen, M.: Z. anorg. allg. Chem. **186**, 41 (1929).

[4] Broniewski, W., S. Franczak u. R. Witowski: Ann. Phys., Paris **10**, 5 (1938).

[5] Kurnakow, N. S. u. A. N. Achnasarow: Z. anorg. allg. Chem. **125**, 185 (1922). — Vgl. auch N. V. Ageew, S. A. Pogodin u. N. S. Kurnakow: Ann. Inst. anal. Phys. Chim. 4, 23 (1928). Ref. J. Inst. Met. **42**, 466 (1929).

[6] Chikashige, M: Z. anorg. allg. Chem. **154**, 333 (1926).

Silberseite langsam zum Reflexionswert der gesättigten Mischkristalle. Die Reflexion der homogenen Mischphasen wächst mit dem Silbergehalt. Im Ultraviolett ist ein Minimum der Reflexion beim Eutektikum nach Untersuchungen von Kotô[1] nicht nachweisbar, das bei verschiedenen anderen eutektischen Legierungen festzustellen war. Die Länge des Spektrums nimmt fast geradlinig vom Silber zum Kupfer ab.

d) Ausscheidungsvorgänge. Die Verschiebung der Sättigungsgrenze der silber- und kupferreichen Mischphasen mit der Temperatur veranlaßt Aushärtungsvorgänge, die an silberreichen Legierungen zuerst von Fraenkel[2] untersucht wurden. Kurz darauf veröffentlichte Norbury[3] ähnliche Untersuchungen, die in einigen Punkten über die Fraenkelschen hinausgingen. In der Folgezeit sind die Ausscheidungsvorgänge in Silber-Kupfer-Legierungen vielfach überprüft worden.

Bei der Ausscheidung tritt kein neues Gitter auf, es bilden sich aus dem übersättigten Mischkristall zwei Phasen, die aus nahezu reinem Metall bestehen. Es liegt somit ein besonders einfacher Fall von Ausscheidung vor.

Wie bei anderen Legierungen kann man Kalt- und Warmaushärtung unterscheiden. Die Kaltaushärtung, die allerdings auch bei erhöhter Temperatur auftritt, läßt sich bei starker Übersättigung nur bis zu einer Alterungstemperatur von etwa 170° beobachten, bei höherer Temperatur wird sie durch die rascher einsetzende Warmaushärtung überdeckt[4]. Bei schwacher Übersättigung des Mischkristalls, z. B. nach niedrigerer Abschrecktemperatur, kann auch bei einer Alterungstemperatur von 280° nach kurzer Alterungsdauer ein der Kaltaushärtung zugehörender Härtehöchstwert beobachtet werden[5]. Bei gegossenen polykristallinen Proben und Einkristallen ist bei gleicher Übersättigung die Ausscheidungsgeschwindigkeit gegenüber vorverformten Proben stark verzögert. Die bei der Ausscheidung von Einkristallen beobachteten Eigenschaftsänderungen sind oft unsicher und schlecht wiederholbar. Dies läßt sich auf die in Einkristallen oft nachweisbare starke Seigerung zurückführen. So lassen sich auch die von Wiest[6] festgestellten drei Härtehöchstwerte erklären.

Nach Dehlinger und Mitarbeitern[7] vollzieht sich die Ausscheidung bei gegossenen kupferreichen Mischkristallen vorwiegend mikroskopisch homogen. In vorverformten, rekristallisierten Legierungen verläuft sie

<hr>

[1] Kotô, H.: Mem. Coll. Sci. Kyoto Imp. Univ. **12**, 81 (1929). Ref. J. Inst. Met. **41**, 502 (1929).

[2] Fraenkel, W.: Z. anorg. allg. Chem. **154**, 386 (1926).

[3] Norbury, A. L.: J. Inst. Met. **39**, 145 (1928).

[4] Cohen, M.: Amer. Inst. min. metallurg. Engr., Inst. Met. Div. **124**, 138 (1937).

[5] Leroux, I. A. A. u. E. Raub: Z. Metallkde. **23**, 61 (1931).

[6] Wiest, P.: Z. Metallkde. **25**, 238 (1933).

[7] Dehlinger, U.: Chemische Physik der Metalle und Legierungen, S. 43—114. Leipzig 1939.

mikroskopisch heterogen, im Röntgenbild erscheint neben der Linie des übersättigten Mischkristalls bei Beginn der Ausscheidung sofort die der Endphase. Bei tieferer Alterungstemperatur beobachtet man allerdings auch schon vor dem Sichtbarwerden der Endlinie eine Verschiebung der Anfangslinie[1], so daß man nicht von einem absoluten Unterschied in der Ausscheidung zwischen gegossenen und rekristallisierten Legierungen sprechen kann.

Bumm[2] und Dehlinger[3] zeigten, daß die Unterschiede zwischen Einkristallen und vorverformten, polykristallinen Proben sich auch mikroskopisch an kupferreichen Mischkristallen verfolgen lassen. Sowohl in Einkristallen als auch in vielkristallinen Proben treten die Teile als dunkle Flecken hervor, in denen die Ausscheidung sich unter Bildung der zunächst hochdispersen neuen Phase vollzogen hat[4]. Bei Einkristallen wirkt noch vorhandenes ungelöstes Silber nicht als Keim auf die Ausscheidung. Bei verformten, rekristallisierten Proben beginnt die Ausscheidung an den Korngrenzen, seltener an Störstellen innerhalb der Kristallite und schreitet von dort aus außerordentlich rasch weiter. Wird ein Einkristall teilweise verformt, so setzt an den am stärksten verformten Stellen die Ausscheidung ein und breitet sich dann schnell über das ganze verformte Gebiet aus, ohne aber darüber hinauszuwachsen. Bei verformten Einkristallen setzt also wie bei vorverformten, rekristallisierten Proben eine autokatalytische Beschleunigung der Ausscheidung nach ihrem Beginn ein[5].

Als einzige Ursache für das verschiedene Verhalten von gegossenen und rekristallisierten Legierungen ist nach Wiest und Dehlinger[6] die bei letzteren viel stärkere Ausbildung der Mosaikstruktur anzusehen.

Die Ausscheidung und die damit verbundenen Eigenschaftsänderungen hängen außer vom Zustand der Proben, deren Unterschiede durch verschiedene Vorbehandlung entstehen, von der Alterungstemperatur und vom Grade der Übersättigung des Mischkristalls ab.

Steigende Alterungstemperatur bedingt eine starke Zunahme der Ausscheidungsgeschwindigkeit und Beschleunigung der Eigenschaftsänderungen; besonders rasch steigt die Ausscheidungsgeschwindigkeit mit der Anlaßtemperatur bei tieferen Temperaturen[7]. Bei höherer Alterungstemperatur, zwischen 250 und 300°, vollziehen sich Ausscheidung und Härteanstieg nahezu gleichzeitig, bei tieferer Temperatur eilt die

---

[1] Cohen, M.: Vgl. Fußnote 4, S. 108.
[2] Bumm, H.: Metallwirtsch. **14**, 429 (1935).
[3] Dehlinger, U.: Z. Metallkde. **27**, 209 (1935).
[4] Auf die leichtere Ätzbarkeit der Teile, in denen die Ausscheidung sich vollzogen hat, wies zuerst A. L. Norbury [J. Inst. Met. **39**, 157 (1928)] hin.
[5] Dehlinger, U.: Vgl. Fußnote 3, S. 109.
[6] Wiest, P. u. U. Dehlinger: Z. Metallkde. **26**, 150 (1934).
[7] Ageew, N. V., M. Hansen u. G. Sachs: Z. Phys. **66**, 350 (1930).

Härteänderung der Ausscheidung stark voraus. Bei höherer Alterungstemperatur setzt die der Ausscheidung folgende Koagulation ebenfalls stark beschleunigt ein, so daß der Härtehöchstwert beim Altern sich zu kürzerer Alterungsdauer verschiebt.

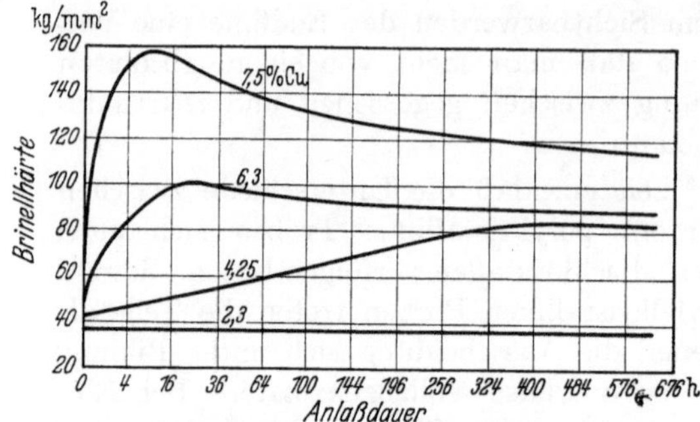

Abb. 45. Einfluß des Übersättgungsgrades auf die Aushärtung silberreicher Silber-Kupfer-Legierungen, Alterungstemperatur 200°. (Nach Ageew, Hansen und Sachs.)

Cohen[1] zeigte, daß der Logarithmus der Zeit für den Ausscheidungsbeginn und für einige charakteristische Punkte der Härte-Zeitkurven umgekehrt proportional der absoluten Alterungstemperatur ist. Nur die Zeit des Beginns des Härteanstiegs macht von dieser, von Jenkins und Bucknall[2] für die Aushärtung aufgestellten Regel eine Ausnahme. Infolge der Kaltaushärtung ist zwischen 100 und 150° die Proportionalität gewahrt, bei höherer Alterungstemperatur tritt durch das Einsetzen der Warmaushärtung eine Richtungsänderung ein. Auch

Abb. 46. Silber-Kupfer-Legierung mit 8% Cu 36 Std. bei 800° geglüht, dann in Wasser von Raumtemperatur abgeschreckt. Vergr. 280×.

in den Zeitkurven des spezifischen elektrischen Widerstandes und der thermischen Ausdehnung deutet sich bei der Alterung von übersättigten silberreichen Mischkristallen die Kaltaushärtung bei genügend niedriger Alterungstemperatur deutlich an.

---

[1] Cohen, M.: Vgl. Fußnote 4, S. 108.
[2] Jenkins, C. H. M. u. E. H. Bucknall: J. Inst. Met. **57**, 141 (1935).

Wie Abb. 45 zeigt, steigt mit dem Übersättigungsgrad der Legierungen nicht nur die Geschwindigkeit des Härteanstiegs beim Altern, sondern auch die Höchsthärte, die nach Ageew, Hansen und Sachs beide der Atomkonzentration des gelösten Stoffes proportional sind. Es bleiben daher auch die Eigenschaftsänderungen kupferreicher Mischkristalle bei der Ausscheidung viel kleiner als die silberreicher, da die Übersättigung bei letzteren etwa die dreifache Atomkonzentration erreicht. Da die Ausscheidung bei silberreichen, vorverformten Mischkristallen sehr rasch einsetzt, rufen schon geringe Änderungen der Abschreckgeschwindigkeit eine Verzögerung des Härteanstiegs und eine Verringerung seiner Höhe hervor. Aus Abb. 46 ersieht man, daß beim Abschrecken einer Legierung mit 8% Cu von 800° in kaltes Wasser die Entmischung schon stark eingesetzt hat. Bei einer Probe mit 6% Cu läßt sich die Entmischung erst nach schwächerem Abschrekken in 100° heißes Wasser mikroskopisch feststellen[1]. Bei kupferreichen Mischkristallen bietet dagegen die Unterkühlung durch Abschrecken keine Schwierigkeiten.

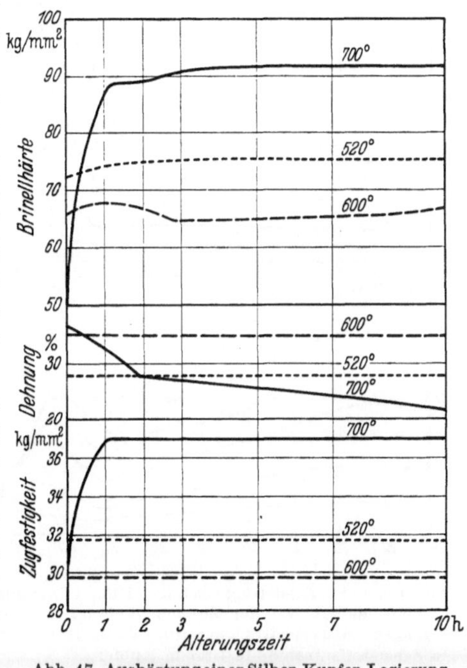

Abb. 47. Aushärtung einer Silber-Kupfer-Legierung mit 16,5% Cu nach verschiedener Abschrecktemperatur, Alterung bei 280°.

Neben der Brinellhärte wurden andere plastische Eigenschaften verhältnismäßig wenig zur Untersuchung der Aushärtungsvorgänge herangezogen. Nur bei einigen technisch wichtigen Legierungen liegen Zugversuche, Tiefungs- und Biegeproben vor, die den Einfluß der Ausscheidung auf diese Eigenschaften erkennen lassen[2]. Zugfestigkeit, Dehnung, Tiefung und Härte ändern sich beim Altern abgeschreckter Legierungen einander entsprechend. Bei geringer Übersättigung nimmt allerdings die Brinellhärte früher zu als die Zugfestigkeit (Abb. 47).

O'Neill, Farnham und Jackson[3] fanden, daß durch Verformung

---

[1] Unveröffentlichte Versuche von E. Raub.

[2] Norbury, A. L.: J. Inst. Met. **39**, 145 (1928). — Leroux, J. A. A. u. E. Raub: Z. Metallkde. **23**, 61 (1931).

[3] O'Neill, H., G. S. Farnham u. J. F. B. Jackson: J. Inst. Met. **52**, 75 (1933).

abgeschreckter Legierungen vor der Alterung die Ausscheidung weiter-geführt wird als durch Temperaturerhöhung allein[1].

Die Koagulation nach der Ausscheidung führt nach Ageew, Hansen und Sachs zu einer Umkristallisation, bei der die Kristallkörner unter Bildung eines ungeordneten Haufwerks kleiner Kristallite zerfallen.

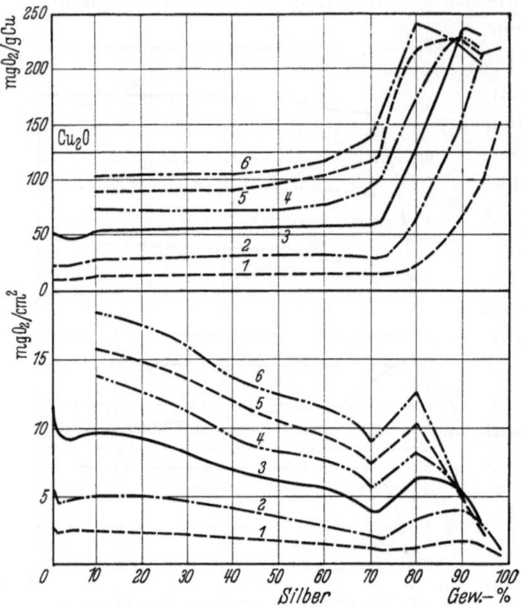

Barrett, Kaiser und Mehl[2] beobachteten nach langsamer Abkühlung geglühter Proben oder nach längerem Erhitzen auf Temperaturen oberhalb des Ausscheidungsbeginns ähnliche Gefügebildungen wie beim Zerfall des Austenits. Sehr langsame Abkühlung führte bei silber- und kupferreichen Proben zur Entstehung von Widmannstättenscher Struktur. In kupferreichen Legierungen bildeten die silberreichen Kristallite Platten, die den (100)-Ebenen der kupferreichen Grundmasse parallel verliefen, die kupferreichen Kristallite in silberreichen Legierungen traten als den (111)-Ebenen der silberreichen Grundmasse parallele Platten auf. Röntgenographisch beobachteten Barrett und Mitarbeiter beim Zerfall einiger übersättigter Mischkristalle Neubildung kleiner Kristallite mit bestimmter zu dem ursprünglichen Kristall in Beziehung stehender Orientierung.

Abb. 48a und b. Zunderung von Silber-Kupfer-Legierungen in Abhängigkeit von der Zusammensetzung der Legierungen. Atmosphäre: Sauerstoff, Temperatur: 750°.
a Sauerstoffaufnahme je Gramm Kupfer,
b Sauerstoffaufnahme je Quadratzentimeter Oberfläche.
Kurve *1* Glühdauer ¹/₂ Std.　　Kurve *4* Glühdauer 20 Std.
　,,　*2*　　,,　　3 ,,　　　　,,　*5*　　,,　　30 ,,
　,,　*3*　　,,　　10 ,,　　　　,,　*6*　　,,　　40 ,,

e) **Chemische Eigenschaften.** Die chemischen Eigenschaften der Silber-Kupfer-Legierungen werden bestimmt durch das Auftreten zweier Phasen von denen die eine die Eigenschaften des Kupfers, die andere die des Silbers hat. Durch Lokalelementbildung wird der chemische

---

[1] Vor Feinstrukturbestimmungen durch Rückstrahlungsaufnahmen empfehlen O'Neill und Mitarbeiter die Wärmebehandlung der Proben im Hochvakuum vorzunehmen und Polieren oder Ätzen zu vermeiden.

[2] Barrett, C. S., H. F. Kaiser u. R. F. Mehl: Amer. Inst. min. metallurg. Engr., Inst. Met. Div. 117, 39 (1935).

Angriff der unedlen kupferreichen Phase gefördert. In feuchter Luft können die Legierungen auch, wenn Schwefelverbindungen abwesend sind, durch Oxydation des Kupfers anlaufen. Bei schwachem Erhitzen treten Anlauffarben auf, bei höherer Temperatur entstehen dickere Zunderschichten. Für die Oxydation der Silber-Kupfer-Legierungen bei höherer Temperatur haben die Gesetze für reines Kupfer keine Gültigkeit. Das Dickenwachstum der Zunderschicht hängt bei den Silber-Kupfer-Legierungen von der Zusammensetzung der Legierung und vom Sauerstoffdruck ab. Mit dem Silbergehalt sinkt die bei silberreichen Legierungen sehr große Oxydationsgeschwindigkeit des Kupfers in den Legierungen rasch bis zum Eutektikum, bleibt bei weiter fallendem Silbergehalt dann aber bis zum reinen Kupfer nahezu konstant[1] (Abb. 48a). Die Sauerstoffaufnahme, bezogen auf die Einheit der Oberfläche, steigt daher nicht proportional dem Kupfergehalt der Legierungen, sondern sie erreicht einen Höchstwert, der sich mit steigender Zunderungszeit zu tieferen Silbergehalten verschiebt. Bei der eutektischen Konzentration liegt ein Tiefstwert der Sauerstoffaufnahme, auf den ein kontinuierlicher Anstieg bis zum Kupfer folgt (Abb. 48b).

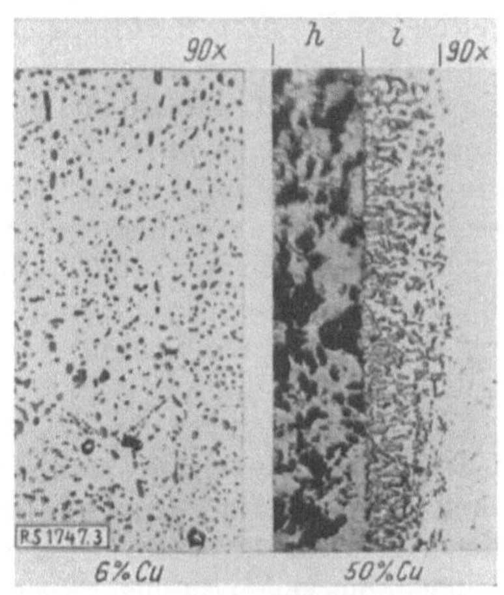

Abb. 49.
Gezunderte Silber-Kupfer-Legierungen.

Bei der Oxydation silberreicher, übereutektischer Legierungen in Sauerstoff bildet sich auf der Oberfläche keine zusammenhängende Kupferoxydulschicht. Das bis zum Kupferoxyd (CuO) oxydierte Kupfer liegt im Silber in mehr oder weniger gleichmäßiger Verteilung (Abb. 49), durch einen schmalen, mit sinkendem Silbergehalt breiter werdenden Saum aus Kupferoxyduleinlagerungen von der nicht oxydierten Legierung getrennt. Bei untereutektischen Legierungen bildet sich auf der Oberfläche eine homogene Kupferoxydulschicht, unter der sich über der nicht oxydierten Legierung noch eine silberreiche Zone mit Kupferoxyduleinschlüssen befindet (Abb. 49).

Bei Blechen mit 100—72% Ag vollzieht sich nach der Oxydation der an der Oberfläche liegenden Kupferteilchen die weitere Zunderung durch Sauerstoffdiffusion im Silber. Grobes Kristallkorn fördert die Sauerstoffdiffusion und damit die Zunderungsgeschwindigkeit. Sinkt der Silbergehalt unter etwa 72%, so verstärkt sich die Zunderung wie bei reinem

---

[1] Leroux, I. A. A. u. E. Raub: Z. anorg. allg. Chem. 188, 205 (1930).

Kupfer an der Grenze Gas/Oxydschicht durch Diffusion des Kupferions. Da beim Weiterwachsen die so auf dem zundernden Blech entstehende Kupferoxydulschicht durch auftretende Spannungen sich mit Rissen durchzieht, kann Sauerstoff durch sie hindurch zum Metall vordringen und in die durch Fortdiffusion des Kupfers unter der Zunderschicht entstehende silberreiche Schicht eindiffundieren, wobei dann durch Oxydation des dort vorhandenen Kupfers unter der äußeren homogenen Kupferoxydulschicht sich eine zweite inhomogene bildet. Bei Erniedrigung des Sauerstoffdrucks nähert sich infolge der Abnahme der Sauerstoffdiffusion die Zunderung silberreicher Legierungen dem für kupferreiche festgestellten Reaktionsschema. Beim Glühen einer Legierung mit 20% Cu in ruhender Luft entsteht schon ähnlich wie bei kupferreicheren Legierungen auf der Oberfläche eine homogene Kupferoxydulschicht, unter der sich eine inhomogene silberreiche Schicht mit Kupferoxyduleinlagerungen befindet[1]. Besonders schön läßt sich der Einfluß der Sauerstoffdiffusion an versilbertem Kupfer zeigen. Wird versilbertes Kupfer in Sauerstoff von Atmosphärendruck erhitzt, so tritt die Oxydation des Kupfers unter der Versilberung unmittelbar auf dem Kupfer ein[2], wird versilbertes Kupfer dagegen bei geringem Sauerstoffdruck oxydiert, so tritt Kupferoxydul auf dem Silberüberzug auf.

Neben der Einwirkung des Sauerstoffs hat das Verhalten gegenüber Schwefelverbindungen besonderes technisches Interesse. Silberwaren erhalten zwar gewöhnlich noch galvanisch einen Feinsilberüberzug, oder sie werden durch Beizen, vielfach nach oxydierendem Glühen, mit einem dünnen Silberüberzug versehen[3]. Hierdurch wird aber das Anlaufen der Silber-Kupfer-Legierungen nicht technisch bedeutungslos, da diese Silberschichten im Gebrauch vielfach nur eine kurze Lebensdauer haben.

Im Kurzversuch nimmt mit wachsendem Kupfergehalt unter der Einwirkung schwefelreicher Angriffsmittel die Anlaufgeschwindigkeit zu. Nach Fischbeck[4] ändert sie sich in Polysulfid- oder Schwefel-Anilinlösungen nur im Gebiet der homogenen silberreichen Mischkristalle kontinuierlich, mit dem Auftreten der kupferreichen Kristallite steigt sie sprunghaft. Bei etwa 60% Ag beobachtete Fischbeck eine zweite diskontinuierliche Zunahme der Anlaufgeschwindigkeit, von 60 bis 0% Ag blieb sie unverändert. Zur Erklärung dieses Verhaltens dürfte von besonderem Wert die Bestimmung der Zusammensetzung der Sulfidschichten sein. Silbersulfid und Kupfersulfür bilden zwar in jedem

---

[1] Raub, E. u. M. Engel: Z. Metallkde. 30, HV 83 (1938).

[2] Fröhlich, K. W.: Z. Metallkde. 28, 368 (1936).

[3] Beim Weißsieden werden die Gegenstände wiederholt geglüht und nach jedem Glühen in heißer verdünnter Schwefelsäure die oberflächlichen Oxydschichten immer wieder abgebeizt, bis beim Glühen keine Verfärbung der Oberfläche mehr eintritt.

[4] Fischbeck, K.: Z. Elektrochem. 37, 593 (1931).

Verhältnis Mischkristalle, so daß eine einphasige Sulfidschicht, die beide Metalle enthält, zu erwarten ist, für deren Zusammensetzung und Wachstum aber die Bildung eines Lokalelementes zwischen Kupfer und Silber und die höhere Affinität des Kupfers zum Schwefel nicht bedeutungslos sind.

Im praktischen Dauerversuch verhalten sich die Silber-Kupfer-Legierungen oft anders als im Kurzversuch. Wenn die Ergebnisse auch vielfach uneinheitlich sind, so sind die Legierungen doch oft beständiger als das Silber. Dies hängt damit zusammen, daß die Legierungen auch durch Oxydation des Kupfers anlaufen und daß die Sufidbildung daneben nicht selten eine untergeordnete Rolle spielt.

Die Beständigkeit des Silbers gegen Säuren und Laugen wird durch steigende Kupferzusätze stark herabgesetzt. Die technischen Silber-Kupfer-Legierungen werden schon durch verhältnismäßig schwache Laugen, wie z. B. Sodalösung, bei längerer Einwirkung in Gegenwart von Sauerstoff deutlich angegriffen. Auch durch Säuren werden sie viel rascher gelöst als reines Silber. Beim Angriff durch kalte, verdünnte Salpetersäure fällt die bei reinem Silber nachzuweisende Induktionsperiode vor dem eigentlichen Angriff weg. Die Korrosion ist bei fast allen Angriffsmitteln ein elektrolytischer Vorgang, der eine bevorzugte Auflösung des Kupfers bewirkt, auch wenn das Angriffsmittel beide Metalle löst[1].

Die mikroskopische Ätzung der Silber-Kupfer-Legierungen gelingt mit den verschiedensten Ätzmitteln. Durch die Bildung von Oxydfilmen auf dem Kupfer beim Erhitzen in Luft lassen sich schon durch einfaches Anlassen die beiden Phasen nebeneinander sichtbar machen. Als alkalische Ätzmittel kommen Natriumsulfid- und ammoniakalische Kupferchloridlösung in Frage. Ein gutes saures Ätzmittel ist Chrom-Schwefelsäure, die zur Entwicklung des Kristallkorngefüges besonders geeignet ist. In Chrom-Salpetersäure werden Silber-Kupfer-Legierungen leicht passiv. Schöne Ätzbilder erhält man auch durch anodisches Behandeln in verdünnter Schwefelsäure.

Die katalytische Äthylenhydrierung an Silber-Kupfer-Legierungen zeigt nach Rienäcker und Bomme[2] eine Abnahme der Aktivierungsenergie[3] und damit eine entsprechende Zunahme der Wirksamkeit des Katalysators mit steigender Kupfer- oder Silberkonzentration

---

[1] Über die Geschwindigkeit der Auflösung von Ag-Cu-Legierungen in KCN-Lösung in Abhängigkeit von der Zusammensetzung der Legierungen und über das Verhältnis, in dem beide Metalle sich lösen, berichten J. N. Plakssin u. S. W. Schibajew [Ann. Secteur Anal. phys.-chim. 9, 159 (1936)]. Ref. Chem. Zbl. 1937 I, 4338.

[2] Rienäcker, G. u. E. N. Bomme: Z. anorg. allg. Chem. 236, 263 (1938).

[3] Die Aktivierungsenergie gibt bei homogenen Reaktionen an, mit welcher Mindestenergie ein Zusammenstoß der Reaktionsteilnehmer erfolgen muß, damit ein Umsatz eintritt.

im Gebiet der homogenen Mischkristalle. Bei den heterogenen Legierungen ist eine nahezu additive Abhängigkeit der Aktivierungsenergie von der Zusammensetzung festzustellen.

f) Kaltverformung und Rekristallisation. Die silber- und kupferreichen Kristallite haben nur wenig voneinander abweichende mechanische Eigenschaften. Daher bestimmen auch nicht die beiden Phasen oder die Phasengrenzen das Verhalten bei der Bearbeitung, sondern das Kristallkorngefüge[1].

Abb. 50. Bearbeitete und geglühte Silber-Kupfer-Legierung mit 83,5% Ag. Vergr. 300×.

Die Orientierung einer gewalzten Legierung bleibt nach Glocker und Widmann[2] an Proben mit 80% Ag bei der Rekristallisation bestehen, mit steigender Glühtemperatur bis zum Schmelzpunkt des Eutektikums tritt noch eine Verschärfung der Walzlage ein. Erst oberhalb der Eutektikalen beobachtet man regellose Verteilung. Die auch mikroskopisch nach geeigneter Ätzung zu verfolgende Kornneubildung bei der Rekristallisation führt also nicht zu einer Umorientierung. Die kupferreichen Kristallite sind in den übereutektischen Legierungen nach starker Verformung und Rekristallisation zeilenförmig in der Grundmasse aus silberreichen Kristalliten angeordnet (Abb. 50).

Die Einordnung der Kristallkörner in die Walzlage hat eine starke Anisotropie der Festigkeitseigenschaften zur Folge[3] (Abb. 51). Bei silberreichen Legierungen treten nach einseitigem Walzen unter 90° und 22,5° zur Walzrichtung Höchstwerte der Zugfestigkeit auf, von denen der unter 90° besonders ausgeprägt ist. Ihren Tiefstwert erreicht die Zugfestigkeit bei einem Winkel von 45° zur Walzrichtung. Durch Glühen hartgewalzter Proben verschwinden bei hoher Glühtemperatur die beiden Höchstwerte der Zugfestigkeit allmählich, das Minimum unter 45° zur Walzrichtung bleibt aber bestehen. Durch Glühen bei hoher Temperatur läßt sich vielfach die bei Silber bekannte Umkehr der

[1] Raub, E.: Z. Metallkde. **27**, 77 (1935).

[2] Glocker, R. u. H. Widmann: Z. Metallkde. **20**, 129 (1928).

[3] Raub, E.: Z. Metallkde. **27**, 81 (1935). — Mitt. Forsch.-Inst. Edelmet. **10**, 53 (1936).

Anisotropie der Zugfestigkeit feststellen. Bei diesen Proben beobachtet man nach dem Glühen stets eine Längenzunahme, die mit dem Winkel zur Walzrichtung ansteigt und senkrecht zur Walzrichtung bis zu 8% erreichen kann. Eine eindeutige Erklärung für dieses Verhalten kann noch nicht gegeben werden. Durch Wechseln der Walzrichtung bei der Blechherstellung verschwinden die Höchstwerte der Zugfestigkeit unter 90 und 22,5° zur Walzrichtung, dafür tritt der Tiefstwert unter 45° deutlicher hervor, verschwindet aber allmählich beim Glühen. Die Aushärtung ist ebenso wie Zusätze von Phosphor oder Kadmium auf die Anisotropieerscheinungen an gewalzten und rekristallisierten Blechen ohne Einfluß.

Die Tiefziehfähigkeit und Härte von Blechen der Legierung mit 83,5% Ag lassen nach Holzmann[1] ähnliche Unterschiede bei einseitigem und wechselseitigem Walzen erkennen wie die von reinem Silber.

Die Verfestigung durch Kaltverformung ist bei ausgehärteten Legierungen sehr viel kleiner als bei nicht ausgehärteten. Ebenso bleibt die Wirkung der Ausscheidung auf die Härte gering, wenn die Legierungen vor der Alterung kaltverformt werden. Die nach vorheriger Kaltbearbeitung noch zu beobachtende Aushärtung verschiebt sich mit steigendem Verformungsgrad zu tieferen Alterungstemperaturen[2].

Die Rekristallisationstemperatur des Kupfers steigt durch Silber wie die des Silbers durch Kupfer stark. Die Erholung von den Folgen der Kaltbearbeitung erstreckt sich über ein viel weiteres Temperaturgebiet als bei den beiden Metallen[3].

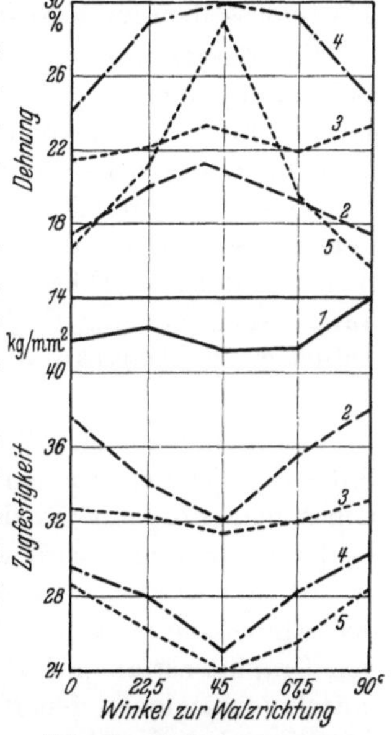

Abb. 51. Dehnung und Zugfestigkeit hartgewalzter und geglühter Silberbleche (83,5% Silber, 16,5% Kupfer).
1 Hartgewalzt; 2 Blech a, geglüht; 3 Blech b, geglüht; 4 Blech a, 6 Std. bei 650° geglüht; 5 Blech b, 12 Std. bei 750° geglüht.

Die Abhängigkeit der plastischen Eigenschaften der Legierung mit 80% Ag von Glühtemperatur und Glühdauer nach verschiedenen Reckgraden bestimmte Sterner-Rainer[4]. Die Härte-Temperaturkurven zeigen infolge der Aushärtung zunächst einen deutlichen Anstieg, dessen Temperatur mit steigender Glühdauer sinkt.

---

[1] Holzmann, H.: Siebert-Festschr. 1931, S. 121.
[2] Norbury, A. L.: Vgl. Fußnote 3, S. 108.
[3] Sterner-Rainer, L.: Z. Metallkde. 19, 151 (1927). — GLOCKER, R. u. H. WIDMANN: Vgl. Fußnote 2, S. 116.
[4] Sterner-Rainer, L.: Vgl. Fußnote 3, S. 117.

Nach langer Glühdauer kann bei hoher Glühtemperatur durch die fortschreitende Sättigung des Mischkristalls ein Wiederanstieg der Zugfestigkeit unter gleichzeitiger Zunahme der Dehnung eintreten[1].

Für die Legierung mit 92,5% Ag fand Leach[2] beim Glühen nach der Verformung die gleiche Abhängigkeit der Eigenschaften von der Glühtemperatur wie Sterner-Rainer für die mit 80% Ag. Smith und Turner[3] bestimmten in einer Arbeit über das Sterlingsilber auch die Härte desselben im gegossenen, gewalzten und weichgeglühten Zustande.

Ein Zusatz von 0,5% Ag zu Kupfer erhöht nach geeigneter Vorbehandlung die Proportionalitätsgrenze des Kupfers. Diese Legierung liefert einen für Lokomotiv-Feuerbuchsen geeigneten Werkstoff, der auch bei der Arbeitstemperatur noch eine hohe Proportionalitätsgrenze bei sonstigen guten Eigenschaften hat[4]. Nach Kikuchi[5] weisen nach dem Pressen wenig erhitzte Preßlinge aus Silber- und Kupferpulver eine nahezu additive Abhängigkeit der Härte von der Zusammensetzung auf[6]. Nach höherer Glühtemperatur verläuft infolge unvollkommener Diffusion die Härtekurve uneinheitlich und ohne Zusammenhang mit dem Diagramm.

g) Technologie der Silber-Kupfer-Legierungen. Zum Schmelzen von Silber-Kupfer-Legierungen finden vorwiegend Koksöfen Anwendung, neben denen die mit Öl oder Gas gefeuerten Öfen an Bedeutung zurückbleiben; nur wenig wird elektrisch geschmolzen.

Als Schmelztiegel werden Graphittiegel gebraucht, die auch bei der Schmelztemperatur fest bleiben müssen und nicht durch Ausbrennen von Graphit zerfallen dürfen. Es tritt andernfalls durch den als Bindemittel vorhandenen feuerfesten Ton eine mechanische Verunreinigung der Schmelze ein, die bei der Oberflächenbehandlung der Bleche und fertigen Gegenstände Fehler hervorruft, wie sie Abb. 52a und b zeigen. Beim Schleifen und Polieren bleiben die harten Einschlüsse von Körnern aus feuerfestem Ton zunächst als erhöhte Punkte stehen (Abb. 52a), brechen aber dann aus und hinterlassen dabei strich- oder kommaförmige Vertiefungen (Abb. 52b).

Der Formguß hat bei Silber-Kupfer-Legierungen nur untergeordnete Bedeutung, er wird in ähnlicher Weise wie bei Kupfer-Legierungen durchgeführt. Der Blockguß wird in Deutschland vorwiegend in eisernen

---

[1] Leroux, I. A. A. u. E. Raub: Z. Metallkde. **23**, 60 (1931).

[2] Leach, R. H.: Amer. Inst. min. metallurg. Engr., Inst. Met. Div. **78**, 743 (1928).

[3] Smith, E. A. u. H. Turner: J. Inst. Met. **22**, 149 (1919).

[4] Hudson, O. F. u. Mitarbeiter: J. Inst. Met. **42**, 221 (1929); **48**, 69 (1932). Ähnliche Untersuchungen wurden auch an arsenhaltigem Kupfer mit Silberzusatz durchgeführt [J. Inst. Met. **48**, 69, 89 (1932)].

[5] Kikuchi, R.: Sci. Rep. Tôhoku Imp. Univ. Sendai [1] **26**, 137 (1937).

[6] Die Härte des gepreßten, nicht geglühten Silberpulvers war gleich 112 kg/mm², die des Kupferpulvers 141,5 kg/mm².

Rundbarrenformen vorgenommen. Seltener findet die Flachbarrenform Anwendung, wenn man von der besonderen, in den Münzstätten gebrauchten Form der sog. Münzzaine absieht[1]. Liegende, offene Formen dienen zum Gießen stark verunreinigter Abfälle, die zum Scheiden gegeben werden: vereinzelt wendet man sie allerdings auch für die Herstellung des Werksilbers an[2].

Die der Silberwarenindustrie und den Münzen als Werkstoff dienenden Legierungen werden nur zum geringeren Teil durch Zusammenschmelzen der reinen Metalle gewonnen. Der weitaus größte Teil des Schmelzgutes besteht aus Abfall, der teilweise für sich, meistens aber mit Neuschmelze zusammen wieder zu Werkmetall umgeschmolzen wird. Bei der Herstellung der Legierungen aus den reinen Metallen verwendet man das Elektrolytsilber in Form von Granalien, auch das Kupfer ist meistens elektrolytisch raffiniert und wird oft als Granalien, seltener als Platten, wie sie die Elektrolyse liefert, gebraucht.

Kornsilber ist oft gasreich; auf dem verhältnismäßig langen Wege durch die Luft hat es bei der Granulierung Gelegenheit, Sauerstoff aufzunehmen, der bei der raschen Erstarrung größtenteils mechanisch eingeschlossen

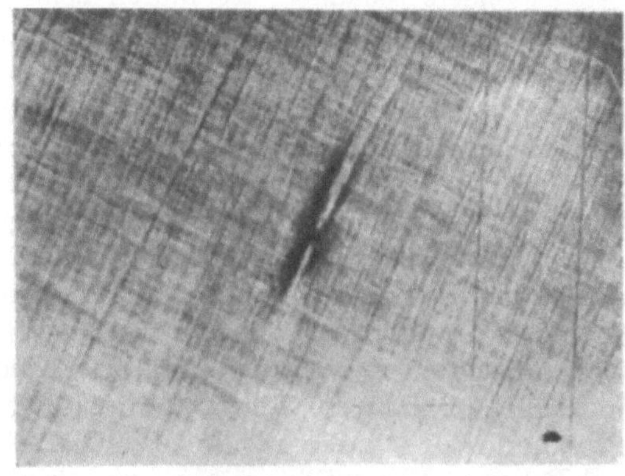

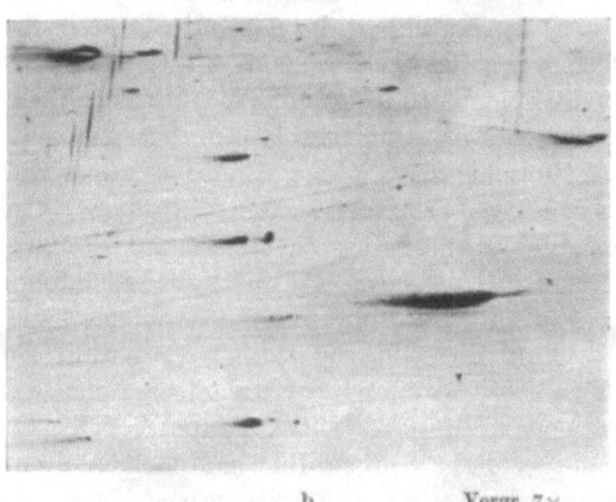

Abb. 52 a und b. Die Entstehung des „Kommasilbers" durch harte Fremdeinschlüsse. a beim Schleifen herausgetretene Einschlüsse, b ausgebrochene Einschlüsse „Kommasilber".

---

[1] In England herrscht die Flachbarrenform vor [Smith, E. A. u. H. Turner: J. Inst. Met. **22**, 149 (1919)].

[2] Smith u. Turner bestimmten die mechanischen Eigenschaften von in Eisen- und Sandformen gegossenem Sterlingsilber. Die in Sand gegossenen Proben wiesen die höhere Zugfestigkeit auf. Bei der Kerbschlagprobe erreichte die in eine Eisenform gegossene Legierung die höhere Festigkeit.

bleibt. Kupfergranalien enthalten bei der den Silbergranalien gleichen Herstellungsart oft größere Sauerstoffmengen in Form von Kupferoxydul, das in einigen Fällen so stark angereichert auftritt, daß es das Kupfer für die Herstellung von Silberlegierungen ungeeignet macht[1]. Beim Gebrauch von Elektrolytkupferplatten sind eingeschlossene Sulfatreste besonders schädlich, sie führen beim Schmelzen zur Bildung von Kupfersulfür und Kupferoxydul.

Nicht selten findet für die Herstellung von Silberlegierungen auch Altkupfer von nicht immer bestimmtem Reinheitsgrad Anwendung. Es ist hierbei besonders ein Zinngehalt zu beachten. Das Zinn wirkt zwar als Desoxydationsmittel, das gebildete Zinndioxyd trennt sich jedoch nur schwer von der Schmelze und führt bei der Verarbeitung zu Schieferbruch.

Der einzuschmelzende Abfall hat während der Bearbeitung wiederholt Glühungen durchgemacht und ist dabei teilweise stark oxydiert worden. Als weitere von der Verarbeitung verbliebene Verunreinigungen können Schmirgelreste, Eisen, Zinn, Blei, Zink und Kadmium auftreten, Stoffe, die sich während der Bearbeitung oft ungünstig auswirken. Schmirgelreste und Eisen führen zu Oberflächenfehlern beim Schleifen und Polieren, Blei macht Silberlegierungen warmspröde.

Sauerstoff wird von Silber-Kupfer-Legierungsschmelzen unter Bildung von Kupferoxydul gebunden, das in der Metallschmelze beschränkt löslich ist. Die einphasigen, kupferoxydularmen technischen Schmelzen erstarren unter Bildung eines ternären Eutektikums, das nur wenig tiefer schmilzt als das binäre Silber-Kupfer-Eutektikum[2]. In kupferoxydulreicheren Schmelzen, die unter primärer Kristallisation von Kupferoxydul erstarren, ist das ternäre Eutektikum meistens nicht mehr festzustellen, da das Kupferoxydul infolge seines hohen Einformungsvermögens die sich eutektisch ausscheidenden Anteile rasch aufnimmt.

Auf der Bildung von Cu_2O beruht die bekannte Eigenschaft des Kupfers, die Neigung des Silbers zum Spratzen bei der Erstarrung zurückzudrängen. Der Sauerstoff führt daher in Silber-Kupfer-Legierungen nicht unmittelbar zu porigen Güssen. Da kupferoxydulhaltige Schmelzen jedoch zähflüssiger sind als kupferoxydulfreie, fördert das Kupferoxydul die Bildung poriger Güsse, da entbundenes Gas nicht so rasch aus der erstarrenden Schmelze entweichen kann.

Außer dem Sauerstoff werden andere Gase von flüssigem Silber nicht oder nur wenig gelöst. Das Kupfer setzt sich dagegen mit verschiedenen Gasen unter Bildung von Lösungen bzw. Verbindungen um.

Die Löslichkeit des Wasserstoffs in geschmolzenem Kupfer wird durch die Zugabe von Silber nach Sieverts und Krumbhaar[3] nicht merklich geändert. Wasserstoffaufnahme durch die Schmelze führt

---

[1] Raub, E.: Mitt. Forsch.-Inst. Edelmet. 4, 81 (1930).

[2] Moser, H. u. K. W. Fröhlich: Metallwirtsch. 10, 533 (1931).

[3] Sieverts, A. u. W. Krumbhaar: Ber. dtsch. chem. Ges. 43, 893 (1910).

daher auch noch bei silberreichen Legierungen zu porigen Güssen, da bei der Erstarrung entbundener Wasserstoff gewöhnlich nur unvollkommen entweichen kann. Wasserdampf reagiert nach Allen und Hewitt[1] mit Kupfer unter Bildung von Kupferoxydul und gelöstem Wasserstoff, die bei der Erstarrung unter Rückbildung von Wasserdampf sich wieder miteinander umsetzen. Diese Reaktion ist die Hauptursache für porige Kupfergüsse. Das Silber beeinflußt die Umsetzung zwischen Kupfer und Wasserdampf nicht deutlich. Durch Abnahme der Kupfermenge mit zunehmendem Silbergehalt sinkt natürlich der Absolutwert der Wasseraufnahme. Qualitativ läßt sie sich noch bis zu 62,5% Ag beobachten. Das spezifische Gewicht von unter Wasserdampf geschmolzenen, rasch erstarrten Legierungen ist ab 30% Ag gleich dem von unter Stickstoff geschmolzenen.

Schwefeldioxyd wird von flüssigem Kupfer ebenfalls gelöst. Auch diese Reaktion ist rückläufig[2]. Bei Schmelzen von Silber-Kupfer-Legierungen führt sie jedoch im Gegensatz zu Kupfer

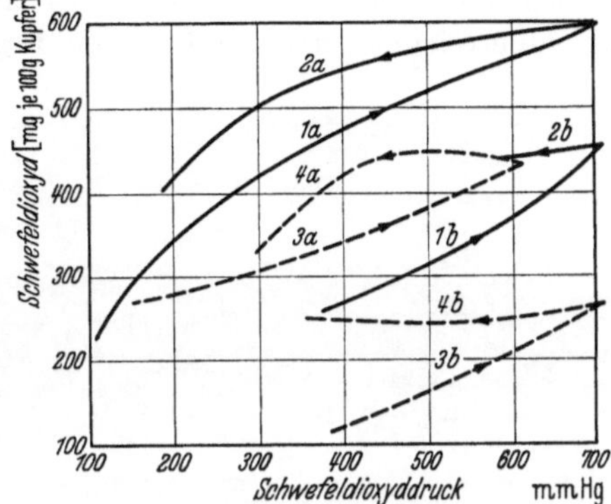

Abb. 53. Isothermen des Systems Silber-Kupfer-Schwefel-Sauerstoff bei 1100°.
a 62,5% Ag, 37,5% Cu; b 92,5% Ag, 7,5% Cu. Erste Begasung, steigender Druck (1), fallender Druck (2). Zweite Begasung, nach vorherigem Evakuieren, steigender Druck (3), fallender Druck (4).

nicht zu einem stets wiederholbaren Gleichgewicht[3]. Die Druckeinstellung bei der Aufnahme einer Druck-Konzentrationskurve[4] hängt davon ab, ob bei steigenden oder fallenden Drucken gearbeitet wird. Ebenso ändert sich die Lage des Gleichgewichts nach mehrfacher Begasung, wenn zwischendurch das Gas abgepumpt wurde (Abb. 53). Das Verhalten der Silber-Kupfer-Legierungen gegenüber Schwefeldioxyd ist darauf zurückzuführen, daß Schwefel und Sauerstoff nicht im stöchiometrischen Verhältnis in den Schmelzen verbleiben. Das Silber steigert nämlich den Zersetzungsdruck des Kupferoxyduls, so daß aus den Schmelzen Sauerstoff entweichen kann. Wahrscheinlich tritt der Sauerstoff jedoch nicht molekular, sondern als flüchtiges intermediäres Silberoxyd aus der Schmelze. Der Schwefeldampfdruck über kupfersulfürhaltigen Schmelzen steigt durch Silber zwar ebenfalls, allerdings viel weniger als der Sauerstoffdruck, so daß der Schwefelverlust gegenüber dem von Sauerstoff klein bleibt.

---

[1] Allen, N. P. u. P. Hewitt: J. Inst. Met. 51, 257 (1933).
[2] Sieverts, A. u. W. Krumbhaar: Z. phys. Chem. 74, 295 (1910).
[3] Raub, E., F. Distel u. A. Schall: Z. Metallkde. 28, 254 (1936).
[4] Konzentration des Bodenkörpers an Schwefeldioxyd.

Bei schneller Erstarrung mit Schwefeldioxyd begaster Schmelzen steigt mit dem Silbergehalt die Dichte sehr rasch und nähert sich der porenfreier Legierungen, ohne diese aber ganz zu erreichen. Es liegen in den abgeschreckten Legierungen Kupferoxydul und -sulfür in eutektischer Verteilung vor. Während langsamer Erstarrung wird Schwefeldioxyd aus den Schmelzen wieder entbunden. Die Gasabgabe äußert sich bei Legierungen mit 0 bis 72% Ag in einem deutlichen Steilanstieg des Schwefeldioxyddruckes zwischen Liquidus und Solidus, bei silberreichen, übereutektischen Legierungen veranlaßt sie unregelmäßige Verzögerungen in den Druck-Temperaturkurven.

Abb. 54. Blasensilber.

Poriger Guß führt während der Bearbeitung zu Blech und Fertigerzeugnissen zu dem sog. „Blasensilber". Man versteht darunter blasenförmige Aufwölbungen der Oberfläche, die gewöhnlich als getrennte Gebilde gleichmäßig verteilt oder nesterförmig angereichert auftreten (Abb. 54). Nur vereinzelt beobachtet man gleichmäßige, blasenförmige Auftreibungen, die einen größeren Teil der Oberfläche erfassen. Das Auftreten des Blasensilbers ist in den Betrieben zeitlichen Schwankungen unterworfen und kann bei plötzlichem starken Erscheinen die Fertigung auf Tage hinaus weitgehend lahmlegen.

Blasensilber kann nur entstehen durch eingeschlossene Gase, die beim Glühen durch die starke Drucksteigerung die Elastizitätsgrenze der Legierung überwinden und die Oberfläche aufwölben.

Die Grenzflächen durchschnittener Blasen sind meistens metallisch blank, nur bei dicht unter der Oberfläche liegenden Blasen sind sie, wenn beim Glühen Sauerstoff eindiffundierte, oxydiert.

Die Bestimmung des Gasinhaltes von Blasensilber, das verschiedenen Betrieben entstammte, ergab als Hauptgas, von einer Ausnahme abgesehen, stets Schwefeldioxyd, neben dem sich noch Kohlendioxyd, Wasserdampf und Stickstoff in durchweg geringer Menge vorfanden[1].

---

[1] Eine hiervon abweichende Zusammensetzung der Gase im Blasensilber wurde dann beobachtet, wenn nur vom Gießstrahl mechanisch mitgerissene Gase als Ursache der porösen Güsse auftreten. Das so entstandene Blasensilber unterscheidet

Eine deutliche Abhängigkeit des Gasinhaltes von der Zusammensetzung der Legierungen und vom Schmelzverfahren ließ sich nicht nachweisen.

Abb. 55. Warmrisse in einer Silber-Kupfer-Legierung mit 83,5% Ag.

Ebenso war kein Unterschied zwischen Neuschmelzen oder Abfallschmelzen festzustellen. Danach ist unter den Gasen, die von flüssigen

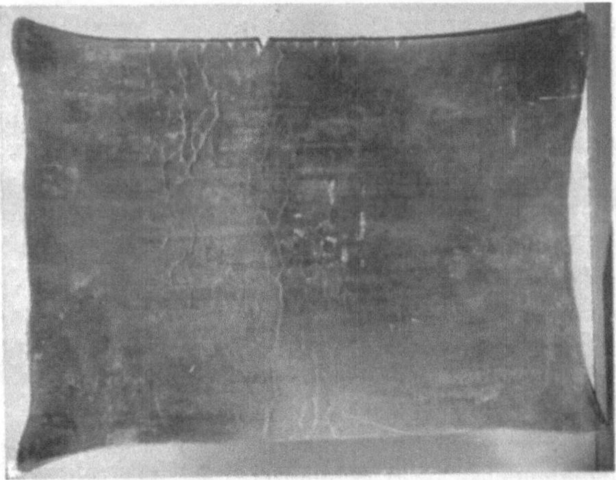

Abb. 56. Walzblech aus dem in Abb. 55 wiedergegebenen Gußstück.

Silber-Kupfer-Legierungen gelöst oder chemisch gebunden und bei der Erstarrung wieder in Freiheit gesetzt werden, für die Entstehung poriger Güsse in erster Linie das Schwefeldioxyd praktisch wichtig. Die außer

sich schon äußerlich von dem durch SO_2-Entbindung entstandenen durch große blasige Aufwölbungen an der Oberfläche.

ihm analytisch noch festgestellten Gase sind von der Schmelze mechanisch festgehalten oder vom Gießstrahl mitgerissen worden.

Bei senkrecht stehender Rundbarrenform sammeln sich die Gase im Gußkopf und im oberen Teil des Gußstückes stark an, bei schräg stehender Rundbarrenform ist eine Anreicherung von Gasporen auf der ganzen oberen Längsseite festzustellen, bei Flachbarren ziehen sich die Gaseinschlüsse auf der Mitte der Breitseite hin bis zum Teil tief ins Gußstück. Teilweise wendet man Rundbarrenformen an, die beim Füllen der Gießform allmählich aus der Schrägstellung in die Senkrechtstellung übergehen[1].

Die Gießtemperatur liegt etwa 200° über der Liquidustemperatur. Hohe Gießtemperatur und hohe Gießgeschwindigkeit führen nicht nur zu Porigkeit, sondern sie fördern ebenso wie zu hohe Temperatur der Gießform die Bildung eines groben Kristallkornes und das Auftreten von Warmrissen (Abb. 55), die besonders bei Flachbarren entstehen.

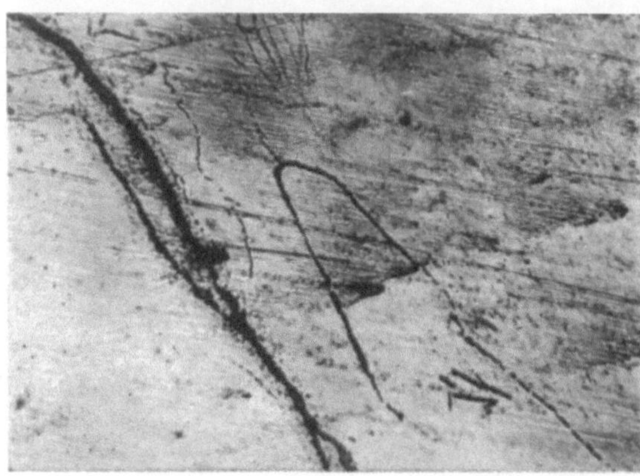

Abb. 57. Schlierenförmig eingelagertes Kupferoxydul in einer langsam gegossenen Silber-Kupfer-Legierung. Vergr. 160×.

Die gewöhnlich oxydierten Flächen der Warmrisse verschweißen selbst durch Warmschmieden nur unvollkommen, so daß auf den Blechen die Risse als Maserungen noch sichtbar sind (Abb. 56). Bei tiefer Gießtemperatur und geringer Gießgeschwindigkeit wird Kupferoxydul schlierenförmig in die Gußstücke hineingezogen (Abb. 57). Bei der Bearbeitung brechen die Kanten sägezahnförmig auf (Abb. 58).

Die Desoxydation und Entgasung von Silber-Kupfer-Schmelzen sind zur Verhinderung der Anreicherung von Kupferoxydul und der Bildung poriger Gußstücke technisch wichtig[2].

Für Neuschmelzen genügt als Oxydationsschutz die Anwendung einer Holzkohlendecke beim Schmelzen. Der Gießstrahl wird durch ein brennendes Holzscheit vor dem Ausguß des Tiegels oder durch Gießen durch eine leuchtende Gasflamme gegen Oxydation geschützt. Beim Schmelzen von Abfall und Altmaterial, die oft stark oxydiert sind, ist die Anwendung von Desoxydationsmitteln vielfach unumgänglich.

---

[1] Moser, H.: Mitt. Forsch.-Inst. Edelmet. 4, 103 (1930); 5, 1 (1931).

[2] Raub, E.: Metallwirtsch. 10, 769 (1931). — Raub, E., H. Klaiber u. H. Roters: Metallwirtsch. 15, 765, 785 (1936).

Von den Desoxydationsmitteln mit hoher Affinität zum Sauerstoff, die den Sauerstoff vollkommen binden, wenn sie in äquivalenter Menge vorhanden sind, ist das Lithium brauchbar, wenig oder ungeeignet sind Kalzium, Magnesium, Beryllium, Aluminium, Silizium, Mangan und Bor. Von den milden Desoxydationsmitteln, die den Sauerstoff erst vollkommen binden, wenn sie in größerer als äquivalenter Menge zugegen sind, wie z. B. Zink, Phosphor, Zinn und Kadmium hat sich Phosphor bewährt. Kadmium, das mehrfach zur Desoxydation von Silber-Kupfer-Schmelzen vorgeschlagen wurde, wirkt zu schwach.

Lithium und Phosphor besitzen den Vorteil, daß sie eine hohe Desoxydationsgeschwindigkeit, verbunden mit rascher Trennung von Desoxydationsmitteloxyd und Metallschmelze, aufweisen und daß ein geringer, im Metall verbliebener Rest Lithium oder Phosphor die technologischen Eigenschaften der Legierungen nicht verschlechtert. Nach der Desoxydation mit Phosphor findet man allerdings durch Analyse der desoxydierten Legierungen ähnlich wie bei Kupferschmelzen[1] neben Phosphor noch Sauerstoff.

Abb. 58. Beim Warmschmieden sägezahnförmig aufgerissenes Gußstück (83,5 % Ag, 16,5 % Cu).

Dieses Ergebnis erklärt das folgende Reaktionsschema, auf dem die Desoxydation durch Phosphor beruht:

$$5\,Cu_2O + 2\,P \rightleftharpoons P_2O_5 + 10\,Cu \tag{1}$$

$$Cu_2O + P_2O_5 \rightleftharpoons 2\,CuPO_3 \tag{2}$$

$$10\,CuPO_3 + 2\,P \rightleftharpoons 6\,P_2O_5 + 10\,Cu \tag{3}$$

Zu Beginn der Desoxydation vollzieht sich die Reaktion nach Gleichung (1) mit hoher Geschwindigkeit. Durch die Abnahme an Phosphor und Kupferoxydul verläuft diese Reaktion sehr bald langsamer. Demgegenüber geht die Reaktion (2) offenbar auch bei geringer Kupferoxydulkonzentration mit hoher Geschwindigkeit vor sich, und es wird durch sie der metallischen Phase das Kupferoxydul vollständig entzogen,

<hr>

[1] Hanson, D., S. L. Archbutt u. G. W. Ford: J. Inst. Met. 43, 41 (1930).

da das Cuprometaphosphat darin praktisch unlöslich ist. Inwieweit die Reaktion (3) bei der Desoxydation von Silberschmelzen noch mitwirkt. läßt sich schwer sagen. Sicherlich ist ihre Bedeutung für den gesamten Desoxydationsvorgang gering, da es sich um eine Reaktion zwischen zwei Phasen handelt, die nur an der kleinen Grenzfläche sich vollziehen kann und weiterhin noch dadurch verlangsamt wird, daß in der metallischen Phase die Phosphorkonzentration gering ist[1].

Durch Phosphor und Lithium wird der Abstand zwischen Liquidus und Solidus stark erweitert, wobei sich die Soliduslinie zu tieferen Temperaturen verschiebt. Näher untersucht wurde das ternäre Teilsystem[2] Ag-Cu-Cu_3P. Es tritt in diesem System ein schon bei 646° schmelzendes Eutektikum mit 17,9% Ag, 30,4% Cu und 51,7% Cu_3P auf. Sowohl phosphor- als auch lithiumhaltige Legierungen neigen infolge des vergrößerten Schmelzbereichs in verstärktem Maße zu Seigerungen und zur Bildung von grobem Kristallkorn- und Mikrogefüge im Gußstück, sowie in der bearbeiteten und rekristallisierten Legierung.

Die plastischen Eigenschaften werden durch Phosphor und Lithium nur wenig beeinflußt. Die Zugfestigkeit fällt nach einem anfänglichen Anstieg bei höheren Gehalten wieder langsam ab. Tiefziehfähigkeit und Härte ändern sich ebenfalls nur in geringen Grenzen. Auch auf die Ausscheidungsvorgänge bleiben beide Zusätze ohne deutlichen Einfluß.

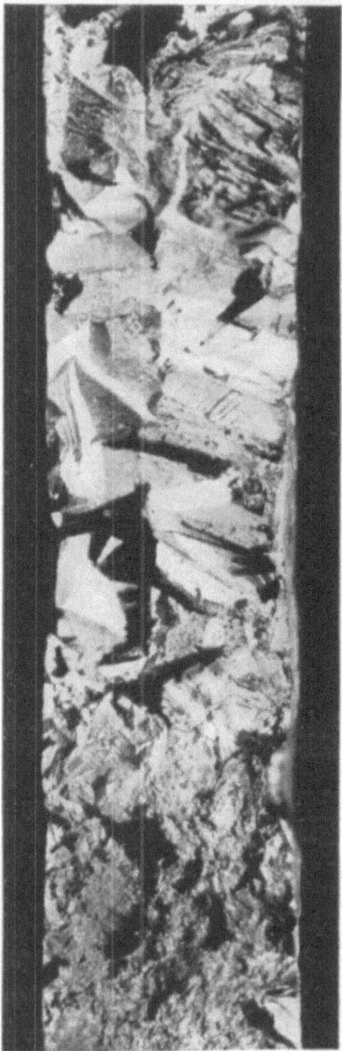

Abb. 59. Durch Warmrisse zerstörter Silber-Kupfer-Guß (90% Ag). Vergr. 3,5×.

---

[1] Bei der Sauerstoffbestimmung in Legierungen, deren Schmelzen mit Phosphor desoxydiert wurden, erfaßt man nicht den als Kupferoxydul vorhandenen, sondern den gesamten im Cuprometaphosphat sich vorfindenden Sauerstoff, da dieses durch Wasserstoff bis zum Cu_3P reduziert wird.

[2] Moser, H., K. W. Fröhlich u. E. Raub: Z. anorg. allg. Chem. **208**, 225 (1932).

Steigende Mengen Lithium setzen den Angriff durch verdünnte Essigsäure merklich herauf, Phosphor dagegen verringert ihn. Gegenüber
verdünnter Salpetersäure verhalten sich Legierungen mit Phosphor uneinheitlich, durch Lithium dagegen tritt Passivierung ein[1].

Bisher wurde in die Technik als Desoxydationsmittel nur der Phosphor, der in Form von Kupferphosphid leicht zugänglich und zu handhaben ist, eingeführt, nicht
das durchgreifender und
schneller desoxydierende Lithium. Bei letzterem ist zu
berücksichtigen, daß Lithiumoxyd die Tiegelwandungen
stärker angreift und daß bei
schnellem Vergießen von kleineren Mengen Schmelzgut
leicht Lithiumoxyd eingeschlossen wird, das die Eigenschaften des Gusses sehr nachteilig beeinflußt.

Beim Gießen wirkt sich
die starke Verbreiterung des
Schmelzintervalls durch Phosphor nachteilig aus, da damit
die Neigung zum Auftreten
von Warmrissen stark gesteigert wird[2] (Abb. 59).

Die Verarbeitung der
Gußstücke zu Halbzeug
geschieht vorwiegend durch
Warmschmieden bis auf eine

Abb. 60. Durch Überhitzen beim Warmschmieden
gebrochene Silber-Kupfer-Legierung
(83,5 % Ag, 16,5 % Cu).

Dicke von 8 bis 12 mm und nachfolgendes Kaltwalzen. Auf die plastischen
Eigenschaften der Bleche ist das Warmschmieden nicht von deutlichem Einfluß[3]. Bei dem Warmschmieden darf die eutektische Temperatur nicht überschritten werden, da die Legierungen durch Auftreten nur geringer Mengen eutektischer Schmelze so weit ihren
Zusammenhalt verlieren, daß sie bei mechanischer Beanspruchung vollkommen zerfallen (Abb. 60). Bei den tiefer schmelzenden phosphor

---

[1] Bei der galvanischen Versilberung phosphorhaltiger Silber-Kupfer-Legierungen entstehen nach elektrolytischer Entfettung Schwierigkeiten, da durch
naszierenden Wasserstoff Phosphorkupfer zu Phosphorwasserstoff unter Zurücklassung von schwammigem Kupfer reduziert wird [Moser, H., K. W. Fröhlich
u. E. Raub: Angew. Chem. **46**, 562 (1933)].

[2] Raub, E.: Mitt. Forsch.-Inst. Edelmet. **12**, 49 (1938).

[3] Moser, H. u. E. Raub: Mitt. Forsch.-Inst. Edelmet. **10**, 19 (1936).

haltigen Legierungen ist die Gefahr der Überhitzung und damit der Warmsprödigkeit besonders groß[1].

Geringe Mengen von Kupferoxydul, die als ternäres Eutektikum mit Silber und Kupfer in unvollkommen desoxydierten Legierungen auftreten, beeinflussen das Verhalten bei der Verformung im allgemeinen nur wenig. Primär ausgeschiedenes Kupferoxydul, das schon während der Erstarrung oft zu langen Dendriten auswächst, stört dagegen bei der Bearbeitung stark.

Besondere technische Bedeutung hat auch die Oxydation des Kupfers beim Weichglühen der Silber-Kupfer-Legierungen. Mit

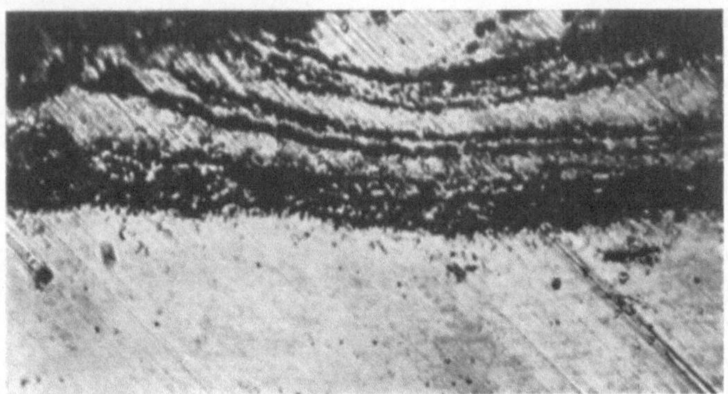

Abb. 61. Zeilenförmige Einlagerung von Kupferoxydul in Silber-Kupfer-Legierung (80 % Ag, 20 % Cu). Vergr. 460×.

steigendem Silbergehalt nehmen die Schwierigkeiten durch übermäßige Zunderung zu, da durch die rasche Sauerstoffdiffusion die Legierungen tiefergehend oxydiert werden. Durch Beizen in heißer verdünnter Schwefelsäure wird das Kupferoxyd nur von der Oberfläche gelöst. Bei der Weiterverarbeitung von Legierungen mit 80 und 83,5 % Ag ordnet sich das unter der Oberfläche liegende Kupferoxydul zeilenförmig an, so daß nach verschiedenen Walz- und Glühprozessen mehrere Zeilen davon untereinander entstehen können (Abb. 61), die zu Schieferbruch führen (Abb. 62). Bei den silberreichsten Legierungen mit 93,5 bis 90,0 Ag entsteht durch die tiefergreifende Oxydation das sog. Blausilber. Man versteht darunter Stellen an der Oberfläche, die beim Polieren keinen Silberglanz annehmen, sondern matt blaugrau bleiben.

Das Blankglühen zur Verhinderung des Zunderns wird für Silber-Kupfer-Legierungen selten angewendet. Legierungen aus Schmelzen, die nicht desoxydiert wurden, werden beim Blankglühen in Leuchtgas

---

[1] Die Herabsetzung des Schmelzpunktes von Silber-Kupfer-Legierungen durch Phosphor wird zur Herstellung von Silber-Kupfer-Phosphor-Loten ausgenützt (U. S. P. 1829903).

oder Wasserstoff wegen ihres Sauerstoffgehaltes durch Wasserstoffkrankheit leicht spröde.

Nur selten äußert sich die Wasserstoffkrankheit als an der Oberfläche
sichtbare Blasen. Da das bei der Erstarrung eutektisch ausgeschiedene
Oxydul in feiner Verteilung die ganze Legierung durchsetzt, verursacht
sie eine mehr oder weniger gleichmäßige Porigkeit, die eine starke Volumenvergrößerung bewirken kann. Auch nach dem Glühen bei tieferer
Temperatur, durch das noch keine deutliche Änderung von Zugfestigkeit
und Dehnung eintritt, ist die Wasserstoffkrankheit noch an einer starken
Senkung der Bruchquerschnittsabnahme festzustellen[1].

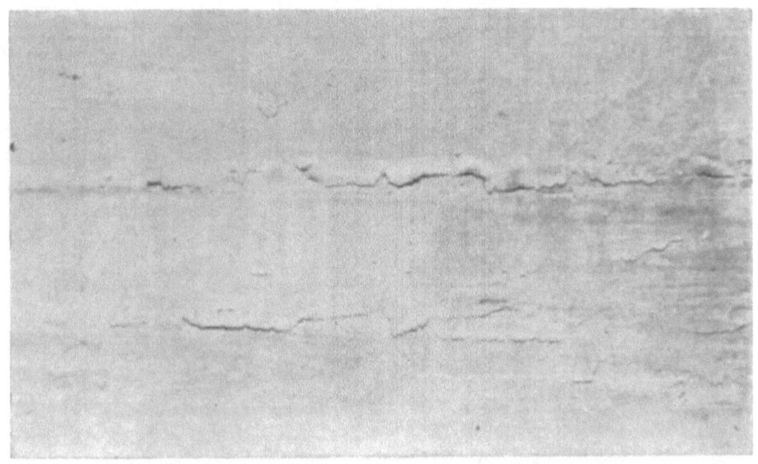

Abb. 62. Walzblech mit Schieferstellen (80% Ag, 20% Cu).

Werden Glühdauer und Glühtemperatur auf das zulässige Mindestmaß beschränkt (Glühtemperatur nicht über 650°) und außerdem unnötiger Luftzutritt beim Glühen vermieden, so kann man die Oxydation
soweit zurückdrängen, daß sie keine stärkeren Störungen mehr verursacht. Bei der Herstellung von Tiefziehblechen wendet man vereinzelt
noch das Glühen in mit Holzkohle gefüllten Kästen an, oder man hält den
Sauerstoffzutritt durch Einlegen von Holzkohlen in das Muffeltor zurück.

Die Einordnung der Kristallkörner in die Walzrichtung beim Walzen
und die damit verbundene Anisotropie der Festigkeitseigenschaften führen
zu der auch von zahlreichen Unedelmetallen und ihren Legierungen
bekannten Zipfelbildung beim Rundzug. Da bei geglühten Blechen
unter 45° zur Walzrichtung ein Maximum der Dehnung auftritt, ist stets
Vierzipfeligkeit vorhanden. Es gelingt nicht leicht, die Zipfelbildung zu
unterbinden, man kann ihr jedoch auf ähnlichen Wegen begegnen wie
bei Messing.

[1] Raub, E.: Mitt. Forsch.-Inst. Edelmet. **4**, 11, 49 (1930).

Eine Beeinträchtigung der Verformungsfähigkeit durch Grobkristallisation beim Weichglühen tritt im allgemeinen nur bei den silberreichsten technischen Legierungen auf.

Die Möglichkeit, durch die Ausscheidungsvorgänge die Festigkeitseigenschaften zu steigern, wird nicht ausgewertet. Es liegen Gegenstände, bei denen erhöhte Festigkeit verlangt wird, gewöhnlich im kaltverformten, harten Zustand vor. Eine wesentliche weitere Steigerung der Festigkeit durch Aushärtung gelingt nicht. Abgesehen davon bietet bei zahlreichen Gegenständen das Homogenisierungsglühen bei hoher Temperatur technische Schwierigkeiten.

2. Die Legierungen des Silbers mit Metallen der 2. Gruppe des periodischen Systems.

Von den Legierungen des Silbers mit den Metallen der 2. Hauptgruppe des periodischen Systems fanden besonderes Interesse die mit

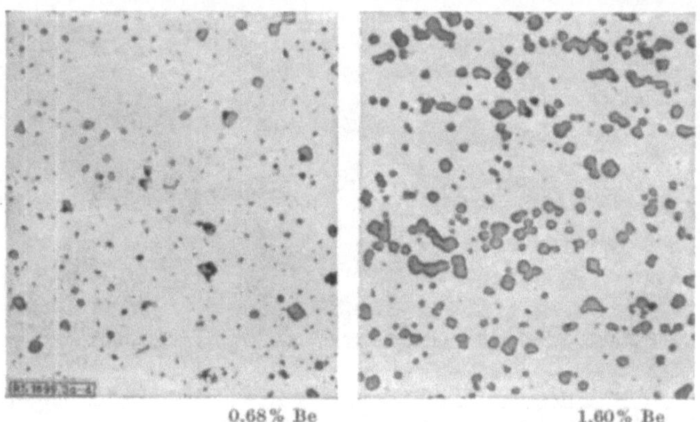

Abb. 63. Silber-Beryllium-Legierungen. Vergr. 300×.

Beryllium und Magnesium, und es wurde mehrfach versucht, einige Eigenschaften dieser Legierungen praktisch zu verwerten. Von den Silberlegierungen der anderen Metalle der zweiten Hauptgruppe sind über das Zustandsdiagramm hinaus die Eigenschaften zumeist nicht bekannt. Besser untersucht sind die Eigenschaften der Legierungen aus Silber und den Metallen der 2. Nebengruppe des periodischen Systems.

a) Silber-Beryllium. Das zuletzt von O. Winkler[1] untersuchte Zustandsbild Silber-Beryllium weist bei Raumtemperatur zwei Phasen auf, von denen jede nur einen geringen Gehalt des zweiten Metalles hat. Die silberreiche Phase nimmt nach Sloman[2] bei der eutektischen Temperatur bis zu 0,3% Be auf, bei 750° liegt die Sättigungsgrenze

---

[1] Winkler, O.: Z. Metallkde. **30**, 162 (1938).
[2] Sloman, H. A.: J. Inst. Met. **54**, 161 (1934).

schon bei 0,13 % Be. Der große Unterschied im spezifischen Gewicht der beiden Phasen führt leicht zu starker Schwereseigerung während der Erstarrung, die eine nahezu vollkommene Trennung in zwei Schichten bewirken kann. Außerdem neigen die Legierungen zu grobkörniger Gefügeausbildung[1].

Die vorliegenden Untersuchungen beschränken sich auf die thermoanalytische, mikroskopische und röntgenographische Untersuchung. Winkler benutzte für die Überprüfung des Zustandsbildes daneben noch die Temperaturabhängigkeit der magnetischen Suszeptibilität.

Das Verhalten bei der mechanischen Bearbeitung wird bestimmt durch das Auftreten der harten und spröden Berylliumkristallite neben den weichen, gut verformbaren silberreichen Mischkristallen. Legierungen mit etwa 1,6 % Be lassen sich nach dem Abschrecken von hoher Temperatur noch ziemlich gut bearbeiten, im gegossenen Zustande nach langsamer Abkühlung dagegen nicht. Stärkere Aushärtung tritt wegen des nur geringen Übersättigungsgrades bei der Ausscheidung aus den silberreichen Mischkristallen nicht auf[2].

Legierungen mit mehr als etwa 0,2 % Be lassen sich nur unvollkommen polieren, da durch die harte berylliumreiche Phase, die wegen ihres geringen spezifischen Gewichts einen verhältnismäßig großen Volumenanteil einnimmt (Abb. 63), beim Polieren das Gefüge als Relief heraustritt.

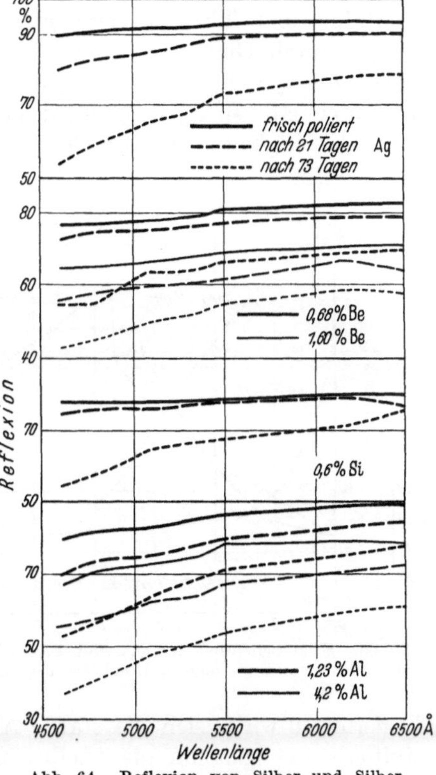

Abb. 64. Reflexion von Silber und Silber-Legierungen.

Den Rückgang der spiegelnden Reflexion des polierten Silbers durch Beryllium zeigt Abb. 64, einen entsprechenden Anstieg weist die diffuse Reflexion auf.

Die Reflexion von polierten Silber-Berylliumlegierungen sinkt in normaler Wohnraumatmosphäre fast eben so schnell wie die des polierten Silbers (Abb. 64). Beim Vergleich geschliffener Proben ist kein

[1] Sloman, H. A.: Vgl. Fußnote 2, S. 130.
[2] Unveröffentlichte Versuche von E. Raub.

Unterschied festzustellen. Von Anlaufbeständigkeit der Silber-Beryllium-Legierungen kann keine Rede sein, auch nicht, wenn sie, um weitestgehende Übersättigung des silberreichen Mischkristalls zu erreichen, geglüht und abgeschreckt wurden[1].

Price und Thomas erzeugten auf berylliumhaltigen Silberlegierungen durch Glühen in schwach oxydierender Atmosphäre eine reine Berylliumoxydschicht und erhielten so anlaufbeständiges Silber. Dieses Verfahren läßt sich jedoch nicht praktisch verwerten. Abgesehen von den Schwierigkeiten bei der Herstellung einwandfreier Silber-Beryllium-Legierungen gelingt es nicht, die Oberfläche vor der Glühbehandlung so zu entfetten, daß hierbei die berylliumreiche Phase nicht angeätzt und damit schon vor der Glühbehandlung die Oberfläche matt wird. Die Herstellung der Oxydschichten durch das Glühen in sauerstoffarmer Atmosphäre führt stets zu einer weiteren, sehr starken Abnahme der Reflexion.

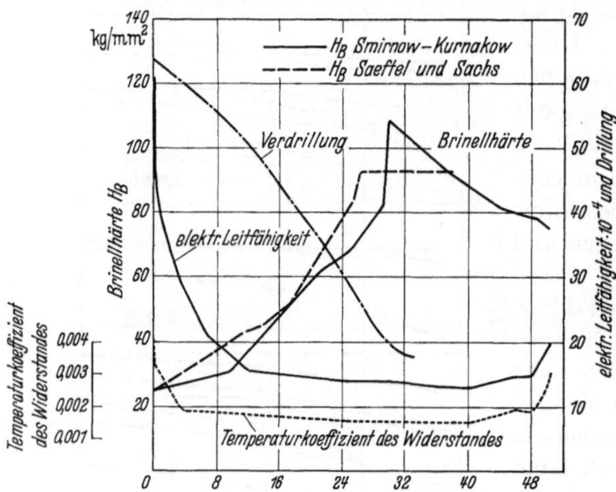

Abb. 65. Elektrische und mechanische Eigenschaften der Silber-Magnesium-Legierungen. (Nach Saeftel und Sachs.)

Beim Schmelzen und Gießen berylliumhaltiger Legierungen wirkt sich die starke Affinität des Berylliums zum Sauerstoff sehr unangenehm aus. Selbst im Vakuum läßt sich die Entstehung von Berylliumoxyd nicht verhindern, da auch bei sehr kleinem Sauerstoffdruck noch Oxydation von Beryllium eintritt. Das Berylliumoxyd trennt sich von der Schmelze nur schwer, es führt zur Entstehung größerer Mengen silberhaltiger Schlacken. Gelangt es in den Guß, so veranlaßt es Schieferbruch. Außerdem begünstigt es offenbar noch die Neigung zur Seigerung.

Zunderfestigkeit ist bei Silber-Kupfer-Legierungen durch Beryllium nicht bzw. nur unter Einhaltung bestimmter Bedingungen zu erreichen. Silberreiche Legierungen mit bis zu 20% Cu können 1% Be enthalten, ohne daß beim Erhitzen in Sauerstoff die Sauerstoffdiffusion im Silber wesentlich verringert und damit die Zunderung verzögert wird. Ob die für einige Fälle nachgewiesene Erhöhung der Säurebeständigkeit[2] einen

---

[1] Raub, E. u. M. Engel: Z. Metallkde. **31**, 339 (1939).
[2] Nach unveröffentlichten Versuchen von K. W. Fröhlich setzt Beryllium den Angriff von verdünnter Salpetersäure auf Silber stark herab.

Zusatz von Beryllium zu bestimmten technischen Zwecken dienendem Silber rechtfertigt, bedarf noch näherer Prüfung.

b) Silber-Magnesium. Silber nimmt bis zu 8% Mg unter Mischkristallbildung auf. Durch das Magnesium steigt seine Härte sehr stark. Abb. 65 gibt eine Zusammenstellung der mechanischen und elektrischen Eigenschaften nach Saeftel und Sachs[1] für silberreiche Legierungen mit bis zu 52% Mg wieder. Während Smirnow und Kurnakow[2] in dem heterogenen Zustandsfeld, das sich an die silberreiche Phase anschließt, einen starken Härteabfall fanden, ist nach Saeftel und Sachs die Härte in diesem Zustandsfeld von der Zusammensetzung der Legierung nahezu unabhängig. Goetzel[3] bestimmte für die Legierung mit 7% Mg im Gußzustand eine Brinellhärte von 60 kg/mm², für die mit 10% Mg von 115 kg/mm².

Smirnow und Kurnakow beobachteten bei 50 At.-% Mg einen Tiefstwert der Härte und einen Höchstwert der Leitfähigkeit. Bei der Zusammensetzung $AgMg_3$ erreichte umgekehrt die Härte ihren Höchstwert, die Leitfähigkeit ihren Tiefstwert. Auch bei Zusatz von Silber zu Magnesium steigt die Härte stark an, die Leitfähigkeit erleidet einen entsprechenden Abfall.

Die Mischungswärme der flüssigen Metalle bei 1050° erreicht bei 50 At.-% Mg einen Wert von 3,00 kcal/g-At.[4]. Der Siedepunkt des Magnesiums steigt durch 8,12 g-At. Ag je 1000 g Mg um 30°[5].

Nach Goetzel sind die Gießbarkeit, Duktilität und maschinelle Bearbeitbarkeit der silberreichen Legierungen bis zu 10% Magnesium befriedigend.

Die technische Verwertung der starken Verfestigung des Silbers durch Magnesium scheitert an dem chemischen Verhalten. Magnesiumhaltiges Silber wird rasch matt; neben unschönen Verfärbungen tritt stärkere Korrosion unter Oxydation des Magnesiums ein.

Als besonderer Vorteil silberhaltiger Legierungen auf Magnesiumgrundlage wird die Verfestigung ohne Abnahme der Duktilität hervorgehoben. Ihr chemisches Verhalten hängt von der übrigen Zusammensetzung der Legierungen ab und wird nach dem 6. Fortschrittsbericht des Am. Silver Producers' Research Project bei Magnesium-Zink-Legierungen stark verschlechtert, bei Magnesium-Zinn-Legierungen dagegen nur wenig verändert. Die schon geringe Korrosionsbeständigkeit von thalliumhaltigen Legierungen wird durch Silber noch weiter erniedrigt[6].

[1] Saeftel, F. u. G. Sachs: Z. Metallkde. 17, 258 (1925).

[2] Smirnow, W. J. u. N. S. Kurnakow: Z. anorg. allg. Chem. 72, 31 (1911).

[3] Goetzel, C. G.: Trans. Amer. Inst. min. metallurg. Engr., Inst. Met. Div. 124, 194 (1937).

[4] Kawakami, M.: Sci. Rep. Tôhoku Imp. Univ. 19, 542 (1930).

[5] Schneider, A. u. U. Esch: Z. Elektrochem. 45, 888 (1939).

[6] Köster, W. u. K. Kam: Z. Metallkde. 31, 84 (1939).

c) Silber-Zink. Das Zustandsbild der Silber-Zink-Legierungen ist dem der Kupfer-Zink-Legierungen ähnlich. Im Gegensatz zu letzteren ist jedoch nach Straumanis und Weerts[1] die Umwandlung der β-Phase eine echte, mit Umkristallisation verbundene Phasenumwandlung, die zum Auftreten der bei niedriger Temperatur beständigen, durch größere Härte und geringere Gittersymmetrie gekennzeichneten hexagonalen ζ-Phase führt. Bei rascher Abkühlung der ungeordneten β-Mischphase entsteht die geordnete, noch kubisch raumzentrierte β'-Phase, die durch Anlassen in die stabile hexagonale ζ-Phase übergeht.

Die β-Umwandlung führt nach Guillet und Cournot[2] zu einer starken Verfestigung, die einen Härteanstieg von über 200% veranlassen kann. Außerdem sind mit ihrem Auftreten kennzeichnende Farbänderungen verbunden, die zuerst von Heycock und Neville[3], später auch von anderen, beobachtet und näher beschrieben wurden[4]. Ungefärbte bzw. schwach gefärbte Legierungen werden nach dem Abschrecken von über etwa 300° rot. Die rote Farbe ist danach der metastabilen β'-Phase eigen und verschwindet beim Übergang in die stabile ζ-Phase.

Die Umwandlungstemperatur bestimmten Owen und Edmunds[5], die auch die Struktur der ζ-Phase untersuchten. Nach Härte- und Widerstandsmessungen von Weerts[6] vollzieht sich die Bildung der ζ-Phase aus der geordneten β'-Phase durch Wachstum bei konstanter Kernzahl und konstanter, linearer Wachstumsgeschwindigkeit.

Der Elastizitätsmodul der abgeschreckten, im β'-Zustand befindlichen Legierung fällt nach Köster[7] bis zu 140° kontinuierlich, springt durch den Übergang in die ζ-Phase bei dieser Temperatur auf den Elastizitätsmodul der letzteren, um bei weiterem Steigen der Temperatur wieder kontinuierlich zu fallen, bis zwischen 260 und 285°, dem Umwandlungsgebiet ζ/β, ein Steilabfall des Elastizitätsmoduls von 8700 auf 3900 kg/mm² eintritt. Die Dämpfung geht bei der β'/ζ-Umwandlung durch einen Höchstwert. Im Gebiet der Phasen Ag_8Zn_5 und $AgZn_3$ ist der Temperaturgang der Kurven des Elastizitätsmoduls kontinuierlich, ohne Andeutungen von Zustandsänderungen.

Die Bildungswärmen der Silber-Zink-Legierungen liegen auf zwei Geraden, die sich bei 60 At.-% Zn schneiden. Das Maximum der Bildungswärme mit 1,9 kcal/g At. tritt also bei einem Atomverhältnis von 2 Ag:3 Zn auf[8].

[1] Straumanis, M. u. J. Weerts: Metallwirtsch. **10**, 919 (1931).
[2] Guillet, L. u. J. Cournot: C. R. Acad. Sci., Paris **182**, 606 (1926).
[3] Heycock, C. T. u. F. H. Neville: J. chem. Soc., Lond. **1**, 383 (1897).
[4] Guillet, L., A. Petit u. J. Cournot: Rev. Métall. **29**, 113 (1932). — Puschin, N.: J. Russ. phys.-chem. Soc. **39**, 353 (1907).
[5] Owen, E. A. u. J. G. Edmunds: J. Inst. Met. **63**, 265, 279 (1938).
[6] Weerts, J.: Z. Metallkde. **24**, 265 (1932).
[7] Köster, W.: Z. Metallkde. **32**, 151 (1940).
[8] Samson-Himmelstjerna, H. O. von: Z. Metallkde. **28**, 197 (1936).

Versuche über die Ausscheidung der α-Mischkristalle aus der β-Phase stellte Smith[1] an, der dabei die Beziehungen der Anordnung der α-Kristallite zur Lage der ursprünglichen β-Mischphase beobachtete.

Der spezifische Widerstand des Silbers steigt durch Zink rascher an als durch Kadmium, aber weit langsamer als durch Mangan, Aluminium, Zinn und Antimon[2].

Die atomare Widerstandserhöhung des Zinks durch Silber ist nach Way[3] höher als die durch Kupfer und Kadmium, aber tiefer als die durch Gold, Nickel und Eisen. Petrenko[4] untersuchte die elektrischen Konstanten und die Härte sämtlicher Legierungen.

Während die silberreichen α-Mischkristalle ähnliche mechanische Eigenschaften haben wie das reine Silber (Abb. 66), ist die β-Phase spröde und unbearbeitbar. Auch die γ-Phase ist noch spröde, erst bei darüber hinaus steigendem Zinkgehalt nimmt die Verformbarkeit wieder zu.

Die diamagnetische Suszeptibilität der Legierungen mit 53 bis 65 At.-% Zn fällt nach Smith[5] in dem Zweiphasengebiet $\beta + \gamma$, beim Verschwinden der β-Kristalle beginnt sie zu steigen und erreicht an der Sättigungsgrenze der γ-Phase ihren Höchstwert. Mit dem Auftreten der δ-Kristalle nimmt sie wieder ab.

Der Zink-Dampfdruck ist auch in den silberreichen Legierungen der α-Phase noch verhältnismäßig hoch.

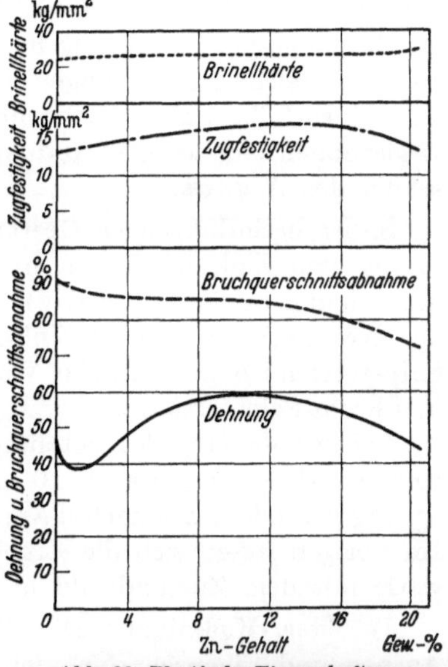

Abb. 66. Plastische Eigenschaften der α-Silber-Zink-Mischkristalle. (Nach Saeftel und Sachs.)

Schon bei den technisch gebräuchlichen Glühtemperaturen zur Erholung von den Folgen der Kaltbearbeitung, also 500 bis 700°, lassen sich die Verdampfungsverluste durch Wägung feststellen. Untersuchungen über Silbermembranen, die durch Verdampfen des Zinks aus Silber-Zink-Folien im Vakuum hergestellt waren, führten Read und Kilpatrick[6] durch.

Zink erhöht den Widerstand des Silbers gegen Schwefelwasserstoff und die sich davon ableitenden Schwefelverbindungen. Es wurde daher

[1] Smith, D. W.: Amer. Inst. min. metallurg. Engr., Inst. Met. Div. 104, 57 (1933).
[2] Hansen, M. u. G. Sachs: Z. Metallkde. 20, 151 (1928).
[3] Way, H. E.: Phys. Rev. [11] 50, 118 (1936).
[4] Petrenko, G. J.: Z. anorg. allg. Chem. 184, 376 (1929); 227, 415 (1936).
[5] Smith, C. S.: Physics 6, 47 (1935).
[6] Read, H. J. u. H. Kilpatrick: Trans. electrochem. Soc. 74, 341 (1938).

auch oft als Grundlage für die Herstellung schwer anlaufender Legierungen vorgeschlagen. Für eine erfolgreiche praktische Anwendung bleibt aber auch bei verhältnismäßig hohem Zinkgehalt die Anlaufbeständigkeit der Silber-Zink-Legierungen zu gering. Nach Price und Thomas[1] entsteht auf Silber-Zink-Legierungen in feuchter Atmosphäre eine Oxydschicht, die den Schutz bewirkt. Durch 20 bis 30 min langes Erhitzen auf 250° wird durch Verstärkung der Oxydschicht die Schutzwirkung gesteigert. Die oft auf zinkhaltigen Legierungen beobachtete schmutzigweiße Oxydschicht entsteht nach Price und Thomas durch Einwirkung von Schwefeldioxyd.

Bei langsamer Auflösung in verdünnter Salpetersäure verhalten sich die silberreichen Legierungen im Gebiet der α-Mischkristalle ähnlich wie reines Silber; man beobachtet im Gegensatz zu den Silber-Kupfer-Legierungen eine längere Induktionsperiode vor dem eigentlichen Einsetzen des Angriffs.

Silber beeinflußt nach Centnerszwer und Straumanis[2] die Auflösung von Zink in Säuren nicht, wenn andere beschleunigende Verunreinigungen fehlen. Guillet, Petit und Cournot[3] beobachteten bei der Korrosion von Silber-Zink-Legierungen in Dämpfen von 30%iger Salpetersäure eine deutliche Verzögerung nach dem Ätzen der Proben in Chrom-Salpetersäure.

Bei der Messung des Potentials einer Kette $Zn/nH_2SO_4/Zn$-Ag-Legierung wurde stets zwischen 10 und 20 At.-% Ag ein starker Potentialsprung gefunden, der nach Tammann einer Resistenzgrenze entspricht. Im übrigen lassen sich die Ergebnisse der Potentialmessungen nur teilweise mit dem Zustandsbild in Einklang bringen[4].

d) Silber-Kadmium. Die Silber-Kadmium-Legierungen haben in Aufbau und Eigenschaften viel Ähnlichkeit mit den Silber-Zink-Legierungen. Auch bei ihnen haben die heute noch nicht in allen Einzelheiten aufgeklärten Umwandlungen der β-Phase besonderes theoretisches Interesse. Bei der β-Umwandlung der Silber-Kadmium-Legierungen liegt insofern ein Sonderfall vor, als zwischen den bei hoher und tiefer Temperatur bestehenden Phasen mit kubisch raumzentriertem Gitter eine hexagonale Phase auftritt[5]. Auch bei dieser Umwandlung lassen sich rot bzw. rosa gefärbte Zustände beobachten, die zuerst Rose[6] an Proben, die über 420° abgeschreckt wurden, beobachtete. Nach Fraenkel

---

[1] Price, L. E. u. H. J. Thomas: J. Inst. Met. **63**, 29 (1938).

[2] Centnerszwer, M. u. M. Straumanis: Z. phys. Chem. Abt. A **156**, 23 (1931).

[3] Vgl. Fußnote 4, S. 134.

[4] Kremann, R.: Elektrochemische Metallkunde, S. 107. Berlin 1921. — Petrenko, G. J. u. E. E. Tscherkaschin: Z. Elektrochem. **42**, 398 (1936). — Tammann, G. u. H. Warentrup: Z. anorg. allg. Chem. **230**, 41 (1936).

[5] Vgl. M. Hansen: Der Aufbau der Zweistofflegierungen, S. 17 21. Berlin 1936.

[6] Rose, M.: Proc. roy. Soc., Sond. [A] **74**, 218 (1905).

und Wolf[1] ist die Farbe langsam gekühlter Legierungen so charakteristisch, daß man aus ihr bei einiger Übung die Konzentration schätzen kann. Die Farbe des Silbers wird durch Kadmiumzusatz deutlich gelber, sie ändert sich rascher als bei Zinkzusatz. Zwischen etwa 40 und 60% Cd liegen die tief gelb oder rosa gefärbten Legierungen. Bei höherem Kadmiumgehalt verschwindet die Farbe wieder und geht über blaugrau nach grauweiß über[2]. Den Einfluß der β-Umwandlung auf den elektrischen Widerstand, die thermische Ausdehnung und die Dichte untersuchten Fraenkel und Wolf.

Guillet und Cournot[3] stellten bei der β-Umwandlung eine deutliche Aushärtung fest. Nach Fraenkel und Wolf sind oberhalb 430° die Legierungen sehr weich, nach dem Abschrecken von 500° streuen die Härtewerte stark und erreichen nur die Härte der bei 180° getemperten Proben, die bei etwa 60—70 kg/mm² liegt.

Köster[4] beobachtete bei den Umwandlungen $\beta' \to \zeta$ und $\zeta \to \beta$, ähnlich wie bei den entsprechenden Umwandlungen der Silber-Zink-Legierungen, sprunghafte Änderungen des Elastizitätsmoduls. Im Gebiet der γ (Ag-Cd)-Phase liegen im Temperaturgang des Elastizitätsmoduls Andeutungen für das Auftreten einer Überstrukturphase vor.

Hume-Rothery und Reynolds[5] führten Präzisionsmessungen über den Verlauf der Liquiduskurve der α-Silber-Kadmium-Legierungen durch und bestimmten gleichzeitig die durch das unvermeidliche Verdampfen von Kadmium bei der Thermoanalyse verursachte Erhöhung des Erstarrungspunktes, um die von Hume-Rothery aufgestellte Regel nachzuprüfen, nach der der Erstarrungspunkt einfacher Mischkristalllegierungen bei gleicher äquivalenter Zusammensetzung[6] gleich ist. Gleiche Messungen an Legierungen des Silbers mit Indium, Zinn und Antimon führten zu dem Ergebnis, daß die Erstarrungspunkte von kadmium- und indiumhaltigen Legierungen äquivalenter Zusammensetzung identisch sind, während die von zinn- und antimonhaltigen Legierungen etwas höher, aber ebenfalls auf einer Geraden liegen.

Weibke[7] errechnete aus Potentialmessungen von Ölander die Bildungswärme der Silber-Kadmium-Legierungen und erhielt dabei die in Abb. 67 angegebenen Werte. Der Höchstwert der Bildungswärme

---

[1] Fraenkel, W. u. A. Wolf: Z. anorg. allg. Chem. 189, 154 (1930).

[2] Schreiner, E.: Z. anorg. allg. Chem. 125, 173 (1922). — Fraenkel, W. u. A. Wolf: Vgl. Fußnote 1, S. 137. — Guillet, Petit u. Cournot: Vgl. Fußnote 4, S. 134.

[3] Guillet, L. u. J. Cournot: Vgl. Fußnote 2, S. 134.

[4] Vgl. Fußnote 7, S. 134.

[5] Hume-Rothery, W. u. P. W. Reynolds: Proc. roy. Soc., Lond. [A] 160, 282 (1937).

[6] Unter äquivalenter Zusammensetzung ist das Produkt aus Atomprozent und Valenz zu verstehen.

[7] Weibke, F.: Z. Metallkde. 29, 82 (1937).

von 1,46 kcal/g-At. wird bei etwa 60 At.-% Cd von der an Kadmium gesättigten γ-Phase erreicht, die demnach die höchste Beständigkeit aufweist. Die Umwandlungswärme $\gamma \to \delta$ beträgt etwa 0,09 kcal. Der Gesamtverlauf der Kurve der Bildungswärme der Silber-Kadmium-Legierungen ist ähnlich dem von Samson-Himmelstjerna experimentell festgestellten der Silber-Zink-Legierungen.

Die gesättigten γ-Kristalle weisen ein Maximum der diamagnetischen Suszeptibilität auf, wie auch andere Legierungen vom Typ des γ-Messings[1].

Wie das Zink, so ist auch das Kadmium auf die plastischen Eigenschaften des Silbers ohne stärkeren Einfluß, solange die Sättigungsgrenze der α-Kristalle nicht erreicht wird. Nach Sterner-Rainer[2] ist die Zugfestigkeit bei 20% Cd erst 20,8 kg/mm². Noch bei 40% Cd ist die Dehnung gegenüber der des reinen Silbers nur unwesentlich herabgesetzt. Legierungen mit Kadmiumgehalten zwischen etwa 50 und 70% sind spröde.

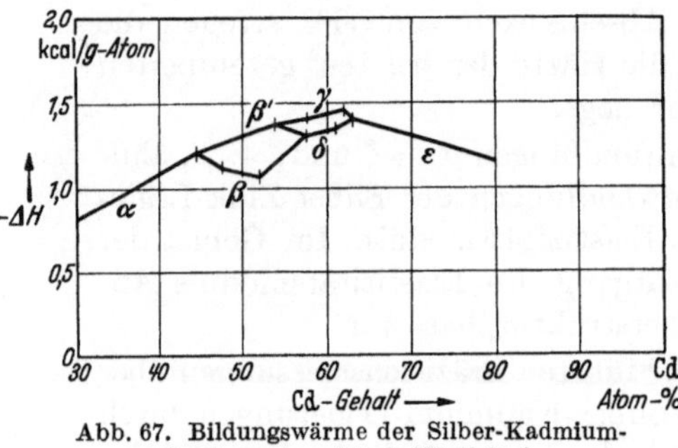

Abb. 67. Bildungswärme der Silber-Kadmium-Legierungen. (Nach Weibke.)

Ein Zusatz von 5% Ag zu Kadmium hat für Weichlote an Stelle von Blei-Zinn Verwendung gefunden. Das Kadmium-Silber-Lot ist letzterem durch höhere Festigkeit bei Zimmertemperatur und bei erhöhter Temperatur überlegen.

Auch das chemische Verhalten der Silber-Kadmium-Legierungen ist dem der Silber-Zink-Legierungen ähnlich. Die Anlaufgeschwindigkeit des Silbers bei der Einwirkung von Schwefelwasserstoff und Sulfiden bei Raumtemperatur fällt mit steigendem Kadmiumgehalt.

Fischbeck[3] beobachtete jedoch in Schwefeldampf bei 100° und in Anilin-Schwefel-Lösung keine Erhöhung der Anlaufbeständigkeit bei Legierungen mit bis zu 30% Cd, bei dieser Grenze trat aber eine Resistenzgrenze auf. Alle Legierungen, die über 30% Cd enthielten, blieben anlauffrei. Zahlreiche Versuche zur Herstellung anlaufbeständiger Legierungen oder galvanischer Niederschläge auf Silber-Kadmium-Grundlage blieben ohne ausreichenden Erfolg.

Beim Angriff der Silber-Kadmium-Mischkristalle durch verdünnte Salpetersäure beobachtet man eine Induktionsperiode, die ähnlich der bei Silber-Zink-Legierungen ist.

---

[1] Smith, C. S.: Vgl. Fußnote 5, S. 135.

[2] Sterner-Rainer, L.: Die Edelmetallegierungen in Industrie und Gewerbe, S. 86. Leipzig 1930.

[3] Fischbeck, K.: Z. Elektrochem. 37, 597 (1931).

In der Spannungskonzentrationskurve für hohe Temperaturen treten, wie Abb. 68 für 400° zeigt, die zweiphasigen Mischungslücken als Horizontalverlauf auf, während sich in den Mischkristallreihen das Potential ändert. Bei Zimmertemperatur beobachtet man dagegen an den Phasengrenzen Potentialsprünge, wohingegen in den Mischkristallreihen das Potential konstant bleibt.

e) Silber-Quecksilber. Die physikalischen und chemischen Eigenschaften der binären Silberamalgame wurden nur wenig bestimmt. Dazu

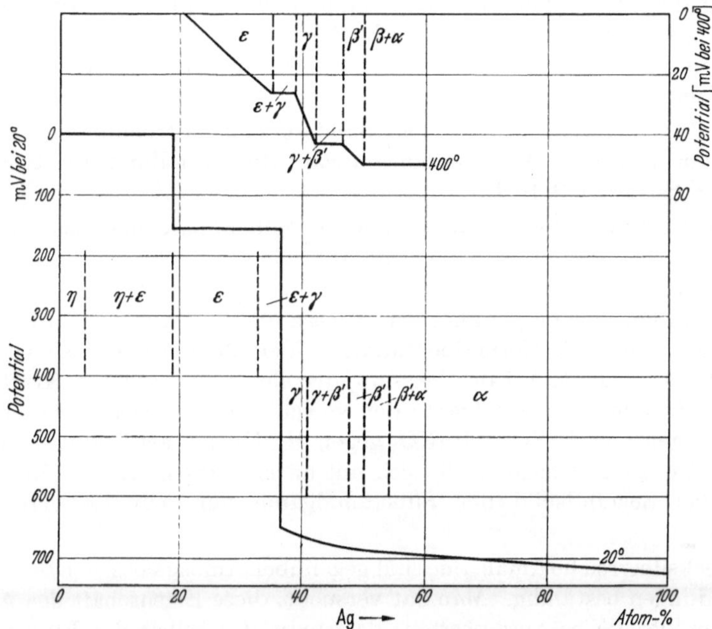

Abb. 68. Potentialkurven der Silber-Kadmium-Legierungen. (Nach Tammann.)

sind die Messungen noch teilweise älteren Datums und ihre Ergebnisse unsicher.

Die Löslichkeit des Silbers in flüssigem Quecksilber ist verhältnismäßig klein, sie steigt zwischen 14 und 213° von 0,04 auf 1,06%.

Die Zunahme der elektrischen Leitfähigkeit des Quecksilbers durch Silbergehalte bis zu 1% maßen Matthiessen und Vogt[1]. Weber[2] ermittelte die Leitfähigkeit und die thermoelektrische Kraft bei höheren Silberkonzentrationen. Auf der Silberseite führten Parravano und Jovanovich[3] Leitfähigkeitsmessungen an Legierungen mit 0 bis 14% Hg

[1] Matthiessen, A. u. C. Vogt: Pogg. Ann. **116**, 369 (1862).
[2] Weber, L.: Ann. Phys., Lpz. **23**, 470 (1884).
[3] Parravano, N. u. P. Jovanovich: Gazz. Chim. ital. **49 I**, 6 (1919).

durch. Johns und Evans[1] fanden für ein verdünntes Amalgam mit 0,186% Ag einen mit dem Temperaturunterschied steigenden Temperaturkoeffizienten der Leitfähigkeit.

Die Kontraktion bei der Bildung der Amalgame steigt nach Maly[2] mit wachsendem Silbergehalt an und erreicht bei einem Atomverhältnis von 1 : 1 ihr Maximum.

Loebich[3] beobachtete die in Kohlendioxyd bei bestimmter Temperatur verdampfte Quecksilbermenge und ermittelte so die Zusammensetzung der festen Phasen. Die bei höherer Temperatur vorhandene feste Phase mit 60% Ag ist durch eine starke Neigung zur Kristallisation in Form von wohlausgebildeten Sphärolithen bei der Erstarrung gekennzeichnet.

In flüssigen Silberamalgamen wandert beim Stromdurchgang das Silber zur Kathode; die Überführungszahl dividiert durch die Konzentration[4] beträgt $4,0 \cdot 10^{-4}$.

Für elektrochemische Messungen an Silberamalgamen ist wichtig, daß schon bei Raumtemperatur die Diffusion stark ist, so daß an der Oberfläche durch ungleichmäßige Auflösung entstandene Konzentrationsunterschiede gegenüber dem Innern ausgeglichen werden können. Weiterhin liegen die Normalpotentiale beider Metalle nahe beieinander. Reinders[5] gelangte bei der Messung der elektromotorischen Kraft von Ketten, in denen er Amalgame der verschiedensten Zusammensetzung in Lösungen von $AgNO_3 + HgNO_3$ gegen $Hg/HgNO_3$ als Bezugselektrode verwandte, zu Ergebnissen, die sich mit unserer gegenwärtigen Kenntnis über das Zustandsbild der Silberamalgame nur teilweise vereinigen lassen.

Quecksilberreiche Amalgame sind gegenüber atmosphärischen Schwefelverbindungen beständig. Man hat versucht, diese Eigenschaft des Amalgams in der Weise auszuwerten, daß man das Silber der Einwirkung von Quecksilberdämpfen bei 150° aussetzte. Durch die Amalgambildung an der Oberfläche wird das Silber aber mattgrau. Außerdem wird durch Diffusion des Quecksilbers ins Innere die Quecksilberkonzentration an der Oberfläche bald verringert und die Schutzwirkung läßt nach.

Nur wenig Silberamalgam findet heute noch zur Feuerversilberung Verwendung, die wie die Feuervergoldung durch Aufreiben des Amalgams auf den zu versilbernden Gegenstand und Verdampfen des Quecksilbers bei erhöhter Temperatur hergestellt wird. Technisch wichtiger ist die Amalgamierung bei der Silbergewinnung.

[1] Johns, A. L. u. E. J. Evans: Phil. Mag. [7] 5, 280 (1928).
[2] Maly, E.: Z. phys. Chem. 50, 209 (1905).
[3] Loebich, O.: J. Inst. Met. 46, 532 (1931).
[4] Schwarz, K.: Mh. Chem. 66, 218 (1935).
[5] Reinders, W.: Z. phys. Chem. 54, 623 (1906).

3. Legierungen des Silbers mit Metallen der 3. Gruppe des periodischen Systems.

Legierungen des Silbers mit Metallen der 3. Gruppe des periodischen Systems erlangten bis heute keine Bedeutung. Über die Eigenschaften der Legierungen liegen im allgemeinen nur Einzelbeobachtungen vor, selbst die Zustandsbilder sind teilweise noch unbekannt.

Besonderer Aufmerksamkeit begegneten nur die Legierungen mit Aluminium und in letzter Zeit auch die mit Indium.

a) Silber-Aluminium. Von den Silber-Aluminium-Legierungen sind technisch interessant die silberreiche und die aluminiumreiche Grenzphase. Bei den anderen Legierungen treten intermetallische Verbindungen und komplizierte Umwandlungen im festen Zustande auf. Alle diese Legierungen sind durchweg spröde und nicht oder nur wenig verformbar. Die physikalischen Eigenschaften in diesem Konzentrationsgebiet wurden aber wegen des Interesses, das sie für die Aufklärung des Zustandsbildes bieten, teilweise untersucht.

Kawakami[1] bestimmte die Mischungswärme von flüssigem Silber und Aluminium; bei 70 At.-% Ag beobachtete er einen Höchstwert von 1,00 kcal je g At. Ag. Broniewski[2] maß die thermoelektrische Kraft und die Leitfähigkeit, den Temperaturkoeffizienten des Widerstandes und das Potential sämtlicher Legierungen. Seine Kurven deuten das Vorhandensein der Verbindungen Al_2Ag_3 und $AlAg_3$ an. Die Umwandlungen im Gebiet der β-Phase führen zu einem starken Härteanstieg. Ageew und Shoyket[3] beobachteten z. B. bei der Legierung mit 8,43% Al nach langsamer Abkühlung eine mehr als dreimal so hohe Härte wie nach dem Abschrecken von 500°.

Aushärtungserscheinungen, ähnlich denen der Aluminium-Kupfer-Legierungen, treten auf der Aluminiumseite im Gebiet der aluminiumreichen Grenzmischkristalle auf, die bei der eutektischen Temperatur 48% Ag, bei 200° nur noch 0,25% Ag lösen[4]. Da aber die Anfangshärte nicht unerheblich tiefer liegt, bleibt auch im ausgehärteten Zustand die Festigkeit geringer als bei Aluminium-Kupfer-Legierungen. Die Kaltaushärtung ist gering. Bei einer Alterungstemperatur von 130° wird bei der Legierung mit 9,1% Ag nach $3^{1}/_{2}$ Tagen die Höchsthärte durchlaufen, bei 180° tritt nach 12 Stunden schon Erweichung ein.

Während der Aushärtung konnten L. und L. Guillet[5] wie Wassermann[6] bei Aluminium-Kupfer-Legierungen röntgenographisch nur das

---

[1] Vgl. Fußnote 4, S. 133.
[2] Broniewski, W.: Ann. Chim. Phys. **25**, 80 (1912).
[3] Ageew, N. u. D. Shoyket: J. Inst. Met. **52**, 119 (1933).
[4] Kroll, W.: Metall u. Erz **23**, 555 (1926).
[5] Guillet, L. u. L.: C. R. Acad. Sci., Paris **209**, 79 (1939).
[6] Wassermann, G.: Z. Metallkde. **30**, 62 (1938).

Auftreten des Zwischenzustandes feststellen. Erst nach Überschreiten der Höchsthärte änderten sich die Gitterparameter des übersättigten Mischkristalls.

Durch Zugabe von Magnesium und Mangan läßt sich die Anfangsfestigkeit steigern und damit auch die bei der Aushärtung erzielbare Endfestigkeit, ohne daß jedoch die Werte des Duralumins erreicht werden.

Die Gefügebildungen bei der Entmischung der aluminiumreichen Mischkristalle untersuchten Hansen[1] und Mehl und Barrett[2]. Letztere bestimmten auch die Orientierung der sich aus den aluminiumreichen δ-Mischkristallen ausscheidenden γ-Phase und ihr Verhältnis zur Orientierung der Ausgangskristalle.

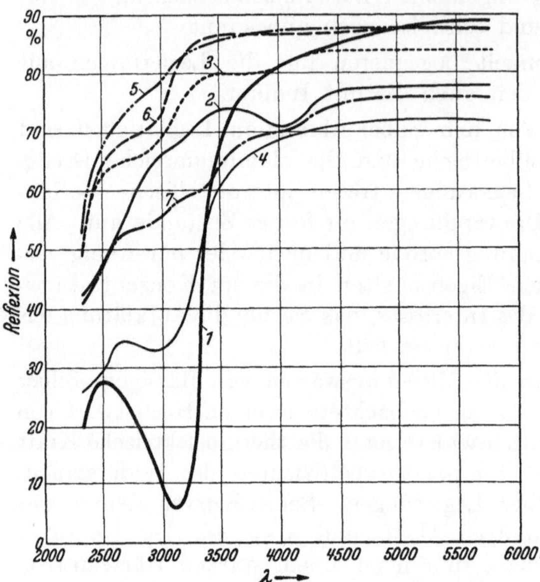

Abb. 69. Reflexion der Silber-Aluminium-Legierungen.
(Nach Wulff.)
Kurve 1 Ag; Kurve 2 Al; Kurve 3 6% Ag; Kurve 4 Ag₂Al;
Kurve 5 28% Ag; Kurve 6 10% Ag; Kurve 7 68% Ag.

Die paramagnetische Suszeptibilität des Aluminiums ändert sich durch Zugabe von 2% Ag nicht additiv, sondern liegt niedriger. Man beobachtet einen Wert[3] von $0{,}600 \cdot 10^{-6}$ für $\varkappa_\infty$ anstatt $0{,}641 \cdot 10^{-6}$.

Abb. 69 zeigt nach Messungen von Wulff[4], daß die Reflexion der silberreichen intermetallischen Verbindung Ag_2Al im sichtbaren Licht noch unter der des Aluminiums liegt. Bei aluminiumreicheren, eutektischen Legierungen, in denen aluminiumreiche Mischkristalle als primäre Kristallite auftreten, weist die Reflexionskurve einen ähnlichen Verlauf wie beim Aluminium auf. Die Absolutwerte liegen teilweise aber weit über denen des Aluminiums.

Im Gebiet der silberreichen Mischkristalle steigt die Verfestigung durch Aluminium stark. Die Härte erreicht bei der Sättigungsgrenze

[1] Hansen, M.: Z. Metallkde. 20, 217 (1928).
[2] Barrett, C. S. u. R. F. Mehl: Amer. Inst. min. mesallurg. Engr., Inst. Met. Div. 93, 78 (1931).
[3] Auer, H.: Z. Phys. 92, 283 (1934).
[4] Wulff, J.: J. opt. Soc. Amer. 24, 223 (1934).

etwa den doppelten Wert des reinen Silbers. Das Aluminium ist daher in Sonderfällen für die Herstellung harter Legierungen geeignet. Die Verformbarkeit ist bis zur Sättigungsgrenze des silberreichen Mischkristalls gut, bei höheren Aluminiumgehalten sinkt sie schnell. Die atomare Widerstandserhöhung des Silbers durch Aluminium liegt zwischen der durch Mangan und durch Zinn.

Die experimentell bestimmte Dichte der α-Mischkristalle liegt tiefer als die aus dem Gitterparameter berechnete. Kokubo[1] zeigte, daß dieser Unterschied, nicht, wie Phelps und Davey vermuteten, auf dem Vorhandensein von in Silber gelösten Ag_3Al-Molekülen beruht, sondern nur auf das Vorhandensein von Poren und von Aluminiumoxyd zurückzuführen ist.

Eine kritische Übersicht über die vorliegenden Potentialmessungen an Silber-Aluminium-Legierungen gibt Kremann[2].

Der Widerstand des Silbers gegen Anlaufen wird durch Aluminium nicht verbessert[3]. Im Dauerversuch in schwach aggressiver Wohnraumatmosphäre beobachtet man sogar eine viel geringere Anlaufbeständigkeit als bei reinem Silber, wie Reflexionskurven frisch polierter und gelagerter Legierungen erkennen lassen[4] (Abb. 64). Price und Thomas erhielten jedoch durch Aluminium in gleicher Weise anlaufbeständiges Silber wie durch Beryllium, wenn sie durch Glühen bei geringem Sauerstoffdruck eine zusammenhängende Aluminiumoxydschicht auf den Legierungen erzeugten. Die technische Anwendung eines solchen Verfahrens scheidet aber aus den gleichen Gründen wie bei berylliumhaltigen Legierungen aus.

Die Herstellung von Silber-Aluminium-Legierungen bietet keine besonderen Schwierigkeiten, wenn auch die Fernhaltung von Aluminiumoxyd nicht ganz leicht ist. Zur Erzielung einwandfreier Güsse ist das Schmelzen und Gießen im Vakuum nicht erforderlich. Da festes Silber etwa 5% Al löst, lassen sich die Legierungen ohne Schwierigkeit auf Hochglanz polieren, soweit keine Störungen durch eingelagertes Aluminiumoxyd eintreten, die Reflexion von Legierungen der α-Phase bleibt aber schon, besonders bei Annäherung an die Sättigungsgrenze, weit unter der des Silbers (Abb. 64).

Versuche über den Einfluß kleiner Silberzusätze zu Legierungen des Aluminiums wurden von dem American Silver Producers' Research Project angestellt. Danach steigert Silber deutlich die Härte von Aluminium-Silicium-Legierungen, auch nach dem Glühen. Die Sprödigkeit einer Legierung aus 80% Al und 20% Mg wird durch 5% Ag deutlich herabgesetzt.

---

[1] Kokubo, S.: Sci. Rep. Univ. Sendai [I] **23**, 45 (1934/35).

[2] Kremann, R.: Elektrochemische Metallkunde, S. 120. Berlin 1921.

[3] Jordan, L., L. H. Grenell u. A. K. Herschman: Techn. Pap. U. S. Bur. Stand. **21**, 458 (1926/27). — Price u. Thomas: Vgl. Fußnote 1, S. 136.

[4] Raub, E. u. M. Engel: Z. Metallkde. **31**, 339 (1939).

b) Silber-Indium[1]. Das Silber nimmt bis zu 20,4% Indium unter Mischkristallbildung auf. Der Schmelzpunkt sinkt bei der Grenzkonzentration des Mischkristalls auf 693°.

Die Verformbarkeit des Silbers wird durch Indium wenig beeinflußt, erst nach Erreichen der Sättigungsgrenze des silberreichen Mischkristalls beginnt sie stark zu sinken. Legierungen mit 25 und 30% In lassen sich nur noch wenig durch Hämmern und Walzen ohne Rißbildung bearbeiten, bei 40% In sind sie spröde. Nach Jarrett[2] steigt die Härte des Silbers mit dem Indiumgehalt bis zu 2% In an, fällt aber bei 4% In unter die des reinen Silbers. Härte und Leitfähigkeit der von 700° abgeschreckten Legierungen erleiden bei längerem Tempern zwischen 100 und 400° Änderungen, durch die die im abgeschreckten Zustand verschiedene Härte der Legierungen mit 1—4% In gleich wird. Die elektrische Leitfähigkeit abgeschreckter Legierungen steigt nach 20stündigem Tempern bei 400° schwach an.

Das Indium beeinflußt in Mengen bis zu 20% die Anlaufbeständigkeit des Silbers nicht deutlich. Die Löslichkeit des Silbers in kalter verdünnter Salpetersäure und heißer Essigsäure ändert sich durch Indium nur wenig, solange sein Gehalt nicht über 7,5% steigt. Bei höheren Indiumsätzen wächst sie deutlich an. Eine Legierung mit 20% In löst sich in 5%iger Essigsäure bei 90° etwa gleich schnell wie die Silber-Kupfer-Legierung mit 20% Cu.

Die Herstellung technisch brauchbarer, anlaufbeständiger Silber-Indium-Legierungsniederschläge auf galvanischem Wege gelingt nicht. Aus Zyanidlösungen lassen sich auf Silber durchsichtige, dünne Indiumschichten abscheiden, die bei hohem Anlaufwiderstand die Farbe und den Glanz des Silbers wenig verändern, aber infolge der außerordentlich geringen Härte des Indiums keinerlei Widerstand gegen mechanische Abnützung haben. Beim Erhitzen von galvanisch mit Indium überzogenem Silber bilden sich harte, graublaue, anlaufbeständige Legierungsschichten.

4. Legierungen des Silbers mit Metallen der 4. Gruppe des periodischen Systems.

a) Silber-Silizium. Silizium ist in festem Silber praktisch unlöslich, das Vorliegen eines Mischkristalls auf der Siliziumseite ist noch nicht sichergestellt. Bei 4,5% Si liegt das Eutektikum.

Das harte, spröde Silizium beeinflußt die mechanischen Eigenschaften des Silbers sehr stark. Bei klein bleibendem Siliziumgehalt ist die Verformbarkeit ohne Rißbildung jedoch noch gut. Bei der eutektischen

---

[1] Weibke, Fr. u. H. Eggers: Z. anorg. allg. Chem. **222**, 145 (1935). — Grey, D.: Trans. electrochem. Soc. **65**, 385 (1934). — Raub, E. u. A. Schall: Z. Metallkde. **30**, 149 (1938).

[2] Jarrett, I. G.: Metals & Alloys **7**, 229 (1936).

Legierung treten nach Walzgraden von 15—20% schon Risse auf, die sich von den Kanten bis zur Mitte ziehen[1].

Die spiegelnde Reflexion von poliertem Silber fällt durch Silizium außerordentlich stark. Schon bei einer Legierung mit 0,4% Si beobachtet man ein Sinken der Reflexion um über 10%, da das in dem Silber feinkörnig eingelagerte Silizium eine gleichmäßige Politur unmöglich macht (Abb. 64). Die Farbe des Silbers wird schon bei ziemlich kleinem Siliziumgehalt grau.

Die Anlaufbeständigkeit des Silbers steigt selbst durch höhere Siliziumzusätze nicht. Im Dauerversuch stellt man höchstens eine gewisse Verzögerung des Anlaufbeginns fest[2].

b) Silber-Zinn. Die Silber-Zinn-Legierungen bilden die Grundlage für die Herstellung der in der Zahnheilkunde wichtigen Amalgame. Der Silbergehalt der für die Amalgamation verwendeten Legierungen schwankt in verschiedenen Ländern, liegt aber in dem Zustandsfeld, in dem Ag_3Sn und Zinn nebeneinander auftreten (Abb. 70). Die verschiedenen Phasen im Gebiet der silberreichen Legierungen bedingen den komplizierten Verlauf der Eigenschafts-Konzentrations-Kurven der Legierungen mit mehr als 73% Ag (Abb. 70). Bei silberärmeren Legierungen ändern sich die Eigenschaften mit der Zusammensetzung regelmäßig, weichen aber in den meisten Fällen von der additiven Abhängigkeit deutlich ab[3].

Die Supraleitfähigkeit des Zinns bleibt bei allen Legierungen erhalten, in denen das Zinn als Phase auftritt. In einem weiten Konzentrationsgebiet ändert sich die Temperatur des Leitfähigkeitssprungs, abgesehen von einem schwachen Minimum bei der eutektischen Konzentration nur wenig[4]. Nähert sich die Zusammensetzung dem Atomverhältnis 3 Ag:1 Sn, so fällt sie stark. Das Ag_3Sn ist trotz eines starken Widerstandsabfalls bei 1° abs. noch nicht supraleitend[5].

Die atomare Mischungswärme von Silber und Zinn ist nach Kawakami positiv, sie durchläuft oberhalb 60% Ag einen Höchstwert.

Bei der Elektrolyse einer geschmolzenen Silber-Zinn-Legierung mit 25% Ag beobachteten Kremann und Bayer[6] eine geringe Entmischung, die zur Anreicherung von Silber an der Kathode führte.

Bis zum Ag_3Sn haben die Legierungen das Potential des reinen Zinns; beim Ag_3Sn tritt ein starker Potentialsprung auf, dem bei höherem

---

[1] Tammann, G. u. H. Hartmann: Z. Metallkde. **29**, 142 (1937).

[2] Raub, E. u. M. Engel: Vgl. Fußnote 1, S. 132.

[3] Der von J. F. Spencer und M. E. John [Proc. roy. Soc., Lond. [A] **116**, 61 (1927)] beobachtete sonderbare Verlauf der Suszeptibilität-Konzentrationskurve dürfte auf Versuchsfehlern beruhen.

[4] Allen, J. F.: Phil. Mag. [7] **16**, 1005 (1933).

[5] Haas, W. J. de, E. van Aubel u. J. Voogd: Comm. Leiden **1929**, Nr. 197.

[6] Kremann, R. u. K. Bayer: Sitzgsber. Wien, Math.-naturwiss. Kl., Abt. 2b, **134**, 649 (1925).

Silbergehalt (82 bis 83 At.-%) ein zweiter schwächerer folgt, der auf eine Resistenzgrenze der β-Phase hindeutet[1].

Silberreiche Legierungen lassen sich gut kalt verformen, solange die Grenze der homogenen Mischkristalle nicht überschritten wird. Die Verfestigung im Gebiet der α-Phase steigt mit fallendem Silbergehalt weit stärker als bei Zink und Kadmium.

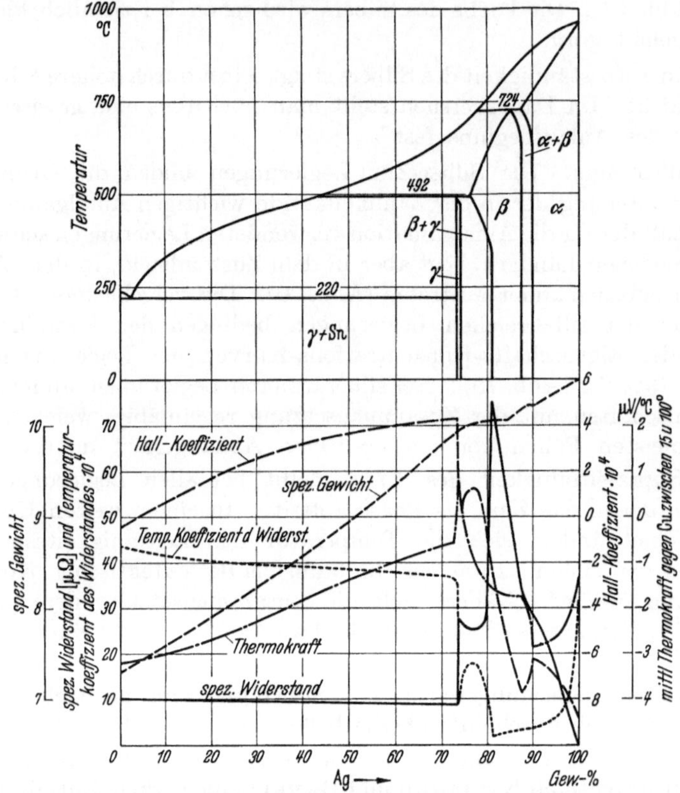

Abb. 70. Zustandsbild und Eigenschaften der Silber-Zinn-Legierungen. (Nach John und Evans.)

Bei der Herstellung der Silber-Zinn-Legierungen bereitet die starke Neigung zur Seigerung einige Schwierigkeiten. Silberreiche Legierungen, die durch Walzen oder Ziehen verformt werden sollen, müssen von Oxyd freigehalten werden, da Zinndioxyd, das leicht in den Gußstücken zurückgehalten wird, beim Walzen zu Schieferbruch führt.

Der Widerstand des Silbers gegen Anlaufen wird durch Zinn nicht deutlich beeinflußt. Price und Thomas erhielten bei einer Legierung mit 7,5% Sn eine gewisse Verbesserung der Anlaufbeständigkeit nach

---

[1] Puschin, N.: Vgl. Fußnote 4, S. 134.

dem Erhitzen auf 250° durch die dabei gebildete Zinndioxydschicht. Das Zinn soll in Schwefeldioxyd enthaltender Atmosphäre elektrochemische Korrosion hervorrufen.

Murphy[1] beobachtete, daß die Umwandlung von Zinn mit einem Reinheitsgrad von 99,98% durch geringe Silberzusätze stark verzögert wird, selbst wenn versucht wird, durch Zugabe von grauem Zinn die Keimbildung anzuregen.

Das Silber bewirkt in Zinn Kornverfeinerung, die am stärksten bei einem Silbergehalt von 0,015 bis 0,02% nach Bearbeitung und nachfolgender Rekristallisation bei Zimmertemperatur ist[2] und bei erhöhter Temperatur nur teilweise verloren geht. Geringe Silberzusätze rufen einen Anstieg der Zugfestigkeit des Zinns hervor, der etwa 50% des Wertes von reinem Zinn erreicht. Durch Abschrecken von 210° ist ein starker Anstieg der Zugfestigkeit zu erreichen, der bei 0,2% Ag 250% beträgt, nach längerem Lagern bei Zimmertemperatur jedoch wieder verschwindet.

Die eutektische Legierung (3,5% Ag), deren Zugfestigkeit mehr als doppelt so hoch liegt wie die silberärmerer Legierungen, ändert ihre Festigkeit nach längerem Lagern bei Zimmertemperatur nicht, bei 100° nur wenig; nach 3stündigem Erhitzen auf 210° nimmt die Festigkeit stark ab. Beim Abschrecken von 210° behält sie jedoch ihren ursprünglichen Wert.

Hargreaves[3] und Hills untersuchten die beim Verformen des Silber-Zinn-Eutektikums auftretende Erweichung. Hanson und Sandford[4] stellten in Langzeit-Kriechversuchen fest, daß Silber in Mengen bis zu 3,5% den Widerstand des Zinns gegen Kriechen sehr stark steigert.

c) **Silber-Blei.** Die Silber-Blei-Legierungen kristallisieren unter Bildung eines Eutektikums, das 97,5% Pb enthält. Die Löslichkeit des Silbers in Blei ist sehr gering. Die Löslichkeit des Bleis in Silber ist offenbar wesentlich größer[5]. Dem Zustandsbild entsprechend ist die Mischungswärme negativ[6], nach von Samson-Himmelstjerna[7] erreicht sie bei 500° einen Höchstwert von — 0,8 kcal/g-At. bei etwa 70 At.-% Pb.

Die Kristallisationsgeschwindigkeit des Bleis wird durch geringe Silberzusätze herabgesetzt[8] und auch die Rekristallisation nach geringer Verformung stark verzögert. Die Diffusionskonstante von Silber in

---

[1] Murphy, A. J.: J. Inst. Met. **35**, 119 (1926).

[2] Hanson, D., E. J. Sandford u. H. Stevens: J. Inst. Met. **55**, 115 (1934).

[3] Hargreaves, F. u. R. J. Hills: J. Inst. Met. **41**, 257 (1929).

[4] Hanson, D. u. E. J. Sandford: J. Inst. Met. **59**, 159 (1936).

[5] Literatur s. M. Hansen: Der Aufbau der Zweistofflegierungen, S. 46. Berlin 1936.

[6] Kawakami, M.: Vgl. Fußnote 4, S. 133.

[7] Samson-Himmelstjerna, H. O. von: Z. Metallkde. **28**, 197 (1936).

[8] Jenckel, E.: Z. Metallkde. **30**, 396 (1938).

Blei steigt zwischen 220 und 285° von $0{,}13 \cdot 10^{-2}$ auf $0{,}79 \cdot 10^{-2}$ cm²/Tag und bleibt deutlich unter dem Diffusionswert des Goldes[1].

Bei der Elektrolyse geschmolzener Silber-Blei-Legierungen tritt eine Anreicherung von Silber an der Kathode ein[2].

Die Dichte und Leitfähigkeit ändern sich nahezu additiv mit der Zusammensetzung[3], ebenso verhält sich auch die magnetische Suszeptibilität[4].

Silber-Blei-Legierungen sind noch bei einem Bleigehalt von 10% supraleitend. Allen[5] beobachtete einen Höchstwert des Restwiderstandes bei einer Legierung mit etwa 6% Pb, durch den die Sättigungsgrenze des silberreichen Mischkristalls angedeutet wird.

Die Brinellhärte steigt mit dem Silbergehalt nur langsam und erreicht nach Yoldi[6] bei 75% Ag erst einen Wert von 18,6 kg/mm². Kaltverformung bis zu 81% ruft bei der eutektischen Legierung keine deutliche Änderung der Härte hervor[7]. Nach Greenwood[8] erhöhen geringe Silberzusätze die Bruchfestigkeit des Bleis stark[9].

Lötungen mit einer Silber-Blei-Legierung, die 5% Ag enthält, sind nach Versuchen, die vom American Silve: Producers' Research Project angestellt wurden, unter Umständen den gewöhnlichen Zinn-Blei-Lötungen überlegen.

Silberreiche Legierungen mit 3 bis 4% Pb bilden nach Dayton[10] ein ausgezeichnetes Lagermetall für hochbeanspruchte Lager im Flugzeugbau, das der Blei-Bronze überlegen ist. Nach Faust und Thomas[11] wird die Silber-Blei-Legierung zweckmäßig galvanisch auf den Lagerschalen abgeschieden.

Von den chemischen Eigenschaften der Silber-Blei-Legierungen ist das Verhalten beim oxydierenden Schmelzen für die Verhüttung des Silbers

---

[1] Hevesy, G. v. u. W. Seith: Z. Elektrochem. **37**, 528 (1931). — Seith, W. u. J. G. Baird: Z. Metallkde. **24**, 193 (1932). — Seith, W. u. A. Keil: Z. phys. Chem. Abt. B **22**, 350 (1933).

[2] Kremann, R. u. B. Korth u. E. I. Schwarz: Sitzgsber. Wien, Math.-natur-wiss. Kl., Abt. 2a **139**, 286 (1930). — Kremann, R. u. K. Bayer: Sitzgsber. Wien, Math.- naturwiss. Kl., Abt. 2b, **134**, 649 (1925).

[3] Matthiessen, A.: Pogg. Ann. **110**, 36, 212 (1860).

[4] Montgomery, C. G. u. W. H. Ross: Phys. Rev. **43**, 358 (1933).

[5] Allen, J. F.: Phil. Mag. [7] **16**, 1005 (1938).

[6] Yoldi, F.: Ann. Soc. espan. fis. quim. **28**, 1055 (1930).

[7] Hargreaves, F. u. R. J. Hills: J. Inst. Met. **51**, 257 (1929).

[8] Greenwood, J. N.: Chem. Engr. Min. Rev. **28**, 384 (1936). Ref. Chm. Zbl. **1936 II**, 3720.

[9] Härtbare Bleilegierungen erhielten B. Garre u. F. Vollmert [Z. anorg. allg. Chem. **210**, 77 (1933)] durch Zusatz geringer Mengen von Ag_3Sn, $AgCd_4$ und Ag_2Cd_3 zu Blei. Diese Legierungen wiesen nach dem Abschrecken von 250° eine deutlich höhere Härte auf als nach langsamer Abkühlung.

[10] Dayton, R. W.: Eighth Prog. Rep. Amer. Silver Producers' Res. Project 1939. — Metals & Alloys **9**, 323 (1938).

[11] Faust, C. L. u. B. Thomas: Trans. electrochem. Soc. **75**, 185 (1939).

und für die dokimastische Silberprobe gleich wichtig. Es liegen hierüber und über den Einfluß der übrigen Edelmetalle auf diese Vorgänge eingehende Angaben in dem Schrifttum über die Probierkunde vor. Der Widerstand des Silbers gegen Anlaufen wird durch Blei erniedrigt. Nach Potentialmessungen von Laurie[1] und Puschin[2] weisen die Legierungen bis über 90% Ag das Potential des Bleis auf. Die Wasserstoffüberspannung bleibt an Silber-Blei-Elektroden nach Raeder und Brun[3] bis zu etwa 50 At.-% Ag gleich der des Bleis, steigt dann bis zu 88 At.-% Ag an, um mit weiter wachsendem Silbergehalt auf den Wert des reinen Silbers abzufallen.

Silberhaltiges Blei dient als Anode für die Herstellung von reinem Elektrolytzink nach dem Tainton-Verfahren. Verwendet man bei der Elektrolyse an Stelle von Reinbleianoden solche aus einer 1% Ag enthaltenden Legierung, so gelingt es, den Bleigehalt des kathodisch abgeschiedenen Zinks stark zurückzudrängen.

Rey, Coheur und Herbiet[4] fanden bei der Prüfung der anodischen Löslichkeit von reinem und von silberhaltigem Blei in schwefelsaurer Zinksulfatlösung, daß die Blei-Silber-Elektrode nur anfänglich eine geringe Auflösung zeigt, die bald zum Stillstand kommt. Bei reinen Bleianoden läßt der zu Beginn der Elektrolyse sehr starke Angriff zwar auch allmählich nach, hört aber nicht auf. Auch als Anode im Chrombad soll Hart- oder Weichblei nach Silberzusatz weniger angegriffen werden. Die Korrosion und Deckschichtenbildung von Blei-Silberanoden bei der Elektrolyse von Alkalichloriden verfolgten Rabinovitsch und Rubantchik[5].

5. Legierungen des Silbers mit Metallen der 5. Gruppe des periodischen Systems.

Von den Legierungen des Silbers mit Metallen der 5. Gruppe des periodischen Systems seien nur die mit Antimon und Wismut erwähnt. Am besten unterrichtet sind wir über die Eigenschaften der Silber-Antimon-Legierungen. Technische Bedeutung erlangten weder die Legierungen mit Antimon noch die mit Wismut.

a) Silber-Antimon. Das Zustandsbild der Silber-Antimon-Legierungen gleicht in seinem Aufbau dem der Silber-Zinn-Legierungen. Das rombisch kristallisierende Ag_3Sb erleidet nach Weibke und Efinger[6] eine Umwandlung, die sich bei 440 bis 449° vollzieht und wahrscheinlich in einem Ordnungsvorgang besteht. Die Umwandlung ließ sich besonders

---

[1] Laurie, A. P.: J. chem. Soc., Lond. **65**, 1037 (1894).

[2] Puschin, N.: J. Russ. phys.-chem. Ges. **39**, 901 (1907).

[3] Raeder, M. G. u. J. Brun: Z. phys. Chem. **133**, 25 (1928).

[4] Rey, M., P. Coheur u. H. Herbiet: Trans. electrochem. Soc. **73**, 315 (1938).

[5] Rabinovitsch, M. A. u. A. S. Rubantchik: J. Chim. Ukraine **6**, 245 (1931). Ref. J. Inst. Met., Met. Abstr. **53**, 78 (1933).

[6] Weibke, F. u. J. Efinger: Z. Elektrochem. **46**, 53, 61 (1940).

durch Potentialmessungen bei höherer Temperatur nachweisen. Aus dem Zustandsbild läßt sich auch der Verlauf der Eigenschaft-Konzentrationskurven erklären[1] (Abb. 71). Zwischen 0 und 75 At.-% Sb verlaufen diese fast linear, nur die eutektische Konzentration prägt sich bei einigen Eigenschaften als deutlicher Knick aus. Die Verbindung Ag_3Sb tritt sogar in der Dichtekurve durch eine deutliche Diskontinuität hervor. Die Wasserstoffüberspannung an Ag_3Sb ist aber nicht merklich verschieden von der an reinem Antimon, während sich die Phasengrenzen der silberreichen Legierungen durch Unterschiede in der Wasserstoffüberspannung erkennen lassen[2]. Der experimentell bestimmte Elastizitätsmodul des Ag_3Sb entspricht mit einem Wert von 6000 kg/mm² dem aus der Mischungsregel berechneten[3].

Die Mischungswärme von flüssigem Antimon und Silber ist positiv und zeigt bei gleichen Atomverhältnissen den gleichen Verlauf wie bei Silber-Zinn-Legierungen[4].

Die Entmischung bei der Elektrolyse einer geschmolzenen Legierung mit 50 At.-% Sb ist gering, läßt aber ebenfalls eine deutliche Anreicherung des Silbers an der Kathode erkennen[5].

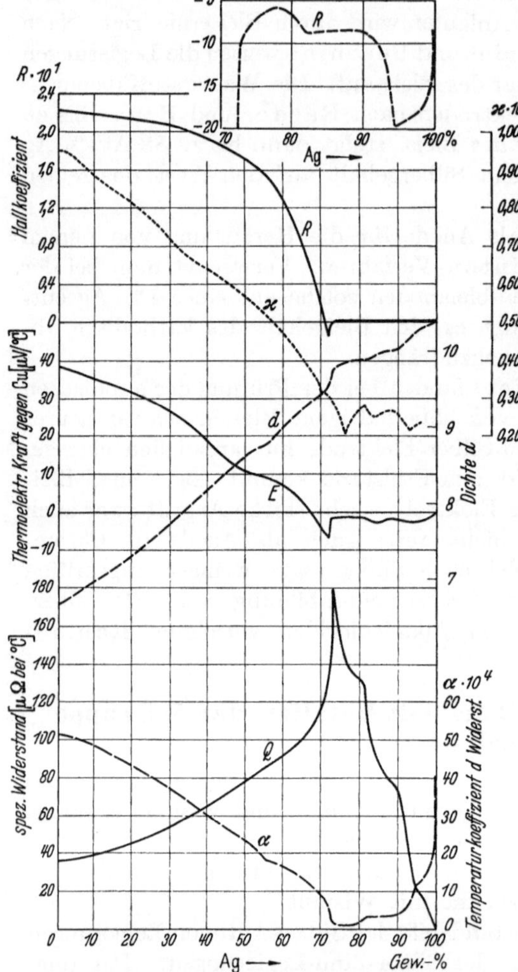

Abb. 71. Physikalische Eigenschaften der Silber-Antimon-Legierungen. (Nach John, Stephens und Evans.)

[1] Evans, E. J. u. Mitarbeiter: Phil. Mag. [7] **22 II**, 417, 435 (1936).

[2] Raeder, M. G. u. J. Brun: Z. phys. Chem. Abt. A **133**, 28 (1928). — Raeder, M. G.: Z. phys. Chem. Abt. B **6**, 40 (1929).

[3] Portevin, A. u. L. Guillet: C. R. Acad. Sci., Paris **203**, II, 237 (1936).

[4] Kawakami, M.: Vgl. Fußnote 4, S. **133**.

[5] Kremann, R. u. K. Bayer: Vgl. Fußnote 6, S. 145.

Die silberreichen α-Mischkristalle sind noch befriedigend verformbar. Die Verfestigung des Silbers durch Antimon ist geringer als die durch Aluminium. Nach Sterner-Rainer liegt die Zugfestigkeit einer Legierung mit 6,5% Sb bei 25,6 kg/mm², die Brinellhärte bei 42 kg/mm². Die Legierungen der β-Phase sind spröde.

Die Farbe des Silbers ändert sich durch Antimon ziemlich rasch. Legierungen mit 10% Sb sind schon deutlich grau gefärbt.

Ein Einfluß des Antimons auf die Anlaufbeständigkeit des Silbers konnte bisher nicht mit Sicherheit nachgewiesen werden. Es wurde dem Antimon vielfach eine Steigerung der Anlaufbeständigkeit von Silber besonders in Mehrstofflegierungen zugeschrieben, dieses Ergebnis ließ sich jedoch nicht bestätigen.

b) Silber-Wismut. Von den Silber-Wismut-Legierungen wurden neben dem Zustandsbild Mischungswärme[1], elektrische Leitfähigkeit[2], Dichte, magnetische Suszeptibilität und Potential[3] untersucht.

Silber und Wismut bilden ein System mit einem Eutektikum bei etwa 2,5% Ag. Die negative Mischungswärme der flüssigen Metalle bei 1050° erreicht nach Kawakami bei 56 At.-% Ag einen Höchstwert von —1,1 kcal/g-At. Die Dichte ändert sich nach Stephens und Evans[4] mit der Zusammensetzung nicht linear, sondern weist höhere Werte auf. An der Sättigungsgrenze der silberreichen Mischkristalle ist ein deutlicher Knick in der Dichte-Konzentrationskurve zu beobachten Die diamagnetische Suszeptibilität des Wismuts steigt bis zur eutektischen Zusammensetzung, fällt dann aber nahezu linear mit der Zusammensetzung bis zur Grenze der silberreichen Mischkristalle.

Die Verformbarkeit des Silbers nimmt durch Wismut rasch ab, schon Legierungen mit 1% Bi reißen beim Kaltwalzen.

Bei der Elektrolyse einer geschmolzenen Silber-Wismut-Legierung mit 50% Bi findet eine geringe Entmischung statt. Das Silber wandert zur Kathode[5].

Die für bearbeitbare Legierungen zulässigen Wismutgehalte beeinflussen die chemischen Eigenschaften kaum, insbesondere ist keine Änderung der Anlaufbeständigkeit festzustellen.

6. Legierungen des Silbers mit Metallen der 6. bis 8. Gruppe des periodischen Systems.

Silber-Mangan. Unter den Metallen der 6. bis 8. Gruppe hat abgesehen von den Platinmetallen das Mangan eine weitreichende Mischbarkeit mit Silber im flüssigen und festen Zustande. Der Abfall der

---

[1] Kawakami, M.: Vgl. Fußnote 4, S. 133.
[2] Matthiessen, A.: Pogg. Ann. **110**, 217 (1860).
[3] Laurie, A. P.: J. chem. Soc., Lond. **65**, 1034 (1894).
[4] Stephens, G. O. u. E. J. Evans: Phil. Mag. [7] **22**, II, 435 (1936).
[5] Kremann, R. u. K. Bayer: Sitzgsber. Wien, Math.-naturwiss. Kl., Abt. II b **134**, 653 (1925).

elektrischen Leitfähigkeit des Silbers durch Mischkristallbildung mit Mangan bleibt kleiner als der durch Antimon und Aluminium verursachte [1].

Die Verfestigung des Silbers ist ziemlich gering [2]. Die Härte steigt nach Saeftel und Sachs bei geringem Mangangehalt zwar zunächst rasch, dann aber nur noch langsam, um mit der Annäherung an die Sättigungsgrenze der silberreichen Mischkristalle wieder rascher zuzunehmen.

Nach den Potentialmessungen von Arrivaut [3] tritt an der Sättigungsgrenze der silberreichen Mischphase ein Potentialsprung auf. Siebe [4] fand gegenüber zahlreichen Angriffsmitteln bei etwa 0,25 Mol Mn eine Resistenzgrenze. Untersuchungen über die Anlaufbeständigkeit der Silber-Mangan-Legierungen führten nicht zu einem klaren Ergebnis, eine deutliche Erhöhung der Anlaufbeständigkeit des Silbers ist sicher nicht vorhanden.

C. Die Drei- und Mehrstofflegierungen des Silbers.

Im Rahmen von Arbeiten über die Herstellung anlaufbeständiger oder harter Silberlegierungen wurden zahlreiche silberreiche Drei- und Mehrstofflegierungen auf ihre technologischen Eigenschaften untersucht [5]. Hierbei zeigten sich gegenüber den entsprechenden binären Legierungen keine Besonderheiten. Es ist vielmehr in fast allen Fällen möglich, die Eigenschaften der Mehrstofflegierungen ohne weiteres aus denen der binären abzuleiten, so daß sich erübrigt, auf diese Arbeiten näher einzugehen.

Eine Darstellung der bekannten ternären und der wenigen untersuchten quaternären Zustandsbilder gibt E. Jänecke [6].

1. Kupferhaltige Drei- und Mehrstofflegierungen.

a) Silber-Kupfer-Zink. α) Zustandsbild und Eigenschaften. Die Liquidusisothermen des Systems Silber-Kupfer-Zink bestimmte Leach [7]. Die zinkreichen Legierungen mit den niedrigsten Schmelzpunkten sind technisch unwichtig. In der Silberecke von 100 bis 80% Ag liegen die

---

[1] Hansen, M. u. G. Sachs: Z. Metallkde. **20**, 151 (1928).

[2] Saeftel, H. u. G. Sachs: Z. Metallkde. **17**, 294 (1925).

[3] Arrivaut, G.: Z. anorg. allg. Chem. **83**, 193 (1913).

[4] Siebe, P.: Z. anorg. allg. Chem., **108**, 174 (1919).

[5] Jordan, L., L. H. Grenell u. H. K. Herschman: Vgl. Fußnote 2, S. 27. — Price, L. E. u. G. J. Thomas: Vgl. Fußnote 1, S. 136. — Sterner-Rainer, L.: Die Edelmetallegierungen in Industrie und Gewerbe, S. 90—102. Leipzig 1930. — J. Spanner in O. Bauer, O. Kröhnke u. G. Masing: Die Korrosion metallischer Werkstoffe, Bd. 2, S. 794. Berlin 1938.

[6] Nach E. Jänecke (Kurzgefaßtes Handbuch aller Legierungen, Leipzig 1937) sind die Zustandsdiagramme von 26 ternären Systemen bekannt.

[7] Leach, R. H.: Met. Ind. **1930**, 337 u. 369.

Legierungen, die als Werkstoff für die Silberwarenindustrie Interesse fanden. Die Legierungen mit 80 bis 10% Ag umfassen die Lote[1].

Die bei der Kristallisation auftretenden festen Phasen werden durch die große Ähnlichkeit der beiden Systeme Silber-Zink und Kupfer-Zink weitgehend beeinflußt (Abb. 72). Die einander entsprechenden binären Phasen erstrecken sich teilweise als ternäre Mischkristalle über das ganze Feld der Dreistofflegierungen[2]. Infolge der begrenzten gegenseitigen Löslichkeit von Kupfer und Silber sind die α-Phasen auf kleine Gebiete des ternären Zustandsbildes beschränkt.

Die Löslichkeit des Kupfers in den α-Silber-Zink-Mischkristallen ist nahezu gleich der in Silber und fällt auch mit der Temperatur stark ab[3].

Die ternäre, silberreiche α-Phase erstarrt unter

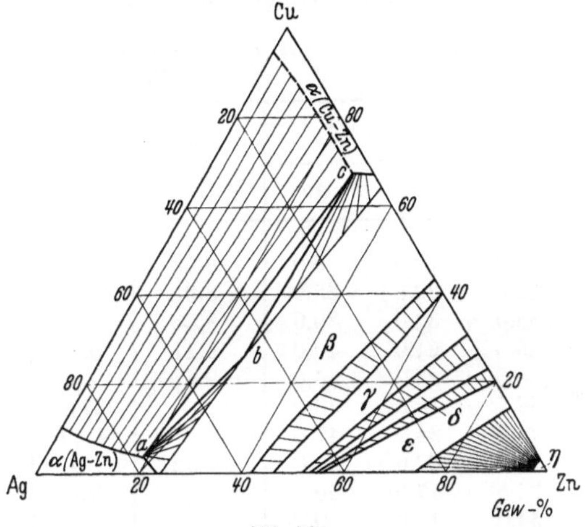

Abb. 72.
Zustandsbild der festen Silber-Kupfer-Zink-Legierungen.
(Nach Keinert.)

Schichtkristallbildung, Homogenisierung ist weder durch sehr langsame Abkühlung noch durch lang andauerndes Tempern bei hoher Temperatur zu erreichen. Erst nach Vorverformung tritt sie beim Glühen rasch ein.

Die Umwandlungen der binären β-Phasen führen zu Änderungen, durch die nur noch ein kleiner Rest ternärer β-Kristalle in der Mitte des ternären Gebietes bei der Abkühlung erhalten bleibt, ebenso verschwinden die ternären δ-Kristalle.

In Zahlentafel 33 sind nach Leach einige physikalische Eigenschaften einer Anzahl von ternären Legierungen zusammengestellt.

Die silberreichen α-Mischkristalle neigen stark zur Sammelkristallisation. Dabei nimmt die Zugfestigkeit ab, die Härte ändert sich dagegen nicht merklich. Die durch Aushärtung zu erreichende Verfestigung der silberreichen α-Mischkristalle bleibt hinter der binärer Legierungen mit gleichem Kupfergehalt zurück (Abb. 73). Die Silber-Kupfer-Zink-Legierungen erreichen schon nach dem Abschrecken von 520° beim

---

[1] Einzelangaben über die Schmelzpunkte bestimmter Legierungen wurden in großer Zahl veröffentlicht. Literaturzusammenstellung: Stein, W.: Mitt. Forsch.-Inst. Edelmet. **7**, 80, 97 (1933).

[2] Keinert, M.: Z. phys. Chem. Abt. A **160**, 15 (1932).

[3] Leroux, J. A. A. u. E. Raub: Z. Metallkde. **23**, 58 (1931).

Altern den höchsten Härteanstieg, die binären Legierungen härten dagegen erst nach einer Glühtemperatur von 700° stark aus[1].

Mit wachsendem Silbergehalt nimmt die chemische Beständigkeit, abgesehen von dem Widerstand gegen Schwefelwasserstoff und ähnliche Schwefelverbindungen, im allgemeinen zu. Zinkreiche Legierungen korrodieren verhältnismäßig leicht.

Zahlentafel 33. Eigenschaften von Silber-Kupfer-Zink-Legierungen. (Nach Leach.)

Zusammensetzung			Spez. Gewicht im gegossenen Zustand	Zug-festigkeit kg/mm²	Dehnung in %	Elektrische Leitfähigkeit in % der Kupfer-leitfähigkeit	Spez. Widerstand μΩ
Cu	Zn	Ag					
51,0	40,0	9,0	8,55	34,2	16,0	20,5	8,33
52,5	22,5	25,0	8,94	—	—	24,4	7,69
38,0	32,0	30,0	8,86	—	—	24,4	7,69
36,0	24,0	40,0	9,11	40,5	6,2	19,7	8,65
30,0	25,0	45,0	9,15	—	—	19,0	8,97
38,5	15,5	46,0	—	34,9	9,0	—	—
29,0	24,0	47,0	—	40,9	16	—	—
28,0	22,0	50,0	9,22	—	—	19,7	8,65
32,5	17,5	50,0	—	38,8	9,0	—	—
34,0	16,0	50,0	—	—	—	24,1	7,04
25,0	15,0	60,0	9,52	45,0	7,7	20,5	8,33
20,0	15,0	65,0	9,60	45,4	34,0	21,3	8,01
30,0	—	70,0	—	40,3	25	—	—
25,0	5,0	70,0	—	35,2	9,5	—	—
20,0	10,0	70,0	9,76	—	—	26,7	6,41
28,0	—	72,0	9,95	—	—	77,1	2,24
20,0	5,0	75,0	9,92	—	—	38,1	4,48
22,0	3,0	75,0	10,35	29,3	5,3	53,4	3,20
16,0	4,0	80,0	10,05	35,1	16,0	45,8	3,73

β) Silberlote. Die Silber-Kupfer-Zink-Legierungen haben als Hart-lote in der Metallwarenindustrie besondere Bedeutung. Sie bieten gegen-über dem auch als Hartlot gebrauchten Messing die Möglichkeit einer weitgehenden Änderung des Schmelzpunktes, ohne die gute Verarbeit-barkeit und hohe Festigkeit zu verlieren. Nach dem Schmelzen fließen sie leicht in die Lötfugen ein, sie „schießen gut durch". Schließlich haben sie gute Korrosionsbeständigkeit.

Beim Löten von Silber- und Kupferlegierungen mit Silberlot bildet sich zwischen Lot und gelötetem Metall eine Legierungsschicht aus (Abb. 74).

Für silberne Gegenstände werden wegen der Punzierungsvorschriften Lote mit hohem Silbergehalt gebraucht. Hartfließende, hochschmelzende Lote für die Legierung mit 83,5% Ag enthalten 64 bis 68% Ag, weicher fließende Lote enthalten 48 bis 50% Ag.

[1] Leroux,: J. A. A. u. E. Raub: Vgl. Fußnote 3, S. 153.

Leach[1] gibt zum Löten von verschiedenen Legierungen und Metallen folgende Silbergehalte der Lote an:

für Silber-Kupfer-Legierungen mindestens . . 48—64%
für Messing und Bronze mindestens 20%
für Kupfer . . . . 60—80%
für Neusilber . . . . 50% in Rücksicht
auf die Farbe
für Stahl und Eisen 10%

Das Verhältnis von Kupfer zu Zink entspricht bei silberreichen Loten vielfach annähernd dem im Muntzmetall (60 Cu:40 Zn). Bei silberarmen Loten mit bis zu 25% Ag steigt der Zinkgehalt und erreicht über 50%, allerdings sind diese Lote spröde wie Messinglote[2].

Zusätze eines vierten Metalls sind auf die Eigenschaften der Silber-Kupfer-Zink-Legierungen und ihre Brauchbarkeit als Lote von verschiedenem Einfluß[3].

Wird in silberreichen Loten mit 65% Ag und mehr das Zink teilweise durch Kadmium ersetzt, so steigt der Schmelzpunkt, bei niedrigem Silbergehalt schmelzen die Vierstofflegierungen dagegen tiefer. Bei mittleren Silbergehalten kann durch gleichzeitige Gegenwart von Kadmium und Zink der Gesamtgehalt an niedrig schmelzendem Metall gegen-

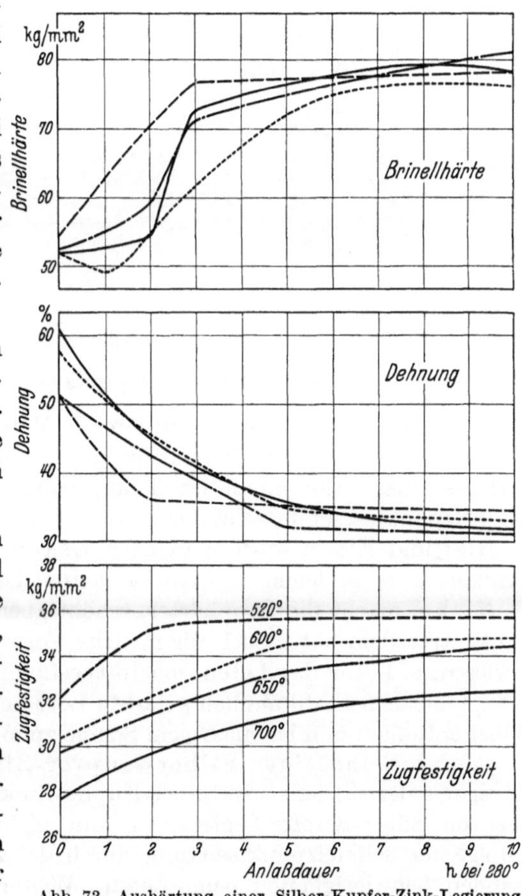

Abb. 73. Aushärtung einer Silber-Kupfer-Zink-Legierung (83,5% Ag, 12,32% Zn, 4,18% Cu) beim Anlassen nach verschiedener Abschrecktemperatur.

---

[1] Leach, R. H.: Met. Ind., Lond. **1930**, 337, 369.

[2] Schrifttum über die Technik des Lötens mit Silberloten W. Stein: Vgl. Fußnote 1, S. 153.

[3] Leach, R. H.: Met. Ind., Lond. **1930**, 338. — Stein, W.: Mitt. Forsch.-Inst. Edelmet. 7, 80, 97 (1933).

über kadmiumfreien Legierungen gesteigert werden, ohne daß die Verformbarkeit stark leidet[1].

Zinn ruft eine beachtliche Erniedrigung des Schmelzpunktes hervor, macht aber bei Zusätzen in wirksamer Höhe die Lote weniger leicht bearbeitbar.

Durch Aluminium entsteht auf dem Lot eine Aluminiumoxydhaut, die verhindert, daß das geschmolzene Lot in die Lötfugen einfließt. Es bleibt in Form eines zusammenhängenden Schmelztropfens auf der

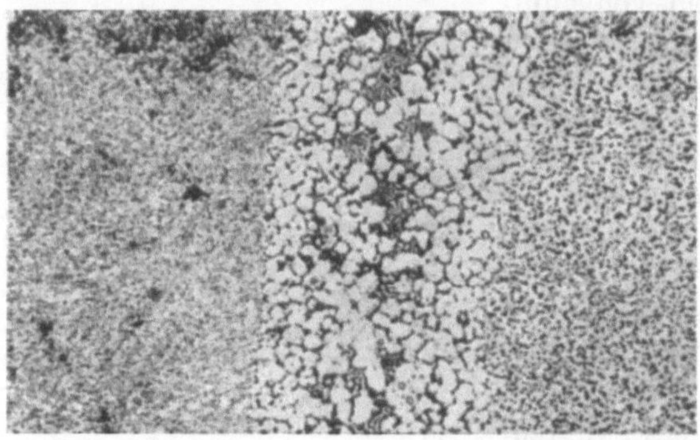

Abb. 74. Lötfuge einer Silber-Kupfer-Legierung (80% Ag, 20% Cu). Vergr. 200×.

Oberfläche liegen und löst das zu lötende Metall, es „frißt". Die Boraxdecke bildet für aluminiumhaltige Lote keinen ausreichenden Oxydationsschutz. Aluminium ist daher, trotz der starken Senkung des Schmelzpunktes, stets schädlich.

Blei und Eisen sollte man nach Leach den Silberloten möglichst fernhalten, da sie leicht zu Schwierigkeiten bei der Bearbeitung führen.

Nickel macht die Lote härter, erhöht aber gleichzeitig den Schmelzpunkt, trotzdem hat es sich für manche Verwendungszwecke als günstig erwiesen, z. B. für das Löten von rostbeständigem Stahl. Durch Nickel gelingt es, dem Stahl ähnlich gefärbte Lote herzustellen, die 40 bis 50% Silber enthalten und bei niedrigem Schmelzpunkt feste Lötungen ergeben.

γ) Nickelhaltige Silber-Kupfer-Zink-Legierungen. Die Festigkeit der silberreichen Silber-Kupfer-Zink-Legierungen bleibt hinter der von Silber-Kupfer-Legierungen mit gleichem Silbergehalt zurück. Infolge der Schmelzpunktsenkung durch das Zink entstehen unter Umständen Schwierigkeiten beim Löten. Weiterhin wirkt sich die starke Neigung zur Sammelkristallisation bei der Bearbeitung unangenehm aus. Man hat daher mehrfach versucht, durch Zusätze weiterer Metalle, die vorhandenen Schwierigkeiten zu umgehen. Hierbei wurde vor allem das Verhalten von Nickel geprüft.

---

[1] Einige Eigenschaften von quaternären Legierungen mit 50% Ag, 10% Cd und 10% Zn bzw. 10% Cd und 15% Zn, Rest Kupfer bestimmten Guillet, Petit und Cournot [Rev. Métall. **29**, 129 (1932)].

Die weite Mischungslücke des Systems Silber-Nickel im flüssigen Zustand wird durch Kupferzusatz schmaler, schließt sich aber erst bei etwa 42% Cu[1, 2].

In den quaternären Legierungen wirkt das Zink auf die Aufnahmefähigkeit der Schmelzen für Nickel ähnlich wie Kupfer. In den silberreichen Legierungen der Silberwarenindustrie muß der Nickelgehalt daher klein bleiben, bei Legierungen mit mehr als 80% Ag bereitet die Herstellung von technisch brauchbaren Legierungen mit über 1% Ni schon Schwierigkeiten.

Eine Herabsetzung des Silbergehaltes ermöglicht eine Steigerung des Nickelzusatzes. Legierungen dieser Art sind wiederholt auf ihre Eignung als Münzmetall untersucht worden.

Das Nickel setzt die Liquidustemperatur stark herauf, die Solidustemperatur steigt nicht in gleichem Maße. Als Primärkristall tritt ein Nickel-Kupfer-Mischkristall auf, der infolge seines gegenüber der Schmelze geringen spezifischen Gewichts bei langsamer Erstarrung die Schwereseigerung fördert.

Die umgekehrte Blockseigerung wird durch Nickel vergrößert. Dabei ist für silberreiche Legierungen durch das Auftreten der primären Nickel-Kupfer-Mischkristalle eine Umkehr der Erscheinungsform der umgekehrten Blockseigerung gegenüber den binären und ternären Legierungen kennzeichnend. Außerdem ändert sich nach Smith und Watson[3] die Zusammensetzung der Gußstücke von außen nach innen nicht regelmäßig, sondern mit periodischen Schwankungen. Kupfer und Zink verteilen sich zwischen Nickel und Silber so, daß größere Konzentrationsunterschiede nicht entstehen. Bei silberärmeren, untereutektischen Legierungen ruft die umgekehrte Blockseigerung, wie bei den binären und ternären Legierungen, eine Verarmung an Silber im Kern der Gußstücke hervor. Das Zink ist nahezu gleichmäßig über den ganzen Querschnitt verteilt.

In der silberreichen, ternären α-Mischphase lösen sich nahezu 0,3% Ni. Durch langsame Abkühlung oder durch Anlassen auf 280 bis 300° scheidet sich mit dem Kupfer auch Nickel aus dem übersättigten Mischkristall aus und ist nur sehr schwer wieder in Lösung zu bringen.

---

[1] Guertler, W. u. A. Bergmann: Z. Metallkde. **25**, 53 (1933).

[2] Die Herstellung einer ternären Silber-Kupfer-Nickel-Legierung, bestehend aus etwa 50% Ag, 40% Cu und 10% Ni, gelingt nach J. Phelps [Trans. Faraday Soc. **20**, 135 (1924/25)] am besten unter Verwendung eines mechanischen Rührers zur gründlichen Durchmischung der Schmelze. Als Oxydationsschutz genügt das Bedecken mit Holzkohle nicht, sondern es ist die Anwendung von Mangan oder Phosphorkupfer als Desoxydationsmittel notwendig. Über die Zusammensetzung und Eigenschaften der bei der Desoxydation entstehenden silberhaltigen Schlacken macht Phelps nähere Angaben.

[3] Smith, S. W. u. J. H. Watson: J. Inst. Met. **65**, Adv. cop. 839 (1939).

Besonders bemerkenswert ist der Einfluß des Nickels auf das Kornwachstum beim Glühen, das durch etwa 0,5% Ni nahezu vollständig unterbunden wird[1]. Nickel erhöht die Erholungstemperatur von bearbeiteten Legierungen der silberreichen α-Phase sehr stark. Die bei der Alterung abgeschreckter Legierungen auftretenden Aushärtungseffekte nähern sich sehr viel mehr dem Typ der Silber-Kupfer-Legierungen als dem der Silber-Kupfer-Zink-Legierungen (vgl. Abb. 75 mit den Abb. 47 u. 73). Während die ternären Legierungen schon nach einer Abschrecktemperatur von 520° maximal aushärten, erfordern die binären und die quaternären eine Abschrecktemperatur von 700°. Die Geschwindigkeit des Härteanstiegs der von 700° abgeschreckten Proben ist aber bei den nickelhaltigen Legierungen wesentlich größer als bei den nickelfreien.

Guillet, Petit und Cournot[2] untersuchten im einzelnen die technischen Eigenschaften von zwei quaternären Legierungen mit 68 und 39% Ag. Als Vorteile gegenüber den binären Silber-Kupfer-Legierungen heben sie die bessere, weiße Farbe und die günstigeren mechanischen Eigenschaften, vor allem die höhere Härte bei besserer Bearbeitbarkeit in der Kälte, hervor. Außerdem besitzen die quaternären Legierungen gegen einige chemische Angriffsmittel eine erhöhte Beständigkeit.

Guillet und Mitarbeiter schlagen zur Vermeidung von Fehlern beim Schmelzen der nickelhaltigen Legierungen vor, das Zink zunächst

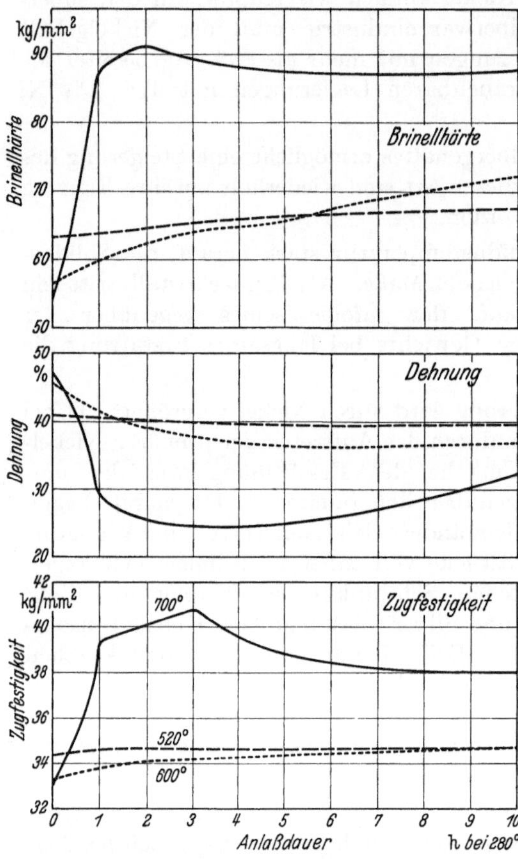

Abb. 75. Aushärtung einer nickelhaltigen Silber-Kupfer-Zink-Legierung (83,5% Ag, 11,2% Zn, 3,8% Cu, 1,5% Ni) bei verschiedener Abschrecktemperatur.

[1] Leroux, J. A. A. u. E. Raub: Z. Metallkde. 23, 60 (1931).
[2] Guillet, L., A. Petit u. J. Cournot: Rev. Métall. 29, 183 (1932).

einzuschmelzen und darin unter allmählicher Temperatursteigerung das Silber aufzulösen, Nickel und Kupfer werden dann als Kupfer-Nickel in kleinen Stückchen in die Silber-Zinkschmelze gebracht. Zweckmäßiger ist es jedoch, auch das Zink möglichst weitgehend als Vorlegierung mit Kupfer und Nickel in Form einer Nickel-Kupfer-Zink-Legierung zu verwenden. Außerdem sollte die Schmelze mit Mangan, das als Mangan-Kupfer einlegiert wird, desoxydiert werden.

b) Silber-Kupfer-Kadmium. Das Zustandsbild der Silber-Kupfer-Kadmium-Legierungen ist dem der Silber-Kupfer-Zink-Legierungen sehr ähnlich[1].

Technisches Interesse fanden nur die Legierungen in der Nähe der Silber- und der Kadmiumecke, und zwar die ersteren für die Gewinnung von Legierungen mit besonderer Eignung zur Herstellung von Tiefziehblechen; die letzteren wurden in Amerika als Lagermetalle eingeführt[2].

Ersetzt man in den technischen Silber-Kupfer-Legierungen mit 80 bis 93,5% Ag Kupfer durch Kadmium, so nehmen Zugfestigkeit und Härte mit wachsendem Kadmiumgehalt ab, die Dehnung steigt. Die Verfestigung durch Kaltbearbeitung ist geringer als bei den Silber-Kupfer-Legierungen.

Auf die Ausscheidungsvorgänge der silberreichen Silber-Kupfer-Legierungen wirkt das Kadmium nach Härtemessungen von Nowack[3] und Fränkel und Nowack[4] nicht ein. Die Abnahme der Kupferkonzentration mit steigendem Kadmiumgehalt ruft, ähnlich wie ein Sinken des Kupfergehalts in den binären Mischkristallen, eine starke Verzögerung der Ausscheidung hervor. Durch Nickel steigt auch bei den Silber-Kupfer-Kadmium-Legierungen die Geschwindigkeit der Aushärtung beim Altern übersättigter Legierungen[5].

Nach Fränkel und Nowack härten vor dem Abschrecken in Wasserstoff geglühte Legierungen bei der Alterung viel stärker aus als in Luft geglühte. Auf dieses Ergebnis dürfte sicherlich die Oxydation von Kadmium und Kupfer bei dem Glühen in Luft nicht ohne Einfluß gewesen sein.

Als Lagermetall werden Legierungen verwendet, die neben Kadmium kleinere Mengen Silber und Kupfer enthalten. Ein typisches Lagermetall enthält z. B. 2% Ag und 0,5% Cu.

---

[1] Keinert, M.: Z. phys. Chem. Abt. A **162**, 289 (1932).

[2] In Amerika und England wird Kadmium in Mengen von etwa 0,5% den Silber-Kupfer-Legierungen als Desoxydationsmittel zugesetzt. Die desoxydierende Wirkung des Kadmiums ist nur gering, wie weiter oben gezeigt wurde. Infolge seines hohen Dampfdruckes dürfte es aber ein gutes Hilfsmittel zur Entgasung der Schmelzen sein.

[3] Nowack, L.: Z. Metallkde. **22**, 96 (1930).

[4] Fränkel, W. u. L. Nowack: Z. Metallkde. **20**, 243 (1928).

[5] Leroux, J. A. A. u. E. Raub: Z. Metallkde. **23**, 62 (1931).

Die chemischen Eigenschaften der silberreichen Legierungen werden durch den Kadmiumgehalt bestimmt; mit steigendem Kadmium- und fallendem Kupfergehalt nähern sie sich denen der binären Silber-Kadmium-Legierungen.

c) Aushärtbares Silber durch intermetallische Verbindungen. Setzt man dem Silber Metalle zu, die miteinander intermetallische Verbindungen bilden, so können hierdurch aushärtbare Legierungen entstehen, die in ihren Eigenschaften von den binären Legierungen wesentlich abweichen.

Silizium ist in Silber praktisch unlöslich, mit Kupfer bildet es die Verbindung Cu_3Si. Legiert man dem Silber Kupfer und Silizium in dem der Verbindung entsprechenden Mengenverhältnis zu, so verschwindet die von den Silber-Kupfer-Legierungen bekannte Abhängigkeit der Aushärtung von der Kupferkonzentration im Mischkristall. Jarrett[1] beobachtete an Proben mit nur 1,86% Cu und 0,14% Si nach dem Abschrecken von 700° die gleiche Aushärtungsgeschwindigkeit und denselben Härteanstieg wie an Proben mit 6,99% Cu und 0,87% Si. Das Silizium muß also in Silber-Kupfer-Legierungen eine merkliche Löslichkeit besitzen und sich mit dem Kupfer als Cu_3Si ausscheiden.

Werden Kupfer und Aluminium im Atomverhältnis 1:2 in einer Gesamtmenge von 3% dem Silber zulegiert, so ist nach Gregg[2] beim Altern nach dem Abschrecken von 875° eine Aushärtung zu beobachten, die auf der Ausscheidung von $CuAl_2$ beruht. Bei anderen Metallen, die ebenfalls im Atomverhältnis ihrer Verbindungen mit Silber legiert wurden, wie Cu_2Mg, Cu_2Sb, Cu_2Cd_3, MgZn und CdSb, wurde beim Altern nach dem Abschrecken keine stärkere Aushärtung festgestellt.

2. Die kupferfreien Drei- und Mehrstofflegierungen des Silbers.

a) Silber-Zinn-Amalgame. Die Silber-Zinn-Amalgame haben besondere Bedeutung für die konservierende Zahnheilkunde erlangt. Diese Verwendung beruht auf ihrer Eigenschaft, kurze Zeit nach ihrer Herstellung eine hohe Plastizität zu besitzen, die allmählich unter Anstieg der Härte und der Bruchfestigkeit verschwindet. Im Jahre 1855 wurden sie von Townsend in die Zahnheilkunde eingeführt und erlangten trotz starken Widerstandes, der sich bis in die Gegenwart hinzog, eine weitreichende Anwendung. Ihre Eigenschaften und ihre Handhabung wurden in umfangreichen Untersuchungen zuerst von Wetzel[3] und Black[4] geprüft

---

[1] Jarrett, T. L.: Met. & Alloys 7, 309 (1936).

[2] Gregg, J. L.: Amer. Inst. min. metallurg. Engr., Inst. Met. Div. 83, 411 (1929).

[3] Wetzel, A.: Füllen der Zähne mit Amalgamen. Berlin 1899.

[4] Black, G. V.: Die konservierende Zahnheilkunde, Bd. 2, deutsche Übersetzung von H. Pichler. Berlin 1914.

und dargestellt. Diesen grundlegenden Arbeiten schlossen sich in der Folgezeit zahlreiche Untersuchungen an.

α) Zustandsbild. Das Zustandsbild der Silber-Zinn-Amalgame untersuchten Knight und Joyner[1], Gayler[2] und Troiano[3]. Es ist durch diese Arbeiten noch nicht in allen Einzelheiten richtig festgelegt.

Die Liquidusfläche senkt sich von der Silberecke zur Zinn-Quecksilberseite.

Gayler stellte 5 nonvariante Gleichgewichte fest, die auf Grund theoretischer Erwägungen noch durch zwei weitere zu ergänzen sind. Den

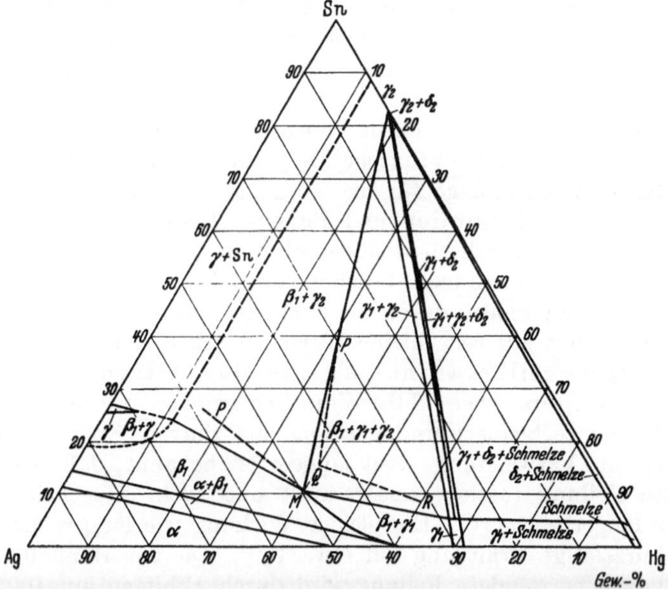

Abb. 76. Isothermenschnitt bei 70° durch das Zustandsbild der Silber-Zinn-Amalgame. (Nach Gayler.)

Isothermenschnitt bei 70° gibt Abb. 76 wieder. Die α- und β-Phasen der Silber-Zinn (α und β)- und der Silber-Quecksilber (α_1 und β_1)-Legierungen sind isomorph, sie ziehen sich daher über das ganze Zustandsbild hinweg, voneinander getrennt durch ein schmales zweiphasiges Zustandsfeld.

Im Punkte M stoßen vier Zustandsfelder zusammen, die homogene ternäre Mischphase β_1, die beiden zweiphasigen Felder $\beta_1+\gamma_1$ und $\beta_1+\gamma_2$, sowie das dreiphasige Teildreieck $\beta_1+\gamma_1+\gamma_2$. Die flüssige Phase ist bei 70° auf die in der Nähe der Quecksilberecke liegenden Zustandsfelder beschränkt. Steigert man die Temperatur nur um 14° auf 84°, so verteilt sich die flüssige Phase über ein sehr großes Gebiet der ternären Legierungen. In der gleichen Ausdehnung wie bei 70° bleiben

[1] Knight, W. A. u. R. A. Joyner: J. chem. Soc. Trans. 103, 2247 (1913).
[2] Gayler, M. L. V.: J. Inst. Met. 60, 379 (1937).
[3] Troiano, A. R.: J. Inst. Met. 63, 247 (1938).

nur die der Silberecke sich anschließenden ternären α- und β-Mischphasen bestehen, sowie die der Silber-Zinnseite anliegenden Zustandsfelder $\beta_1 + \gamma$, γ und $\gamma + Sn$.

Die Grenzen der technischen Zahnamalgame liegen zwischen 35 und 25% Ag, 28 und 12% Sn, 44 und 60% Hg. Macht man mit Gayler die allerdings nicht ohne weiteres zulässige Annahme, daß der Isothermenschnitt von 70° auch für Mundtemperatur gilt, so sollten im Gleichgewichtszustand die Zahnamalgame aus den drei Phasen β_1, γ_1 und γ_2 bestehen. Bei Amalgamen, die durch Zusammenreiben mit Quecksilber bei Raumtemperatur in der üblichen Weise hergestellt wurden, gelang es jedoch bisher nicht, während oder nach dem Erhärten die ternäre β_1-Phase mikroskopisch oder röntgenographisch nachzuweisen. Stets wurden nur gefunden: Ag_3Sn, die γ-(Ag-Hg)-Phase (das alte Ag_3Hg_4, γ_1, nach Gayler) und der quecksilberreiche Hg-Sn-Mischkristall (γ_2 bzw. δ_2 nach Gayler). Das Gaylersche Diagramm läßt sich danach nicht ohne weiteres als Grundlage für die Vorgänge in den Zahnamalgamen nehmen. Gray[1] und Souder und Peters[2] fanden ausgeprägte Unstetigkeiten der physikalischen Eigenschaften zwischen 70 und 80°. Diese Eigenschaftsänderungen beruhen wahrscheinlich auf dem Auftreten der flüssigen Phase, durch die auch der diskontinuierliche Abfall der Druckfestigkeit auf sehr kleine Werte zu erklären ist.

β) **Die Quecksilberaufnahme und das Altern der Silber-Zinn-Legierungen.** Die Silber-Zinn-Legierungen werden vor der Amalgamierung zerkleinert und gelangen als Pulver, Splitter, Nadeln oder Folien zur Verwendung. Seit langem ist bekannt, daß sich frisch hergestellte Feilung rascher amalgamiert und mehr Quecksilber aufnimmt als länger gelagerte. Die gleiche Wirkung wie längere Lagerung hat eine kurzzeitige Erhitzung auf etwa 100°. Die zur Herstellung der Zahnamalgame verwendete Feilung wird durch Erhitzen auf 100° stets künstlich gealtert. Damit sind aber die Eigenschaftsänderungen noch nicht abgeschlossen, nach genügend langer Lagerzeit ist eine noch weitergehende Alterung festzustellen. Man soll daher zur Amalgamation für die Zahnheilkunde bestimmte Silber-Zinn-Feilungen nicht über ein Jahr hinaus vor der Amalgamierung lagern. Erhöht man die Temperatur bei der künstlichen Alterung, so sind die Alterungserscheinungen stärker als nach tieferer Alterungstemperatur[3].

---

[1] Gray, A.W.: Trans. Amer. Inst. min. metallurg. Engr., Inst. Met. Div. **60**, 670 (1919).

[2] Souder, W. H. u. C. G. Peters: Techn. Pap. U. S. Bur. Stand. **1920**, Nr. 137.

[3] Durch das verschieden starke Erhitzen der Legierungen bei der Herstellung der Feilung tritt schon eine gewisse, allerdings uneinheitliche Alterung ein, so daß die künstliche Alterung in der Technik vor allem auch den Zweck hat, ein Produkt mit gleichmäßigen, einheitlichen Eigenschaften herzustellen. Bei gealterter Feilung ist im allgemeinen die Quecksilberaufnahme konstant, bei frischer unterliegt sie starken Schwankungen.

Abb. 77 gibt nach **Tammann** und **Dahl**[1] die Quecksilberaufnahme
für gealterte und frische Silber-Zinn-Feilung verschiedener Zusammensetzung wieder. Bei der gealterten Feilung ist nicht nur eine wesentlich
geringere Quecksilberaufnahme festzustellen, sondern es ist auch der
Einfluß des Silbergehaltes verschieden von dem bei der frischen Feilung.
Frische Feilung weist einen scharf ausgeprägten Höchstwert der Quecksilberaufnahme bei der dem Ag_3Sn entsprechenden Zusammensetzung
der Feilung auf.

Die Ursache der Alterungserscheinungen ist noch nicht ganz geklärt.
Die Ansicht, daß lediglich eine oberflächliche Oxydation vorliegt, ist nach
den Untersuchungen von **Knight** und **Joyner** nicht richtig. Immerhin
spielt die Bildung von dünnen Oxyd-
filmen für die Amalgamierungs-
geschwindigkeit eine gewisse Rolle.
Es ist dies schon aus der bekannten
Beschleunigung der Amalgamierung
durch verdünnte Säuren, z. B.
Schwefelsäure oder Salzsäure, zu fol-
gern. Dieses „Waschen" der Amalgame entfernt gleichzeitig mechanisch
den in den Feilungen enthaltenen,
stärker oxydierten Staub. Die Beschleunigung der Amalgamierung
durch Waschen hängt stark ab von der
Form, in der die Legierung vorliegt.

Gegossene Silber-Zinn-Legierungen
altern nicht. Am stärksten treten
die Alterungsvorgänge hervor bei
Legierungen der Zusammensetzung

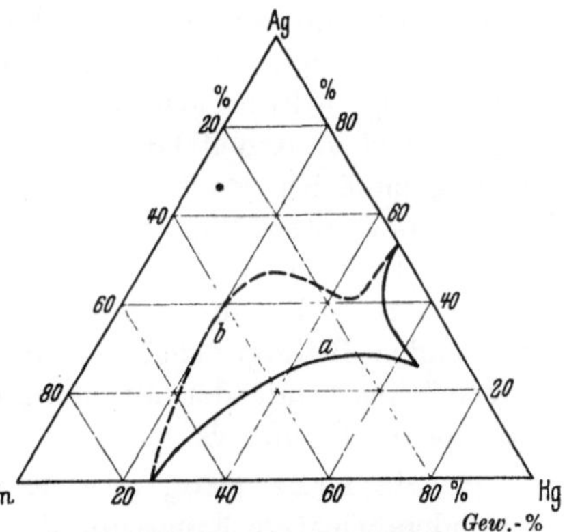

Abb. 77. Quecksilbergehalt von Silber-Zinn-
Amalgamen nach einer Mischungsdauer
von 3 min und einem 20 sec wirkenden
Abpreßdruck von 35 kg/cm².
(Nach **Tammann** und **Dahl**.)
a Feilung 1 Std. bei 100° gealtert.
b Frische Feilung.

Ag_3Sn. Diese Tatsachen deuten darauf hin, daß die raschere und erhöhte
Quecksilberaufnahme frischer Feilung auf einem Kaltbearbeitungseffekt
des Ag_3Sn beruht, der bei der Alterung wieder zurückgeht. **Tammann**
und **Dahl** haben eine Reihe von Versuchen durchgeführt, die den Einfluß der Kaltbearbeitung auf Vorgänge, wie sie bei der Amalgamierung
der Silber-Zinn-Legierungen herrschen, begründen. Es wurde dabei
gezeigt, daß auch bei Silber und Silber-Kadmium-Legierungen die Kaltbearbeitung eine allerdings nur wenig verstärkte Quecksilberaufnahme
hervorruft, die durch Erhitzen wieder rückgängig gemacht wird. In
diesem Zusammenhang ist auch zu erwähnen, daß **Lowry** und **Parker**[2]
beim Feilen von Ag_3Sn eine Dichteabnahme von 0,92% beobachteten.
Durch Erhitzen stieg die Dichte wieder um 0,69%. Die Dichte von
Silber nahm dagegen beim Feilen nur um 0,16% ab und stieg beim

---

[1] **Tammann**, G. u. O. **Dahl**: Z. anorg. allg. Chem. **144**, 16 (1925).
[2] **Lowry**, T. M. u. R. G. **Parker**: J. chem. Soc., Lond. **107**, 1005, 1160 (1915).

Erhitzen der Feilung wieder um 0,10%. Choulant[1] bringt neuerdings wieder die Alterung mit einer Umwandlung des Ag_3Sn in Zusammenhang. Die Arbeit von Murphy[2] lieferte zwar keine sicheren Anhaltspunkte für eine solche schon von Petrenko[3] festgestellte Umwandlung. Trotzdem ist ihr Vorhandensein nicht unwahrscheinlich[4].

Bei den technisch wichtigen Feilungen mit 50 bis 68% Ag steigt mit dem Silbergehalt die zur Amalgamierung erforderliche Menge Quecksilber von etwa 85 bis 90 auf 120 bis 122% der Feilung. Bei dem Abpressen nach dem Mischen von Feilung und Quecksilber wird das Quecksilber wieder teilweise beseitigt. Mit dem Preßdruck sinkt die im Amalgam verbliebene Quecksilbermenge. Nach Gray[5] ist bei technischen Legierungen die im Amalgam verbleibende Quecksilbermenge umgekehrt proportional dem Logarithmus des Preßdrucks. Bei konstantem Preßdruck steigt bei der Feilung mit 68% Ag der Quecksilberrückhalt unter sonst gleichen Arbeitsbedingungen mit dem Quecksilbergehalt der Mischung zunächst stark an, erreicht aber bei niedrigerem Druck bald einen konstanten Wert. Bei hohem Druck wird dagegen der Quecksilberrückhalt von dem Mischungsverhältnis weitgehend unabhängig. Steigert man die Mischungsdauer vor dem Pressen unter sonst gleichbleibenden Bedingungen, so nimmt zwischen 0 und 8 min der Quecksilberrückhalt mit der Mischungsdauer nahezu linear zu, insbesondere bei hohem Preßdruck.

γ) Die Erhärtung der Amalgame. Die für die Zahnheilkunde besonders wichtige Erhärtung der Amalgame ist stark zeitabhängig. Bei den technischen Zahnamalgamen wird die erforderliche Härte nach etwa $^3/_4$ bis $1^1/_2$ Stunden erreicht. Damit die Amalgame den Anforderungen beim Kauakt genügen, sollen sie nach Fenchel[6] eine Härte von 3 kg/mm² haben. Loebich[7] fordert dagegen eine Mindesthärte von 8 kg/mm². Die Härte der technischen Zahnamalgame liegt durchweg um ein Mehrfaches über diesen Werten. Nach Loebich ist nach 8 Std. die weitere Verfestigung nur noch gering. Sterner-Rainer stellte fest, daß in manchen Fällen nach 30 Tagen die Endhärte noch nicht erreicht wurde. Amalgame aus gealterter Feilung sind zunächst weicher als die aus frischer, erhärten dann aber schneller und erreichen schließlich eine etwas höhere Endhärte[8].

---

[1] Choulant, H.: Angew. Chem. **51**, 119 (1938).

[2] Murphy, A. J.: J. Inst. Met. **46**, 507 (1931).

[3] Petrenko, G. J.: Z. anorg. allg. Chem. **53**, 204 (1907).

[4] Vgl. auch die Ergebnisse von F. Weibke u. J. Efinger [Z. Elektrochem. **46**, 53 u. 61 (1940)] an Ag_3Sb.

[5] Gray, A. W.: Trans. Amer. min. metallurg. Engr., Inst. Met. Div. **60**, 657 (1919).

[6] Fenchel, A.: Zahnärztl. Rdsch. **40**, 102 (1931).

[7] Loebich, O.: Zahnärztl. Rdsch. **42**, Nr. 19 (1933).

[8] Tammann, G. u. O. Dahl: Vgl. Fußnote 1, S. 163.

Außer der Alterung sind für das Verhalten der Feilung bei der Erhärtung die Bedingungen beim Schmelzen und Gießen, die Art der Zerkleinerung und die im Anschluß daran durchgeführten Arbeitsgänge von besonderer Bedeutung, so daß es nicht leicht ist, den Einfluß der Zusammensetzung der Feilung auf die Erhärtung richtig zu beurteilen. Amalgame aus Feilungen mit mehr als 81% Ag erhärten, wie Sterner-Rainer[1] zeigte, nur wenig. Bei einem Silbergehalt der Feilung von 80% oder unter 40% werden die Amalgame während der Erhärtung oft spröde. Feilungen mit 80 bis 30% Ag ergeben Amalgame, deren Erhärtungsgeschwindigkeit einwandfrei festzustellen ist. Sie weisen einen deutlichen Anstieg der Erhärtungsgeschwindigkeit mit wachsendem Silbergehalt auf. Schon zwischen den praktisch verwendeten Vorlegierungen, die 50 bis 68% Ag enthalten, ist ein großer Unterschied festzustellen. Amalgame aus den silberreicheren Legierungen erfordern deshalb rascheres Arbeiten als die aus den silberärmeren[2].

Die Endhärte des Amalgams steigt mit dem Silbergehalt der Vorlegierung stark an, erreicht aber bei der dem Ag_3Sn entsprechenden Zusammensetzung einen Höchstwert, um bei darüber hinausgehenden Silbergehalten wieder zu fallen.

Bei kleinem Quecksilbergehalt der Amalgame ist die Erhärtung nur gering, sie steigt mit wachsendem Quecksilberzusatz aber stark. Überschreitet man den für jede Silber-Zinn-Feilung verschiedenen, günstigsten Quecksilberzusatz (Zahlentafel 34), so sinken Verfestigung und Verfestigungsgeschwindigkeit wieder. Bei den schnell erhärtenden Amalgamen aus silberreichen Legierungen kann man daher durch einen Quecksilberüberschuß die Knetbarkeit längere Zeit erhalten.

Zahlentafel 34.
Günstigstes Mischungsverhältnis von Feilung und Quecksilber.
(Nach Wannemacher.)

Silbergahlt der Feilung in Gew.-%	Feilung : Quecksilber
50	5 : 4,4
60	5 : 5
67	5 : 6,1

Eine derartige Überdosierung mit Quecksilber hat aber, abgesehen von der Gefahr des Auftretens von freiem Quecksilber, den Nachteil, daß, wie Wannenmacher[3] nachwies, durch den überhöhten Quecksilberzusatz auch die Endfestigkeit des Amalgams sehr stark sinkt.

Über die Vorgänge, die zur Erhärtung der Amalgame führen, herrscht noch nicht vollkommene Klarheit. Dies ist nicht zuletzt auf die

---

[1] Sterner-Rainer, L.: Edelmetallegierungen und Amalgame in der Zahnheilkunde, S. 96, 97. Berlin 1930.

[2] Durch die Brinellprobe lassen sich die ersten Stadien der nach dem Mischen rasch einsetzenden Erhärtung nicht einwandfrei messen. O. Loebich [Zahnärztl. Rdsch. 42, Nr. 19 (1933)] bestimmt den Ablauf der Verfestigung in der ersten Stunde durch Eindrücken einer Stahlnadel unter bestimmter Belastung und Messung der Eindringtiefe der Nadel in bestimmten Zeitabständen.

[3] Wannenmacher, E.: Dtsch. zahnärztl. Wschr. 32, 367 (1929).

Schwierigkeiten der sicheren Deutung der Gefügebilder und auf die den röntgenographischen Untersuchungen noch anhaftenden Unsicherheiten zurückzuführen. Sicher ist, daß Ag_3Sn und Quecksilber sich miteinander umsetzen unter Auftreten der γ-Phase des Systems Silber-Quecksilber und daß weiterhin der zinnreiche γ- (bzw. δ-)Mischkristall des Systems Zinn-Quecksilber entsteht. Die beiden sich bildenden Kristallarten enthalten nur geringe Mengen der dritten Komponente. Wir können daher auch heute noch in groben Zügen die Amalgamierung durch die von Joyner und Knight[1] aufgestellten Formeln

$$Ag_3Sn + 4\,Hg \rightarrow Ag_3Hg_4 + Sn$$
$$Sn + Hg \rightarrow Sn\text{-}Hg \ \ (\text{Mischkristall})$$

wiedergeben, wenn es auch nicht mehr berechtigt ist, von Ag_3Hg_4 als Verbindung im System Ag-Hg zu sprechen[2].

Nach Gayler ist das Nichtauftreten des ternären β-Mischkristalls während der Amalgamation bei Zimmertemperatur nicht erwiesen, sie vermutet vielmehr, daß sich aus Quecksilber und Ag_3Sn zunächst diese Phase und die γ (Hg-Sn)-Phase bilden und daß die β-Kristalle unter Bildung der γ (Ag-Hg)-Phase und Vermehrung von γ (Sn-Hg) weiterreagieren, wobei das noch vorhandene Quecksilber aufgenommen wird.

Auch heute noch herrscht teilweise die Annahme, daß die erste Stufe der Amalgamation bei den Zahnamalgamen die Auflösung von Ag_3Sn in Quecksilber ist und daß die weiteren Vorgänge, wenigstens teilweise, einer Kristallisation aus der Schmelze entsprechen[3]. Loebich[4] hebt demgegenüber hervor, daß nach dem Gefügeaufbau der Amalgame die Erhärtung nicht unter Kristallisation der γ (Ag-Hg)-Phase aus der Schmelze vor sich gehen kann, sondern mit der Auflösung von Quecksilber in Ag_3Sn beginnen muß, der die Bildung der γ-Phasen der beiden Systeme Silber-Quecksilber und Zinn-Quecksilber folgt. Ein Teil des Ag_3Sn bleibt dabei unzersetzt. Mit dem Abschluß der meßbaren Änderungen der Amalgame dürfte der dem Zustandsbild entsprechende Gleichgewichtszustand nicht erreicht sein. Die Abhängigkeit der zeitlichen Eigenschaftsänderungen und der Eigenschaften des Endzustandes von der Art der Amalgamierung und der Vorbehandlung der Silber-Zinn-Legierung ergibt sich daraus, daß die bei der Amalgambildung eintretenden Umsetzungen durch die Diffusionsgeschwindigkeit bestimmte Zeitreaktionen sind, die von zahlreichen Faktoren abhängen.

Vorbedingung für die Amalgamierung ist die Benetzung der Silber-Zinn-Legierung durch das Quecksilber. Je rascher und vollkommener

---

[1] Joyner, R. A. u. W. H. Knight: J. chem. Soc., Lond. **103**, 2247 (1913).

[2] Vgl. M. Hansen: Der Aufbau der Zweistofflegierungen, S. 31—33. Berlin 1936.

[3] Gray, A. W.: J. Inst. Met. **29**, 147 (1923). — Troiano, A. R.: J. Inst. Met. **63**, 247 (1938).

[4] Loebich, O.: Z. Metallkde. **32**, 15 (1940).

die Feilung vom Quecksilber benetzt wird, desto leichter vollzieht sich die erste Stufe der Umsetzungen. Die Diffusionsgeschwindigkeit des Quecksilbers wird bestimmt durch seine Reinheit und durch den Zustand der Vorlegierung, der durch den Schmelz- und Gießprozeß, durch die Art der Zerkleinerung, Korngröße, Alterung usw. gegeben ist. Daneben sind noch die Bedingungen bei der Amalgamierung wichtig. Verlängerte Mischungsdauer hat zur Folge, daß die Umsetzungen schon beim Mischen mehr oder weniger weit fortschreiten. Amalgamation durch Anreiben liefert nach Wannenmacher andere Ergebnisse als die Amalgamation durch Schütteln. Das Waschen der Legierungen erleichtert die primäre Umsetzung durch die Beschleunigung der gleichmäßigen Benetzung der Feilung durch das Quecksilber. Erhöhung der Temperatur beschleunigt natürlich die Vorgänge bei der Amalgamierung sehr stark und bewirkt dadurch, daß die Eigenschaftsänderungen oft ganz anders sind als bei tieferer Temperatur.

Während der Amalgamierung laufen die Umsetzungen, die allmählich zum Endzustand führen, nicht hintereinander ab, sondern vor allem bei langsamer Diffusion nebeneinander. Es kann daher in einzelnen Teilen eines Amalgamkörpers unter Umständen die Amalgamierung schon den Endzustand erreicht haben, während in anderen Teilen die erste Stufe der Amalgamation noch nicht abgelaufen ist. Dies muß besonders dann eintreten, wenn Feilungen mit uneinheitlichen Eigenschaften vorliegen, z. B. nach der Zerkleinerung nicht oder nicht richtig gealterte Feilungen.

δ) **Volumenänderungen**[1]. Die zeitlichen Volumenänderungen der Silber-Zinn-Amalgame lassen sich in vielen Fällen in drei Stufen teilen: eine anfängliche rasche Kontraktion, die dieser folgende langsamere Ausdehnung und eine schließlich wieder einsetzende langsame Kontraktion. Oft sind aber starke Abweichungen von diesem Schema festzustellen, häufig wird die erste Kontraktion übersprungen.

Auch bei gleich zusammengesetzten Silber-Zinn-Vorlegierungen ist der Ablauf der Volumenänderungen oft sehr verschieden. Zahlentafel 35 zeigt nach einer Zusammenstellung von Loebich und Nowack, daß die Längenänderung nicht nur der Größenordnung nach stark schwankt, sondern teilweise auch dem Vorzeichen nach. Diese Unterschiede entstehen durch verschiedene Form und Vorbehandlung der zur Amalgamierung gelangenden Feilung und durch verschiedene Arbeitsbedingungen bei der Amalgamation.

Im allgemeinen läßt sich jedoch unter weitgehend angeglichenen Verhältnissen eine deutliche Abhängigkeit der Volumenänderungen von

---

[1] Verfahren zur Messung der Volumenänderungen der Amalgame s. O. Loebich u. L. Nowack [Dtsch. zahnärztl. Wschr. **31**, 843 (1928)], H. Sieglerschmidt u. H. Arndt [Dtsch. zahnärztl. Wschr. **34**, 1288 (1931)], W. H. Souder u. C. G. Peters [Technol. U. S. Pap. Bur. Stand. **1920**, Nr. 157)].

der Zusammensetzung feststellen. Gayler findet Expansion bei Amalgamen, deren Silber-Zinn-Ausgangslegierung unter 25% Sn enthält. Eine nur sehr geringe Volumenänderung beobachtete sie bei den Amalgamen aus Legierungen mit einem Zinngehalt in den engen Grenzen von 25 bis 27%. Alle Amalgame, die aus Legierungen mit mehr als 27% Sn hergestellt wurden, wiesen Kontraktion auf. Diese Beobachtungen

Zahlentafel 35. Längenänderung von Amalgamen in μ/cm.
(Nach Loebich und Nowack.)

Beobachter	Silbergehalt der Feilung in Gew.-%				
	40	50	60	67	70
Black, gealterte Feilung	—22	—41	—41	—17	—17
	+ 7	+ 2	+ 2	0	0
Tammann und Dahl, nach 50 Std., gealtert	—23	—27	—21	— 4	—
Sterner-Rainer, nach 2 Tagen	—30	— 8	+13	+17	+25
Wannenmacher, nach 40 Std.	—24	—10	+ 4	—	—
Souder und Peters, nach 24 Std.	—	—	— 5	+ 4	—
Taylor, nach 24 Std.	—	—27	—56	—	+ 5
Loebich und Nowack, Herstellung 1	+ 5	+13	+ 3	—	+ 5
Herstellung 2	— 6	—15	—31	—	—39

führten Gayler zu einer Richtigstellung ihres Zustandsbildes, welche durch die Geraden QR und QL in den Isothermenschnitt, Abb. 76, eingetragen ist, dem Punkt M entspricht der Punkt Q. Ausdehnung erfolgt danach beim Verschwinden, Zusammenziehung bei der Bildung der γ_2 (Hg-Sn)-Phase. Auftreten der γ_1-Phase ist durch Ausdehnung, Verschwinden der γ_1-Phase durch Zusammenziehung gekennzeichnet. Das ideale, sich weder expandierende noch kontrahierende Amalgam entspricht nach Gayler dem Punkte Q.

Nach L. Sterner-Rainer bleibt die Zusammenziehung der silberarmen Amalgame klein gegenüber der Ausdehnung der silberreichen mit mehr als 70% Ag in der Silber-Zinn-Vorlegierung. Tammann und Dahl beobachteten bei frischen Feilungen große Ausdehnung und geringe Verkürzung, bei gealterten Feilungen größere Verkürzung und geringere Ausdehnung, wobei die frischen Feilungen im allgemeinen viel größere Dimensionsänderungen aufwiesen.

Nach Versuchen von Gray[1], die unter Verwendung einer technischen Vorlegierung mit 66 bis 69% Ag, 26 bis 28% Sn, 4,5 bis 5,5% Cu und 0 bis 2% Zn durchgeführt wurden, erfolgt bei grober Feilung starke Ausdehnung des Amalgams während der Erhärtung, mit abnehmender Korngröße nimmt die Ausdehnung ab. Feinpulverige Feilung ergibt Amalgame mit deutlicher Kontraktion. Auch die Zeit, während der Quecksilber und Feilung durch Anreiben oder Schütteln vermischt

---

[1] Gray, A. W.: Trans. Amer. min. metallurg. Engr., Inst. Met. Div. **60**, 678 (1919). — J. Inst. Met. **29**, 139 (1923).

werden, beeinflußt die Volumenänderung so stark, daß nach verschiedener Mischungsdauer unter im übrigen gleichen Bedingungen als Ergebnis nach dem Abklingen der zeitlichen Volumenänderungen sowohl Ausdehnung als auch Zusammenziehung festgestellt werden. Hoher Druck beim Abpressen des Quecksilbers nach dem Mischen verkürzt die Zeit, in der sich die Dimensionsänderungen vollziehen. Nach Sterner-Rainer[1] verringert eine Erhöhung des Quecksilbergehaltes der Amalgame durch geringeren Preßdruck nach dem Mischen die Kontraktion bei den sich zusammenziehenden Legierungen mit niedrigem Silbergehalt und erhöht die Ausdehnung bei den sich ausdehnenden Legierungen mit hohem Silbergehalt.

Erniedrigung der Temperatur unter Mundtemperatur bewirkt ein starkes Anwachsen der Erhärtungsdauer und eine entsprechende Verzögerung der Volumenänderungen, neben starken Verschiebungen der Größenordnung dieser Eigenschaftsänderungen. Herabsetzung der Temperatur auf $-78°$ führt eine sofortige Erstarrung des Amalgams herbei, ohne daß noch zeitliche Eigenschaftsänderungen festzustellen sind. Nach dem Wiedererwärmen erhält das Amalgam seine Plastizität zurück und die Erhärtung verläuft in normaler Weise.

Bei der Erklärung der Volumenänderungen von Zahnamalgamen macht die richtige Deutung der Ausdehnung nach der anfänglichen Kontraktion Schwierigkeiten. Da bei der Bildung von Amalgam aus Silber-Zinn-Feilung und Quecksilber stets eine Volumenabnahme eintritt und sich damit eine Schrumpfung zeigen sollte, kann die oft zu beobachtende Ausdehnung nur auf der Bildung von Poren in den Amalgamen während der Erhärtung beruhen.

Mit der Theorie über die Vorgänge bei der Erhärtung ändert sich natürlich auch die Erklärung für die Volumenänderungen. Nach Gray und nach Troiano ist die erste Kontraktion auf die Auflösung des Ag_3Sn durch das Quecksilber zurückzuführen. Das dann folgende dendritische Wachstum der γ (Ag-Hg)-Kristallite aus der Schmelze führt zum Auftreten von Hohlräumen, durch die eine Ausdehnung eintritt. Durch die schließliche Ausscheidung der Sn-Hg-Mischkristalle werden die entstandenen Hohlräume wieder mehr oder weniger stark geschlossen, so daß der Ausdehnung wieder eine Kontraktion folgt.

Eine einfache, vielen Beobachtungen gerecht werdende Deutung der Volumenänderungen gibt Loebich[2]. Er geht davon aus, daß das plastische Amalgam zunächst ein Gemisch von flüssigem Quecksilber und festen Silber-Zinn-Teilchen ist. Das Quecksilber diffundiert in letztere ein, die dadurch anwachsen, während das Gesamtvolumen des Systems abnimmt. Dieser Vorgang wird gestört, sobald die auf Kosten des

---

[1] Sterner-Rainer, L.: Die Edelmetallegierungen und Amalgame in der Zahnheilkunde, S. 83—89. Berlin 1930.

[2] Loebich, O.: Z. Metallkde. 32, 17 (1940).

flüssigen Quecksilbers wachsenden festen Teilchen sich gegenseitig berühren. Nur bis zu diesem Zeitpunkt hält die anfängliche Kontraktion an. Das weitere Wachsen der festen Teilchen durch Eindiffundieren des noch in den Zwischenräumen befindlichen Quecksilbers muß nunmehr zu einer Ausdehnung unter Bildung von Hohlräumen führen.

Zahlentafel 36. Einfluß der Herstellungsart auf die mechanischen Eigenschaften der Amalgame. (Nach Loebich und Nowack.)

Silbergehalt der Feilung	Druckfestigkeit in kg/mm²		Brinellhärte in kg/mm²		Fließen unter Druck in % in 24 Std. bei 250 kg/cm²	
	von	bis	von	bis	von	bis
40	11,5	12,5	26	32	20	33
50	14	17	30	37	15	23
60	18,5	26	48	52	2	7
70	20,5	27	49	54	1	5

ε) **Die mechanischen Eigenschaften der Silber-Zinn-Amalgame.** Ähnlich wie die übrigen physikalischen Eigenschaften lassen auch die mechanischen Eigenschaften einen starken Einfluß der Vorbehandlung der Silber-Zinn-Legierungen und der Arbeitsbedingungen bei der Amalgamation erkennen. Eine Übersicht über die Streuung der Werte bei erhärteten Amalgamen gibt Zahlentafel 36.

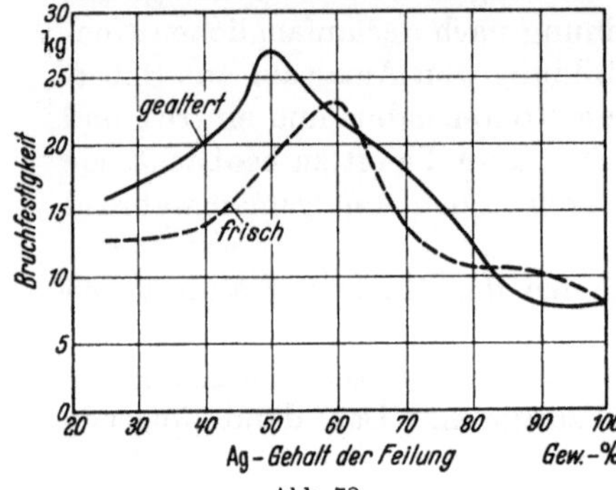

Abb. 78.
Bruchfestigkeit der Silber-Zinn-Amalgame.
(Nach Tammann und Dahl.)

Unter den mechanischen Eigenschaften ist neben der Härte die Druckfestigkeit besonders wichtig. Da die Zahnfüllungen oft seitlich teilweise frei liegen, ist außerdem auch die Kantenfestigkeit von Bedeutung. Die amerikanischen Normen sehen noch die Bestimmung des Fließens der Amalgame unter länger dauernder Belastung vor.

Trotz starker Schwankungen in den Einzelergebnissen läßt sich eine deutliche Abhängigkeit der mechanischen Eigenschaften vom Silbergehalt der Amalgame beobachten. Nach Zahlentafel 36 steigen Bruchfestigkeit und Härte mit dem Silbergehalt bei Amalgamen aus Vorlegierungen mit 40 bis 70% Ag, die Werte für das Fließen unter längerer Belastung fallen stark ab. Abb. 78 zeigt die von Tammann und Dahl gefundene Bruchfestigkeit[1] von Amalgamen, deren Zusammen-

---

[1] Die Bruchfestigkeit wurde bestimmt durch Eindrücken eines zylindrischen Druckstiftes mit 3 mm Durchmesser in die auf einer durchbohrten Platte liegenden, 1,45 mm dicken Proben; als Maß für die Druckfestigkeit diente die Belastung, bei der der Bruch erfolgte.

setzung den in Abb. 77 wiedergegebenen Werten entsprach. Die Bruchfestigkeit durchläuft danach bei frischer und bei gealterter Feilung einen ausgesprochenen Höchstwert, der für letztere deutlich höher liegt und außerdem gegenüber dem für frische Feilung von 60 zu 50% Ag verschoben ist. Amalgame aus Vorlegierungen mit weniger als 50% Ag zeigten vor dem Brechen eine starke Durchbiegung. Die Härte erreicht bei einem dem Ag$_3$Sn entsprechenden Verhältnis von Silber zu Zinn einen Höchstwert (Abb. 79). Die Härte von quecksilberarmen Legierungen ist stets gering. Nach Tammann und Dahl ist dies nicht auf eine geringere Härte der Kristallite zurückzuführen, sondern auf den fehlenden festen Zusammenhang.

Die Spaltfestigkeit[1] ändert sich mit der Zusammensetzung anders als die Härte. Sie durchläuft ihren Höchstwert schon bei niedrigerem Silbergehalt (Abb. 79). Außerdem überschneiden sich die Kurven der Spaltfestigkeit für Amalgame mit verschiedenem Quecksilbergehalt.

An Amalgamen aus der in Amerika gebräuchlichen

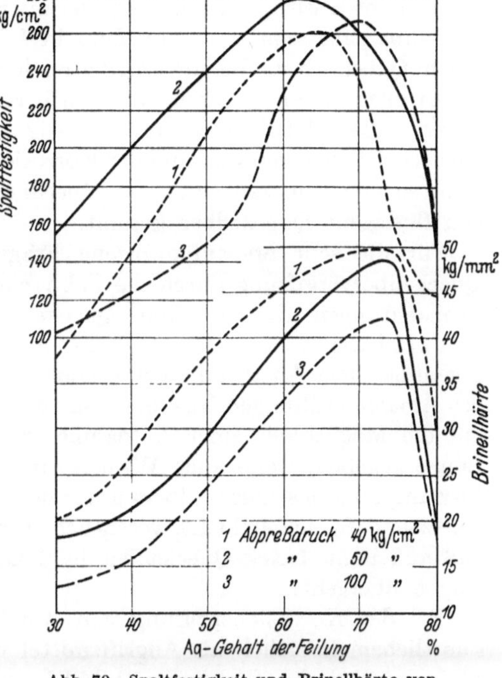

Abb. 79. Spaltfestigkeit und Brinellhärte von Silber-Zinn-Amalgamen. (Nach Steiner Rainer.)

silberreichen Vorlegierung mit 68% Ag und einem Zusatz von Kupfer und Zink bestimmte Gray die Abhängigkeit der Druckfestigkeit von den bei der Herstellung der Amalgame eingehaltenen Arbeitsbedingungen.

ζ) Die Korrosion der Silber-Zinn-Amalgame. Die erhärteten Amalgame bestehen aus zwei bzw. drei Phasen. Für das Verhalten beim chemischen Angriff ist wichtig das Vorhandensein der nahezu silberfreien, zinnreichen γ-Phase der binären Zinn-Quecksilber-Legierungen, die 9 bis 17,5% Hg enthält. Diese binäre Mischphase hat das Potential des Zinns, das daher auch die Zahnamalgame aufweisen[2]. Beim chemischen Angriff wird also stets die Zinn-Quecksilber-Phase gelöst, wobei durch

---

[1] Gemessen durch Eindrücken eines Stahlkegels mit unter 90° geschliffener Spitze.

[2] Arndt, K. u. G. Ploetz: Chemiker-Ztg. **51**, 46 (1927).

Lokalelementbildung mit den anderen Phasen die Auflösung noch stark gefördert werden kann. Da das Quecksilber viel edler als Zinn ist, kann es praktisch nur zur Auflösung von Zinn kommen. Intermediär gelöstes Quecksilber wird durch noch vorhandene Zinnatome sofort wieder gefällt. Es kann bei der Auflösung des Zinns so vorübergehend zum Auftreten von freiem Quecksilber kommen, das aber wieder von der (Ag-Hg)-Phase aufgenommen wird. In Einklang hiermit wurde bei Korrosionsversuchen an Zahnamalgamen stets nur Zinn in Lösung nachgewiesen, nicht dagegen Quecksilber. Bei quecksilberreichen Amalgamen kann sich nach Wannenmacher Quecksilber in Form von Tröpfchen an der Oberfläche zeigen. Bei Amalgamen mit richtig gewähltem Quecksilberzusatz reichert sich dagegen während der Korrosion unter normalen Bedingungen nicht so viel Quecksilber an der Oberfläche an, daß es zum Erscheinen von flüssigem Quecksilber kommt.

Für die sehr oft aufgeworfene Frage nach der Möglichkeit einer Quecksilbervergiftung durch die Zahnamalgame ergibt sich nach diesen Beobachtungen, daß sich kein Quecksilberion bildet bzw. nur in nicht nachweisbarer Menge entsteht. Freies metallisches Quecksilber, das einen gegenüber dem Amalgam stark erhöhten Dampfdruck aufweist, entsteht bei Amalgamfüllungen aus quecksilberreichen Amalgamen. Es ist damit die Möglichkeit einer Aufnahme von Quecksilberdampf durch die Lunge gegeben, wenn auch Wannenmacher darauf hinweist, daß die Verdampfung des Quecksilbers unter der im Munde stets darüber liegenden zähen Speichelschicht wesentlich geringer ist als an der Luft und daß außerdem freies Quecksilber bald als flüssiges Quecksilber in den Magen übergeht.

Bei der Korrosionsprüfung von Amalgamen verwendet man außer künstlichem Speichel[1] als Angriffsmittel vielfach stark verdünnte, etwa 1%ige organische Säuren, z. B. Milchsäure, Zitronensäure und Essigsäure, daneben wird 1%ige Kochsalzlösung oft im Gemisch mit einer organischen Säure gebraucht.

Loebich und Nowack[2] fanden, daß Natriumkarbonat keinen Angriff auf technische Amalgame ausübt. Bei Zitronensäure oder Kochsalz und Milchsäure enthaltenden Lösungen traten starke lochförmige Anfressungen unter Herauslösen des binären Zinn-Quecksilber-Mischkristalls auf, wobei das Zinn unter Bildung der komplexen Salze der betreffenden organischen Säuren gelöst wurde. Ein Angriff unter Abscheidung von Metazinnsäure als weißliche oder gelbgraue Schicht auf dem Amalgamkörper wurde bei der Einwirkung von Kochsalz, Essigsäure und Sodalösung beobachtet.

---

[1] Ansatz von künstlichem Speichel: In 100 ccm Wasser werden gelöst: Kaliumchlorid 0,4 g, Natriumphosphat 0,4 g, Natriumchlorid 0,3 g, Kalziumchlorid 0,3 g. Die Lösung wird mit Kohlensäure gesättigt und auf das Doppelte verdünnt. Dann gibt man noch 50 cm³ einer 1%igen Natriumsulfatlösung zu.

[2] Loebich, O. u. L. Nowack: Dtsch. zahnärztl. Wschr. **32**, 821 (1929).

In polysulfidfreier Natriumsulfidlösung laufen die Amalgame unter Bildung einer blauschwarzen Oberfläche an, ohne daß sich größere Mengen von Zinn auflösen. Sobald jedoch Polysulfid auftritt, wird die gegen weiteren Angriff schützende Sulfidschicht zerstört, und es tritt in starkem Maße Sulfidbildung ein. Sämtliche technisch wichtigen Amalgame sind nicht farbbeständig, sie laufen nach längerer oder kürzerer Zeit unter der Einwirkung von Schwefelverbindungen an. Versuche zur Herstellung anlaufbeständiger Amalgame verliefen ergebnislos.

Nach Wannenmacher[1] nimmt bei der Korrosion in 1%iger Milchsäure, die 1% Kochsalz enthält, die Korrosionsgeschwindigkeit mit zunehmender Dauer langsam ab; steht das Amalgam jedoch in Kontakt mit Gold, so wird durch Elementbildung zu Versuchsbeginn die Korrosionsgeschwindigkeit sehr stark erhöht, durch die damit verbundene Anreicherung von Quecksilber an der Oberfläche tritt jedoch bald eine starke Verzögerung der Auflösungsgeschwindigkeit ein. Durch die anfänglich stark beschleunigte Korrosion bei Berührung mit Gold kann es zum Auftreten von freiem Quecksilber kommen. Sind Amalgam und Gold in unmittelbarer Berührung miteinander, so nimmt das Gold Quecksilber auf. Wannenmacher weist daher darauf hin, daß es wichtig ist, Amalgam in unmittelbarer Nachbarschaft von Gold zu vermeiden, insbesondere sollten keine frischen Amalgame dort Anwendung finden.

η) **Der Einfluß von Zusätzen auf die Eigenschaften der Silber-Zinn-Amalgame.** Die Zahnamalgame enthalten außer den drei Hauptkomponenten noch Kupfer und Zink.

Die in Deutschland meist gebrauchten Vorlegierungen bestehen aus:

Silber	48—50%	Kupfer	0,5—2 %
Zinn	48—49%	Zink	0,1—0,5%

Außerdem werden teilweise noch geringe Zusätze von Wismut gemacht.

Die in Amerika festgelegten Normen sehen für Silber einen Mindestgehalt von 65% und für Zinn von 25% vor, für Kupfer und Zink gelten Höchstwerte von 6% Cu und 2% Zn. Als typische Zusammensetzung dieser Legierungen gibt Thomson[2] folgende Werte an:

Silber	67,7 %	Kupfer	4,71%
Zinn	26,33%	Zink	1,23%

Als Gold- und Platin-Gold-Amalgame werden im Handel Silber-Zinn-Legierungen bezeichnet, die außer Kupfer und Zink noch wenig Gold oder Platin und Gold enthalten. Der Goldgehalt übersteigt nur selten 0,4%, der Platinzusatz liegt gewöhnlich zwischen 0,1 und 0,2%.

Der spezifische Einfluß verschiedener Zusätze auf die Eigenschaften der Amalgame ist bis heute noch wenig geklärt. Loebich und Nowack

---

[1] Wannenmacher, E.: Dtsch. zahnärztl. Wschr. **32**, 410 (1929).
[2] Thomson, F. C.: Publ. internat. Tin. Res. Devel. Counc. Febr. 1939, Nr. 89.

zeigten, daß es gelingt, durch Zusatzmetalle, deren Art und Menge nicht angegeben wird, die Eigenschaften so zu ändern, daß Amalgame aus Legierungen mit 50% Ag die Festigkeitseigenschaften von Amalgamen aus Feilung mit 67% Ag erreichen. Mit dem Einfluß zahlreicher Zusatzmetalle auf die Eigenschaften der Amalgame beschäftigten sich eingehender nur Sterner-Rainer und vor ihm noch Black.

Am besten geklärt ist die Wirkung des Kupferzusatzes, dessen Menge mit dem Silbergehalt der Vorlegierung steigt, im allgemeinen aber 5% nicht überschreitet. Nach M. Gayler kann das Kupfer im Ag_3Sn Silber ersetzen. Mit dem Kupferzusatz ist, wie schon Black und Wetzel feststellten, eine Verfestigung der Amalgame verbunden. Gleichzeitig wirkt das Kupfer auf die Volumenänderung bei der Erhärtung durch verstärkte Kontraktion. Sterner-Rainer fand für kupferhaltiges Amalgam aus einer Vorlegierung mit 60% Ag während der Erhärtung zunächst eine Steigerung der Spaltfestigkeit gegenüber der kupferfreien Legierung. Die nach vollkommener Erhärtung erreichten Werte lagen jedoch unter denen für kupferfreie. Die Härte der kupferhaltigen Legierungen bleibt dagegen höher.

Die Einwirkung des Zinks auf die Eigenschaften der Amalgame ist nicht vollkommen geklärt. Große Zinkgehalte fördern die Korrosion und werden im allgemeinen als schädlich angesehen. Die Festigkeitseigenschaften werden nicht verbessert. Nach Wetzel sinkt die Kantenfestigkeit sogar ab. Die Volumenänderungen der zinkhaltigen Legierungen sind klein. Der geringe Zinkgehalt der technischen Vorlegierungen hat nach Skinner[1] wahrscheinlich den einzigen Vorteil, daß durch das Desoxydationsvermögen des Zinks das Verhalten der Legierungen beim Schmelzen und Gießen verbessert wird.

Gold bleibt in den geringen Gehalten von nur einigen zehntel Prozent ohne stärkeren Einfluß auf die Eigenschaften der Amalgame. Nach Wetzel macht ein Zusatz von bis zu 4% Au das Amalgam gegen mechanische und chemische Einflüsse widerstandsfähiger und verstärkt die Kontraktion. Sterner-Rainer beobachtete bei einem Goldzusatz von 5% eine kräftige Zunahme der anfänglichen Schrumpfung, die über einen Zeitraum von 30 Tagen noch anhielt. Hoher Quecksilbergehalt drängte die Schrumpfung durch Gold zurück, so daß sie nur einige Stunden erhalten blieb. Die nachfolgende Expansion war geringer als bei den goldfreien Legierungen. Die Spaltfestigkeit erlitt durch Gold eine deutliche Verminderung, die Härte stieg an.

Untersuchungen über die Bedeutung der kleinen Mengen Platin, die vielfach vorhanden sind, fehlen. Ältere Angaben über die Wirkungen des Platins sind uneinheitlich[2]. Feilungen mit 57% Ag, 38% Sn

---

[1] Skinner: The Science of Dental Materials, p. 316. London 1937. Ref. F. C. Thomson: Vgl. Fußnote 2, S. 173.

[2] Vgl. A. Wetzel: Füllen der Zähne mit Amalgam, S. 52. Berlin 1899.

und 5% Pt verhalten sich nach Sterner-Rainer während der Amalgamierung ganz anders wie platinfreie. Das platinhaltige Amalgam erhärtet sehr rasch und zieht sich stärker zusammen als das platinfreie, gleicht also hierin dem goldhaltigen Amalgam. Offenbar sind diese Eigenschaften auch schon bei geringen Platingehalten festzustellen.

Von Sterner-Rainer wurden weiterhin einige Amalgame mit Mangan-, Wismut-, Antimon-, Blei-, Aluminium-, Kadmium- und Magnesiumzusatz geprüft. Aluminium und Magnesium wirken sehr nachteilig und führen schon in kleinen Mengen zu rascher chemischer Zersetzung unter Oxydation dieser Zusätze. Die anderen Zusätze bringen teilweise anscheinend Verbesserungen mit sich, eine eindeutige Aufklärung ihrer Wirkungsweise geben die vorliegenden Versuche noch nicht.

b) Silber-Blei-Zink. Das System Silber-Blei-Zink besitzt besondere Bedeutung durch die Zinkentsilberung, die im Jahre 1850 von Parkes in die Praxis eingeführt wurde. Bei der Durchführung des Parkes-Verfahrens rührt man Zink in das silberhaltige geschmolzene Blei ein bei einer Temperatur, die über dem Schmelzpunkt des Zinks liegt. Dann läßt man die Schmelze abkühlen, wobei das auskristallisierende Zink das Silber und auch die anderen vorhandenen Edelmetalle aufnimmt. Das auf der Bleischmelze als Schaum schwimmende Zink wird abgeschöpft und das Zink abdestilliert. Es hinterbleibt ein silberreiches Blei, das unmittelbar abgetrieben werden kann[1].

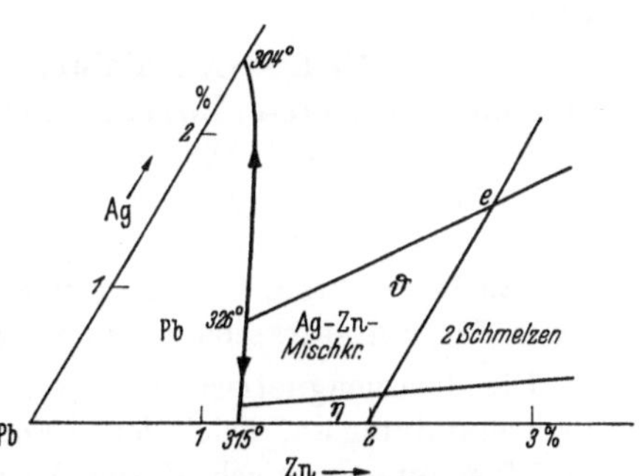

Abb. 80. Die Bleiecke des Zustandsbildes der Silber-Zink-Blei-Legierungen. (Nach Kremann und Hofmeier.)

Für das Parkes-Verfahren ist wichtig die große Mischungslücke im flüssigen Zustande bei dem binären System Blei-Zink, die sich im ternären System erst bei hohen Zinkgehalten schließt.

Bei der Zinkentsilberung liegt die Zusammensetzung der Schmelzen in der Nähe der Bleiecke (Abb. 80). Dieses Teilstück des ternären Diagramms wurde von Kremann und Hofmeier[2] untersucht. Das Gebiet der primären Bleikristallisation wird abgegrenzt durch die eutektische Rinne, die das Blei-Zink- mit dem Blei-Silber-Eutektikum verbindet. Zwischen ihr und dem Zustandsfeld der zweiphasigen Schmelzen liegt, an die Silberseite angrenzend, das für die Zinkentsilberung wichtige Konzentrationsgebiet, in dem bei der Abkühlung sich die zinkreichen

---

[1] Die eingehende Beschreibung vom Parkes-Prozeß siehe V. Tafel: Lehrbuch der Metallhüttenkunde, Bd. 1, S. 77—95. Leipzig 1927.

[2] Kremann, R. u. F. Hofmeier: Mh. Chem. **32**, 563 (1911).

η-Kristalle unter Zurücklassung einer praktisch silberfreien Schmelze primär ausscheiden.

Die Entmischungslinie der beiden Schmelzen weist nach Bogitch[1] zwischen 10 und 20% Ag auf der der Silber-Zink-Seite zugekehrten Grenze eine Einschnürung auf, die nach Jänecke durch das Auftreten eines nonvarianten Gleichgewichts zweier Schmelzen mit den beiden festen zinkreichsten Phasen des Systems Silber-Zink zu erklären ist.

Naish[2] fand eine hinreichende Konstanz des Verteilungskoeffizienten von Silber zwischen Zink und Blei mit einem Wert von 301,9 bei 550° nur bei einem Silbergehalt bis zu etwa 5%. Bei 850° war der Verteilungskoeffizient $C_{Zn}:C_{Pb}$ gleich 415,4. Das Verhältnis der Menge der Zink- und Bleischmelze zueinander war auf die Verteilung des Silbers ohne Einfluß.

c) **Silber-Mangan-Aluminium.** In dem System Silber-Mangan-Aluminium beobachtete Potter[3] Ferromagnetismus bei Legierungen mit mehr als 60% Ag. Die höchste magnetische Sättigung wurde bei der Zusammensetzung Ag_3MnAl erreicht. Bei dieser bevorzugten Zusammensetzung war jedoch kein ausgesprochener Spitzenwert des Ferromagnetismus zu beobachten, sondern nur ein flaches Maximum. Die Curietemperatur der am stärksten magnetischen Legierungen lag bei 360°.

Die ferromagnetischen Eigenschaften hängen sehr stark von der Vorbehandlung ab. Nach dem Erstarren langsam abgekühlte Legierungen sind fast unmagnetisch, durch Anlassen bei 250° tritt Ferromagnetismus auf, der bei hoher Glühtemperatur wieder zurückgeht und schließlich ganz verschwindet.

Die ferromagnetischen Legierungen haben das kubisch flächenzentrierte Gitter des Silbers mit nur wenig davon abweichender Gitterkonstante. Eine Überstrukturphase war nicht zu beobachten. Träger des Ferromagnetismus muß danach die Mischkristallphase mit statistischer Atomverteilung sein. Besonders bemerkenswert ist die außerordentlich hohe Koerzitivkraft der Silber-Aluminium-Mangan-Legierungen, die 5000 Gauß beträgt, teilweise sogar noch darüber hinausgeht. Infolge der geringeren Remanenz bleiben trotz dieser hohen Koerzitivkraft die spezifischen Leistungen unter denen anderer ferromagnetischer Legierungen mit kleinerer Koerzitivkraft.

---

[1] Bogitch, M. B.: C. R. Acad. Sci., Paris **159**, 178 (1914).
[2] Naish, W. A.: Trans. Faraday Soc. **21**, 102 (1925/26).
[3] Potter, H. H.: Phil. Mag. **12**, 255 (1931).

Fünfter Abschnitt.

Die Legierungen des Goldes.

A. Reinheitsgrad und schädliche Verunreinigungen.

Das technische Feingold hat einen Reinheitsgrad von über 99,9%. Wie Silber kann es elektrolytisch und chemisch in sehr hoher Reinheit hergestellt werden. In doppelt geschiedenem Gold treten die Hauptverunreinigungen nur noch in der 4. bis 5. Dezimale auf[1].

Als Beimengungen enthält das Gold neben Silber und Kupfer die gleichen Fremdmetalle wie das Silber. Diese bleiben· ohne Einfluß

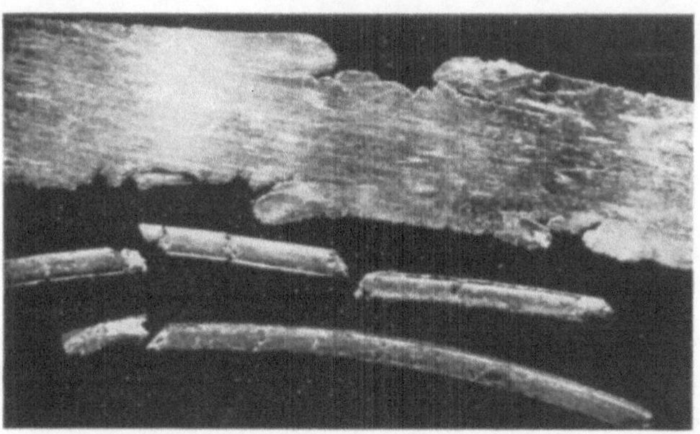

Abb. 81. Gerissene bleihaltige Gold-Legierungen. Blech 58,5% Au; 20,65% Cu; 20,65% Ag; 0,2% Pb. Draht 75,0% Au; 24,9% Cu; 0,1% Pb.

auf die technologischen Eigenschaften. Erst in stärkerer Anreicherung können verschiedene Metalle und Nichtmetalle auf die Eigenschaften des Goldes stark einwirken. Nach Nowack[2] machen schon 0,06% Pb das Gold unbearbeitbar durch Bildung der bei 418° schmelzenden, in festem Gold unlöslichen Verbindung Au_2Pb, die sich leicht an den Korngrenzen abscheidet. Tritt das Au_2Pb im Gefüge gleichmäßig verteilt auf, so kann noch Gold mit 0,3% Pb zu dünnem Blech und Draht verformt werden[3].

Die Goldlegierungen werden durch Blei in ähnlicher Weise beeinflußt. Abb. 81 zeigt als Beispiel 2 gewalzte Legierungen mit 0,2 bzw. 0,1% Pb. Beide lassen schon eine starke Herabsetzung der Verformbarkeit

---

[1] Spanner, J. in A. E. v. Arkel: Reine Metalle, S. 415. Berlin 1939.

[2] Nowack, L.: Z. anorg. allg. Chem. **154**, 395 (1926). — Z. Metallkde. **19**, 238 (1927).

[3] Unveröffentlichte Versuche von E. Raub u. H. Baur.

erkennen. Das Gefüge einer bleihaltigen Legierung ist neben dem einer bleifreien aus Abb. 82a—c zu ersehen. Die bleihaltige Phase, die in ternären Gold-Silber-Kupfer-Legierungen auch Kupfer enthält[1], ist teilweise längs der Korngrenzen abgeschieden. Nach 2stündigem Glühen bei 500° und langsamer Abkühlung hat sie sich zu Tröpfchen zusammengezogen. Sie beeinflußt in dieser Form die Bearbeitbarkeit weniger ungünstig. Nach Versuchen von Capillon[2] sinkt die Walzbarkeit bei Legierungen mit 50,0 und 33,3% Au durch 0,5% Pb nur um etwa 20%.

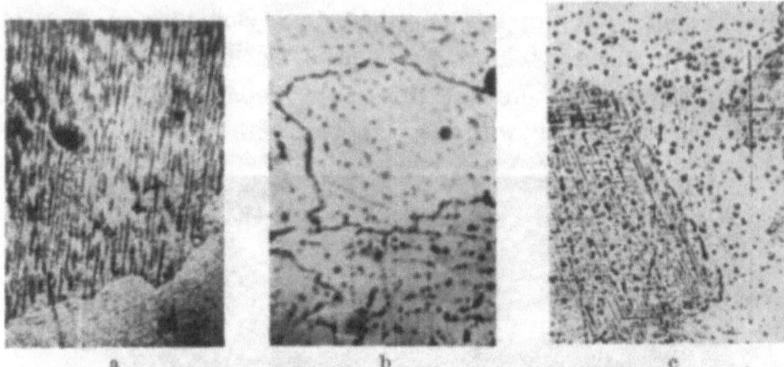

Abb. 82a—c. Gefüge von bleifreier und bleihaltiger Gold-Kupfer-Legierung (75% Au).
a Bleifreie Legierung, Gußgefüge. b Mit 0,1% Pb, Gußgefüge.
c Mit 0,1% Pb, 2 Std. bei 500° geglüht, langsam gekühlt.

Wismut und Tellur setzten die Walzbarkeit von Gold in Mengen von 0,1% stark herab. Für Gold, das 1% Al oder Sn enthielt, fand Nowack gute Verformbarkeit, in Gegenwart von 1% Sb riß es dagegen nach einigen Walzstichen[3].

C. R. Robson[4] beobachtete eine starke Beeinträchtigung der Bearbeitbarkeit des Goldes durch Silizium, das u. U. aus der Tiegelauskleidung durch Reduktion aufgenommen werden kann.

Phosphor wird ähnlich wie durch flüssiges Silber auch durch flüssiges Gold absorbiert und bei der Erstarrung unter Spratzen abgegeben[5].

B. Die binären Legierungen des Goldes.

Das Gold findet in reinem Zustande sehr wenig Verwendung. In der zahnärztlichen Praxis gebraucht man es unter Ausnutzung seiner

---

[1] Gerlach, W.: Z. anorg. allg. Chem. **179**, 111 (1929).

[2] Capillon, E. A.: Amer. Inst. min. metallurg. Engr., Inst. Met. Div. **1930**, 439.

[3] Grigorjew, A. T. [Z. anorg. allg. Chem. **209**, 289 (1932)] stellte gelegentlich einer Untersuchung über den elektrischen Widerstand von Au-Sb-Legierungen fest, daß alle Legierungen dieses Systems spröde sind.

[4] Robson, C. R.: Ann. Rep. roy. Mint, Lond. **60**, 132 (1929).

[5] Hautefeuille, P. u. A. Perrey: C. R. Acad. Sci., Paris **98**, 1378 (1884).

Eigenschaft, durch mechanische Bearbeitung schon in der Kälte zu verschweißen[1].

Die untersuchten binären Legierungen des Goldes weisen im flüssigen Zustande vollkommene Mischbarkeit auf. Dieses gilt auch für das System Gold-Mangan, in dem mehrfach eine Mischungslücke angenommen wurde[2]. Technische Bedeutung erlangten nur einzelne Legierungen.

1. Die Legierungen des Goldes mit Silber und Kupfer.

a) Gold-Silber. Die Gold-Silber-Legierungen bilden eine lückenlose Reihe von Mischkristallen ohne Umwandlungen oder Entmischung im festen Zustande. Alle physikalischen Eigenschaften haben den für Mischkristallegierungen kennzeichnenden Verlauf. Die elektrische Leitfähigkeit, der Temperaturkoeffizient des Widerstandes und die thermoelektrische Kraft weisen in einem mehr oder weniger eng begrenzten Bereich der Zusammensetzung ein Minimum auf. Der spezifische Widerstand, die Härte und die Zugfestigkeit durchlaufen ein Maximum. Die thermische Ausdehnung und die Dichte ändern sich fast linear mit der Temperatur.

Die Atomsuszeptibilität weicht von der einfachen additiven Abhängigkeit deutlich nach höheren diamagnetischen Werten hin ab, sie ist aber von der Vorbehandlung (Glühen in verschiedener Atmosphäre, Schmelzen im Vakuum) unabhängig[3]. Nach Ornstein[4] zeigen Hall-Koeffizient und Gitterkonstante einen analogen Verlauf.

Die Legierungen weisen bis zu $1,6°$ abs. die normale Temperaturabhängigkeit des elektrischen Widerstandes auf, nur bei einer Probe mit 0,1% Ag wurde das von reinem Gold bekannte Widerstandsminimum beobachtet[5]. Der magnetische Koeffizient des elektrischen Widerstandes silberreicher Legierungen ist bei tiefen Temperaturen klein. Bei einer Feldstärke von 8400 Gauß tritt eine Widerstandszunahme von 2 bis $5 \cdot 10^{-5}$ ein.

Aus Messungen der elektromotorischen Kraft von Ketten der Art Ag/AgCl/Au-Ag (Legierung) von Ölander[6] Wagner und Engelhardt[7]

---

[1] Nowack, L.: Z. Metallkde. **19**, 238 (1927). — Harder, O. E.: Metals & Alloys **1934**, 236.

[2] Die von H. Moser, E. Raub und E. Vincke [Z. anorg. allg. Chem. **210**, 67 (1933)] in abgeschreckten Legierungen zwischen 50 und 55% Mn beobachtete manganreiche flüssige Phase beruht auf der starken Verdampfung des Mangans, das sich an den Wandungen des Schmelzrohres kondensiert und beim Ausgießen von der Schmelze mitgerissen wird, in der es sich bei rascher Erstarrung nur wenig löst (unveröffentlichte Versuche von E. Raub und H. Baur).

[3] Auer, H., E. Riedl u. H. J. Seemann: Z. Phys. **92**, 291 (1934).

[4] Ornstein, L. S.: Z. Phys. **72**, 488 (1931).

[5] Giauque, W. F. u. J. W. Stout: J. Amer. chem. Soc. **60**, 388 (1938).

[6] Ölander, A.: J. Amer. chem. Soc. **53**, 3577 (1931).

[7] Wagner, C. u. G. Engelhardt: Z. phys. Chem. Abt. A **159**, 241 (1932).

und Wachter[1] ergibt sich eine nicht unbedeutende Bildungswärme, die bei etwa 50 At.-% Au einen Höchstwert von 1,34 kcal/g-Atom erreicht. Bei dieser Zusammensetzung wurde auch die stärkste Gitterkontraktion beobachtet[2].

Die mechanische Kompressibilität der Legierungen liegt nur wenig tiefer als die additiv berechnete, auch das Volumen weicht nur wenig von der additiven Abhängigkeit ab[3].

Röntgenaufnahmen von gewalzten Gold-Silber-Legierungen mit 30% Ag und mehr gleichen denen des gewalzten Silbers. Legierungen mit geringerem Silbergehalt liefern eine dem Gold gleiche Aufnahme[4]. Die Anordnung bei der Rekristallisation geht mit wachsendem Sibergehalt von der Würfeltextur in die 113-Textur über, weist also auch den Übergang von der Textur des Goldes zu der des Silbers auf.

Die Verfestigung von Gold durch Silber und umgekehrt von Silber durch Gold ist nur gering, sie erreicht ihren Höchstwert bei etwa 50 At.-% Au.

Röhl[5] beobachtete bei Gold-Silber-Einkristallen die gleiche Anisotropie wie bei Gold- und Silber-Einkristallen. Die elastischen Konstanten folgen jedoch bei derselben Kristallrichtung nicht der Mischungsregel. Elastizitäts- und Gleitmodul weisen bei etwa 50 At.-% einen flachen Höchstwert auf. Die Streckgrenze von Legierungseinkristallen liegt über der der reinen Metalle, die kritische Schubspannung bei der Streckgrenze steigt bis auf etwa den 5fachen Betrag bei 50 At.-% Au[6]. Die im Zugversuch erreichten absoluten Höchstwerte der Schubspannung liegen jedoch nur wenig höher als bei reinem Gold und Silber.

Die Farbe der Gold-Silber-Legierungen geht mit steigendem Silberzusatz über blaß grüngelb nach weiß. Zwischen 60 und 70 At.-% Au tritt der grünliche Farbton am deutlichsten hervor, bei weniger als etwa 35 At.-% Au sind die Legierungen fast weiß. Die Farbe ändert sich durch Kaltbearbeitung.

Die chemischen Eigenschaften der Gold-Silber-Legierungen trugen wesentlich zur Auffindung des Gesetzes der Einwirkungsgrenzen durch Tammann[7] bei. Danach werden unterhalb der Temperatur des inneren Platzwechsels Mischkristalle von einem Lösungsmittel, das eine der Komponenten nicht löst, nicht angegriffen, wenn der Gehalt an der unlöslichen Komponente ein ganzes Vielfaches von $^1/_8$ Mol beträgt. Nach Zahlentafel 37 haben die Gold-Silber-Legierungen Einwirkungsgrenzen

[1] Wachter, A.: J. Amer. chem. Soc. 54, 4609 (1932).
[2] Sachs, G. u. J. Weerts: Z. Phys. 60, 481 (1930).
[3] Weibke, F.: Z. Metallkde. 30, 322 (1938).
[4] Göler, Frhr. v. u. G. Sachs: Z. Phys. 56, 477, 495 (1929).
[5] Röhl, H.: Ann. Phys., Lpz. [5] 16, 887 (1933).
[6] Sachs, G. u. J. Weerts: Z. Phys. 62, 473 (1930).
[7] Tammann, G.: Z. anorg. allg. Chem. 107, 1 (1919).

bei $^2/_8$ und $^4/_8$ Mol Au, von denen die erstere, die beim Angriff durch mehrwertige Ionen und schwache Oxydationsmittel auftritt, teilweise stark verwaschen ist. Die zweite Einwirkungsgrenze bei $^4/_8$ Mol Au gegenüber dem Angriff von starken Oxydationsmitteln ist dagegen scharf ausgeprägt. Harte Bleche werden ohne Verschiebung der Resistenzgrenze im allgemeinen rascher angegriffen als weiche. Von Interesse für die Edelmetallprobierkunde ist die Einwirkungsgrenze gegen Salpetersäure

Zahlentafel 37. Resistenzgrenzen der Gold-Silber- und Gold-Kupfer-Mischkristalle bei der Einwirkung verschiedener Angriffsmittel. (Nach Tammann.)

Agens Lösungen von	Einwirkungsgrenzen auf Au-Cu-Mischkristalle Mol Au	Einwirkungsgrenzen auf Au-Ag-Mischkristalle Mol Au
$PdCl_2$	0,245—0,255	
$Pd(NO_3)_2$		0,245—0,255
$PtCl_2$	0,245—0,255	0,245—2,55
$(NH_4)_2S_2$	0,245—0,255	> 0,32
Na_2S_2		0,27—0,32
Na_2S	0,22	0,27
Schwefel in CS_2	0,22	
Na_2Se_2	0,245—0,255	> 0,27
Pikrinsäure	0,22	
Alkalische Lösung von weinsaurem Natron	0,22	
$AuCl_3$		0,495—0,505
H_2CrO_4		0,492
$HMnO_4$		0,495—0,505
HNO_3		0,480—0,490
$HgCl$	keine	
$HgNO_3$	keine	
$HgCl_2$	Hg-Fällung 0,24	
$Hg(NO_3)_2$	keine	
Silbersalze	0,08—0,15	

und Schwefelsäure, die von Tammann und Brauns[1] eingehender untersucht wurde. In abgekochter Schwefelsäure reicht bei 100° der Angriff bis zu etwa 45 At.-% Au, erst bei 150° beobachtet man eine scharfe Einwirkungsgrenze bei 0,5 Mol Au. Erhöht man die Temperatur der Säure auf 250°, so verschwindet die Einwirkungsgrenze durch Diffusion von Silber an die Oberfläche. In nicht abgekochter Schwefelsäure lösen sich noch Legierungen mit bis zu $^6/_8$ Mol Au bei 100 bis 150° infolge einer merklichen Löslichkeit des Goldes.

Nach Le Blanc und Erler[2] verlieren in Salpetersäure von den Dichten 1,32 und 1,42 bei 49° noch Legierungen mit weniger als 0,48 Mol Ag Silber, bis 0,57 Mol Ag nimmt der Angriff allmählich zu, um erst bei weiter wachsendem Silbergehalt rasch zu steigen. Tammann[3]

[1] Tammann. G. u. E. Brauns: Z. anorg. allg. Chem. **200**, 209 (1931).
[2] Blanc, M. Le u. W. Erler: Ann. Phys., Lpz. **16**, 321 (1933).
[3] Tammann, G.: Z. anorg. allg. Chem. **234**, 33 (1937).

dagegen fand nach 20 jähriger Einwirkung von $PtCl_2$- und $AuCl_3$-Lösungen bei Raumtemperatur keine Verschiebung der Einwirkungsgrenze. Bei elektrochemischem Angriff ist die Einwirkungsgrenze gegenüber der bei chemischem Angriff oft verschoben.

Schiedt[1] beobachtete an Gold-Silber-Einkristallen, deren Zusammensetzung in der Nähe der Einwirkungsgrenze lag, bei Salpetersäure-Angriff keinen Unterschied in der Lösungsgeschwindigkeit gegenüber vielkristallinen Legierungen, dagegen waren beachtliche Unterschiede bei dem Angriff verschiedener Flächen festzustellen. Nach Schiedt ist von starkem Einfluß auf die Lösungsgeschwindigkeit eine mechanische Nachdichtung der während der Auflösung auf der Oberfläche entstehenden Goldhaut.

Die elektromotorische Kraft einer Kette Au-Ag-Mischkristall/0,02 n $AgNO_3$/0,1 n KNO_3/0,01 n $AuCl_3$/Au hängt bei Zimmertemperatur von der Vorbehandlung der Legierungs-Elektrode ab. Die Legierung behält bis zu sehr hohen Goldgehalten das Potential des Silbers, solange die Silberatome aus der Oberfläche nicht herausgelöst werden. Sobald aber durch Auflösung der Silberatome auf der Oberfläche ein Goldfilm entsteht, weisen sie bis zu den höchsten Silbergehalten das Potential des Goldes auf.

Spannungsmessungen bei höheren Temperaturen, die schon innere Platzwechselvorgänge zulassen, ergaben eine mit der Zusammensetzung der Legierung sich kontinuierlich ändernde elektromotorische Kraft, die von der Geraden nach tieferen Werten hin abweicht[2].

Gegenüber Angriffsmitteln, die auf beide Metalle einwirken, verhalten sich die Gold-Silber-Legierungen verschieden. Königswasser löst das Gold leicht auf, mit Silber reagiert es jedoch nur oberflächlich unter Bildung einer Silberchloridschicht. Die Legierungen werden daher mit steigendem Silbergehalt von Königswasser langsamer angegriffen. Bis zu etwa 25% Ag werden sie jedoch durch heißes Königswasser noch vollkommen zersetzt. Den Angriff von Gold-Silber-Legierungen durch Kaliumcyanidlösung untersuchten Plakssin und Schibajew[3].

Die Chlorierung des Silbers beim chlorierenden Rösten einer Legierung mit 20% Au setzt in gleicher Stärke wie bei reinem Silber ein, jedoch wird durch die Gegenwart des Goldes die Chlorierung der letzten Silberreste stark verzögert. Die Verflüchtigung des Silbers ändert sich durch das Gold nicht, dagegen werden Chlorierung und Verflüchtigung des Goldes durch Silber etwas beschleunigt[4].

---

[1] Schiedt, E.: Z. anorg. allg. Chem. **212**, 415 (1933).

[2] Tammann, G.: Vgl. Fußnote 7, S. 180. — Ölander, A.: Vgl. Fußnote 6. S. 179. — Wagner, C. u. G. Engelhardt: Vgl. Fußnote 7. S. 179. — Wachter, A.: Vgl. Fußnote 1, S. 180.

[3] Plakssin, J. N. u. S. W. Schibajew: Ann. Sect. Anal. phys. chim. **9**. 159 (1936). Ref. Chem. Zbl. **108**, I, 4338 (1937).

[4] Borchers. H.: Metallwirtsch. **14**. 713 (1935).

Die katalytische Wirksamkeit der Gold-Silber-Legierungen auf die Ameisensäurezersetzung unterscheidet sich nach Rienäcker[1] nicht wesentlich von der der Komponenten.

b) Gold-Kupfer. Die Gold-Kupfer-Legierungen sind nicht nur technisch wichtig, sondern sie haben auch besonderes theoretisches Interesse durch die Umwandlungen im festen Zustande (Abb. 83).

Die mit einer deutlichen Temperaturhysterese verbundenen Umwandlungen im System Gold-Kupfer sind gekennzeichnet durch das Auftreten geordneter Atomverteilungen, deren Bildung mit einer deutlichen Gitterkontraktion verbunden ist.

Es ließen sich insgesamt vier geordnete Mischphasen nachweisen. Lange bekannt sind die dem AuCu und AuCu$_3$ zuzuschreibenden Umwandlungen. Die Existenz des Au$_2$Cu$_3$ wurde erst kürzlich durch Weibke und v. Quadt[2] sichergestellt. Die vierte Um-

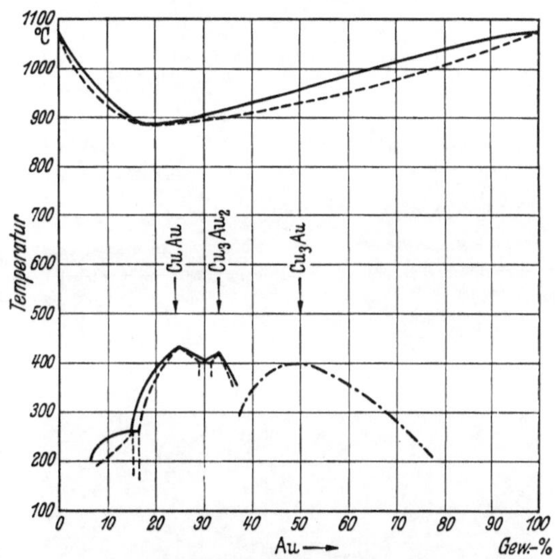

Abb. 83. Das Zustandsbild der Gold-Kupfer-Legierungen. (Nach Le Blanc und Wehner.)

wandlung führt zu der von Johansson und Linde[3] entdeckten geordneten AuCu II-Mischphase, die zwischen etwa 420 und 370° beständig ist.

Die Struktur des kubisch flächenzentrierten AuCu$_3$-Gitters entsteht dadurch, daß drei der Teilgitter von Kupferatomen und eines von Goldatomen besetzt werden. Die Anordnung der Atome im tetragonalen Gitter der AuCu I-Überstrukturphase läßt sich nach Borelius[4] entweder so beschreiben, daß von den vier Teilgittern zwei mit Kupferatomen und zwei mit Goldatomen besetzt werden, oder aber so, daß die quadratisch besetzten Atomebenen parallel einer der ursprünglichen Würfelflächen abwechselnd von Kupfer- und Goldatomen eingenommen werden. Die AuCu II-Phase mit rhombischer Symmetrie erklärt Borelius als AuCu I-Struktur, bei der die Kupfer- und Goldatome senkrecht zur tetragonalen Achse in konstanten Abständen ihre Plätze wechseln.

---

[1] Rienäcker, G.: Z. anorg. allg. Chem. **227**, 353 (1936).
[2] Weibke, F. u. U. v. Quadt: Z. Elektrochem. **45**, 715 (1939).
[3] Johansson, C. H. u. J. O. Linde: Ann. Phys., Lpz. [5] **25**, 1 (1936).
[4] Borelius, G.: Z. Elektrochem. **45**, 30 (1939).

Nach Hultgren und Tarnopol[1] nimmt die Gitterkonstante der kubischen Phase schon dicht über der kritischen Temperatur infolge des Eintretens lokaler Ordnung ab. Die Gitterkonstanten der beiden geordneten AuCu-Phasen liegen auf einer kontinuierlichen Kurve. Die a_1-Werte stimmen für beide Phasen überein, die a_3-Werte der AuCu I-Phase liegen oberhalb der entsprechenden der AuCu II-Phase.

Abb. 84 a und b. Gold-Kupfer-Legierung mit 50 At.-% Au. Vergr. 200 ×.
a Abgeschreckt; b angelassen.

Johansson und Linde erhielten die AuCu II-Phase bei 36 bis 47 und 53 bis 65 At.-% Au durch Anlassen bei 400 bis 200°. Legierungen mit Goldgehalten zwischen 47 und 53 At.-% wiesen dagegen das AuCu II-Gitter nur nach dem Abschrecken von 410 bis 420° auf. Ihr Zustandsfeld wurde von Köster[2] durch Messung des Elastizitätsmoduls, der auf Gitteränderungen sehr deutlich reagiert, und von Hultgren und Tarnopol[3] röntgenographisch festgelegt. Nach Hultgren und Tarnopol wird nach längerer Lagerung bei Raumtemperatur die Ausbildung der AuCu II-Phase schärfer, obwohl sie unter diesen Verhältnissen instabil ist.

Die Umkristallisation, die mit dem Auftreten der geordneten Atomverteilung im Gebiet der AuCu I-Umwandlung verbunden ist, läßt sich mikroskopisch beobachten (Abb. 84). Die Au_2Cu_3-Phase, die Le Blanc und Wehner[4] durch Leitfähigkeitsmessungen nachwiesen, wurde infolge ihrer geringen Bildungsgeschwindigkeit und wegen ihres verhältnismäßig

[1] Hultgren, R. u. L. Tarnopol: Amer. Inst. min. metallurg. Engr., Techn. Pap. 133, 228 (1939).
[2] Köster, W.: Z. Metallkde. 32, 146 (1940).
[3] Vgl. Fußnote 1, S. 184.
[4] Blanc, M. Le u. G. Wehner: Ann. Phys., Lpz. [5] 14, 490 (1932).

geringen Ordnungsgrades oft übersehen. Weibke und v. Quadt errechneten für das Au_2Cu_3 aus Messungen des Temperaturkoeffizienten der elektromotorischen Kraft von Gold-Kupfer-Legierungen gegen Kupfer in Kupferchlorür enthaltenden eutektischen Alkalichloridschmelzen als Elektrolyt bei 370° einen Fehlordnungsgrad von 4%, der beim AuCu nur 0,5% und beim $AuCu_3$ 0,4% erreicht. Die Bildungswärme der Mischkristalle mit statistischer Atomverteilung hat bei 55 At.-% Cu einen Höchstwert von 1,25 kcal/g-At. Die Umwandlungswärmen bei der Entstehung der geordneten Phasen betragen:

für AuCu: 0,37 kcal/g-At. Legierung,
für Au_2Cu_3: 0,14 kcal/g-At. Legierung,
für $AuCu_3$: 0,22 kcal/g-At. Legierung[1].

In der Schmelzkurve der Gold-Kupfer-Legierungen tritt bei etwa 18 Gew.-% Au ein Schmelzpunktsminimum auf (Abb. 83), Liquidus und Solidus liegen bei den übrigen Zusammensetzungen nahe beieinander, so daß ähnlich wie bei Gold-Silber keine stärkere Neigung zu Seigerungen erwartet werden sollte, trotzdem läßt sich umgekehrte Blockseigerung beobachten.

Die Umwandlungstemperatur der AuCu-Phase wird nach Haugthon und Payne[2] durch Sauerstoff, der in den Legierungen als Kuperoxydul vorliegt, stark nach unten verschoben.

Die Dichte von geschmolzenen Gold-Kupfer-Legierungen läßt sich nach Krause und Sauerwald[3] additiv aus den Dichten und Mengenanteilen der beiden reinen Metalle berechnen, die Schwindung während der Erstarrung bleibt dagegen geringer.

Die Oberflächenspannung der flüssigen Gold-Kupfer-Legierungen steigt nach Krause, Sauerwald und Michalke[4] mit der Temperatur, durchläuft bei den goldreichen Legierungen nach einem linearen Anstieg aber ein Maximum, dessen Temperatur mit sinkendem Goldgehalt ansteigt. Bei 51% Au liegt das Maximum schon über 1300°.

Beim Stromdurchgang durch glühende Drähte einer Gold-Kupfer-Legierung aus 65,7% Au und 34,3% Cu wandert das Kupfer zum negativen Pol. Die Überführungszahl des Kupfers[5] ist bei etwa 1000° abs. annähernd gleich $7,4 \cdot 10^{-11}$.

Die physikalischen Eigenschaften der ungeordneten, festen Gold-Kupfer-Legierungen ändern sich mit der Zusammensetzung in der auch für andere Legierungen mit lückenloser Mischkristallreihe

---

[1] Für das $AuCu_3$ ist nach Weibke und v. Quadt der Wert von 0,22 kcal/g-At. zu niedrig, da noch oberhalb der Umwandlungstemperatur verhältnismäßig große Bereiche mit teilweiser Ordnung auftreten.

[2] Haugthon, J. L. u. J. M. Payne: J. Inst. Met. **46**, 457 (1931).

[3] Krause, W. u. F. Sauerwald: Z. anorg. allg. Chem. **181**, 347 (1929).

[4] Krause, W., F. Sauerwald u. M. Michalke: Z. anorg. allg. Chem. **181**, 353 (1929).

[5] Nehlep, G., W. Jost u. R. Linke: Z. Elektrochem. **42**, 150 (1936).

bekannten Weise. Gegenüber den Gold-Silber-Legierungen bestehen nur in quantitativer Richtung gewisse Unterschiede, z. B. wird Gold durch Kupfer wesentlich stärker verfestigt als durch Silber.

Die Umwandlungen wirken sich auf die physikalischen Eigenschaften zumeist stark, wenn auch nicht immer in gleicher Richtung aus.

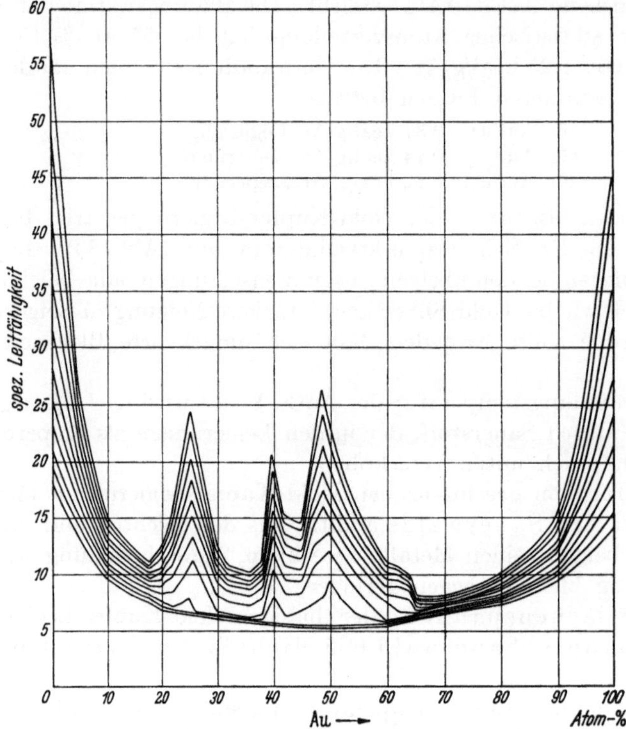

Abb. 85. Isothermen der elektrischen Leitfähigkeit von Gold-Kupfer-Legierungen.
(Nach Le Blanc und Wehner.)

In den Isothermen der spezifischen elektrischen Leitfähigkeit äußert sich das Auftreten der geordneten Atomverteilung als scharfe Spitzen. Bei der Au_2Cu_3-Phase ist infolge des geringeren Ordnungsgrades der Leitfähigkeitsanstieg geringer als bei den beiden anderen Phasen (Abb. 85).

Die Abnahme des spezifischen Widerstandes von Einkristallen der Legierung $AuCu_3$ beim Übergang in den geordneten Atomzustand ist von der Orientierung unabhängig. Der Widerstand der $AuCu_3$-Legierung sinkt besonders im Gebiet der tiefsten Temperaturen sehr viel stärker bei geordnetem Atomzustand als bei ungeordnetem, die geordnete Mischphase nähert sich in dem elektrischen Verhalten den reinen Metallen[1].

[1] Seemann, H. J.: Z. Phys. **62**, 824 (1930). — Meissner, W.: Z. Phys. **64**, 581 (1930).

Der Temperaturkoeffizient der elektromotorischen Kraft von Gold-Kupfer-Legierungselektroden gegen Kupfer in kupferchlorürhaltigen Salzschmelzen steigt entsprechend dem verschiedenen Ordnungsgrad der Phasen verschieden stark, beim Au_2Cu_3, das die größte Fehlordnung aufweist, ist der Anstieg am geringsten (Abb. 86).

Die thermische Ausdehnung nimmt wie die Leitfähigkeit beim Übergang vom ungeordneten in den geordneten Zustand zu[1]. Auch im Verlauf der Thermokraft-Konzentrationskurve gibt sich das Auftreten der geordneten Atomverteilung deutlich zu erkennen[2].

Die diamagnetische Suszeptibilität wird durch den Übergang in die geordnete Atomverteilung in verschiedener Richtung verschoben. Bei der Zusammensetzung $AuCu_3$ hat der geordnete Atomzustand gegenüber dem ungeordneten die höhere diamagnetische Suszeptibilität, bei der Zusammensetzung AuCu dagegen die niedrigere[3].

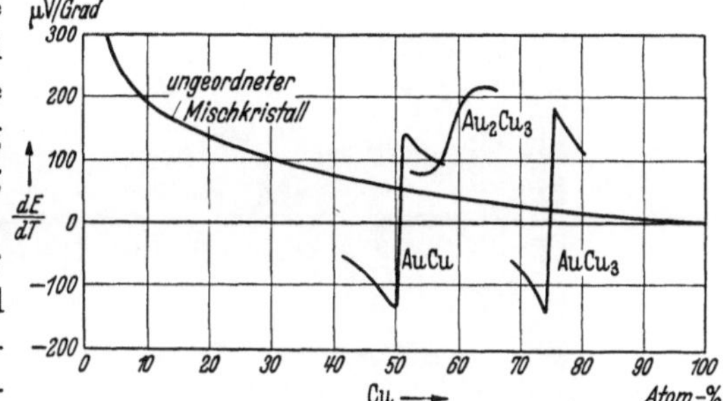

Abb. 86. Temperaturkoeffizienten der elektromotorischen Kraft im System Gold-Kupfer.
(Nach Weibke und v. Quadt.)

Der Elastizitätsmodul ist für die Legierung $AuCu_3$ im geordneten Zustand höher als im ungeordneten. Die Legierung AuCu weist dagegen im geordneten Atomzustand den niedrigeren Elastizitätsmodul[4] und eine etwa 4mal so große Dämpfung wie im ungeordneten auf[5]. Die Bildung der AuCu II-Phase ist durch einen starken Anstieg des Elastizitätsmoduls gekennzeichnet (Abb. 92). Bei Einkristallen der $AuCu_3$-Phase sinkt die Schubspannung an der Streckgrenze durch Übergang in den geordneten Atomzustand auf nahezu die Hälfte[6].

---

[1] Grube, G. u. Mitarbeiter: Z. anorg. allg. Chem. **201**, 41 (1931). — Broniewski, W. u. R. Wesolowski: C. R. Acad. Sci., Paris **198**, 340 (1934).

[2] Blanc, M. Le u. G. Wehner: Ann. Phys., Lpz. [5] **14**, 496 (1932). — Broniewski, W. u. R. Wesolowski: Vgl. Fußnote 1, S. 187.

[3] Seemann, H. J. u. E. Vogt: Ann. Phys., Lpz. [5] **2**, 976 (1929). — Die von Seemann und Vogt aufgefundenen Änderungen der Suszeptibilität beim Übergang vom ungeordneten in den geordneten Zustand bestätigten später W. Broniewski, S. Franczak und R. Witowski (vgl. Fußnote 4, S. 107). Außer dem Höchstwert der diamagnetischen Suszeptibilität bei der Zusammensetzung $AuCu_3$ fanden sie noch zwei weitere Maxima im Gebiet der Umwandlungen bei 82,3 und 69,4% Au, die die Phasengrenzen kennzeichnen.

[4] Röhl: Z. Phys. **69**, 309 (1931). — Sachs, G. u. J. Weerts: Z. Phys. **67**, 507 (1931). — Köster, W.: Vgl. Fußnote 2, S. 184.

[5] Förster, F. u. W. Köster: Z. Metallkde. **29**, 116 (1937).

[6] Sachs, G. u. J. Weerts: Z. Phys. **67**, 507 (1931).

Die AuCu-Umwandlung kann an einer Probe nicht beliebig oft durchgeführt werden, ohne daß diese sich dabei mit Rissen durchzieht.

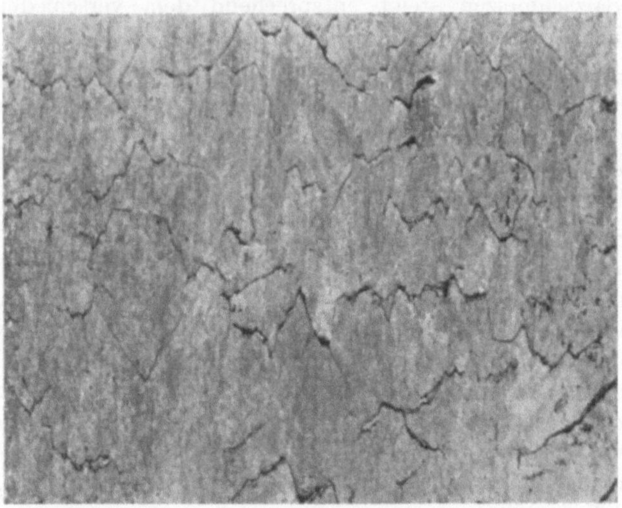

Abb. 87. Beim Walzen einer grobkörnigen Gold-Kupfer-Legierung (75% Au) aufgetretene Korngrenzenrisse.

Abb. 88a—c. Gefüge einer verschieden vorbehandelten Gold-Kupfer-Legierung (75% Au). Vergr. 5,7×. a Gußgefüge; b feines Rekristallisationskorn nach 50%iger Reckung; c grobes Rekristallisationskorn nach 5%iger Reckung.

Außerdem neigt die Gold-Kupfer-Legierung mit 50 At.-% Au beim Glühen nach geringer Verformung sehr stark zu Sammelkristallisation[1],

---

[1] Raub, E.: Mitt. Forsch.-Inst. Edelmet. 7, 127 (1933).

die sich jedoch nicht auf diese Legierung beschränkt. Die Legierungen mit grobem Korn sind spröde; beim Walzen treten Korngrenzenrisse auf, wie sie Abb. 87 an einem Blech zeigt, das nach einer kritischen Verformung von etwa 5% beim Glühen grobkristallin wurde. Den großen Unterschied in der Korngröße dieses Bleches gegenüber dem Gußzustand und einem um 50% gewalzten und dann weich geglühten Blech gleicher Zusammensetzung läßt Abb. 88 erkennen.

Die mikroskopisch homogen verlaufende Ausbildung der vollgeordneten Überstrukturphasen aus den regellosen Mischkristallen geht über einen Zwischenzustand, in dem nach Dehlinger und Graf[1] bei der AuCu-Umwandlung die tetragonalen Hauptlinien schon vollständig ausgebildet sind, während die Überstrukturlinien noch stark verbreitert erscheinen[2]. Die Kenntnisse über den atomistischen Aufbau des Zwischenzustandes sind noch so wenig geklärt, daß nicht näher darauf eingegangen werden kann. Besonders auffällig ist der mit beginnender Einordnung auftretende Festigkeitsanstieg, der bei der AuCu-Umwandlung sehr

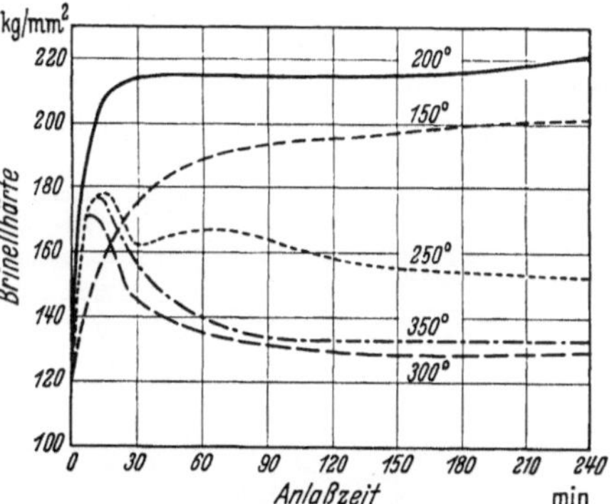

Abb. 89. Härteänderung der abgeschreckten AuCu-Mischkristalle (50 At.-% Au) beim Anlassen. (Nach Nowack.)

hohe Werte erreicht, beim $AuCu_3$ dagegen verhältnismäßig klein bleibt. Mit Eintritt des vollgeordneten Zustandes nimmt die Festigkeit wieder ab (Abb. 89). Bei der AuCu-Umwandlung kann der Zwischenzustand zu einer starken Versprödung führen.

Durch Kaltbearbeitung der abgeschreckten AuCu-Legierung läßt sich die Wirkung der Umwandlung auf die mechanischen Eigenschaften nicht ganz verdecken.

Der Ordnungsbeginn wird nicht gleichzeitig von allen Eigenschaften angezeigt. Eine abgeschreckte, regellose Mischkristallegierung läßt beim Anlassen erst über 250° eine Einwirkung des Ordnungsvorgangs auf den spezifischen elektrischen Widerstand erkennen, die spezifische Wärme fällt dagegen schon ab etwa 70° durch die mit dem Einsetzen des Ordnungsvorganges verbundene Wärmeentwicklung[3].

[1] Dehlinger, U. u. L. Graf: Z. Phys. 64, 359 (1930).

[2] Dehlinger, U.: Chemische Physik der Metalle und Legierungen, S. 127. Leipzig 1939.

[3] Sykes, C. u. F. W. Jones: Proc. roy. Soc., [A] 157, 213 (1936). — Sykes, C. u. H. Evans: J. Inst. Met. 58, 255 (1936). — Borelius, G.: Z. Elektrochem. 45, 27 (1939). —, Becker, R.: Metallwirtsch. 16, 573 (1937).

Dieses verschiedene Verhalten wird dadurch erklärt, daß auf den Energiegehalt schon phasenverschiedene Gebiete mit kleinerem Durchmesser einwirken als auf den elektrischen Widerstand.

Die Analyse des Verlaufs der spezifischen Wärme (Abb. 90) bei der Alterung abgeschreckter Proben ergibt nach Sykes und Jones folgendes Bild für den Ordnungsvorgang: Bei etwa 70° beginnt die Bildung geordneter Bezirke, die mit der Temperatur bis zur gegenseitigen Berührung bei etwa 200° anwachsen. Erst bei starker Zunahme der Wärmebewegung durch entsprechende Temperatursteigerung kann es zu weiterer Vervollkommnung des geordneten Zustandes kommen, unter Weiterwachsen einzelner der verschieden geordneten Blöcke auf Kosten der anderen.

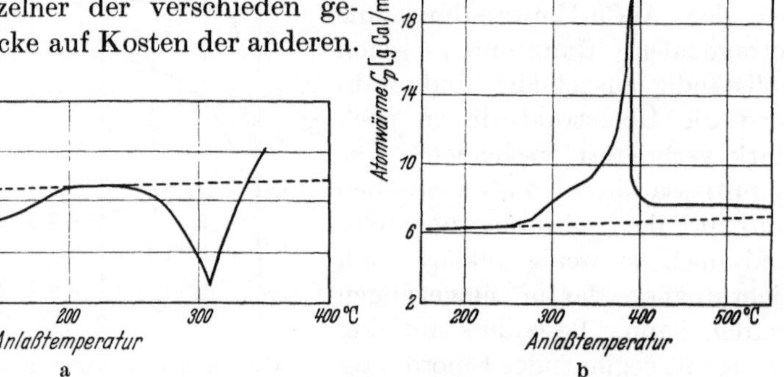

Abb. 90a und b. Einfluß der AuCu$_3$-Umwandlung auf die spezifische Wärme. (Nach Sykes und Jones.) a Änderung der Atomwärme der abgeschreckten Legierung beim Anlassen; b Änderung der Atomwärme der Legierung mit Überstrukturphase beim Anlassen.

Die spezifische Wärme der geordneten AuCu$_3$-Phase steigt über 200° infolge der Zunahme der Unordnungsenergie an. Beim Überschreiten der kritischen Temperatur fällt sie steil ab, ohne aber den Wert des vollkommen ungeordneten Zustandes zu erreichen. Danach müssen begrenzte geordnete Bezirke auch oberhalb der kritischen Temperatur auftreten.

Neuerdings untersuchte Köster[1] die bisher nur wenig bekannten Auswirkungen des Ordnungsvorganges auf den Elastizitätsmodul, der auf gewisse Änderungen im Aufbau der Legierungen empfindlich reagiert. Wie Abb. 91 zeigt, führt der Ordnungsvorgang in der regellosen Mischkristallegierung mit 25 At.-% Au zu einem in zwei Stufen bei 150 bis 200° und 250 bis 350° sich vollziehenden Anstieg der Elastizitätsmodul-Temperaturkurve, die bei 350° in die der geordneten Phase einmündet. Die Änderung des Elastizitätsmoduls stimmt mit der Abnahme der Unordnungsenergie beim Anlassen nach Sykes und Mitarbeitern überein. Bei der AuCu-Legierung mit regelloser Atomverteilung steigt mit wachsender Prüf- bzw. Anlaßtemperatur der Elastizitätsmodul bis zur Ausbildung

---

[1] Köster, W.: Z. Elektrochem. **45**, 30 (1939). — Z. Metallkde. **32**, 146 (1940).

des Zwischenzustandes an, dem auch die Höchsthärte im Verlauf der Härtekurve entspricht. Dann fällt er bis zur Erreichung des vollgeordneten Zustandes bei etwa 350° ab (Abb. 92). Beim Übergang in

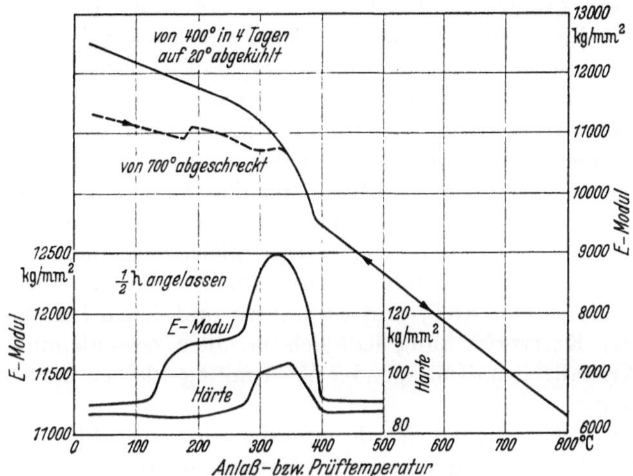

Abb. 91. Temperaturabhängigkeit des Elastizitätsmoduls der Legierung AuCu₃. (Nach Köster.)

das Zustandsfeld der rombischen AuCu II-Phase, die ebenfalls durch eine deutliche Temperaturhysterese gekennzeichnet ist, tritt ein starker

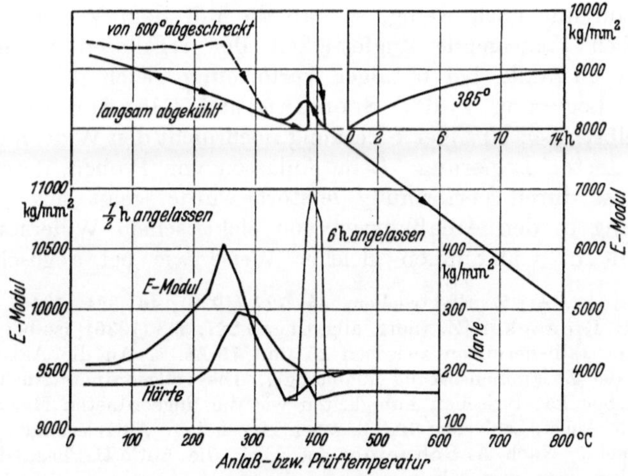

Abb. 92. Temperaturabhängigkeit des Elastizitätsmoduls der Legierung AuCu. (Nach Köster.)

Anstieg des Elastizitätsmoduls ein; mit der Bildung der regellosen Atomverteilung aus der AuCu II-Phase fällt der Elastizitätsmodul auf den für statistische Atomverteilung bei dieser Temperatur charakteristischen Wert.

Schneider[1] fand, daß die AuCu-Mischphase im Zwischenzustand die Zersetzung von Ameisensäure auffälligerweise mit einer um 7 bis 8 kcal höheren Aktivierungswärme katalysiert als im ungeordneten oder im geordneten Atomzustand. Die AuCu-Umwandlung nimmt hierdurch eine Sonderstellung ein. Die anderen bisher auf ihre katalytischen Eigenschaften untersuchten Mischphasen ($AuCu_3$, $PdCu_3$ und $PdCu$) sind, wie nach den allgemeinen Erfahrungen über Zwischenzustände bei Mischkatalysatoren zu erwarten war, im Zwischenzustand bessere Katalysatoren als im regellosen oder vollgeordneten Zustand. Beim Durchlaufen des Zwischenzustands tritt ein Minimum der Aktivierungswärme auf[2].

Durch Verformung werden die Überstrukturphasen zerstört. Nach Dehlinger[3] wandelt sich dabei gleichzeitig das tetragonale AuCu-Gitter in das kubisch flächenzentrierte Gitter der regellosen Mischkristalle um. Nach Linde[4] und Seemann und Glander[5] besteht die Wirkung der Kaltverformung lediglich in einer Zerschlagung der geordneten Kristalle in mit steigender Verformung kleiner werdende Ordnungsbereiche.

Der elektrische Widerstand der geordneten $AuCu_3$-Phase steigt mit zunehmender Verformung rasch an, während der des regellosen Mischkristalls sich nur sehr wenig ändert. Schon bei etwa 60%iger Verformung wird der Widerstandswert der regellosen Mischkristalle erreicht. Die Zugfestigkeit der Überstrukturphase steigt bei schwacher Verformung noch deutlich an, ändert sich jedoch in einem größeren Verformungsbereich dann nur noch wenig, so daß die mit dem Verformungsgrad kontinuierlich ansteigende Zugfestigkeit der regellosen Mischkristalllegierungen ebenfalls bei 60%iger Verformung gleich der der vorher geordneten Legierung wird[6]. Seemann und Glander beobachteten dagegen selbst nach 90%iger Streckung noch nicht den Widerstandswert der ungeordneten Legierung. Beim Anlassen von Proben, deren Überstrukturphase durch Verformung zerstört wurde, zeigt sich der Ordnungsvorgang in den Anlaßkurven von elektrischem Widerstand und Zugfestigkeit in vollkommen gleicher Weise wie bei abgeschreckten

[1] Schneider, A.: Z. Elektrochem. **45**, 727 (1939); **46**, 321 (1940).

[2] Nach G. Rienäcker [Z. anorg. allg. Chem. **227**, 353 (1936)] ist bei ungeordneten Mischkristallegierungen zwischen 25 und 75 At.-% Au die Aktivierungsenergie von der Zusammensetzung unabhängig. Die vollgeordnete AuCu I-Phase hat die gleichen katalytischen Fähigkeiten wie die ungeordneten Mischkristalle Die geordnete $AuCu_3$-Legierung hat dagegen eine höhere Aktivierungsenergie als die ungeordnete. Nach A. Schneider ist auch die AuCu II-Phase durch erhöhte Aktivierungsenergie gekennzeichnet.

[3] Dehlinger, U. u. L. Graf: Z. Phys. **64**, 359 (1930). — Dehlinger, U.: Z. Phys. **105**, 588 (1937). — Dehlinger, U.: Z. Elektrochem. **45**, 32 (1939). — Vgl. auch G. Borelius: Z. Elektrochem. **45**, 32 (1939).

[4] Linde, J. O.: Ann. Phys., Lpz. **39**, 151 (1937).

[5] Seemann, H. J. u. F. Glander: Z. Metallkde. **30**, 68 (1938).

[6] Dahl, O.: Z. Metallkde. **28**, 136 (1936).

Legierungen. Die Verformung ist also auf den Ordnungsvorgang bei der $AuCu_3$-Legierung ohne jeden Einfluß.

In ihrem chemischen Verhalten haben die Gold-Kupfer-Legierungen sehr viel Ähnlichkeit mit den Gold-Silber-Legierungen und hatten wie diese besondere Bedeutung für die Auffindung der Einwirkungsgrenzen und ihrer Gesetzmäßigkeiten durch Tammann[1].

Die Einwirkungsgrenze liegt wie für Gold-Silber-Legierungen bei $^4/_8$ Mol Au gegenüber stark oxydierenden Lösungsmitteln, bei $^2/_8$ Mol Au gegenüber schwach oxydierenden Lösungsmitteln, Sulfiden[2] und Gasen. Salze wirken verschieden (vgl. Zahlentafel 37). Keine Einwirkungsgrenze ist zu beobachten bei Angriff von Merkurochlorid. Aus Lösungen von Radium F wird durch Gold-Kupfer-Legierungen wie durch Gold-Silber-Legierungen das Radium F noch bei 0,15 Mol Au abgeschieden, nicht mehr dagegen bei 0,21 Mol Au. Die Resistenzgrenze gegen Silbersalzlösungen bei $^1/_8$ Mol Au ist sehr unsicher. Die geordnete Atomverteilung ist auf die Lage der Resistenzgrenze bei 0,5 Mol Au ohne deutlichen Einfluß. Die Lösungsgeschwindigkeit der nicht resistenten Legierungen steigt durch Kaltbearbeitung der Proben[3]. Nach Le Blanc, Richter und Schiebold[4] besteht ebenso wie bei Gold-Silber-Legierungen eine gewisse Abhängigkeit der Lage der Einwirkungsgrenze von der Konzentration der Säure beim Angriff durch Salpetersäure.

Bei der Nachprüfung des Verhaltens einer Reihe von Lösungsmitteln nach 20jähriger Einwirkung bei Raumtemperatur konnte Tammann[5] in keinem Falle eine Verschiebung der Resistenzgrenze feststellen. Bei den nicht beständigen Legierungen war eine deutliche Verstärkung des Angriffs eingetreten.

Bei der elektrolytischen Auflösung verschiebt sich die Resistenzgrenze, ähnlich wie bei Gold-Silber-Legierungen, teilweise ziemlich stark gegenüber der bei rein chemischer Auflösung[6].

In Schwefelsäure geht das Kupfer anodisch bis zu etwa 0,30 Mol Au glatt in Lösung, aus Legierungen mit 0,4 bis 0,5 Mol Au wird es nur

---

[1] Tammann, G.: Z. anorg. allg. Chem. **107**, 1 (1919).

[2] Tammann beobachtete bei nicht polierten, ausgeglühten Proben eine wesentlich langsamere Verfärbung beim Einlegen in $(NH_4)_2S_2$-Lösung als bei polierten. Nicht polierte Bleche mit 0,255 Mol Au zeigten nach 20 Monate währender Einwirkung der Polysulfidlösung noch keine Verfärbung, polierte Legierungen mit 0,26 Mol Au verfärbten sich nach 30 Tagen schon deutlich. Der mit steigendem Goldgehalt abnehmende Angriff von Gold-Kupfer-Legierungen mit weniger als etwa $^2/_8$ Mol Au durch gelbe Schwefelammoniumlösung wurde von W. Fraenkel und H. Houben [Z. anorg. allg. Chem. **116**, 1 (1921)] zur Messung der Diffusionsgeschwindigkeit in Gold-Kupfer-Mischkristallen benutzt.

[3] Tammann, G. u. G. Brauer: Z. anorg. allg. Chem. **200**, 209 (1931).

[4] Blanc, M. Le, K. Richter u. E. Schiebold: Ann. Phys., Lpz. **86**, 86 (1928).

[5] Tammann, G.: Z. anorg. allg. Chem. **234**, 33 (1937).

[6] Tammann, G.: Z. anorg. allg. Chem. **107**, 136 (1919); **112**, 233 (1920).

noch spurenweise gelöst[1]. In 5 n Salzsäure lösen sich von 1 bis 0,5 Mol Au beide Metalle in dem Verhältnis, wie sie die Legierungen enthalten. Mit weiter sinkendem Goldgehalt nimmt das in Lösung gehende Gold rasch ab, bis von 0,3 Mol Au ab nur noch Kupfer gelöst wird.

Graf[2] stellte bei röntgenographischer Untersuchung des Angriffs von Einkristallen nicht resistenter Legierungen fest, daß die auf der Oberfläche entstehende Korrosionsschicht bei stark oxydierenden Angriffsmitteln aus reinem Gold besteht. Das Gold liegt ohne Übergangsschicht unmittelbar auf dem unangegriffenen Teil des Mischkristalls auf und hat die gleiche Orientierung. Bei schwach oxydierenden Lösungsmitteln und beim Angriff durch Gase entsteht dagegen auf der Oberfläche nur eine goldreiche Mischkristallschicht mit 0,6 bis 0,8 Mol Au.

Auch Reagenzien, die Gold und Kupfer angreifen, hinterlassen auf der Oberfläche verschiedene Korrosionsschichten. Beim Angriff von Königswasser entsteht eine reine Goldschicht wie bei stark oxydierenden Lösungsmitteln. Wasserstoffsuperoxydhaltige Zyankalilösung greift den Mischkristall an unter Hinterlassung einer goldreichen Schicht[3]. Die Bildung der Goldschicht auf der Oberfläche beim Angriff durch Chlor enthaltende Lösungen wurde vor Jahren im Edelmetallgewerbe viel praktisch verwertet bei dem sog. „Goldfärben“.

Die Goldschicht, die nur durch Umkristallisation auf Gold-Kupfer-Legierungen in stark oxydierenden Lösungsmitteln entstehen kann, muß sich ähnlich wie bei der Einwirkung durch Königswasser durch vorübergehendes Inlösunggehen von Gold bilden. Man kann annehmen, daß nach der Auflösung von Kupfer die Goldatome in einem aktivierten Zustand zurückbleiben, in dem sie von den oxydierenden Agenzien gelöst werden, durch Ladungsaustausch mit noch vorhandenen Kupferatomen aber sofort wieder ausfallen.

Nach Graf ergibt sich somit eine Regel, nach der die Resistenzgrenze stets bei 0,5 Mol liegt, wenn das Lösungsmittel den durch den Gitterabbau aktiv gemachten edlen Bestandteil ionisieren, d. h. in Lösung bringen kann; in allen anderen Fällen liegt die Resistenzgrenze bei 0,25 Mol der edlen Komponente.

Mit Hilfe einer Kettenrechnung läßt sich das Auftreten der Resistenzgrenzen auch im Mischkristall mit regelloser Atomverteilung auf Grund der Grafschen Untersuchungen erklären[4].

---

[1] Müller, W. J., H. Freissler u. E. Plettinger: Z. Elektrochem. **42**, 366 (1936).

[2] Graf, L.: Metallwirtsch. **11**, 72, 91 (1932). — Korrosion u. Metallsch. **11**, 34 (1935).

[3] Plakssin, J. N. u. S. W. Schibajew (vgl. Fußnote 3, S. 182) fanden bei der Auflösung von Gold-Kupfer-Legierungen in Kaliumzyanidlösung Höchstwerte der Lösungsgeschwindigkeit bei den Legierungen der Zusammensetzung AuCu und $AuCu_3$.

[4] Dehlinger, U. u. R. Glocker: Ann. Phys., Lpz. [5] **16**, 100 (1933). — Die Kettenrechnung geht von der Annahme aus, daß ein Mischkristall um so leichter

Tammann und Bredemeier[1], sowie Tammann und Rienäcker[2] untersuchten auch das Anlaufen in verschiedenen Gasen.

Sauerstoff reagiert bei Raumtemperatur mit Gold-Kupfer-Legierungen nur, wenn der Goldgehalt unter $^2/_8$ Mol liegt, über 200° reagiert er mit sämtlichen Legierungen.

Die Dicke der Anlaufschichten nimmt in Sauerstoff und Schwefelwasserstoff oberhalb 200° mit dem Goldgehalt ab. Zwischen 0,6 und 0,8 Mol Au ist die Anlaufgeschwindigkeit in Schwefelwasserstoff nahezu doppelt so hoch wie in Sauerstoff.

Beim Anlaufen in jodhaltiger, feuchter Luft bei Zimmertemperatur steigt die Anlaufgeschwindigkeit bei bestimmtem Jodgehalt mit der Strömungsgeschwindigkeit sehr stark. Das Anlaufen vollzieht sich aber stets nach dem parabolischen Gesetz. Bis zu 0,25 Mol Au bleibt die Geschwindigkeit, mit der die Dicke der Schichten zunimmt, gleich; bei Legierungen mit höheren Goldgehalten fällt sie bis zu 0,6 Mol Au rasch ab, um dann nur noch wenig bis zum reinen Gold zu sinken.

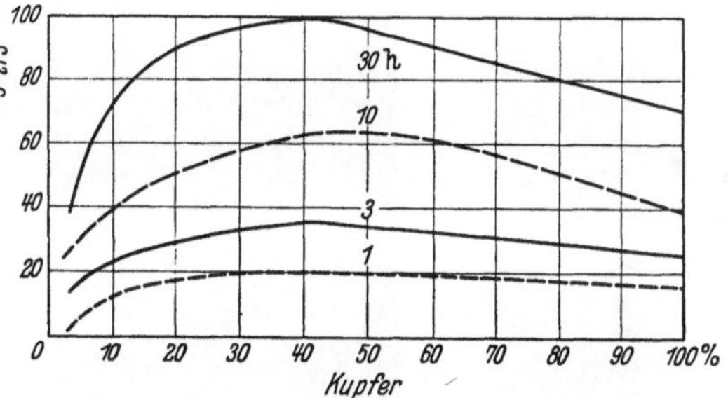

Abb. 93. Zunderung von Gold-Kupfer-Legierungen in Abhängigkeit von der Zusammensetzung der Legierungen. Atmosphäre: Sauerstoff; Temperatur 750°.

Bei erhöhter Temperatur tritt nicht nur eine sehr starke Erhöhung der Anlaufgeschwindigkeit ein, sondern die allerdings stark schwankenden Ergebnisse deuten darauf hin, daß sie zwischen 0 und 0,875 Mol Au auch unabhängig von dem Goldgehalt wird.

Erhöht man die Reaktionstemperatur so stark, daß die Anlauffarben rasch durchlaufen werden und sich dickere wägbare Oxydschichten bilden, so kann man bei der Oxydation durch Sauerstoff eine deutliche Abhängigkeit der Oxydationsgeschwindigkeit des Kupfers vom Goldgehalt der Legierungen beobachten[3]. Bei geringem Kupfergehalt ist die Oxydationsgeschwindigkeit klein. Es bildet sich auf der Oberfläche eine

angegriffen wird, je größer die Zahl der unmittelbar aufeinanderfolgenden unedlen Atome auf dem gewählten Wege durch das Raumgitter ist. Nach Berechnungen von Dehlinger und Glocker liegt bei 50 At.-% ein Steilabfall des Anteils der einfachen unedleren Lösungsketten an der Gesamtzahl der von der Oberfläche ausgehenden. Benötigt das Reagenz 2 oder 3 unedle Atome nebeneinander, so ergibt sich aus diesen Rechnungen für den Anteil der erforderlichen zweifachen bzw. dreifachen Lösungsketten bei einer Grenze von 29 bzw. 21 At.-% des edlen Bestandteils ein Steilabfall der analogen Atomketten.

[1] Tammann, G. u. H. Bredemeier: Z. anorg. Allg. Chem. **136**, 337 (1924).
[2] Tammann, G. u. G. Rienäcker: Z. anorg. allg. Chem. **156**, 261 (1926).
[3] Raub, E. u. M. Engel: Z. Metallkde. **30**, HV 83 (1938).

dichte, vorwiegend aus Kupferoxyd bestehende Zunderschicht, die sich
infolge der langsamen Kupferdiffusion nur wenig verstärkt (Abb. 93
und 94). Mit zunehmendem Kupfergehalt wächst die Zunderungsgeschwindigkeit, bei 40 bis 50% Cu durchläuft sie ein flaches Maximum
und nimmt dann langsam bis auf die des reinen Kupfers ab. Dieser Oxy-
dationsverlauf entsteht dadurch, daß mit zunehmendem Kupfergehalt
die Diffusion desselben stark steigt, so daß ein schnelleres Wachstum
der Oxydschicht an der Grenze Oxyd/Gas möglich ist. Gleichzeitig wird
die dickere Schicht undicht, der Sauerstoff kann sie daher durchdringen,

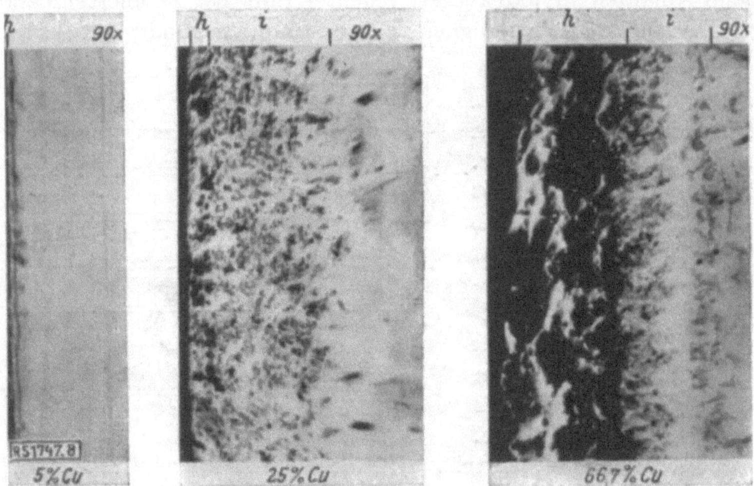

Abb. 94. Gezunderte Gold-Kupfer-Legierungen nach 30 Std. Glühdauer in Sauerstoff bei 750°

in die darunterliegende Feingoldschicht diffundieren und das Kupfer dort
oxydieren. Die so im Gold entstehenden Kupferoxydulausscheidungen
lockern das Gefüge auf und erleichtern die Diffusion des Sauerstoffs
im Gold. Mit wachsender Dickenzunahme der äußeren homogenen
Zunderschicht bei steigendem Kupfergehalt sinkt die Durchlässigkeit
dieser Schicht für Sauerstoff wieder ab, und es tritt eine langsame Verzögerung der Zunderung infolge der verringerten Sauerstoffdiffusion im
Gold ein.

2. Die Legierungen des Goldes mit den Metallen der zweiten Nebengruppe des periodischen Systems.

Zink und in geringerem Maße auch Kadmium sind wichtige Bestandteile technischer Goldlegierungen. Die binären Legierungen finden allerdings keine Anwendung sondern nur 4- und 5-Stofflegierungen mit
Zink und Kadmium als Zusatz.

Gold-Quecksilber-Legierungen besitzen praktische Bedeutung bei
der Goldgewinnung und in der analytischen Chemie beim Quecksilber-

nachweis bzw. bei der Goldprobe. Daneben finden sie bis in die Gegenwart Verwendung bei der sog. Feuervergoldung. Hierbei wird das sehr leicht mit Quecksilber legierbare Gold amalgamiert, dann das flüssige Amalgam auf den zu vergoldenden Gegenstand aufgetragen und das Quecksilber durch Glühen vertrieben. Trotz der Gefahren, die die Verdampfung ziemlich großer Quecksilbermengen mit sich bringt, wird dieses Vergoldungsverfahren auch heute noch für die Herstellung besonders starker Vergoldungen gebraucht.

a) Gold-Zink. Die physikalischen und chemischen Eigenschaften der Gold-Zink-Legierungen sind nur unvollständig untersucht. Saldau[1] bestimmte den Verlauf der Isothermen des elektrischen Widerstandes in einem größeren Temperaturgebiet. Er beobachtete ausgesprochene Höchstwerte bei den Zusammensetzungen Au_3Zn, $AuZn$ und $AuZn_3$, solange die Temperatur in dem Existenzbereich dieser Verbindungen lag. Das Eutektikum bei 37% Zn weist ein Leitfähigkeitsminimum auf[2]. Demgegenüber ist ein deutliches Maximum der Härte bei der eutektischen Zusammensetzung festzustellen. Im Zustandsfeld der α-Mischkristalle sind die Legierungen gut bearbeitbar, soweit ihre Zusammensetzung außerhalb des Umwandlungsgebietes liegt.

Die Umwandlungen der Au_3Zn-Phase bewirken nach Köster[3] Richtungsänderungen im Temperaturgang des Elastizitätsmoduls, die den Beobachtungen Saldaus über die Temperaturabhängigkeit des elektrischen Widerstandes entsprechen.

Von den Umwandlungen der $AuZn_3$-Phase, die in drei Formen mit kubischem Gitter auftritt, ruft nur die bei 520° eine deutliche Richtungsänderung der Elastizitätsmodulkurve hervor. Die γ_1/γ_2-Umwandlung bei 225° deutet sich auch in der Widerstandskurve nur als schwacher Knick an.

Die Elastizitätsmodul-Temperaturkurve der von 450° abgeschreckten Proben der Zusammensetzung Au_3Zn läßt auf das Vorliegen einer auch röntgenographisch bestätigten flächenzentrierten Überstrukturphase (α') schließen, die bei 140° in den ungeordneten Atomzustand übergeht. Die zwischen 275 und 420° beständige, flächenzentriert-tetragonale α_1-Phase, die in langsam gekühlten und zwischen 420 und 275° abgeschreckten Legierungen auftritt, hat einen höheren Elastizitätsmodul als die beim Abschrecken von 450° sich bildende α'-Phase. Im α_1-Zustand ist die Härte 108 kg/mm², im α_2-Zustand 142 kg/mm². Nach Köster weist die Härtekurve Andeutungen für das Vorliegen eines Zwischenzustandes nicht auf. Der Temperaturgang des Elastizitätsmoduls der beiden Phasen $AuZn$ und $AuZn_8$, die keine Umwandlung durchmachen, wurde ebenfalls von Köster bestimmt. Auffällig ist bei der $AuZn$-Phase

---

[1] Saldau, P.: J. Inst. Met. **30**, 351 (1923).
[2] Saldau, P.: J. Inst. Met. **41**, 301 (1929).
[3] Vgl. Fußnote 2, S. 184.

daß bis zu 300° der Elastizitätsmodul sich nur wenig ändert, dann aber stärker zu fallen beginnt.

Tammann beobachtete eine Resistenzgrenze bei $^4/_8$ Mol Au. Die elektromotorische Kraft einer Kette Au-Zn-Legierung/n ZnSO$_4$-Lösung/Zn weist nach Puschin zwischen 47 und 48 At.-% einen einer Resistenzgrenze entsprechenden, sehr starken Anstieg auf.

Versuche von Glocker und Graf[1] über die Löslichkeit verschiedener kristallographischer Ebenen von Gold-Zink-Einkristallen mit 52 At.-% Au und kubisch raumzentriertem Gitter mit geordneter Atomverteilung zeigten, daß allgemein bei Mischkristallen alle Kristallflächen resistent sind, was im Widerspruch zu den von Le Blanc, Richter und Schiebold[2] entwickelten Anschauungen über die Schutzwirkung der edlen Atome steht.

b) Gold-Kadmium. Die für die Aufstellung des Zustandsdiagramms wichtigen Arbeiten über die Gold-Kadmium-Legierungen hat Hansen[3] zusammengestellt. Die physikalischen und chemischen Eigenschaften sind ebenso wie bei den Gold-Zink-Legierungen nur unvollständig untersucht. Die elektrische Leitfähigkeit und ihre Temperaturabhängigkeit bestimmte Saldau[4] und benutzte die Ergebnisse zur Festlegung der Phasen und ihrer Grenzen. Das Wärmeleitvermögen und die elektrische Leitfähigkeit wurden von Sedström[5] an einigen kadmiumreichen Legierungen bestimmt. Die eutektische Legierung bei 87% Cd zeichnet sich in den Leitfähigkeitsisothermen als Knick ab, während der Temperaturkoeffizient noch ein deutliches Maximum aufweist[6].

Legierungen mit unter 15 At.-% Cd sind bearbeitbar, bei mehr als 50 At.-% Cd sind sie hart und spröde. Im Gebiet der α-Kristalle sind sie gelb, die β-Kristalle sind bis zu 50 At.-% Au rötlich weiß. Alle übrigen Legierungen sind blauweiß[7].

Die Härte des Kadmiums steigt durch Gold stark an. Bei der eutektischen Zusammensetzung (87% Cd) wird der kontinuierliche Verlauf der Härtekurve durch eine Härtespitze unterbrochen.

Ölander bestimmte das Potential von Elementen, in denen Gold-Kadmium-Legierungen und Kadmium die Elektroden bildeten und tiefschmelzende Salzgemische mit einem Zusatz von Kadmiumchlorid als Elektrolyt dienten. Dabei fand er vier bisher unbekannte Umwandlungen im festen Zustand. Aus dem Sprung des Temperaturkoeffizienten der

---

[1] Glocker, R. u. L. Graf: Metallwirtsch. **11**, 226 (1932).

[2] Blanc, M. Le, K. Richter u. E. Schiebold: Ann. Phys., Lpz. [4] **86**, 982 (1928).

[3] Hansen, M.: Der Aufbau der Zweistofflegierungen, S. 209—213. Berlin 1936.

[4] Saldau, P.: Int. Z. Metallogr. **7**, 3 (1915). — J. Inst. Met. **41**, 175 (1929).

[5] Sedström, E.: Ann. Phys. Lpz. **59**, 134 (1919).

[6] Saldau. P.: J. Inst. Met. **41**, 301 (1929).

[7] Ölander, A.: J. Amer. chem. Soc. **54**, 3819 (1932).

elektromotorischen Kraft errechnete er für die geordnete β-Phase einen Unordnungsgrad von 0,5% bei 450°.

Die Temperaturabhängigkeit des Elastizitätsmoduls zeigt nach Köster und Schneider[1] beim $AuCd_3$ den für Phasenumwandlungen unter Auftreten geordneter Atomverteilung ohne Gitteränderung gekennzeichneten Verlauf. Besonders bemerkenswert ist das Verhalten der $\alpha \leftrightharpoons \alpha_1$ (Au_3Cd)-Umwandlung, die von Ölander aufgefunden wurde. Die Legierung kann kubisch flächenzentriert oder schwach tetragonal verzerrt sein; beide Formen können im ungeordneten und im geordneten Zustand auftreten. Bei der kubisch flächenzentrierten Form ist der geordnete Zustand schneller zu erreichen.

Die Umwandlungs- und Ordnungsvorgänge im Gebiet der Au_3Cd-Phasen sind im Verlauf der Elastizitätsmodul- und Widerstandskurven sehr gut festzustellen. Die Einstellung des geordneten Atomzustandes führt bei beiden Phasen zu einem Härteanstieg. Die AuCd-Legierung weist nach Köster und Schneider bei 30° eine Umwandlung auf, die einen starken Abfall des Elastizitätsmoduls bedingt. Bei höherer Temperatur steigt der Elastizitätsmodul langsam und durchläuft bei 275° einen flachen Höchstwert.

c) Gold-Quecksilber. Durch Goldzusatz steigt die elektrische Leitfähigkeit von Quecksilber ähnlich wie durch Silber und Kupfer an. Bei einer Temperatur von 11,5° ist die Widerstandsabnahme nach Johnes und Evans[2] proportional der Goldkonzentration, bei 100° bleibt diese Proportionalität bis zu 0,2% Au bestehen, bei höheren Goldgehalten ist die Widerstandsabnahme geringer. Bei 300° ist überhaupt keine lineare Abhängigkeit der Leitfähigkeit vom Goldzusatz mehr festzustellen.

Parravano[3] bestimmte die elektrische Leitfähigkeit der Amalgame mit 0 bis 10% Hg, die Leitfähigkeitsabnahme in diesem Konzentrationsgebiet entspricht dem Auftreten von Mischkristallen.

Den Abfall der diamagnetischen Suszeptibilität des Goldes durch geringe Quecksilbergehalte (bis zu 0,25% Hg) untersuchten Davies und Keepling[4].

Abb. 95 gibt nach Biltz und Meyer[5] einige Dampfdruckisothermen der Goldamalgame wieder. In dem Verlauf der Isothermen zeichnen sich die verschiedenen Zustandsfelder des Systems deutlich ab. Geringe Mengen Quecksilber lassen sich nur schwer aus Gold entfernen. Nach Merz und Weith[6] kann das Gold noch dicht unter dem Schmelzpunkt merkliche Mengen Quecksilber zurückhalten.

[1] Köster, W. u. A. Schneider: Z. Metallkde. **32**, 156 (1940).
[2] Johnes, A. L. u. E. J. Evans: Phil. Mag. [7] **6**, 1231 (1928).
[3] Parravano, N.: Gazz. Chim. ital. **49**, 1 (1919).
[4] Davies, W. G. u. E. S. Keepling: Phil. Mag. [7] **7**, 145 (1929).
[5] Biltz, W. u. F. Meyer: Z. anorg. allg. Chem. **176**, 23 (1928).
[6] Merz u. Weith: Ber. dtsch. chem. Ges. **9**, 1050 (1875); **14**, 1440 (1881).

Die atomare Lösungswärme von Gold in Quecksilber ist nach Tammann und Ohler[1] gleich 2,03 kcal bei 97°. Die Lösungswärme von Zink, Zinn, Kadmium, Blei und Wismut in verdünntem Goldamalgam ist von dem gelösten Element abhängig. Für Blei und Wismut ist sie negativ, für die anderen Metalle positiv.

Die Farbe der Amalgame ist im Gebiet des goldreichen Mischkristalls hellgelb, zwischen 18 und 24,6% Hg ist sie hell grau-gelb und bei höheren Quecksilbergehalten grau. Die Legierungen von 0 bis 25% Hg sind weich und lassen sich mit dem Messer schneiden, die quecksilberreicheren Legierungen sind spröde und lassen sich pulverisieren.

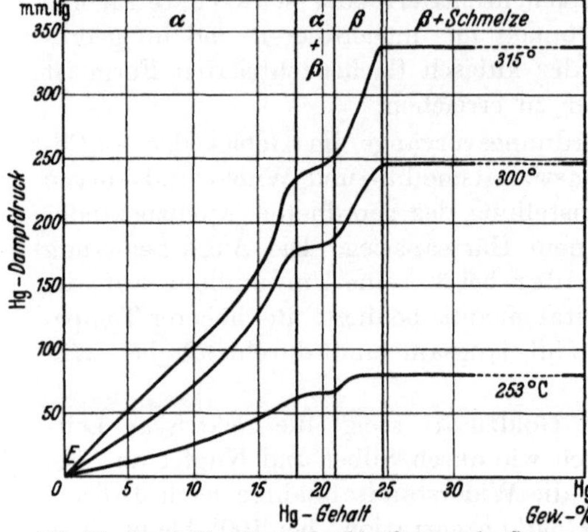

Abb. 95. Quecksilber-Dampfdruckisothermen des Systems Gold-Quecksilber. (Nach Biltz und Meyer.)

Beim Durchgang des elektrischen Stromes durch Amalgame mit einem Goldgehalt von 0,1% wandert das Gold zur Kathode. Die Überführungszahl ist nach Schwarz[2] bei 23° gleich $2,7_8 \cdot 10^{-7}$. Messungen von Kremann und Baum[3] ergaben, daß das Potential der Goldamalgame bei $^6/_8$ Mol Au von dem des Quecksilbers auf das des Goldes springt. Potentialmessungen von Griengl und Baum[4] an ternären Gold-Zinn-Amalgamen zeigten, daß die Verbindungen AuSn und $AuSn_2$ im Amalgam wenigstens teilweise dissoziiert sind.

3. Die Legierungen des Goldes mit Metallen der 4. bis 7. Gruppe des periodischen Systems.

Unter den Legierungen des Goldes mit den Metallen der 4. bis 7. Gruppe des periodischen Systems erlangten nur einige für Sonderverwendungen eine gewisse Bedeutung. Die meisten von diesen Legierungen wurden nur soweit untersucht, wie es für die Aufstellung der vielfach noch nicht in allen Einzelheiten sichergestellten Zustandsdiagramme nötig war. Systematische Untersuchungen der physikalischen und chemischen

[1] Tammann, G. u. E. Ohler: Z. anorg. allg. Chem. **135**, 118 (1924).

[2] Schwarz, K.: Z. phys. Chem., Abt. A **161**, 231 (1932).

[3] Kremann, R. u. R. Baum: Sitzgsber. Akad. Wiss. Wien, Math.-naturwiss. Kl. IIb **141**, 693 (1932).

[4] Griengl, F. u. R. Baum: Sitzgsber. Akad. Wiss. Wien, Math.-naturwiss. Kl. Abt. 2b, **141**, 708 (1932).

Eigenschaften wurden nur in einigen Fällen durchgeführt. Teilweise sind die vorhandenen Messungen schon alt und nicht immer im Einklang mit unseren heutigen Kenntnissen über die Zustandsbilder.

a) Gold-Zinn, -Blei und -Wismut. Bei der Besprechung der schädlichen Verunreinigungen wurde auf die Verschlechterung der technologischen Eigenschaften des Goldes und seiner Legierungen durch Blei und Wismut hingewiesen.

Bei den Gold-Wismut-Legierungen wurde Supraleitung beobachtet, obwohl sie bei keiner der beiden Komponenten festzustellen ist[1]. Die Supraleitung ist mit dem Auftreten der Verbindung Au_2Bi in Zusammenhang zu bringen, die mit dem Au_2Pb strukturgleich ist.

Die Gold-Zinn-Legierungen sind bis zum Auftreten der Verbindung AuSn supraleitend[2]. Bei der gleichen Zusammensetzung erleiden auch der spezifische Widerstand, die thermoelektrische Kraft und das Volumen unstetige Änderungen.

Die Gold-Blei-Legierungen verlieren ihre Supraleitfähigkeit erst bei 8% Pb. Bis zum Au_2Pb fällt die Sprungtemperatur von reinem Blei ausgehend allmählich auf einer Geraden. Bei der Zusammensetzung Au_2Pb erleidet sie einen starken Abfall, um mit weitersteigendem Goldgehalt erst langsam, dann rasch zu sinken.

Das Potential von Gold-Blei- und Gold-Wismut-Legierungen zeigt bis zu sehr hohen Goldgehalten die Werte des Bleis und des Wismuts[3]. Die in beiden Systemen auftretenden intermetallischen Verbindungen haben danach das Potential von Blei bzw. Wismut. Griengl und Baum[4] schließen aus Potentialmessungen, daß das Au_2Pb sogar unedler als Blei ist. Außerdem beobachteten sie an Legierungen mit 50 bis 80% Au die stärkste Oxydation beim Glühen. Die Potentialkurve der Gold-Zinn-Legierungen weist einen starken Potentialsprung bei der Zusammensetzung AuSn auf, ein weiterer Potentialsprung ist bei noch höherem Zinngehalt festzustellen.

Bei der Elektrolyse geschmolzener Legierungen von Gold mit Blei und Wismut beobachtet man ein Absinken der Goldkonzentration an der Anode[5]. Bei der Elektrolyse fester Gold-Blei-Legierungen tritt dagegen eine Anreicherung von Gold an der Anode ein, die Über-

---

[1] Haas, J. de, E. v. Aubel u. J. Voogd: Proc. Akad. Wetensch. Amsterd. **32** I, 226 (1929).

[2] Allen, J. F.: Phil. Mag. [7] **16**, 1005 (1933).

[3] Kremann, R.: Elektrochemische Metallkunde, S. 96—102. Berlin 1921.

[4] Griengl, F. u. R. Baum: Sitzgsber. Akad. Wiss. Wien, Math.-naturwiss. Kl. Abt. 2b, **139**, 847 (1930).

[5] Lämmermayr, L. u. R. Kremann: Sitzgsber. Akad. Wiss. Wien, Math.-naturwiss. Kl., Abt. 2b, **141**, 723 (1932). Elektrolysiert man geschmolzene Gold-Antimon-Legierungen, so tritt ebenfalls eine Verarmung an Gold an der Anode ein, bei der Elektrolyse von Gold-Aluminium-Legierungen wurde keine deutliche Entmischung festgestellt, anscheinend wird das Anodengebiet goldreicher.

führungszahl ist von gleicher Größenordnung wie bei den Gold-Kupfer-Legierungen[1].

b) Gold-Chrom. Chrom wurde mehrfach als härtender Zusatz zu Gold und Goldlegierungen vorgeschlagen. Für diesen Zweck ist es ungeeignet. Dagegen liefert eine Legierung mit etwa 2% Cr einen ausgezeichneten Werkstoff für Normalwiderstände[2]. Das unter Mischkristallbildung aufgenommene Chrom senkt die elektrische Leitfähigkeit und den Temperaturkoeffizienten des Widerstandes besonders stark. Durch geeignete Wärmebehandlung läßt sich bei Legierungen verschiedenen Chromgehaltes der Temperaturkoeffizient des Widerstandes auf Null bringen.

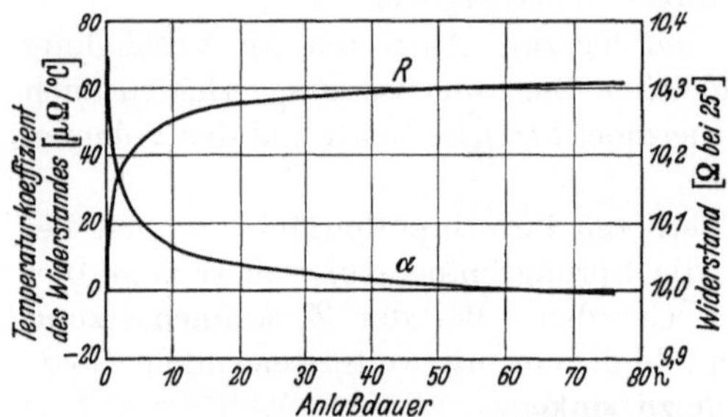

Abb. 96. Änderung des Widerstandes und seines Temperaturkoeffizienten einer Gold-Chrom-Legierung mit 2,35% Cr durch Anlassen bei 150°. (Nach Thomas.)

Nach dem Weichglühen bei 500° wird z. B. bei 1,8% Cr und Raumtemperatur $\alpha = 0$. Altert man eine hartgezogene Legierung mit 2,35% Cr bei 150°, so fällt der α-Wert mit der Alterungsdauer zunächst rasch, später langsam und erreicht nach etwa 60 Stunden den Wert Null.

Die zeitliche Änderung des Widerstandes und seines Temperaturkoeffizienten beim Altern eines 10 Ω-Widerstandes aus einer Legierung mit 2,35% Cr zeigt Abb. 96. Beide Größen ändern sich zu Beginn der Alterung rasch, nach etwa 10 Stunden nur noch langsam. Um α möglichst klein zu machen, ist nach dem Ziehen daher eine entsprechende Alterung nötig.

Die Versuche über die zeitliche Unveränderlichkeit während längerer Versuchsdauer lieferten bei Widerstandsspulen aus Legierungen mit 2,1 und 2,05% Cr ausgezeichnete Ergebnisse. Die anfänglichen Widerstandsänderungen sind erheblich geringer als bei Manganin[3].

Der spezifische Widerstand der Gold-Chrom-Normalwiderstandsdrähte mit 2,05% Cr ist kleiner als der des Manganins, 33 $\mu\Omega$/cm gegen 45 $\mu\Omega$/cm. Die thermoelektrische Kraft gegen Kupfer erreicht den 3- bis 4fachen Wert des Manganins.

Die Herstellung der Gold-Chrom-Legierungen gelingt nach Thomas am besten durch Zusammenschmelzen der beiden Metalle im Induktionsofen in Graphittiegeln unter einer starken Boraxdecke und Gießen in

---

[1] Seith, W. u. H. Etzold: Z. Elektrochem. **40**, 829 (1934).
[2] Thomas, J. L.: Bur. Stand. J. Res., Wash. **13**, 681 (1934); **14**, 589 (1935).
[3] Schulze, A.: Phys. Z. **38**, 240 (1937); Metallwirtsch. **19**, 177 (1940). A. Schulze stellte in über 3 Jahre ausgedehnten Versuchen auch den Einfluß der Luftfeuchtigkeit auf den Widerstand der Gold-Chrom-Normalwiderstände fest.

Graphitformen bei 1200°. Bei Schmelzmengen von 30 g betrug der Chromverlust $^1/_5$ des vorhandenen Chroms.

c) Gold-Mangan. Mangan färbt Gold ziemlich rasch weiß. Die Umfärbung ist allerdings geringer als bei den Metallen der 8. Gruppe des periodischen Systems.

Gute, platinähnlich gefärbte Legierungen erhält man durch Zusatz von Mangan zu den goldärmeren quaternären Legierungen, die neben Gold noch Silber, Kupfer und Zink enthalten. Infolge der Schwierigkeiten beim Schmelzen und Gießen fand manganhaltiges Weißgold mit 33,3% Au jedoch keine technische Anwendung.

Die Bearbeitbarkeit des Goldes sinkt mit steigendem Mangangehalt. Legierungen mit 20% Mn sind schon spröde.

In den Gold-Mangan-Mischkristallen wurden zwei Umwandlungen im festen Zustand bei Atomverhältnissen 3:1 und 1:1 (Au:Mn) beobachtet. Die erste Umwandlung läßt sich nicht nur durch ihre Wärmetönung. sondern auch mikroskopisch und durch die Aushärtung verfolgen[1], während die zweite nur röntgenographisch ermittelt wurde[2].

4. Die Legierungen des Goldes mit den Eisenmetallen.

Eisen, Kobalt und Nickel äußern ähnlich wie die Platinmetalle in Legierungen mit Gold eine sehr starke weißfärbende Kraft. Technisch ausgenutzt wird diese Eigenschaft beim Nickel in den sog. Weißgoldlegierungen, die als Ersatz für Platin im Schmuckwarengewerbe Eingang fanden.

a) Gold-Eisen. Gold und Eisen sind im festen Zustande nur beschränkt ineinander löslich. Die Sättigungsgrenze der Mischkristalle sinkt mit der Temperatur. Die infolge der Entmischung auftretende Aushärtung[3] führt bei den goldreichen Legierungen zu außerordentlich starken Härteanstiegen, so daß voll ausgehärtete Legierungen etwa dreimal so hart sind wie abgeschreckte.

Das magnetische Moment der eisenreichen Legierungen ändert sich nach Fallot[4] mit der Zusammensetzung auf zwei Geraden, von denen die erste mit stärkerer Neigung von 0 bis zu 6,25 At.-% Au reicht. Die zweite mit geringerer Neigung ist der Bildung der Überstrukturphase $AuFe_3$ zuzuschreiben, deren Auftreten auch nach Jellinghaus[5] eine erhöhte Koerzitivkraft bedingt. Die magnetische Umwandlungstemperatur ändert sich in den beiden Zustandsfeldern nicht.

---

[1] Moser, H., E. Raub u. E. Vincke: Z. anorg. allg. Chem. **210**, 67 (1933).

[2] Dehlinger, U. u. H. Bumm: Metallwirtsch. **13**, 23 (1934).

[3] Nowack, L.: Z. Metallkde. **22**, 97 (1930). — Jette, E. R.. W. L. Bruner u. F. Foote: Trans. Amer.Inst. min. metallurg. Engr., Inst. Met. Div. **111**, 354 (1934).

[4] Fallot, M.: J. Phys. [7] **4**, 42 (1933).

[5] Jellinghaus, W.: Z. techn. Phys. **17**, 33 (1936).

Legierungen mit 15 bis 20% Fe haben eine dem Platin ähnliche
Farbe. Beim Erhitzen an der Luft treten Anlauffarben auf, die denen
des Eisens vollkommen entsprechen. Wie auch bei anderen Anlauf-
vorgängen weisen die Farben erster Ordnung den besten Glanz auf.

Die Bearbeitbarkeit der einphasigen goldreichen Legierungen ist verhältnismäßig gut. Die zweiphasigen Legierungen lassen sich weniger
gut bearbeiten, auch nehmen sie im Gegensatz zu den einphasigen bei
der Politur keinen gleichmäßigen Glanz an.

b) Gold-Kobalt. Kobalt senkt ähnlich wie Chrom die elektrische
Leitfähigkeit von Gold sehr stark, nach Thomas[1] und Schulze[2]
eignen sich Gold-Kobalt-Legierungen jedoch nicht für die Herstellung
von Normalwiderständen.

Die thermoelektrische Kraft gegen Kupfer weist sehr hohe negative
Werte auf, die bei höherer Temperatur stark schwanken. Borelius und
Mitarbeiter[3] maßen die Thermokraft von Legierungen mit bis zu
6,71 At.-% Co gegen eine Gold-Silber-Legierung mit 0,37 At.-% Au
zwischen —255 und +20°. Auch an diesem Element wurden sehr hohe
Thermokräfte beobachtet, die durchweg weit höher liegen als die von
Elementen aus Gold-Nickel- bzw. Gold-Eisen-Legierungen entsprechender
Zusammensetzung und der gleichen Silber-Legierung. In Fortsetzung
dieser Arbeiten bei Temperaturen bis herab zu 2,5° abs. zeigten Keesom
und Mathijs[4], daß ein Thermoelement, dessen Schenkel aus Gold mit
1 bis 2% Co und aus der als Gegenschenkel gebrauchten Silber-Gold-Legie-
rung bestehen, sich für Temperaturmessungen im Gebiet des flüssigen
Heliums und Wasserstoffs eignet.

Die magnetischen Eigenschaften von goldarmen Legierungen mit
bis zu 2,96 At.-% Au untersuchte Sadron[5].

Bei der Herstellung von Gold-Kobalt-Legierungen fand Thomas,
daß es zur Erzielung einer einheitlichen Zusammensetzung notwendig
ist, nach dem ersten Gießen unter einer Boraxdecke im Graphittiegel
noch einmal umzuschmelzen.

c) Gold-Nickel. Die Gold-Nickel-Legierungen bilden bei hoher
Temperatur eine lückenlose Reihe von Mischkristallen. Bei der Abkühlung tritt eine weitgehende Entmischung ein. Die bei hoher Temperatur
stabile Mischkristallreihe bildet sich ähnlich wie im System Gold-Kupfer
unter starker Gitteraufweitung. Nach Köster und Dannöhl[6] und
Köster und Schneider[7] vollzieht sich die Entmischung bei polykristallinen Proben und Einkristallen heterogen, daneben findet in

[1] Thomas, J. L.: U. S. Bur. Stand. J. Res. 14, 589 (1935).
[2] Vgl. Fußnote 3, S. 202.
[3] Borelius, G. u. Mitarbeiter: Comm. Leiden 1931, Nr. 217d.
[4] Keesom, W. H. u. C. J. Mathijs: Proc. Sect. Sci. Amsterd. 38, 569 (1935).
[5] Sadron, C.: Ann. Phys., Paris [10] 17/18, 427 (1932).
[6] Köster, W. u. W. Dannöhl: Z. Metallkde. 28, 248 (1936).
[7] Köster, W. u. A. Schneider: Z. Metallkde. 29, 103 (1937).

geringem Maße ein mikroskopisch homogener Zerfall statt, der sich in der Änderung der Curie-Temperatur[1] des instabilen Mischkristalls während der Ausscheidung und in einer geringen Verschiebung der Gitterkonstante des instabilen Mischkristalls äußert.

Köster und Dannöhl verfolgten die Ausscheidung durch Untersuchung der magnetischen und elektrischen Eigenschaften, der Härte und der Änderungen der Gitterparameter. Die Leitfähigkeitsisothermen bestimmten auch Grube und Vaupel[2]. Das magnetische Verhalten überprüfte Gerlach[3], Wise[4] maß die Aushärtung.

Die stärkste Aushärtung erreicht man bei Legierungen mit etwa 40 bis 80 At.-% Ni. Die Entmischungsgeschwindigkeit erreicht ihren Höchstwert bei etwa 70 At.-% Ni.

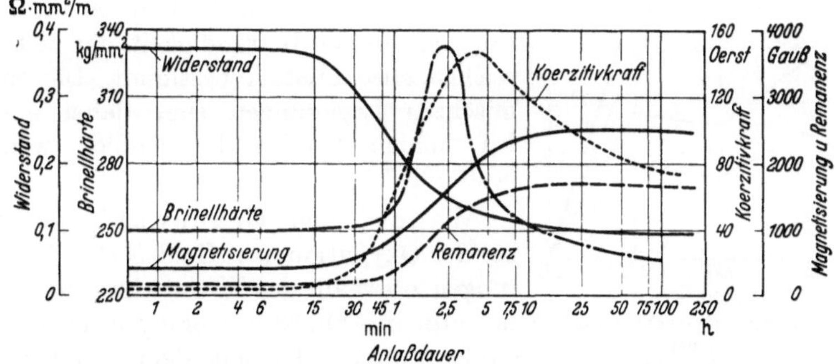

Abb. 97. Eigenschaftsänderungen der Legierung mit 60% Au und 40% Ni beim Anlassen bei 400°. (Nach Köster und Dannöhl.)

Der bei hoher Temperatur beständige Mischkristall ist bis zu etwa 38 At.-% Au ferromagnetisch, bei heterogenen Legierungen verschwindet der Ferromagnetismus erst mit der nickelreichen Phase. Die Eigenschaftsänderungen bei der Ausscheidung sind für alle Legierungen gleich. Abb. 97 gibt den Verlauf der magnetischen Eigenschaften, des elektrischen Widerstandes und der Härte für eine Legierung mit 60% Au in Abhängigkeit von der Anlaßzeit wieder. Die Änderungen der Eigenschaften gehen im gleichen Zeitabschnitt vor sich, sie vollziehen sich ohne Andeutungen für das Vorliegen eines Vorstadiums bzw. einer Kaltaushärtung. Der Verlauf der magnetischen Aushärtung bei Legierungen mit 30 bis 100 At.-% Ni wird erklärt durch das gleichzeitige Auftreten von zwei magnetischen Phasen während der Umwandlung, dem magnetisch harten, stabilen nickelreichen Mischkristall und dem magnetisch weichen, übersättigten Mischkristall.

[1] Gerlach, W.: Z. Metallkde. **29**, 102 (1937).
[2] Grube, G. u. F. Vaupel: Z. phys. Chem., Bodenstein-Festschr. **1931**, 187.
[3] Gerlach, W.: Z. Metallkde. **29**, 102 (1937).
[4] Wise, E. M.: Amer. Inst. min. metallurg. Engr., Inst. Met. Div. **83**, 384 (1929).

Bei der Bearbeitung von Gold-Nickel-Legierungen beobachtet man oft das Auftreten von Rissen, die sich beim Walzen nach der Glühbehandlung, beim Glühen oder bei der Abkühlung bzw. dem Abschrecken nach dem Glühen zeigen. Ursache der Rißbildung sind innere Spannungen, zu denen auch die Versprödung, die mit der Entmischung sich nicht selten einstellt, hinzutritt[1]. Auch die Farbe der Gold-Nickel-Legierungen wird durch die Entmischung beeinflußt. Bei den homogenen Legierungen geht sie von gelb über blaßgelb zu einem platinähnlichen Weißblau bei etwa 75% Au. Diese Farbe geht mit fortschreitender Entmischung in ein trübes gelbliches Weiß über.

Das chemische Verhalten der zweiphasigen Legierungen wird durch die geringe chemische Beständigkeit der nickelreichen Mischkristalle bestimmt. Die entmischten Legierungen sind daher auch bei hohem Goldgehalt ziemlich wenig beständig[2].

Wagner und Grünewald[3] fanden bei der Oxydation von Gold-Nickel-Legierungen oberhalb der Entmischungstemperatur die in Abb. 98 wiedergegebene Sauerstoffaufnahme, die mit dem Goldgehalt zunächst wächst und nach einem Höchstwert bei 25 At.-% Au unregelmäßig bis auf den Wert Null bei reinem Gold fällt.

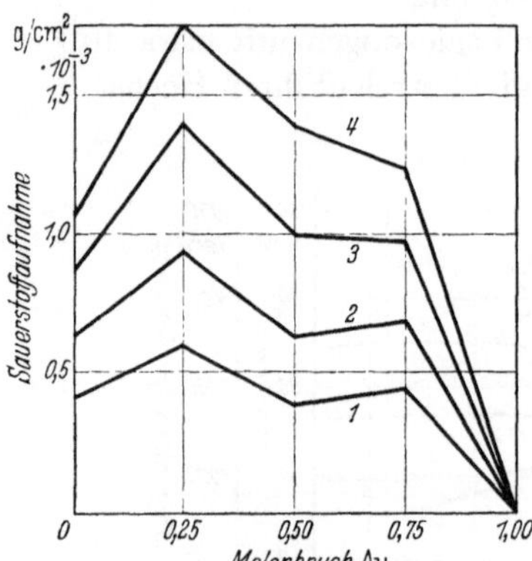

Abb. 98. Sauerstoffaufnahme von Gold-Nickel-Legierungen bei 900°. (Nach Wagner und Grünewald.)
1. Versuchsdauer: 20 min,
2. Versuchsdauer: 40 min,
3. Versuchsdauer: 70 min,
4. Versuchsdauer: 100 min.

Bei mikroskopischer Untersuchung oxydierter Legierungen beobachteten Wagner und Grünewald nur bei reinem Nickel eine dichte, vom Metall scharf abgegrenzte Oxydphase. Bei den Legierungen ließ sich in der oxydierten Zone ein Gemenge von Gold und Nickeloxyd beobachten, so daß auch hier Sauerstoffdiffusion die Oxydation mitbestimmt. Die Gold-Nickel-Legierungen verhalten sich bei der Zunderung also ganz ähnlich wie die Gold-Kupfer-Legierungen. Die Oxydation von vergoldetem Nickel tritt wie bei vergoldetem Kupfer nicht unter der Vergoldung, sondern auf dem Gold ein.

---

[1] Wise, E. M.: Amer. Inst. min. metallurg. Engr., Inst. Met. Div. **83**, 400 (1929).

[2] Die von E. M. Wise [Amer. Inst. min. metallurg. Engr., Inst. Met. Div. **83**, 388 (1929) beobachtete Resistenzgrenze der homogenen Mischkristalle gegen Salpetersäure bei 25 At.-% Au existiert nicht.

[3] Wagner, C. u. K. Grünewald: Z. phys. Chem., Abt. B **40**, 455 (1938).

5. Gefärbte intermetallische Verbindungen des Goldes.

Gold bildet mit einer Reihe von Metallen tief gefärbte intermetallische Verbindungen von halbmetallischem Charakter. Am längsten bekannt ist das violett-purpurne $AuAl_2$. Diese Verbindung wurde zuerst von Heycock und Neville[1] erkannt und in ihrer Zusammensetzung (78,5% Au und 21,5% Al) festgelegt. Sie tritt in den Legierungen mit 60 bis 80% Au auf. Vincke[2] prüfte, ob durch Änderung der Zusammensetzung der Legierungen sich die Sprödigkeit zurückdrängen läßt, wobei er den Einfluß einer Reihe von Metallen untersuchte. Er beobachtete das $AuAl_2$ mit seiner typischen Farbe in Legierungen mit 75% Au bei einem Aluminiumgehalt von etwa 20% und darüber. Legierungen mit 58,5% Au wiesen schon bei 16% Al die Verbindung und damit die violette Färbung auf. Gegenüber allen Verfahren der spanlosen Formgebung verhielten sich diese Legierungen aber spröde. Dagegen lassen sich Legierungen, die einen über die Zusammensetzung des $AuAl_2$ hinausgehenden Aluminiumgehalt haben, oder Zusätze anderer Metalle, z. B. Silber oder Zink enthalten, zu dichten Gußstücken einfacher Form gießen, aus denen mit den Steinbearbeitungsmethoden Schmuckstücke hergestellt werden können[3].

Im System Gold-Indium wurde das blau gefärbte $AuIn_2$ festgestellt[4].

Im Gebiet der β-Phase der Legierungen des Goldes mit Zink oder Kadmium läßt sich — ähnlich wie bei den Legierungen mit Silber — das Auftreten von rötlichen Farbtönen beobachten.

Besonders stark gefärbte Verbindungen treten in den Legierungen von Gold mit den Alkalimetallen auf. Das Au_2Na, das von Mathewson[5] aufgefunden und von v. Quadt, Weibke und Biltz[6] rein hergestellt wurde, ist hell messinggelb und in reinem Zustande weitgehend luftbeständig. Gold und Kalium bilden zwei Verbindungen, das Kaliumtetraurid Au_4K von olivgrüner Farbe und das violett gefärbte Diaurid Au_2K[7]. Das Au_4K wird von der Luft nur langsam angegriffen, die kaliumreichere Verbindung Au_2K ist viel luftempfindlicher. Unter den Gold-Rubidium-Legierungen wurde ein tiefgrün gefärbtes Diaurid von dunklerer Farbe als das Au_4K nachgewiesen. Die Luftbeständigkeit des Au_2Rb ist geringer als die des Au_4K.

[1] Heycock, C. F. u. F. H. Neville: Phil. Trans. roy. Soc., Lond., Abt. A **194**, 201 (1900).

[2] Vincke, E.: Mitt. Forsch.-Inst. Edelmet. **6**, 1 (1932).

[3] DRP. 659155.

[4] Zintl, E. u. Mitarbeiter: Z. phys. Chem., Abt. B **35**, 354 (1937). — Kubaschewski, O. u. F. Weibke: Z. Elektrochem. **44**, 870 (1938).

[5] Mathewson, C. H.: Int. Z. Metallogr. **1**, 81 (1911).

[6] Quadt, U. v., F. Weibke u. W. Biltz: Z. anorg. allg. Chem. **232**, 297 (1937).

[7] Quadt, U. v., F. Weibke u. W. Biltz: Z. anorg. allg. Chem. **232**, 301 (1937).

Alle bekannt gewordenen Gold-Alkalimetallverbindungen entsprechen nicht einer bestimmten stöchiometrischen Zusammensetzung, sondern sie weisen einen größeren oder kleineren Homogenitätsbereich auf.

C. Die Drei- und Mehrstofflegierungen des Goldes.

Eine Zusammenstellung der bekannten ternären Zustandsdiagramme, in denen Gold als Komponente auftritt, gibt Jänecke[1]. Unter diesen ist das System Gold-Silber-Kupfer von besonderer technischer Bedeutung, denn seine Legierungen sind der Hauptwerkstoff aller Gold verarbeitenden Zweige der Technik, wenn auch heute neben ihnen in steigendem Maße Legierungen mit 4 bis 5 Stoffen Verwendung finden.

1. Das ternäre System Gold-Silber-Kupfer.

a) Zustandsbild und physikalische Eigenschaften. Die Liquidus-isothermen des Systems Gold-Silber-Kupfer bestimmten Jänecke[2] und Sterner-Rainer[3].

Hultgren und Tarnopol[4] zeigten, daß Silber die kritische Temperatur der AuCu-Umwandlung sehr stark senkt, so daß bei 5 At.-% Ag der Abfall schon 65° beträgt. In Übereinstimmung damit fand Bumm[5] bei silberreicheren Legierungen mit 5 bis 25 Gew.-% eine vollkommene Unterdrückung der Überstrukturphasen.

Der Verlauf der Mischungslücke des Systems Silber-Kupfer im ternären Zustandsbild, insbesondere ihre Verschiebung durch Temperaturänderungen ist noch nicht genau festgelegt. Nach Masing und Kloiber[6], die die Entmischungslinie bei 400° röntgenographisch ermittelten, wird bei dieser Temperatur mit zunehmendem Goldgehalt die Mischungslücke nur langsam enger. Eine Legierung mit 80% Au, 10% Ag und 10% Cu liegt bei 200° noch innerhalb der Mischungslücke, bei 300° schon im homogenen Zustandsfeld. Die Entmischungslinie für 750° geben Masing und Kloiber in grober Annäherung wieder.

Die rasch verlaufende inhomogene Ausscheidung der vorverformten Silber-Kupfer-Legierungen verlangsamt sich mit steigendem Goldgehalt unter allmählichem Übergang in homogene Ausscheidung, wie sie auch von Silber-Kupfer-Einkristallen bekannt ist. Drähte haben nach vollendeter Ausscheidung noch ihre alte Textur. Mit dem Ausscheidungs-

[1] Jänecke, E.: Kurzgefaßtes Handbuch aller Legierungen. Leipzig 1937. Bekannte Systeme Au-Ag-Cu (S. 248), Au-Ag-Ni (S. 252), Au-Ag-Te (S. 311), Au-Cu-Ni (S. 298), Au-Ni-Pd (S. 238), Au-Pb-Zn (S. 344).

[2] Jänecke, E.: Metallurgie 8, 597 (1911).

[3] Steiner-Rainer, L.: Z. Metallkde. 18, 143 (1926).

[4] Hultgren, R. u. L. Tarnopol: Trans. Amer. Inst. min. metallurg. Engr., Inst. Met. Div. 133, 228 (1939).

[5] Bumm, H.: Z. Metallkde. 31, 318 (1939).

[6] Masing, G. u. K. Kloiber: Z. Metallkde. 32, 125 (1940).

verlauf ändert sich auch das Verhalten bei der Aushärtung. Nach Spanner und Leuser[1] hängt nicht nur die Höhe des Härteanstiegs beim Altern abgeschreckter Legierungen von der Zusammensetzung ab, sondern es verschieben sich auch die optimale Anlaßtemperatur und -dauer.

Fischbeck[2] konstruierte aus den in der Literatur zu findenden Angaben über die binären Legierungen und aus eigenen Messungen an ternären Legierungen, die in mehreren Teilschnitten vorgenommen wurden, die Fläche des spezifischen Widerstandes, seines Temperaturkoeffizienten und der thermoelektrischen Kraft gegen Kupfer.

Die Widerstandszunahme durch Kaltbearbeitung unterliegt nach Fischbeck bei Legierungen verschiedener Zusammensetzung starken Schwankungen.

Die mechanischen Eigenschaften der Gold-Silber-Kupfer-Legierungen entnimmt man am besten den von Sterner-Rainer aufgestellten Schaubildern. Die höchsten Werte der Härte von Legierungen, die nach dem Walzen 20 min bei 740° ausgeglüht und über 400° abgeschreckt wurden, gruppieren sich um eine Legierung mit 52% Au, 20% Ag und

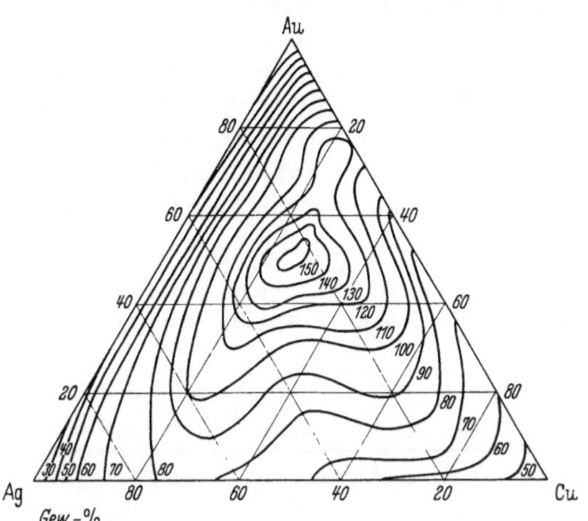

Abb. 99.
Brinellharte der Gold-Silber-Kupfer-Legierungen.
(Nach Sterner-Rainer.)

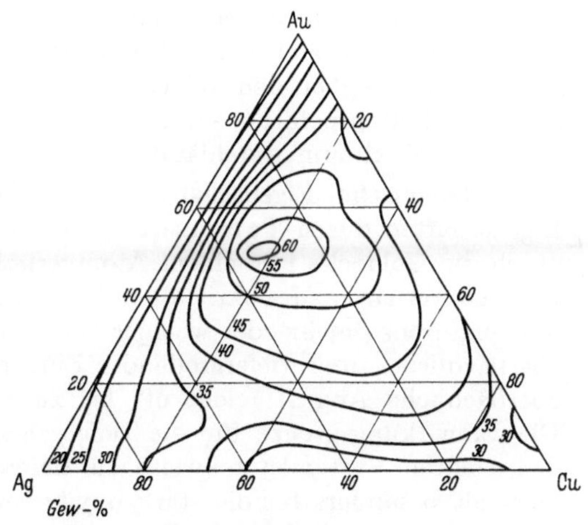

Abb. 100.
Zugfestigkeit der Gold-Silber-Kupfer-Legierungen.
(Nach Sterner-Rainer.)

26% Cu (Abb. 99). Die Zugfestigkeit weist in ihrer Abhängigkeit von der Zusammensetzung den gleichen Verlauf auf wie die Härte (Abb. 100).

---

[1] Spanner, J. u. J. Leuser: Metallwirtsch. **14**, 319 (1935).
[2] Fischbeck, K.: Z. anorg. allg. Chem. **125**, 1 (1922).

Für das Goldschmiedegewerbe ist die Farbe der Gold-Silber-Kupfer-Legierungen von besonderer Bedeutung, weil die durch Änderung der Zusammensetzung herstellbaren Färbungen weitgehende Möglichkeiten der dekorativen Wirkung bieten. Tammann[1] stellte ein Farbendreieck auf, das die Farben der einphasigen Legierungen abzulesen ermöglicht. Mit steigendem Silberzusatz geht die Farbe des Goldes von gelb über grüngelb nach weiß und mit steigendem Kupferzusatz von gelb über rotgelb nach rot.

Die Farbe ist außer von der Zusammensetzung vom Zustand abhängig, in dem sich die Legierungen befinden. Besonders stark sind die Farbunterschiede bei den mit ihrer Farbe in Zahlentafel 38 aufgeführten Legierungen im weichen und harten Zustande.

Durch Kaltbearbeitung tritt in jedem Falle eine Verschiebung nach gelb hin ein. Beim Glühen nach der Kaltverformung ändert sich die Farbe ebenso wie andere physikalische Eigenschaften

Zahlentafel 38.
Einfluß der Bearbeitung auf die Farbe von Gold-Silber-Kupfer-Legierungen. (Nach Tammann.)

Gew.-%			Farbe	
Au	Ag	Cu	weich	hart
52	22	26	weißrot	gelbweiß
55	28	17	weiß	gelbgrün
58	32	10	weißgrünlich	grüngelb

wieder rückläufig[2]. Bei 200° beginnt der Farbumschlag. Bei dieser Temperatur liegt auch der Anfang des Abfalls des spezifischen Widerstandes, der mit steigender Temperatur ein Minimum erreicht, dann aber nicht wie bei den reinen Metallen stark ansteigt, sondern bei höherer Glühtemperatur ein zweites mehr oder weniger deutlich ausgeprägtes Maximum durchläuft.

b) Chemische Eigenschaften. Die Untersuchung der chemischen Eigenschaften durch Tammann erstreckte sich auf drei Eckenschnitte durch die Goldecke mit einem Atomverhältnis Ag/Cu von $^1/_2$, 1 und 2. Bei den ternären Mischkristallen ist gegenüber den binären die Einwirkungsgrenze mehr oder weniger verwischt. Es ist weiterhin zwischen oberflächlicher und tiefergreifender Einwirkung zu unterscheiden. Der oberflächliche Angriff reicht oft bis zu ziemlich hohen Goldgehalten. Die Einwirkungsgrenze für die tiefergehende Auflösung ist gegenüber den binären Systemen teilweise zu tieferen Goldgehalten verschoben. Dies gilt besonders für die stark oxydierend wirkenden Lösungen, z. B. Salpetersäure und Schwefel-Chromsäure, die die binären Legierungen bis zu 50 At.-% Au angreifen. Bei anderen Angriffsmitteln ist die Einwirkungsgrenze teilweise stark zu höheren Goldgehalten verlagert, für harte und weiche Legierungen ist sie praktisch gleich.

---

[1] Tammann, G.: Z. anorg. allg. Chem. **107**, 115 (1919). Außer Tammann berichten auch andere, insbesondere Sterner-Rainer, über die Färbungen von Gold-Silber-Kupfer-Legierungen verschiedenster Zusammensetzung.

[2] Tammann, G. u. C. Wilson: Z. anorg. allg. Chem. **173**, 159 (1928).

Kochende Salpetersäure löst aus goldreichen Gold-Silber-Kupfer-Legierungen, die Blei enthalten, mit dem Blei auch Kupfer, während das Silber vollkommen unangegriffen bleibt[1]. Kupfer muß daher mit dem Blei als Verbindung an den Korngrenzen abgeschieden werden und ist so der Einwirkung der Salpetersäure zugänglich.

Ammoniumdisulfid wirkt bis zu einem Goldgehalt von 0,25 bis 0,3 Mol ein. Die zur Herstellung von Schmuck heute viel verwendeten Legierungen mit 33,3% Au sind nicht mehr resistent, man beobachtet bei ihnen schon durch den Angriff normaler Innenraumatmosphäre Verfärbungen. Auch bei dem technisch wichtigsten Goldgehalt von 58,5% sind viele Gold-Silber-Kupfer-Legierungen nicht vollkommen anlaufbeständig. Die Atmosphäre bewirkt allerdings meistens keine deutlich sichtbaren Verfärbungen mehr, durch Berührung mit schwefelreichen Stoffen laufen die Legierungen aber oft noch stark an.

Verfärbungen von Goldlegierungen entstehen im Gebrauch nicht selten durch elektrolytische Vorgänge. Diese werden wirksam, wenn ein Schmuckstück aus Legierungen verschiedener Zusammensetzung gearbeitet ist, oder aber Schmuckstücke aus verschiedenen Legierungen sich beim Tragen berühren. Ebenso zeigen sich Verfärbungen von Zahnersatzteilen bei Vorhandensein kurzgeschlossener galvanischer Elemente, sobald Legierungen von verschiedenem Potential aneinanderstoßen. Hierbei treten die Verfärbungen infolge kathodischer Reduktionsvorgänge oft gerade an den Legierungen mit dem edleren Potential auf.

Eine andere vielfach als Einwirkung von Schwefelverbindungen gedeutete Erscheinung ist die Schwärzung der Haut, die beim Tragen von Schmuckstücken hin und wieder beobachtet werden kann. Bis heute sind diese Verfärbungen wenig geklärt, es ließ sich weder ein bestimmter Zusammenhang mit der Zusammensetzung der Legierungen, noch mit dem Zustand der Personen, bei denen sie auftreten, feststellen. Wahrscheinlich beruhen diese Verfärbungen der Haut weniger auf einem chemischen Angriff der Goldlegierung als auf einem mechanischen Vorgang, der in dem Abreiben von feinen Metallteilchen besteht.

Spannungskorrosion tritt bei Gold-Silber-Kupferlegierungen zwar selten auf, kann aber doch hin und wieder zu Störungen führen. Gewöhnlich beobachtet man sie nur bei stärkerem chemischem Angriff nach der Kaltbearbeitung (Abb. 101).

Die Ätzung von Gold-Silber-Kupfer-Legierungen zur Entwicklung des Gefüges bereitet einige Schwierigkeiten. Königswasser hinterläßt solange der Silbergehalt gering ist, auf der Oberfläche eine Silberchloridschicht, Salpetersäure dagegen läßt auf den Legierungen, die von ihr angegriffen werden, eine Goldschicht zurück. Trotzdem kann man diese Säuren noch bei goldreichen bzw. goldarmen Legierungen gebrauchen. Als Ätzmittel besser geeignet sind aber Lösungen, die alle

---

[1] Gerlach, W.: Z. anorg. allg. Chem. **179**, 111 (1929).

drei Komponenten auflösen. Diese Eigenschaft hat eine Kaliumzyanidlösung, die Oxydationsmittel, z. B. Wasserstoffsuperoxyd oder Ammoniumpersulfat, enthält. Gute Gefügebilder erhält man auch durch anodisches Ätzen in verdünnter Kaliumzyanidlösung. Dieses Ätzverfahren ist auch darum vorteilhaft, weil es die einwandfreie Ätzung aller Gold-Silber-Kupfer-Legierungen ermöglicht.

Beim oxydierenden Glühen sinkt, wie Abb. 102 zeigt, mit steigendem Silber- und gleichbleibendem Goldgehalt die Zunderungsgeschwindigkeit,

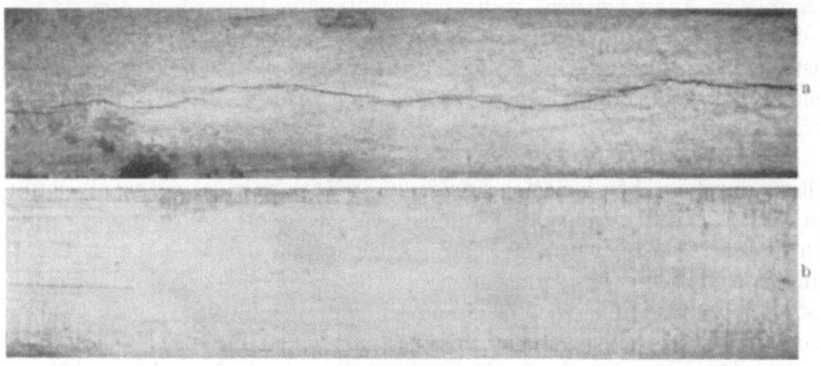

Abb. 101. Spannungskorrosion bei einer Legierung mit 58,5% Au, 20,75% Ag, 20,75% Cu.
a Rißbildung beim Ätzen in Wasserstoffsuperoxyd enthaltender Kaliumzyanidlösung.
b Ausbleiben der Rißbildung beim Ätzen nach dem Glühen zur Beseitigung der Reckspannungen.

solange das Silber nicht vorherrscht. Sobald jedoch Silber als Hauptbestandteil in der ternären Legierung auftritt, wächst die Zunderungsgeschwindigkeit zunächst langsam, dann rasch. Auf Legierungen mit überwiegendem Gold- und Kupfergehalt entsteht eine dichte Kupferoxydschicht. Bei hohem Silbergehalt tritt mit dem Silbergehalt steigend Oxydation von Kupfer durch Sauerstoffdiffusion ein. In Gold-Silbermischkristallen, in denen Gold überwiegt, diffundiert der Sauerstoff nicht nur langsamer als in Silber, sondern auch langsamer als in Gold[1].

c) Eigenschaften technisch verwendeter Gold-Silber-Kupfer-Legierungen. In der Technik werden stets Legierungen mit bestimmten Goldgehalten gebraucht[2]. Die goldreichsten Legierungen mit einem Goldgehalt von wenigstens 75% benötigt die Zahnheilkunde wegen der starken chemischen Beanspruchung im Gebrauch, so daß Legierungen Verwendung finden, die bestimmt oberhalb der Resistenzgrenze liegen. Im Schmuckwarengewerbe gebraucht man in Deutschland Legierungen mit

---

[1] Raub, E. u. M. Engel: Z. Metallkde. **30**, HV 87 (1938).
[2] Der Goldgehalt der technischen Legierungen wird entweder in $^0/_{00}$ angegeben, wie es die Punzierungsbestimmungen vorschreiben, oder aber nach altem Brauch in Karat, wobei 24 Karat dem reinen Gold entsprechen.

75,0, 58,5 und 33,3% Au[1]. Für Füllhalterfedern, Uhrgehäuse usw. ist die Legierung mit 58,5% Au eingeführt.

Sterner-Rainer[2] bestimmte die mechanischen Eigenschaften von Legierungen mit den technisch wichtigsten Goldgehalten im weichgeglühten Zustande und nach verschiedenen Bearbeitungsgraden zwischen 0 und 60%. Die mechanischen Eigenschaften der weichgeglühten und der kaltbearbeiteten Legierungen mit verschiedenem

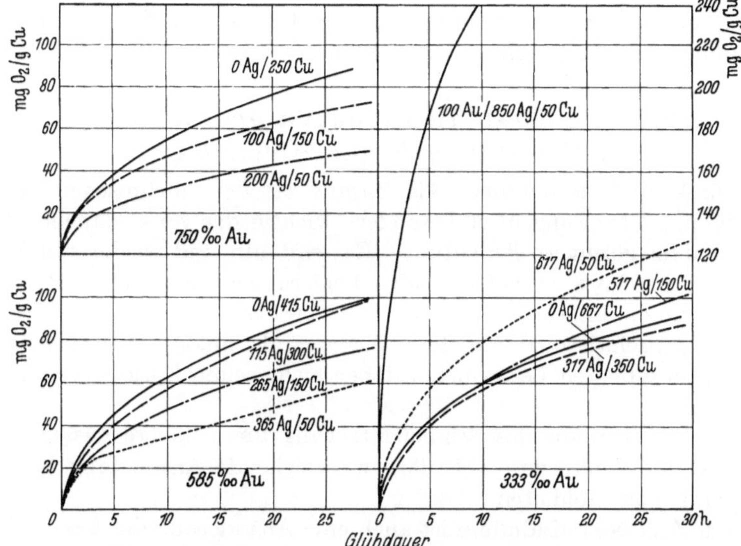

Abb. 102. Zunderung-Zeitkurven der Gold-Silber-Kupfer-Legierungen.
Temperatur: 750°; Atmosphäre: Sauerstoff.

Bearbeitungsgrad laufen nicht immer einander parallel, sondern man beobachtet vielfach nach starker Bearbeitung Schwankungen.

Werden bearbeitete Legierungen, die oft aus übersättigten Mischkristallen bestehen, geglüht, so stellt man ähnlich wie bei den Silber-Kupfer-Legierungen die Überlagerung von Verfestigung durch Aushärtung und Entfestigung durch Erholen von den Folgen der Kaltbearbeitung fest. Die Aushärtung wird durchweg schon bei tieferer Temperatur wirksam als die Erholung und tritt deshalb bei niedriger Glühtemperatur besonders deutlich hervor. Bei hohem Verformungsgrad wird durch die Herabsetzung der Entfestigungs- und Rekristallisationstemperatur der durch Aushärtung entstehende Härteanstieg schon bei tieferer Glühtemperatur unterdrückt als bei schwach verformten Proben.

---

[1] In anderen Ländern werden teilweise hiervon abweichende Goldgehalte verwendet.

[2] Sterner-Rainer, L.: Z. Metallkde. **18**, 143 (1926); **19**, 245 (1927). Die Edelmetallegierungen in Industrie und Gewerbe, S. 108—124. Leipzig 1930.

Carter[1] untersuchte neben den plastischen Eigenschaften noch einige andere physikalische Eigenschaften von Legierungen mit 58,5 und 75% Au und wechselndem Silber- und Kupfergehalt. Nach Carter hängt die Verfestigung beim Bearbeiten von der Härte im Gußzustand in der Weise ab, daß die im Gußzustand härteren Legierungen stets die geringere Verfestigung durch Bearbeiten zeigen. Die Gußlegierungen weisen teilweise eine erhebliche Aushärtung auf, die unter Umständen nur wenig unter der abgeschreckter und gealterter Legierungen bleibt. Die Aushärtung während der Abkühlung ist auch die Ursache für die geringe Wirksamkeit der Kaltverformung auf die Festigkeit.

2. Die Mehrstofflegierungen des Goldes auf Gold-Silber-Kupfer-Grundlage.

a) Zink und Kadmium. Als Zusatz zu den technischen Gold-Silber-Kupfer-Legierungen ist besonders wichtig das Zink, daneben hat das Kadmium geringere Bedeutung. Es wird hin und wieder mit Zink als Zusatz zu 33,3% Au enthaltenden Legierungen und bei der Herstellung von Loten mitverwendet. Geringe Zusätze von Zink verbessern die Gießeigenschaften durch ihre Wirkung als mildes Desoxydationsmittel. Man gibt den Legierungen daher nicht selten Zusätze von 1 bis 2% Zn.

Die starke Senkung des Schmelzintervalls durch höhere Zusätze von Kadmium und Zink veranlaßte ihre weitreichende Anwendung bei der Herstellung von Goldloten.

Durch Zink oder Kadmium ist auch eine Abänderung der Farbe nach grüngelb und blaßgelb zu erreichen. Die mechanischen Eigenschaften werden durch Zink und Kadmium nur wenig beeinflußt. Geringe Gehalte von Zink und Kadmium erhöhen Zugfestigkeit und Härte wenig, höhere senken sie langsam. Die prozentuale Verfestigung bei der Kaltbearbeitung ist größenordnungsmäßig ähnlich der der ternären Legierungen.

α) **Goldlote.** Bei der Wahl von Goldloten sind nicht nur die für Lote allgemein wichtigen Gesichtspunkte zu beachten, sondern es spielen außerdem noch der Goldgehalt und die Farbe eine bedeutende Rolle; beide sollen den zu lötenden Legierungen möglichst gleich sein. Es gelingt in manchen Fällen schon, unter den ternären Legierungen genügend niedrig schmelzende Zusammensetzungen gleichen Goldgehaltes zu finden, die als Lote verwendbar sind. Trotzdem ist es nur selten möglich, aus der Reihe der ternären Legierungen geeignete Lotzusammensetzungen zu wählen, da abgesehen davon, daß zahlreiche technische Arbeitsgolde gerade der Zusammensetzung der niedrig schmelzenden Legierungen entsprechen, die Farbe des Lotes von der der zu lötenden Legierung zu stark abweicht.

[1] Carter, F. E.: Amer. Inst. min. metallurg. Engr., Inst. Met. Div. **1928**. 786.

Durch Zusätze von Zink und Kadmium läßt sich nicht nur der Schmelzpunkt in fast allen Fällen ohne Herabsetzung des Goldgehaltes genügend stark senken, sondern man kann gleichzeitig in vielen Fällen die Farbe des Lotes den zu verbindenden Teilen angleichen. Sterner-Rainer[1] und Bihlmaier[2] haben zahlreiche Lotlegierungen angegeben, deren Schmelzintervall sie bestimmten. Sterner-Rainer untersuchte bei vielen Legierungen auch die mechanischen Eigenschaften. Der Einfluß von Zink und Kadmium ist nicht deutlich verschieden. Je nach der übrigen Zusammensetzung weist entweder das Zink oder das Kadmium die stärkere Herabsetzung des Schmelzpunktes auf. Durch gleichzeitige Gegenwart beider Metalle wird durchweg eine stärkere Senkung des Schmelzpunktes bewirkt als durch Zink oder Kadmium allein[3].

Zinn dient verhältnismäßig selten als Zusatz zu Goldloten. Es trägt zur Senkung des Schmelzpunktes bei. Durch steigende Zinngehalte werden die Lote härter, verspröden aber gleichzeitig.

β) **Zinkreiche Legierungen mit 33,3% Au.** In Legierungen mit 33,3% Au senkt das Zink das spezifische Gewicht und erhöht die Anlaufbeständigkeit. Diese Eigenschaften sind für die goldärmeren Legierungen von praktischer Bedeutung, so daß diese Zusätze von 20% Zn und noch mehr erhalten, während bei der Legierung mit 58,5% Au der Zinkgehalt wenige Prozent nicht überschreitet.

Die Herabsetzung des spezifischen Gewichtes durch Zink ermöglicht es, bei gleichem Volumen eines Gegenstandes den Goldverbrauch zu senken. Aus diesem Grunde hat man auch mehrfach versucht, aluminiumhaltige Legierungen einzuführen. Diese Arbeiten sind aber über das Versuchsstadium nicht hinausgekommen, da den Aluminium enthaltenden Legierungen zu viele Nachteile anhaften.

Die Möglichkeiten zur Steigerung der Anlaufbeständigkeit der Legierung mit 33,3% Au durch Wahl geeigneter Zusätze beschränken sich, wenn man von den Platinmetallen absieht, im wesentlichen auf Zink, das aber die chemische Beständigkeit nicht allgemein erhöht, sondern sie gegenüber einigen Angriffsmitteln, z. B. Ammoniak, deutlich herabsetzt. Da die zinkreichen Legierungen auch eine gegenüber den ternären Gold-Silber-Kupfer-Legierungen stark erhöhte Neigung zur Spannungskorrosion haben, genügt der Ammoniakgehalt des Schweißes, das Aufreißen von Schmuckstücken zu veranlassen, in denen Reckspannungen auftreten[4], wie es Abb. 103 an einigen Ringen zeigt. Es gelingt,

---

[1] Sterner-Rainer, L.: Die Edelmetallegierungen in Industrie und Gewerbe, S. 145. Leipzig 1930.

[2] Bihlmaier, K.: Mitt. Forsch.-Inst. Edelmet. **9**, 99 (1935).

[3] Einzelheiten über Zusammensetzung von Goldloten und ihre Eigenschaften siehe die Originalliteratur.

[4] Raub, E.: Mitt. Forsch.-Inst. Edelmet. **7**, 130 (1933). — Löbich, O.: Dtsch. Goldschmiede-Ztg. **1938**, 31.

diese nachteilige Wirkung des Zinks durch Zugabe von Palladium etwas auszugleichen. Jedoch lassen sich unter Beibehaltung der Farbe nur einige Prozent Palladium einlegieren, die aber schon eine gewisse Verbesserung der chemischen Eigenschaften bewirken, insbesondere eine weitere Steigerung der Anlaufbeständigkeit mit sich bringen.

b) Nickel und andere Metalle. Der Zusatz von Nickel zu Gold-Silber-Kupfer-Legierungen muß, auch wenn Zink zugegen ist, auf wenige Prozent beschränkt bleiben, und zwar nicht nur wegen der starken

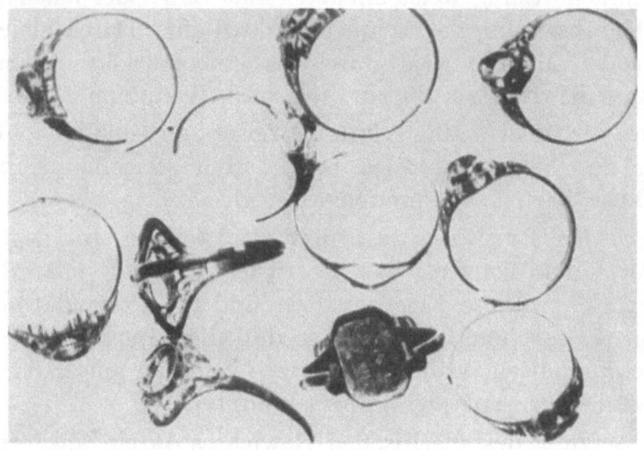

Abb. 103. Durch Spannungskorrosion gerissene Ringe aus einer zinkreichen Legierung mit 33,3 % Au.

Beeinflussung der Farbe, sondern auch wegen der zunehmenden Schwierigkeiten beim Schmelzen.

Nickel und Silber besitzen im flüssigen Zustande nur eine sehr beschränkte gegenseitige Mischbarkeit. Die Mischungslücke erstreckt sich weit in das ternäre Zustandsfeld der Gold-Silber-Nickel- und Silber-Kupfer-Nickel-Legierungen hinein. Auch das quaternäre System, das von Parravano[1] untersucht wurde, umfaßt ein weites Gebiet, in dem zwei Schmelzen auftreten.

Sterner-Rainer untersuchte die Änderung der Eigenschaften einiger Gold-Silber-Kupfer-Legierungen durch steigende Nickelzusätze. Die charakteristischen Kennzeichen des Nickeleinflusses sind rasche Änderung der Farbe, Steigerung des Schmelzintervalls zu höheren Temperaturen, Verbesserung der Festigkeitseigenschaften und Herabsetzung der Dehnung. Wise prüfte die mechanischen Eigenschaften einiger zinkhaltiger Legierungen mit 38,5 und 58,33 % Au und Nickelgehalten zwischen 1 und 2 % und bestimmte die bei diesen Legierungen durch langsames Abkühlen nach dem Glühen auftretende Aushärtung.

[1] Parravano, N.: Gazz. Chim. ital. **442**, 279 (1914).

Nach Spanner und Leuser[1] setzt Nickel die prozentuale Härtesteigerung der ternären Legierungen bei der Alterung nach dem Abschrecken herab.

Sterner-Rainer untersuchte noch einige Eigenschaften von Legierungen mit Aluminium, Zinn, Mangan und Eisen. Das Aluminium verschiebt das Erstarrungsintervall stark zu tieferen Temperaturen. Die Farbe ändert sich bei rötlichen Legierungen schon durch verhältnismäßig kleine Mengen nach goldgelb hin. Der Einfluß von 1 bis 4% Al auf die mechanischen Eigenschaften bleibt ziemlich klein und ändert sich mit der übrigen Zusammensetzung der Legierungen. Spanner und Leuser stellten fest, daß Aluminium die Abschreckhärte von Goldlegierungen hoher Ausgangshärte mit 58,5% Au erhöht. Der Härteanstieg beim Anlassen bleibt bei kleinem Aluminiumzusatz unverändert, durch 3% Al wird er stark herabgesetzt.

c) Schmelzen, Gießen und Bearbeiten von Legierungen auf Gold-Silber-Kupfer-Grundlage. Beim Schmelzen der Legierungen auf Gold-Silber-Kupfer-Grundlage ist zu beachten, daß bei dem hohen Wert Metallverluste möglichst vermieden werden müssen, nur verhältnismäßig geringe Mengen Schmelzgut anfallen und der überwiegende Teil des Schmelzgutes aus Altmaterial, Bruch und Abfall besteht.

Durch das Abtreibschmelzen mit salpeterhaltigen Schmelzpulvern, das man bei Feilung anwendet, wird das Unedelmetall der Goldlegierungen weitgehend oxydiert und verschlackt, und man erhält eine Legierung mit mehr oder weniger stark erhöhtem Goldgehalt. In den Legierungen vorhandene Platinmetalle und Silber werden dabei mit dem Kupfer und eventuell vorhandenen anderen Unedelmetallen teilweise ebenfalls verschlackt. Deutliche Goldverluste werden dagegen nicht beobachtet.

Über die Löslichkeit von Gasen in Schmelzen technischer Goldlegierungen liegen bisher keine Untersuchungen vor. In goldreichen Schmelzen ist die Löslichkeit aller Gase sicherlich sehr gering, in den goldärmeren, zinkhaltigen Schmelzen verhindert das Zink durch seinen hohen Eigendampfdruck bei den in Frage kommenden Temperaturen jede Auflösung von Gasen. Infolgedessen kann Porigkeit bei Block- oder Formguß von Goldlegierungen auch nicht dadurch entstehen, daß Gase, die sich in der Schmelze lösen, bei der Erstarrung wieder entbunden werden.

Schenck stellte fest, daß Gold die Sauerstofftension des Kupferoxyduls stark erhöht. Beim Zusammenschmelzen von Feingold und Kupferoxydul entstehen unter lebhafter Sauerstoffentwicklung Gold-Kupfer-Legierungen[2]. Beim Schmelzen von ternären Gold-Silber-Kupfer-Legierungen in sauerstoffhaltiger Atmosphäre tritt, besonders bei mittleren und niedrigeren Goldgehalten, noch Oxydation des Kupfers

---

[1] Vgl. Fußnote 1, S. 209.
[2] Unveröffentlichte Versuche von E. Raub und M. Engel.

ein. Das gebildete Kupferoxydul ist in goldreichen Schmelzen wenig, in goldärmeren leichter löslich.

Zinkhaltige Schmelzen bilden auch bei geringem Sauerstoffdruck Zinkoxyd, das zwar in den Schmelzen unlöslich ist, beim Gießen aber ebenso wie dabei noch entstehendes Zinkoxyd leicht als Haut in das Gußstück eingezogen wird und bei der Bearbeitung Schieferbruch verursacht (Abb. 104).

Obwohl in Schmelzen technischer Goldlegierungen Gase nicht oder nur in geringer Menge gelöst sein können, erhält man oft porige Güsse.

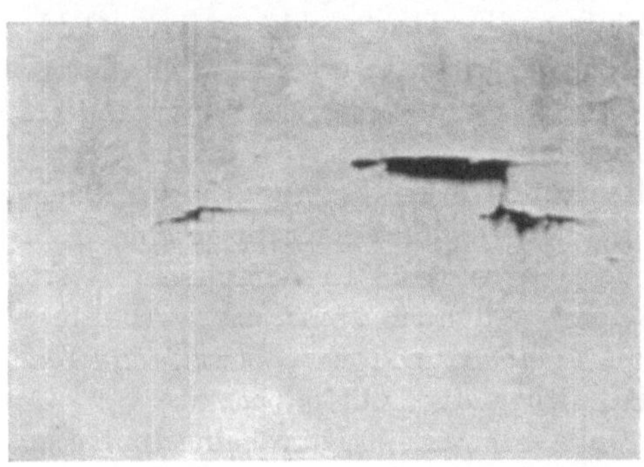

Abb. 104. Schieferbruch in einer Gold-Legierung mit 33,3% Au durch Einlagerung von Zinkoxyd.

Die Hauptursache für die Porigkeit ist nicht selten die bei manchen Legierungen ziemlich große Erstarrungsschrumpfung. Außerdem bleiben von der Schmelze mechanisch festgehaltene, insbesondere vom Gießstrahl mitgerissene Gase im Gußstück eingeschlossen. Schließlich können beim Formguß vom Formmaterial herrührende Feuchtigkeit und Gase als Ursache der Porenbildung auftreten. Ob und inwieweit die für Silberlegierungen wichtige Reaktion des Kupfers mit Schwefeldioxyd bei ternären Gold-Silber-Kupfer-Legierungen ebenfalls eine Rolle spielt, ist noch nicht untersucht. Daß Wasserdampf in merklichem Maße unter Bildung von Cu_2O und gelöstem Wasserstoff reagiert und bei der Erstarrung rückläufig Wasser bildet, ist bei goldreicheren Legierungen unwahrscheinlich.

In der Technik werden die Goldlegierungen in Gas- oder Koksöfen, seltener in elektrischen Öfen geschmolzen. Kleine Mengen schmilzt man oft auf Holzkohle vor dem Lötrohr. Gewöhnlich wird das ganze Schmelzgut sofort in den vorerhitzten Graphittiegel eingesetzt, auch wenn niedrig schmelzende, leicht verdampfende Zusätze, z. B. Zink oder Kadmium, vorhanden sind. Ein geringer Abbrand an diesen Metallen, die zweckmäßig unten in den Tiegel gebracht werden, ist zwar unvermeidlich, bei einiger Vorsicht läßt er sich jedoch auf höchstens $^1/_{10}$% beschränken. Bei wiederholtem Schmelzen brennt selbstverständlich mehr Zink ab, wodurch eine Anreicherung an Gold entsteht. Nach Capillon[1] gelingt es, den Zinkverlust durch elektrisches Schmelzen gegenüber dem beim Schmelzen mit Gas sehr stark zurückzudrängen.

---

[1] Capillon, E. A.: Amer. Inst. min. metallurg. Engr., Inst. Met. Div. **89**, 443 (1930).

Als Oxydationsschutz genügt ähnlich wie bei Silber-Kupfer-Legierungen der Schutz der Schmelzen im Tiegel durch Bedecken mit Holzkohle und des Gießstrahles durch Vorhalten eines Holzscheites, das durch das heiße Metall entflammt und den Sauerstoff der Luft fernhält. In den zinkhaltigen Legierungen wirkt das Zink als Desoxydationsmittel. Die Eignung verschiedener Metalle mit hoher Affinität zu Sauerstoff als Desoxydationsmittel prüfte Capillon. Er hält Aluminium, Magnesium und Mangan für ungeeignet, da sie auf der Schmelze und um den Gießstrahl eine Oxydhaut bilden, die teilweise tief in die Gußstücke mit hereingezogen wird. Phosphor und Silizium machen Goldlegierungen warmspröde. Nach Sterner-Rainer und Wise sind bei Mangan die durch die Bildung der Oxydhaut bedingten Schwierigkeiten zu überwinden. Auch ein geringer Phosphorüberschuß stört nicht[1]. Die Gießtemperatur schwankt mit dem Gießverfahren und der Zusammensetzung der Legierungen. Normalerweise gießt man bei etwa 200° über dem Schmelzpunkt.

Neben dem am meisten verbreiteten Blockguß hat in der Schmuckwarenindustrie und in der Zahnheilkunde auch der Formguß eine gewisse Bedeutung. Da bei dem Formguß vielfach nur Einzelanfertigung oder Herstellung in geringer Stückzahl vorliegt, haben die sonst in der Metalltechnik üblichen Verfahren für Goldlegierungen nur eine untergeordnete Bedeutung. Es wurden zweckentsprechende Sonderverfahren entwickelt, über die im Fachschrifttum des Goldschmiedegewerbes und der Zahnheilkunde eingehend berichtet wird[2].

Neben Stahlformen, die nur eine beschränkte Anwendung finden, werden Formen aus Ossa-Sepia, dem Rückenschulp eines Tintenfisches, aus Gips und Sandstein gebraucht. Diese Formmaterialien gestatten eine einfache und billige Abbildung des Modells. Beim Gießen in Ossa-Sepia-Schalen wird die Form durch Eindrücken des Modells hergestellt, beim Gießen in Gips erhält man die Form durch Herstellung von Abgüssen, in Sandstein wird sie eingegraben.

Besondere Bedeutung hat in der Zahnheilkunde das Wachsausschmelzverfahren. Hierbei wird das Modell aus Wachs mit einer geeigneten Einbettungsmasse umgeben, die Form getrocknet, das Wachsmodell ausgeschmolzen und die Form dann geglüht. Auf der Form befindet sich eine muldenförmige Vertiefung, die durch einen Kanal mit der durch Ausschmelzen des Wachses in der Einbettungsmasse verbliebenen Hohlform verbunden ist. Mit Hilfe einer Handschleuder oder einer kleinen

---

[1] Nach Capillon ist Kalziumborid ein vorzügliches Desoxydationsmittel, dessen Anwendung die mechanischen Eigenschaften verbessern soll. Gegen die Richtigkeit dieser Beobachtung erheben sich aber berechtigte Zweifel.

[2] Vgl. z. B. Diebeners Handbuch des Goldschmieds, S. 208—228. Leipzig 1936.

maschinellen Schleuder wird das flüssige Metall von der Mulde durch Zentrifugalkraft in die Form getrieben[1].

Beim Blockguß verwendet man durchweg eiserne Gießformen, die Flachbarren liefern. Nach Capillon gelingt es, die Lunker- und Gasporenbildung am günstigsten zu beeinflussen durch Gießformen, bei denen die Höhe gleich 4mal Breite und 20mal Dicke ist.

Die Weiterbearbeitung der Gußstücke zu Blech oder Draht geschieht durch Kaltwalzen oder Kaltziehen, unterbrochen durch Zwischenglühungen.

Bei der Bearbeitung ist zu beachten, daß Grobkristallisation, die oft mit starker Versprödung verbunden ist, beim Glühen unterbleibt. Die harten Zwischenzustände bei der Aushärtung vermeidet man bei der Abkühlung nach dem Glühen am besten durch Abschrecken von etwa 500°, man läßt von der Glühtemperatur — durchschnittlich 650° — bis auf diese Temperatur im Ofen oder an der Luft abkühlen. Kleine Stücke kühlen an der Luft nach dem Glühen schnell genug ab, so daß das Abschrecken nicht immer erforderlich ist.

Wie weiter oben gezeigt wurde, ist die Zunderungsgeschwindigkeit, von einigen Zusammensetzungen abgesehen, geringer als die der binären Gold-Kupfer-Legierungen. Muß die Oxydation unterbunden werden, wie z. B. in der Doubléindustrie, so deckt man das Glühgut mit Borsäure ab oder man glüht im Blankglühofen.

3. Nickelhaltiges Weißgold.

Neben den Legierungen, die sich auf den ternären Gold-Silber-Kupfer-Legierungen aufbauen oder sich von ihnen ableiten, treten als zweiter Legierungstyp die Gold-Kupfer-Nickel-Legierungen in den technischen Weißgoldlegierungen auf. Sie enthalten als vierte Komponente stets Zink.

Die Gold-Kupfer-Nickel-Legierungen erstarren unter Bildung von Mischkristallen. Die Erstarrungsfläche senkt sich von der Nickelecke zu dem Tal in der Nähe der Goldecke, das die Schmelzpunktsminima der Gold-Kupfer- und der Gold-Nickel-Legierungen miteinander verbindet. Bei den goldreichen Legierungen steigt sie dann rasch bis zum Schmelzpunkt des reinen Goldes an[2].

Über den Verlauf der Grenzen der Umwandlungen im System Gold-Kupfer und der Entmischung im System Gold-Nickel im ternären Gebiet liegen keine Untersuchungen vor. Auch die physikalischen Eigenschaften sind nicht oder nur wenig bearbeitet. Das Zink, das in jedem

---

[1] Einzelheiten über das Wachsausschmelzverfahren siehe: Diebeners Handbuch des Goldschmieds, S. 222—228. Leipzig 1936. — Cherpin, S. O.: Die Technik der Goldgußfüllungen. Berlin 1927. — Spanner, J.: Schweiz. Mschr. Zahnheilk. **43**, 1 (1933). — Leuser, J.: Metallwirtsch. **19**, 77 (1940).

[2] Jaenecke, E.: Kurzgefaßtes Handbuch aller Legierungen, S. 238. Leipzig 1937.

Weißgold enthalten ist, senkt den Schmelzbereich zu tieferen Temperaturen und verbessert die Gießeigenschaften.

Auch die technisch verwendeten quaternären Weißgoldlegierungen erstarren unter Mischkristallbildung. Da aber das Erstarrungsintervall weit ist, treten Schichtkristalle auf, deren vollkommene Beseitigung auch durch Glühen nach der Bearbeitung ähnlich wie bei Alpaka oft Schwierigkeiten macht. Die nickelhaltigen Weißgoldlegierungen liegen ferner alle in einem Konzentrationsgebiet, in dem die Entmischung der binären Gold-Nickel-Legierungen noch auftritt. Es ist daher schwer, sie homogen zu erhalten.

Das Schmelzen des nickelhaltigen Weißgoldes wird durch Gebrauch von Vorlegierungen aus Nickel, Kupfer und Zink erleichtert. Es gelingt so am einfachsten, die bei dem Einlegieren von Nickel sonst notwendige starke Überhitzung der Schmelzen zu unterbinden, durch die ein besonders starker Zinkabbrand auftritt.

Der bei anderen Goldlegierungen übliche Oxydationsschutz beim Schmelzen, das Abdecken mit Holzkohle, genügt nicht, besser ist die Verwendung einer Boraxdecke. Als Desoxydationsmittel empfiehlt Sterner-Rainer Mangan, das als Cupromangan zugesetzt wird, damit es sich rascher einlegiert. Neben Mangan, das auch mit Erfolg für Alpakaschmelzen Verwendung findet, ist das für Reinnickelschmelzen gebrauchte Magnesium gut geeignet. Durch richtige Desoxydation gelingt auch das sonst schwierige Umschmelzen von Abfall.

Nach Capillon sind schon geringe Mengen Schwefel von erheblichem Einfluß auf die Bearbeitbarkeit. Es sollte daher ein möglichst schwefelfreies Nickel verwendet werden.

Besondere Sorgfalt erfordert die Wärmebehandlung. Die Glühtemperatur sollte 750° nicht überschreiten. Bei Temperaturen von 850° tritt schon starke Kornvergröberung ein. Nach dem Glühen werden Weißgoldlegierungen nicht abgeschreckt oder die Abschreckwirkung durch Anwendung von kochendem Wasser gemildert, zweckmäßiger ist es, auf Asbest oder Schamotte abkühlen zu lassen. Die Abkühlung der meistens nur kleinen Stücke erfolgt dabei noch so rasch, daß die Entmischung und damit auftretende Versprödung unterbunden werden.

Wise beschreibt die bei Weißgold häufiger festzustellenden Glührisse, die bei etwa 250° aufzutreten beginnen und sich bilden, wenn die Legierungen überglüht und dann wenig gewalzt wurden. Zinkreiche Legierungen neigen stärker zur Bildung von Glührissen als zinkarme. Auch über das Auftreten von Spannungskorrosion liegen bei Weißgoldlegierungen Beobachtungen vor.

Nowack[1] zeigte merkwürdige Risse an gewalzten Drähten von Weißgoldlegierungen. Die Risse folgen der ganzen Drahtlänge, die Bruchflächen greifen zahnförmig ineinander. Derartige Risse beobachtet man

---

[1] Nowack, L.: Z. Metallkde. **23**, 52 (1931).

besonders an harten Proben bei fest zugedrehten Walzen, so daß das ganze Walzwerk vibriert. Ähnliche Walzrisse wurden auch schon an anderen Legierungen festgestellt, treten aber bei Weißgold in besonders charakteristischer Weise auf.

Die Zunderungsgeschwindigkeit, die Zusammensetzung und der Aufbau der Zunderschichten auf nickelhaltigen Weißgolden wurden noch nicht untersucht. Wichtig ist, daß Nickeloxydul als Bestandteil des Zunders auftritt, das durch Abkochen in der sonst zur Entfernung der Zunderschichten benutzten 10%igen Schwefelsäure nicht oder nur schwer gelöst wird, so daß hierfür verdünnte Gelbbrenne (Salpeter-Schwefelsäuremischung) benutzt wird. Die Unedelmetalle werden dabei aus der Oberfläche beseitigt, und es entsteht eine gelbe Goldschicht. Aus diesem Grunde werden die Weißgoldlegierungen beim Glühen zur Fernhaltung des Sauerstoffs mit Borsäure oder Borax-Phosphorsalzmischungen abgedeckt.

In Deutschland hat vor allem das 14karätige Weißgold (58,5% Au) Eingang gefunden. Die am besten gefärbten Legierungen enthalten etwa 16 bis 17% Ni, 6 bis 9% Zn und 14,5 bis 19,5% Cu, in den technischen Legierungen liegt der besseren Bearbeitbarkeit wegen der Nickelgehalt oft niedriger (12 bis 14%). Bei den goldreicheren Legierungen ist er gewöhnlich etwas geringer als bei den goldärmeren. Einige Eigenschaften sind in Zahlentafel 39 zusammengestellt.

Wise untersuchte an verschiedenen Legierungen den Einfluß von Glühtemperatur und Abkühlungsbedingungen auf die mechanischen Eigenschaften und das Mikrogefüge. Durch Abkühlung der geglühten Proben in Luft wird die Entmischung im wesentlichen unterdrückt. Bei langsamerer Abkühlung tritt dagegen Aushärtung ein, die zu Sprödigkeit führt; so sinkt z. B. die Dehnung bei einer Legierung mit 75% Au von 47 auf 2%. Bei 58,5% Au ist zwar auch eine starke Steigerung der Zugfestigkeit zu bemerken, der Dehnungsabfall ist aber geringer. Auch beim Glühen bearbeiteter Weißgoldlegierungen ist die Aushärtung, die vor der Erholung eintritt, vielfach noch ziemlich stark.

4. Doublé.

Als Doublé bezeichnet man einen Werkstoff, der aus Unedelmetall oder Silber mit aufgeschweißter Auflage einer Legierung bestimmten Goldgehaltes besteht. Für die Herstellung des Doublés dienen, wenn man von dem Silber-Doublé absieht, Kupferlegierungen als Grundmetall. Die Goldauflage wird auf dem Grundmetall, dessen Oberfläche vollkommen rein metallisch sein muß, unter hohem Druck bei entsprechender Temperatur aufgeschweißt. Oft finden dabei geeignete Zwischenschichten Verwendung. Bei der Weiterverarbeitung zu Blech, Draht oder Rohr ist besondere Sorgfalt nötig, damit die wertvolle Oberflächenschicht, die

Zahlentafel 39. Eigenschaften von nickelhaltigen Weißgoldlegierungen. (Nach Sterner-Rainer und nach Wise.)

| Zusammensetzung in % | | | | | Spez. Ge-wicht | Schmelzbereich in °C | | Dehnung in % | Propor-tionalitäts-grenze | Zug-festigkeit | Brinell-härte | Beobachter und Vorbehandlung |
Au	Ni	Cu	Zn	Mn		Li-quidus	So-lidus		kg/mm²	kg/mm²	kg/mm²	
83,3	13,5	1,6	1,3	0,3	16,15	941	920	24,8	62,7	83,9	175	Sterner-Rainer
75,0	13,5	8,5	3,0		14,86	950	922	34,4	56,8	81,1	178	Sterner-Rainer
75,0	16,5	3,5	5					47	71,2	87,5		Wise, 750°, 30 min geglüht, Luft abgekühlt
								2	90,2	94,6		Wise, 750° geglüht, Ofen ab-gekühlt
58,5	14,5	20,0	7,0		12,80	985	919	41,3	42,8	74,0	152	Sterner-Rainer
								6,0	92,0	103,3	226	Sterner-Rainer, 30% gewalzt
58,35	17,6	16,95	7	0,15				2	130,0	132,8		Wise, 50% gewalzt
								43,5	62,1	93,9		Wise, 650°, 30 min geglüht, Luft abgekühlt
								52,5	54,6	85,9		Wise, 750°, 30 min geglüht, ab-geschreckt
								57,0	48,5	81,7		Wise, 800°, 30 min geglüht, ab-geschreckt
50,0	18,0	22,0	10,0		11,85	907	826	42,5	42,9	72,8	149	Sterner-Rainer
								3,1	92,3	104,4	224	Sterner-Rainer, 30% gewalzt
37,5	27,59	17,55	17,36					35	44,3	86,5		Wise, 750°, 30 min geglüht, Luft abgekühlt
33,3	16,0	45,0	5,7		10,72	1132	1117	25,2	47,6	71,3	139	Sterner-Rainer
								2,2	103,1	117,4	253	Sterner-Rainer, 30% gewalzt

bei der Bearbeitung auf einige hundertstel Millimeter, oft sogar auf noch geringere Dicke, heruntergewalzt wird, nicht beschädigt wird. Der große Erfolg der deutschen Doubléindustrie, die in den letzten Jahrzehnten des vorigen Jahrhunderts zur Blüte gelangte und zu Beginn des Weltkrieges den ganzen Weltmarkt beherrschte, ist vor allem der besonderen Sorgfalt zu danken, die der Erzielung eines Doublés mit einer möglichst vollkommenen Oberfläche zugewandt wurde.

Bei dem Verschweißen von Goldauflage und Grundmetall tritt eine mikroskopisch deutlich sichtbare Diffusionszone auf. Bei dünnen Goldauflagen ist die beim Schweißen beginnende und sich während der Zwischenglühungen verstärkende Diffusion unter Umständen ein nicht geringer Nachteil, dem man durch Zwischenschichten aus Nickel begegnet. Seit einiger Zeit ist man bestrebt, durch nachträgliches Glühen galvanisch aufgetragener Goldschichten ein dem Doublé ähnliches Erzeugnis herzustellen. Es bleiben aber auch bei derartigen galvanischen Goldauflagen mit einer Diffusionsschicht noch Möglichkeiten der Unterscheidung vom Doublé. Schon die mikroskopische Untersuchung liefert eine Reihe von Kennzeichen, durch die bei Fertigerzeugnissen eine Entscheidung zu treffen ist[1]. Weiterhin kann man durch Röntgenuntersuchung bei Beachtung einiger Vorsichtsmaßregeln galvanisch abgeschiedene Goldschichten neben Doublé erkennen[2].

Sechster Abschnitt.

Die Legierungen der Platinmetalle.

A. Reinheitsgrad und schädliche Verunreinigungen.

Platin ist in verschiedenen Reinheitsstufen im Handel. Das Geräteplatin enthält 99,7% Pt, bis zu 0,3% Ir und höchstens 0,1% andere Metalle. Bei chemisch reinem Platin übersteigt die Gesamtmenge der Verunreinigungen nicht 0,1%. Physikalisch reines Platin, das zur Herstellung von Pyrometern Verwendung findet, hat einen Mindestgehalt von 99,99% Pt[3].

Auch die Platinbeimetalle lassen sich in einem Reinheitsgrad von über 99,9% gewinnen[3]. Als Verunreinigungen von Iridium und Rhodium sind noch Platin, Palladium, Rhodium bzw. Iridium, Eisen, Nickel und Kupfer nachzuweisen.

---

[1] Raub, E.: Mitt. Forsch.-Inst. Edelmet. **6**, 57 (1932).

[2] Dehlinger, U. u. R. Glocker: Z. Metallkde. **21**, 325 (1929).

[3] Über reinstes Platin siehe: Geibel, W.: In A. E. van Arkel: Reine Metalle, S. 372. Berlin 1939.

Bei der Gewinnung aus den Rückständen der Clydach-Nickel-Raffinerie erhält man die Platinmetalle nach Atkinson und Raper in folgender Reinheit:

Platin 99,93%, Palladium 99,94%, Iridium 99,7%, Rhodium 99,7%, Ruthenium 99,7%.

Die Eigenschaften der Platinmetalle werden durch eine Reihe von Verunreinigungen stark verschlechtert. Besonders ungünstig wirkt sich eine Verunreinigung durch einige Elemente der 4. bis 6. Gruppe des periodischen Systems aus.

Bekannt ist die Empfindlichkeit des Platins gegenüber Kohlenstoff bei höherer Temperatur. Nach Fröhlich[1] kann Platin in Berührung mit Kohlenstoff bis zu 1250° gebraucht werden. Auch die Platinbeimetalle nehmen Kohlenstoff schon unter dem Schmelzpunkt auf, was zu einer starken Versprödung führt, die wahrscheinlich auf Graphitabscheidung an den Korngrenzen beruht. Nach Moissan[2] steigt die Kohlenstoffaufnahme mit der Erhitzungstemperatur über dem Schmelzpunkt rasch an. Rhodium löst beim Schmelzen in Graphittiegeln 1,8% C[3].

Auch Silizium wird von Platin bei hoher Temperatur aufgenommen. Es macht das Platin spröde und bewirkt eine starke Herabsetzung des Schmelzpunktes. Man vermutet das Auftreten von Platinsiliziden, für die die verschiedensten Zusammensetzungen angegeben werden. Nach der letzten Untersuchung von Woronow[4] tritt als siliziumärmste Phase das Pt_5Si_2 auf, das mit Platin ein bei etwa 820° schmelzendes Eutektikum bildet.

Feußner[5] benutzte die leichte Legierbarkeit mit Silizium zur Einsatzhärtung von Platin und Palladium. Für den gleichen Zweck schlug er auch das dem Silizium verwandte Bor vor, von dem nach Sieverts und Brüning[6] Palladium 0,75% unter starkem Härteanstieg löst.

Phosphor und Arsen bilden mit den Platinmetallen tief schmelzende Eutektika[7]. Im System Platin - Phosphor tritt z. B. nach Biltz, Weibke, May und Meisel[8] eine Verbindung $Pt_{20}P_7$ auf, die mit Platin ein bei 588° schmelzendes Eutektikum bildet.

[1] Fröhlich, K. W.: Glastechn. Ber. **16**, 60 (1937).
[2] Moissan, H.: C. R. Acad. Sci., Paris **123**, 16 (1896); **142**, 189 (1906). Weitere Literatur: Hansen: Der Aufbau der Zweistofflegierungen, S. 371—372, 381. Berlin 1936.
[3] Swanger, W. H.: Bur. Stand. J. Res. **3**, 1029 (1929).
[4] Woronow, N. M.: Ref. Metallwirtsch. **17**, 10 (1938).
[5] Feußner, O.: Z. Metallkde. **26**, 251 (1934).
[6] Sieverts, A. u. K. Brüning: Z. phys. Chem. Abt. A **168**, 411 (1934).
[7] Siehe Hansen: Der Aufbau der Zweistofflegierungen, S. 184, 192—194, 829, 971—972. 1936.
[8] Biltz, W., F. Weibke, E. May u. K. Meisel: Z. anorg. allg. Chem. **223**, 129 (1935).

Auf die schon sehr alte Beobachtung[1] der leichten Schmelzbarkeit des Platins in Gegenwart von Arsen gründet sich das erste Verfahren zur Herstellung von bearbeitbarem Platin, nachdem Achard 1779 festgestellt hatte, daß Platin-Arsen-Legierungen beim Glühen bearbeitbares Platin hinterlassen. Für die Herstellung von Rhodium in zusammenhängendem Zustand gibt schon Berzelius[2] ein Verfahren an, bei dem Rhodiumarsenid solange in offenen Gefäßen auf Weißglut erhitzt wird, bis sich alles Arsen verflüchtigt hat. Das Schmelzen von Iridium gelang erstmals durch Zusatz von Phosphor zu stark erhitztem Iridiumschwamm. Dieses Verfahren wurde für die Herstellung des ersten für technische Zwecke verwendbaren Iridiums benutzt. Es enthielt allerdings 7% P und war spröde[3].

Bei Geräten aus Platin, Palladium und deren Legierungen führt das Auftreten von Arsenid bzw. Phosphid in der Wärme zu einer raschen Zerstörung. Bei höherem Phosphorgehalt tritt die eutektische Schmelze in Form von Tropfen aus dem Platin heraus. Kleine Phorphorgehalte führen zu Warmsprödigkeit, durch die Platingeräte bald brüchig werden, wie es von Bauer[4] und anderen näher beschrieben wurde (Abb. 105). Bei Zimmertemperatur wachsen Härte und Zugfestigkeit von Platin und Palladium mit steigendem Phosphorgehalt an. Bei 850° sind Platin mit etwa 0,005% P und Palladium mit etwa 0,01% P schon so spröde, daß sie durch die geringste mechanische Beanspruchung brechen[5]. Nach Fischer[6] werden Platingeräte schon durch noch geringere Phosphormengen zerstört, da Phosphor ebenso wie Arsen an der Korngrenze vordringt, und nicht, wie z. B. Zinn, an der Oberfläche eine leichtschmelzende Legierung bildet. Die Warmsprödigkeit durch Phosphor

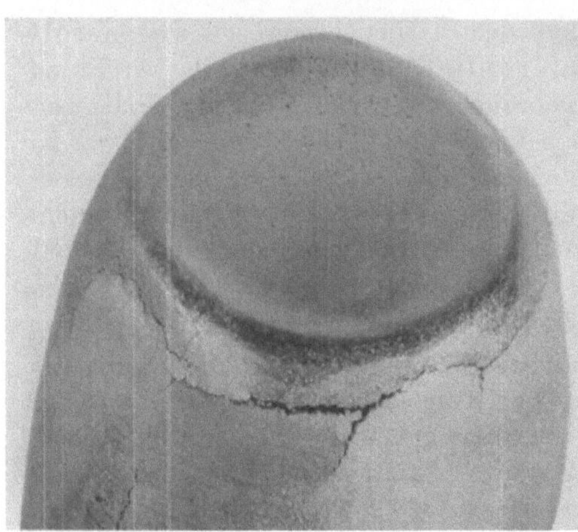

Abb. 105. Platintiegel mit Phosphorbruch.
(Werkphoto Heraeus.)

[1] Scheffer, T.: Handl. Akad. Stockholm 14, 275 (1751).
[2] Berzelius, J. J.: Lehrbuch der Chemie, Bd. III, S. 252. Übersetzung von F. Wöhler. Dresden u. Leipzig 1836.
[3] Siehe Atkinson, R. H. u. A. R. Raper: J. Inst. Met. 59, 195 (1936).
[4] Bauer, G.: Chemiker-Ztg. 62, 261 (1938).
[5] Jedele, A.: Z. Metallkde. 27, 271 (1935).
[6] Fischer, J.: Chem. Fabrik 11, 406 (1938).

bleibt auch in vielen Legierungen der Platinmetalle bestehen[1]. Abb. 106 zeigt ein Blech einer Palladium-Gold-Legierung mit 80% Au und geringem Phosphorgehalt, das beim Abschrecken in Wasser nach dem Glühen nach allen Richtungen hin aufriß.

Kürzlich gelang es Fröhlich ein gegen Phosphorschädigungen beständiges Platin durch Legieren mit 1 bis 2% Niob und Tantal herzustellen[2]. Gleichzeitig steigt die Festigkeit durch diese Zusätze nicht unerheblich an.

Ähnlich wie Phosphor verhält sich auch der Schwefel in Palladium. Wie früher Arsen bei Platin und Phosphor bei Iridium zum Schmelzen benutzt wurden, verwendete man bei Palladium Schwefel. Der Schwefel wurde durch Rösten beseitigt, wobei sich das zurückbleibende Palladium allmählich verfestigte. In gleicher Weise kann auch bei Rhodium Schwefel zur Herstellung des kompakten Metalles Verwendung finden. Nach Jedele[3] führt Schwefel in Palladium in der Kälte ebenso wie Phosphor zu einer Steigerung von Zugfestigkeit und Härte; bei 850° rufen jedoch rund 0,01% S eine vollkommene Versprödung hervor, die schon unterhalb des Schmelzpunktes der von

Abb. 106. Palladium-Gold-Blech (80 Au, 20 Pd) mit Phosphorbruch.

Weibke und Laar[4] festgestellten Verbindung Pd_4S auftritt. In Platin wirkt sich der Schwefel nicht so ungünstig aus. Selbst in Gegenwart von 0,15% S ist bei 850° noch die gleiche Abhängigkeit der Festigkeitseigenschaften vom Schwefelgehalt festzustellen wie bei Zimmertemperatur.

B. Legierungen innerhalb der Reihe der Platinmetalle.

1. Platinlegierungen.

Für viele technische Zwecke bevorzugt man die Legierungen des Platins mit seinen Beimetallen an Stelle von Reinplatin. Neben einer Verbesserung der mechanischen Eigenschaften bringen sie in vielen Fällen eine Erhöhung der chemischen Beständigkeit mit sich und setzen, abgesehen vom Palladium, den Schmelzpunkt stark herauf. Mit Rhodium,

---

[1] Raub, E.: Mitt. Forsch.-Inst. Edelmet. 7, 17 (1933).
[2] Briefliche Mitteilung von K. W. Fröhlich.
[3] Vgl. Fußnote 5, S. 226.
[4] Weibke, F. u. J. Laar: Z. anorg. allg. Chem. 224, 49 (1935).

Palladium und Iridium bildet Platin eine lückenlose Mischkristallreihe. Auch die hexagonal kristallisierenden Platinbeimetalle, Ruthenium und Osmium, sind weitgehend löslich, die Sättigungsgrenzen der Mischkristalle liegen jedoch noch nicht fest. Der Härteanstieg von Platin durch kleinere Zusätze von Palladium, Rhodium und Iridium ist nahezu gleich (Abb. 107). Bei palladiumhaltigem Platin flacht die Härtekurve jedoch bald ab. Bei Rhodium ist der Härteanstieg stärker, es tritt aber ab etwa 7% Rh ebenfalls eine starke Verflachung der Härtekurve ein. Bei Zusatz von Iridium, Ruthenium und Osmium steigt die Härtekurve dagegen bis zu verhältnismäßig hohen Gehalten nahezu linear an.

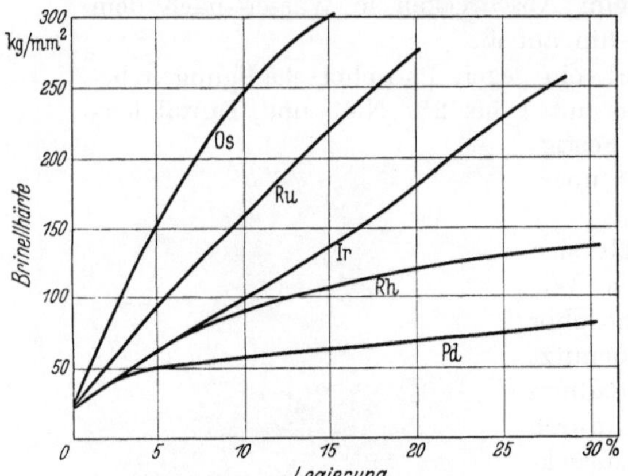

Abb. 107. Einfluß der Platinbeimetalle auf die Härte von Platin. (Nach Fröhlich.)

a) Platin-Iridium. Iridium ist der technisch wichtigste Zusatz zu Platin und findet Anwendung bei Geräteplatin, bei Platin für elektrochemische, elektrotechnische und medizinische Zwecke, schließlich ist es als Zusatz in Mengen von 5 bis 10% bei dem zur Schmuckherstellung dienenden Platin verwendet worden.

Die Schmelztemperatur wächst mit dem Iridiumgehalt rasch an (Abb. 108). Die Gitterkonstante sinkt

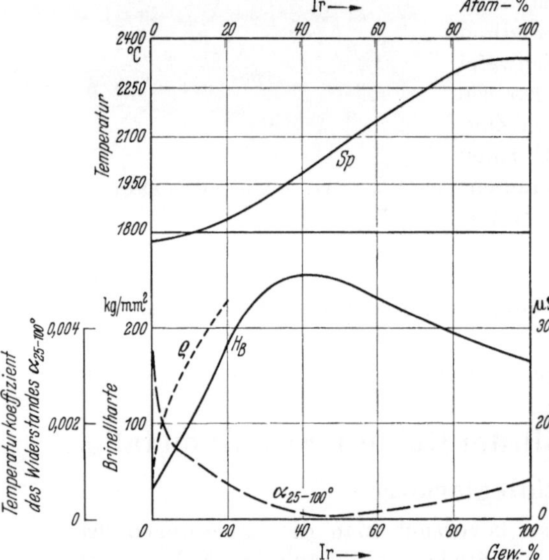

Abb. 108. Eigenschaften der Platin-Iridium-Legierungen. (Nach Nemilow.)

linear von der des Platins auf die des Iridiums[1]. Geibel[2] beobachtete beim Glühen hartgezogener Drähte mit 15 und mehr % Ir unmittelbar vor dem Beginn der Erholung eine deutliche Zunahme der Zerreiß-

---

[1] Weerts, J.: Z. Metallkde. **24**, 139 (1932).
[2] Geibel, W.: Z. anorg. allg. Chem. **70**, 246 (1911).

festigkeit. Masing, Eckhardt und Kloiber[1] konnten das Vorliegen einer Umwandlung, die wahrscheinlich in der Bildung einer Überstrukturphase besteht, durch Leitfähigkeitsmessungen bestätigen.

Der spezifische Widerstand des Platins steigt durch Zusatz von Iridium stark, der Temperaturkoeffizient des Widerstandes durchläuft bei etwa 50% Ir ein flaches Minimum (Abb. 108). Die thermoelektrische Kraft gegen Platin steigt mit der Zunahme des Iridiumgehaltes über 10% im legierten Schenkel nur noch langsam. Friedrich[2] beobachtete bei Platin-Iridium-Legierungen Ferromagnetismus. Die Zugfestigkeit[3] steigt wie die Härte mit dem Iridiumgehalt stark an, Dehnung und Tiefung nehmen ab[4]. Auch die Bruchquerschnittsverringerung fällt mit wachsendem Iridiumgehalt deutlich. Die Härtekurve steigt nach Nemilow[5] bis zu etwa 30% Ir stark, erreicht einen Höchstwert von

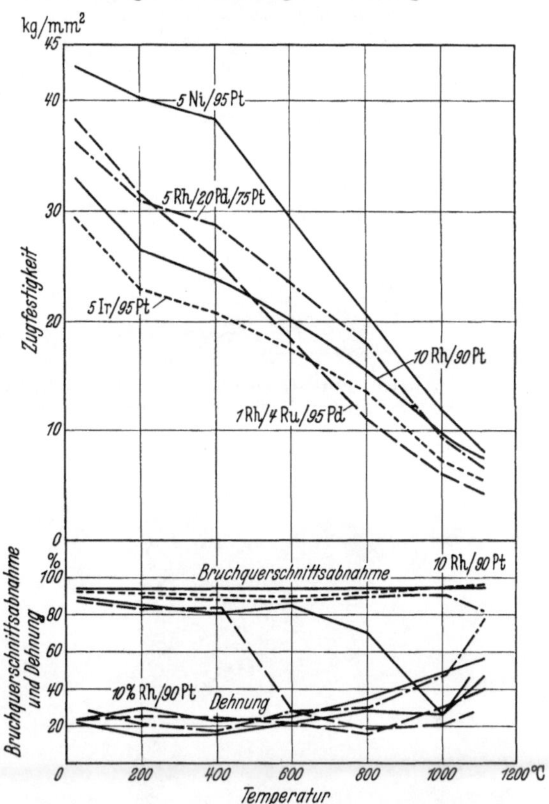

Abb. 109. Temperaturabhängigkeit der Zugfestigkeit, Dehnung und Bruchquerschnittsabnahme von Platin-Legierungen. (Nach Wise und Eash.)

265 kg/mm² bei 50% Ir und fällt dann langsam ab. Legierungen mit mehr als 40% Ir lassen sich nur ähnlich wie Iridium bearbeiten.

Die Zugfestigkeit der Legierung mit 5% Ir sinkt mit steigender Temperatur nahezu kontinuierlich, Dehnung und Bruchquerschnittsabnahme steigen dagegen erst oberhalb 600° deutlich an (Abb. 109).

[1] Masing, G., K. Eckhardt u. K. Kloiber: Z. Metallkde. 32, 122 (1940).

[2] Friedrich, E.: Z. techn. Phys. 13, 59 (1932).

[3] Wise, E. M. u. J. T. Eash: Amer. Inst. min. metallurg. Eng., Inst. Met. Div. 117, 313 (1935).

[4] Der Gleitmodul der Legierung mit 20% Ir beträgt nach Königsberger 0,70 · 10⁶ kg/cm². [Z. Phys. 40, 729 (1927).]

[5] Nemilow, W. A.: Z. anorg. allg. Chem. 204, 41 (1932).

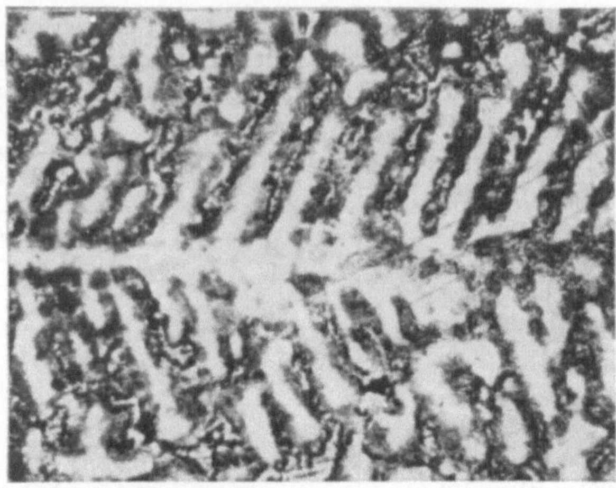

Abb 110. Platin-Iridium-Legierung mit 40% Ir, Gußzustand. Vergr. 300×.
Ätzung: Wechselstromelektrolyse in Salzsäure + Kochsalz.

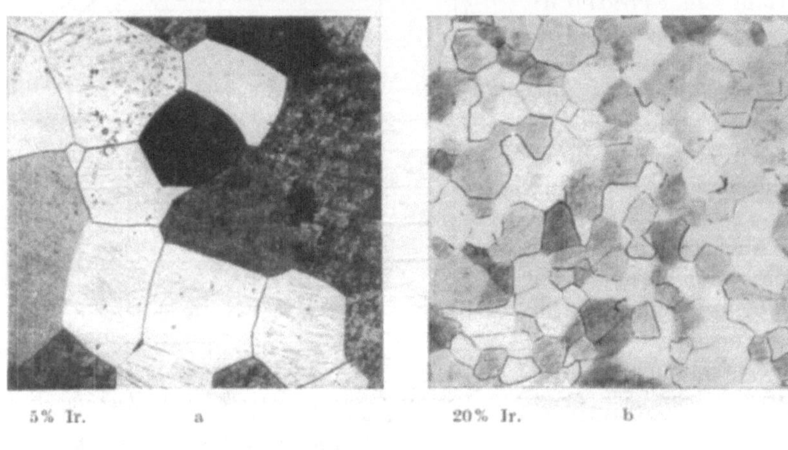

5% Ir.   a   20% Ir.   b

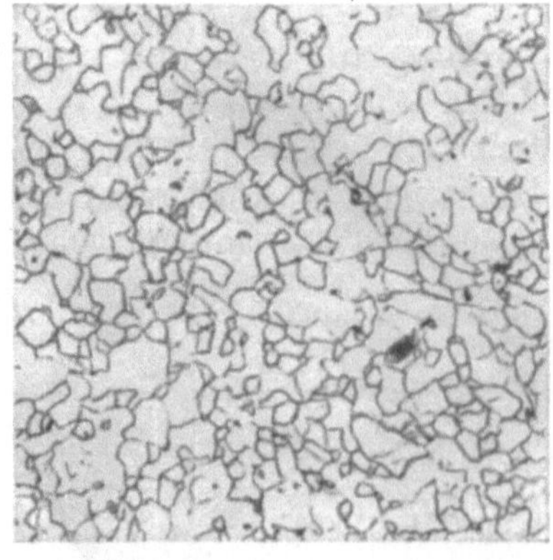

40% Ir.   c

Abb. 111a—c. Einfluß des Iridiumgehaltes
von Platin-Iridium-Legierungen auf das
Kornwachstum beim Glühen.
Gluhbehandlung: 1 Std. 1400°. Vergr. 50×.
Ätzung: Wechselstromelektrolyse in
Salzsäure + Kochsalz.

Die Erholung von den Folgen der Kaltbearbeitung wird mit dem Iridiumgehalt zu höheren Temperaturen verschoben. Die günstigste Temperatur zum Weichglühen ist nach Wise und Eash bei 5 bis 10% Ir 1100 bis 1200°, bei 20% Ir 1200 bis 1400°. Beim Glühen unter Luftzutritt tritt infolge der Bildung von Iridiumoxyd Schwärzung ein. Bei höherer Temperatur zersetzt sich das Oxyd, und die Oberfläche wird wieder metallisch, das gleichzeitige Auftreten von intermediärem flüchtigem Oxyd verursacht eine erhöhte Verflüchtigung.

Auch bei langsamer Erstarrung wird der Konzentrationsunterschied zwischen den primär ausgeschiedenen iridiumreicheren Dendriten und der zwischen ihren Zweigen erstarrten platinreicheren Restschmelze (Abb. 110) nicht ausgeglichen. Bei der Verformung durch Heißschmieden und Kaltwalzen, unterbrochen durch Zwischenglühungen, werden Legierungen mit bis zu 20% Ir homogen. Iridiumreichere Legierungen lassen sich dagegen auf diese Weise nicht vollkommen homogenisieren. Das Iridium ruft eine deutliche Kornverfeinerung des Platins hervor und drängt die Neigung zur Sammelkristallisation zurück. Diese Wirkung wächst mit zunehmendem Iridiumgehalt (Abb. 111a bis c)[1].

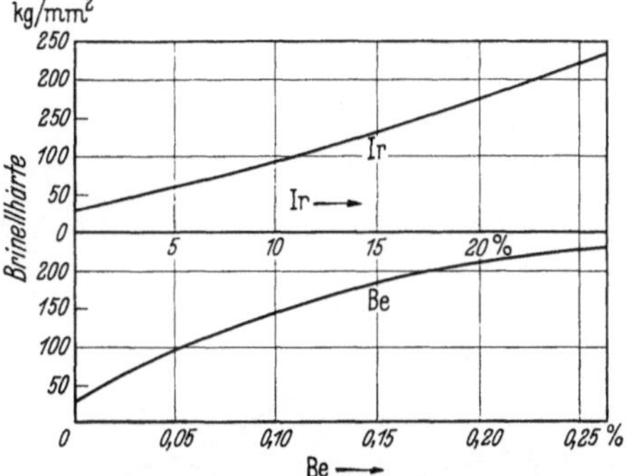

Abb. 112. Härte von Platin-Iridium- und Platin-Beryllium-Legierungen. (Nach Fröhlich.)

Platin-Beryllium-Legierungen können in vielen Fällen als Austauschwerkstoff an die Stelle von Platin-Iridium-Legierungen treten und sind auch für empfindliche Kontakte zu gebrauchen[2]. Von besonderem Interesse ist der starke Anstieg der Festigkeit des Platins durch Beryllium. Aus Abb. 112 ist zu entnehmen, daß für gleich großen Härteanstieg etwa $1/100$ der Iridiummenge an Beryllium genügt. Bei dem erforderlichen geringen Berylliumzusatz sind Oxydationserscheinungen nicht zu beobachten. Nach brieflicher Mitteilung von Fröhlich ist das berylliumhaltige Platin auch durch hohe Warmfestigkeit, kleine Verdampfungsgeschwindigkeit und fehlendes Kornwachstum bei hoher Temperatur ausgezeichnet, so daß es sich für Ofenwicklungen, Glasspinndüsen, Zünddrähte u. dgl. eignet.

b) Platin-Rhodium. Die Platin-Rhodium-Legierungen besitzen als Katalysator für die Ammoniakverbrennung gegenüber dem Reinplatin den Vorzug einer höheren Ausbeute und Lebensdauer. Der legierte

---

[1] Raub, E. u. G. Buß: Z. Elektrochem. **46**, Schenckheft 199 (1940).
[2] Briefliche Mitteilung von K. W. Fröhlich.

Schenkel des Le Chatelier-Thermoelementes besteht aus einer 10%igen Platin-Rhodium-Legierung. Rhodium setzt die Flüchtigkeit des Platins bei hoher Temperatur herab und drängt seine Neigung zur Grobkristallisation zurück, wenn auch die Legierung mit 20% Rh bei hoher Temperatur noch ein ziemlich starkes Kornwachstum zeigt. Diese Eigenschaften, verbunden mit der Schmelzpunktserhöhung, machen die Platin-Rhodium-Legierungen für den Gebrauch bei hoher Temperatur besonders geeignet. Sie sind daher auch für die Herstellung von Tiegeln, Kontakten und als Widerstandsdraht für elektrische Hochtemperaturöfen verwendet worden. Auch gegen chemischen und elektrochemischen Angriff erweisen sie sich beständiger als Reinplatin.

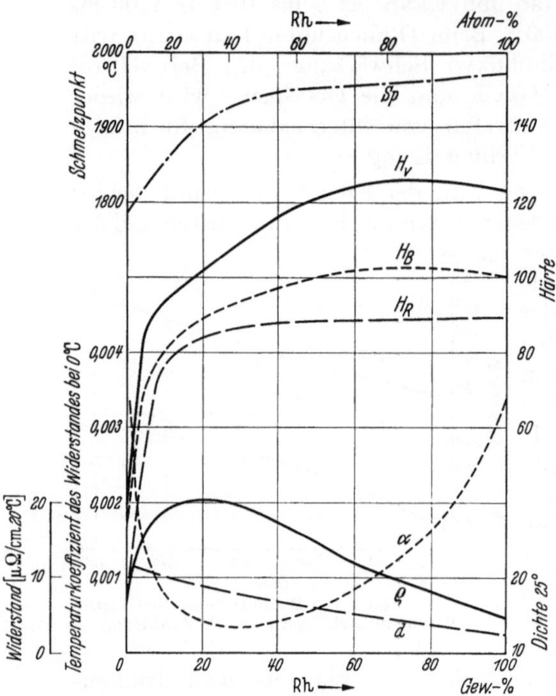

Abb. 113. Eigenschaften der Platin-Rhodium-Legierungen. (Nach Acken).

Carter bestimmte Härte, Zugfestigkeit und die elektrischen Konstanten von Legierungen mit 0 bis 50% Rh, Nemilow und Woronow[1] untersuchten im gesamten Konzentrationsbereich die Härte und die elektrischen Eigenschaften von Legierungen mit bis zu 60% Rh. Nach Acken[2] steigt der Schmelzpunkt bis zu 40% Rh schnell auf 1945° ± 20°, um sich dann allmählich dem Rhodiumschmelzpunkt zu nähern (Abb. 113). Bei etwa 20% Rh erreicht der elektrische Widerstand einen Höchstwert und sein Temperaturkoeffizient einen Tiefst-

Zahlentafel 40.
Die mechanischen Eigenschaften der Pt-Rh-Legierung mit 10% Rh. (Nach Wise und Eash.)

Eigenschaft	Hart	Gegluht
Proportionalitätsgrenze kg/mm² .	39,1	11,8—15,2
Zugfestigkeit kg/mm²	58,3	32,6—33,9
Verlängerung %	3,0	25 —37
Bruchquerschnittsabnahme % .	90	94

[1] Nemilow, W. A. u. N. M. Woronow: Z. anorg. allg. Chem. 226, 185 (1936).
[2] Acken, I. S.: U. S. Bur. Stand. J. Res. 12, 249 (1934).

wert, weshalb diese Legierung zur Herstellung von Widerstandsdraht für Hochtemperaturöfen Verwendung findet. Die Härte durchläuft bei etwa 70% Rh ein flaches Maximum, das nach Nemilow und Woronow bei 78 bis 79 kg/mm² liegt. Bei harten Proben steigt nach Carter die Härte von 107 kg/mm² bei 3,5% Rh auf 323 kg/mm² bei 50% Rh. Die Härte der weichgeglühten Legierungen wächst im gleichen Konzentrationsbereich von 65 auf 138 kg/mm². Für die Zugfestigkeit findet Carter bei 3, 10 und 20% Rh die Werte 48, 72 und 108 kg/mm². Einige plastische Eigenschaften der technisch wichtigen Legierung mit 10% Rh sind in Zahlentafel 40 zusammengestellt. Ihre Erholung von den Folgen der Kaltbearbeitung tritt bei 800 bis 900° ein. Nach dem Glühen bei über 1300° nimmt die Dehnung, infolge der Kornvergröberung ab. Für das Weichglühen geben Wise und Eash als günstigste Glühtemperatur 1100 bis 1200° an. Mit steigender Temperatur sinkt die Festigkeit der Legierung mit 10% Rh langsamer als die anderer Platinlegierungen

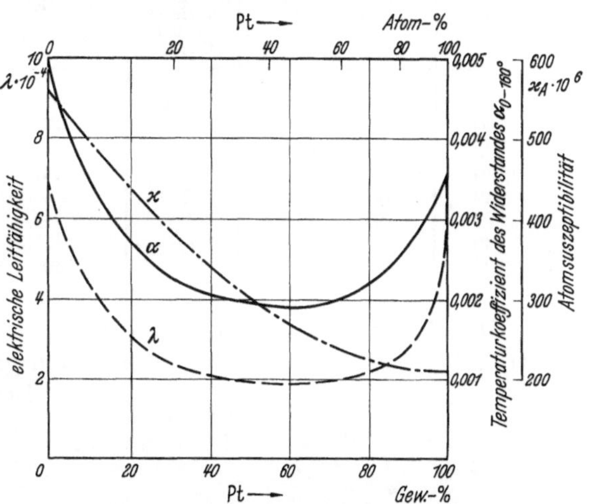

Abb. 114. Eigenschaften der Platin-Palladium-Legierungen.
(Nach Geibel und Vogt [×].)

(Abb. 109). Bis 20% Rh ist die Bearbeitbarkeit noch ähnlich wie bei Platin. Legierungen mit mehr als 40% Rh werden wie reines Rhodium bearbeitet. Bei 40 bis 80% Rh tritt nach langsamer Erstarrung ein sehr grobkörniges Gefüge auf. Nach Acken können derartige Legierungen nach dem Umschmelzen auf Kalk im Knallgasgebläse verformt werden.

c) **Platin-Palladium.** Palladium wird als Zusatz zu Platin bei dem Bijouterieplatin verwendet, hierbei übersteigt die zugesetzte Menge aus Punzierungsgründen nicht 5%. Nach Dearniere[1] soll Platin mit einem Gehalt von 0,5% Pd bei unveränderter Lebensdauer die Ammoniakverbrennung mit höherer Ausbeute katalysieren als Reinplatin.

Einige physikalische Eigenschaften der Platin-Palladium-Legierungen gibt Abb. 114 wieder, ihre Abhängigkeit von der Zusammensetzung läßt wie bei den Legierungen mit Iridium und Rhodium das Auftreten einer lückenlosen Mischkristallreihe erkennen. Nach Beobachtungen von Tammann und Rocha[2] über die Abhängigkeit der Härte von der

---

[1] Dearniere, E.: Bull. Soc, chim. Fr. **1925**, 412.
[2] Tammann, G. u. H. J. Rocha: Siebert-Festschr. 1931, S. 309.

Wärmebehandlung müssen jedoch Umwandlungen in den Legierungen mit 10 bis 40 und 60 bis 90 At.-% Pd auftreten.

Die mechanischen Eigenschaften des Platins werden durch das Palladium verhältnismäßig wenig beeinflußt. Diese Legierungen lassen sich bei jeder Zusammensetzung gut kalt und warm bearbeiten. Die Änderung der mechanischen Eigenschaften in Abhängigkeit von der Zusammensetzung zeigt Zahlentafel 41. Zugfestigkeit und Härte durchlaufen bei etwa 25% Pd ein flaches Maximum, dem ein Minimum der Tiefung entspricht.

Zahlentafel 41.
Die mechanischen Eigenschaften der Platin-Palladium-Legierungen.

Pd-Gehalt	Brinellhärte kg/mm² nach Carter		Erichsen-Tiefung mm nach Carter	Zugfestigkeit kg/mm² nach Geibel
Gew.-%	hart	gegluht[1]		
10	160	85	11,1	42
20	170	95	11,5	47
25	175	100	8,1	—
30	—	—	—	48
50	165	90	7,9	—
75	155	80	9,5	—
80	—	—	—	33
100	—	—	—	30

Die Platin-Palladium-Legierungen weisen nach Tammann und Rocha gegen Goldchlorid eine Resistenzgrenze bei 0,25 Mol Pt auf. Der Angriff durch Salpetersäure geht schon bei Proben mit mehr als 12 At.-% Pt sehr stark zurück. Daß in diesem Falle die zu erwartende Resistenzgrenze bei 25 At.-% Pt nicht erreicht wurde, führen Tammann und Rocha auf die Passivierung des Palladiums in Salpetersäure zurück. Beim Angriff durch gesättigte Jod-Jodkalilösung wurde eine Resistenzgrenze bei 50 At.-% Pt festgestellt.

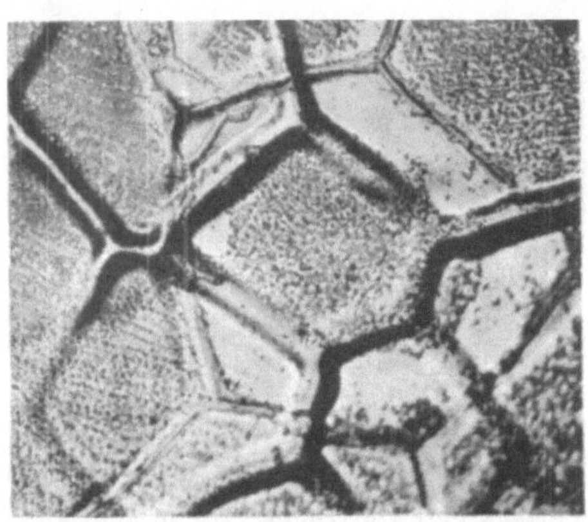

Abb. 115. Platin-Ruthenium-Legierung (12,5% Ru) eine Stunde bei 1600° in Luft gegluht. Vergr. 300×.

d) **Platin - Osmium und Platin - Ruthenium.** Osmium und Ruthenium steigern die Härte des Platins sehr stark, senken aber die Bearbeitbarkeit. Bei hoher Temperatur verdampfen Osmium und Ruthenium in Gegenwart von Sauerstoff aus den Legierungen besonders stark an den Korn-

---

[1] Die Werte Carters sind offenbar zu hoch, richtiger sind die Angaben von Atkinson und Raper, diese finden für:

5% Pd	65 kg/mm²	15% Pd	73 kg/mm²
10% Pd	70 ,,	20% Pd	75 ,,

grenzen, die beim Glühen von polierten oder geschliffenen Platin-Osmium-Proben aufbrechen[1]. Wie Abb. 115 an einer Legierung mit 12,5% Ru zeigt, ist nach dem Glühen noch das ursprüngliche Gefüge neben dem durch Sammelkristallisation entstandenen gröberen Kristallkorn sichtbar.

Auf Grund einer Untersuchung der Härte, Mikrostruktur und des Temperaturkoeffizienten der elektrischen Leitfähigkeit von Platin-Ruthenium-Legierungen mit bis zu 80 At.-% Ru schließen Nemilow und Rudnitzki[2] auf das Vorliegen lückenloser Mischkristalle in dem untersuchten Konzentrationsgebiet. Röntgenuntersuchungen von Agejew und Kusnetzow[3] bestätigten Mischkristallbildung bis zu 70 At.-% Ru. Die Gitterkonstante des Platins verringert sich durch Aufnahme von Ruthenium von $3,915_4 \cdot 10^{-8}$ cm auf $3,828 \cdot 10^{-8}$ cm.

2. Palladiumlegierungen.

Die Legierungen des Palladiums mit den 4 selteneren Platinbeimetallen haben nur untergeordnete Bedeutung. Immerhin lassen sich zahlreiche gut bearbeitbare Legierungen herstellen, die in einigen Fällen an Stelle von Platinlegierungen Verwendung finden.

In Zahlentafel 42 sind Härtemessungen von Carter an Palladiumlegierungen wiedergegeben. Ähnlich wie bei Platin härten Osmium und Ruthenium am stärksten. Bei 25% Os wurde eine Härte von 200 kg/mm² beobachtet. Die Härtung durch Rhodium ist bis zu 15% Rh nur wenig niedriger als die durch Iridium. Die Härtewerte der Palladium - Rhodium - Legierungen liegen auf einer kontinuierlich verlaufenden Kurve, die bei etwa 55 At.-% Rh ihren höchsten Punkt erreicht[4]. Mit steigendem Rhodiumgehalt nehmen die Schwierigkeiten bei der Kaltbearbeitung der Palladium-Rhodium-Legierungen stark zu. Bei 30 bis 90 At.-% Rh ist nach Tammann und Rocha noch ein geringes Walzen unter häufigem Zwischenglühen möglich.

Zahlentafel 42. Härte der Legierungen des Palladiums mit den anderen Platinbeimetallen. (Nach Carter.)

Zusatz-metall	Zusatz in Gew.-%	Brinellhärte kg/mm²	
		hart	geglüht
Ir	5	107	62
	10	130	81
	15	—	110
	20	—	152
Rh	5	134	72
	10	147	79
	15	195	104
Ru	5	152	92
	7,5	230	130

[1] Raub, E. u. G. Buß: Vgl. Fußnote 1, S. 231.

[2] Nemilow, W. A. u. A. A. Rudnitzki: Bull. Acad. Sci. URSS., Sér. chim. **1937**, 33. Ref. Chem. Zbl. **1939 I**, 4885.

[3] Agejew, N. W. u. W. G. Kusnetzow: Bull. Acad. Sci. URSS., Sér. chim. **1937**, 753. Ref. Chem. Zbl. **1939 I**, 4885.

[4] Tammann, G. u. H. J. Rocha: Siebert-Festschrift 1931, S. 318.

Für Schmuckzwecke sind ternäre Legierungen des Palladiums mit Rhodium und Ruthenium vorgeschlagen worden, die bessere mechanische Eigenschaften aufweisen als reines Palladium[1]. Durch Zugabe von 4% Ru und 1% Rh erreicht das Palladium höhere Festigkeitswerte als das Platin durch 10% Ir. Mit steigender Temperatur fällt die Zugfestigkeit dieser ternären Palladiumlegierung allerdings schneller als die verschiedener Platinlegierungen (Abb. 109).

3. Iridium-Osmium-Legierungen.

Als Osmiridium bezeichnet man eine natürliche Legierung mit wechselndem Gehalt an Iridium und Osmium und größeren oder kleineren

Abb. 116. Osmiridium-Perle. Ätzung: Wechselstromelektrolyse in 6 n-Schwefelsäure. Vergr. 800×.

Beimengungen der anderen Platinmetalle, sowie wenig Kupfer und Eisen. Das Osmiridium weist das hexagonale Gitter des Osmiums mit praktisch unverändertem Achsenverhältnis auf. Nach Zueginzev[2] tritt erst bei Legierungen mit weniger als 35% Os das kubisch flächenzentrierte Gitter des Iridiums auf.

Abb. 116 zeigt das durch Wechselstromelektrolyse entwickelte Gefüge einer Osmiridiumperle. Man sieht in dem Gefügebild zwei Phasen, von denen die hellere, wenig geätzte nur an den Korngrenzen auftritt. ｜Die vorherrschende Phase weist martensitische Struktur auf, die auf eine Umwandlung oder Entmischung in dem Osmiridium hindeutet[3].

[1] Wise, E. M. u. J. T. Eash: Amer. Inst. min. metallurg. Engr., Inst. Met. Div. 11, 313 (1933).

[2] Zueginzev, O. E.: C. R. (Doklady) Acad. Sci., URSS. 18, 295 (1938). Ref. J. Inst. Met. Abstr. 1938, 684.

[3] Raub, E. u. G. Buß: Vgl. Fußnote 1, S. 231.

C. Die binären Legierungen von Platin und Palladium mit den Metallen der 1. Nebengruppe des periodischen Systems.

a) Platin-Kupfer. Kupfer dient als härtender Zusatz für das zur Schmuckherstellung verwendete Platin. Nach Carter sollen Platin-Kupfer-Legierungen mit etwa 20% Cu auch besonders geeignet sein für die Herstellung von gegen Oxydation beständigen Widerstandslegierungen.

Der Zusatz von Kupfer bleibt in dem Bijouterieplatin aus Punzierungsgründen unter 5%. Die technisch wichtigsten Legierungen liegen damit außerhalb des Bereichs der Umwandlungen, die in der bei hoher Temperatur lückenlosen Mischkristallreihe auftreten und denen der Gold-Kupfer-Legierungen in mancher Hinsicht ähnlich sind.

In der geordneten PtCu-Phase sind nach Johansson und Linde[1] die (111)-Ebenen abwechselnd mit Kupfer- und Platinatomen besetzt, wodurch ein trigonales Gitter entsteht. In Legierungen mit über 50 At.-% Pt können sich die überschüssigen Platinatome in den von Kupferatomen sonst besetzten Gitterebenen regelmäßig so verteilen, daß bei 62,5 At.-% Pt, der Zusammensetzung Pt_5Cu_3, wiederum ein Zustand höchster Ordnung erreicht wird. Das $PtCu_3$-Gitter ist wie das $AuCu_3$-Gitter kubisch flächenzentriert[2].

Die Grenzen der Umwandlungen ergeben sich angenähert aus der

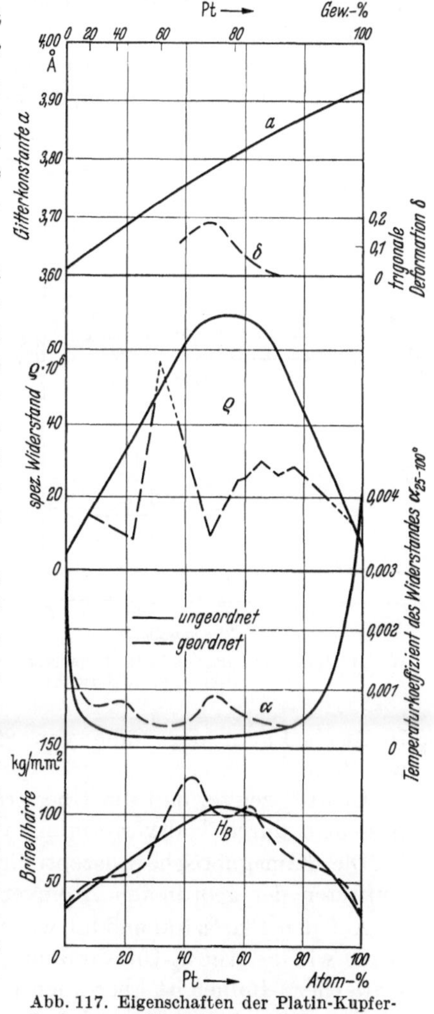

Abb. 117. Eigenschaften der Platin-Kupfer-Legierungen. (Nach Linde und Kurnakow und Nemilow [α u. H_B].)

Änderung der physikalischen Eigenschaften mit der Zusammensetzung der Legierungen nach entsprechender Vorbehandlung (Abb. 117). Die

---

[1] Johansson, C. H. u. J. O. Linde: Ann. Phys., Lpz. [4] **82**, 449 (1927).
[2] Linde, J. O.: Ann. Phys., Lpz. [5] **30**, 151 (1937).

kritische Temperatur der Umwandlungen liegt nach Kurnakow und Nemilow[1] bei 805° (PtCu) und bei 500° (PtCu$_3$). Die Gitterkonstante der regellosen Mischkristalle weicht von der Vegardschen Additivität deutlich zu höheren Werten ab. Das Maximum von spezifischem Widerstand und Härte liegt bei den ungeordneten Legierungen zwischen 50 und 60 At.-% Pt.

Aus Widerstandsmessungen von Linde[2] ergibt sich, daß durch Abschrecken nach der Erstarrung die PtCu-Umwandlung unterdrückt werden kann. Bei vorverformten Proben läßt sie sich dagegen durch Abschrecken nicht vollkommen unterbinden. Im geordneten Atomzustand treten ausgesprochene Tiefstwerte des Widerstandes bei 25 und 50 At.-% Pt auf. Auch die Überstrukturphase bei 62,5 At.-% Pt mit kubischer Struktur hat gegenüber den ungeordneten Mischkristallen ebenfalls einen stark erniedrigten Widerstand, ohne daß aber eine bevorzugte Zusammensetzung mit einem Widerstandsminimum festzustellen ist. Seemann[3] vermutet auf Grund von Leitfähigkeitsmessungen bei 70 At.-% Pt in der Nähe von 80° abs. eine ferromagnetische Umwandlung.

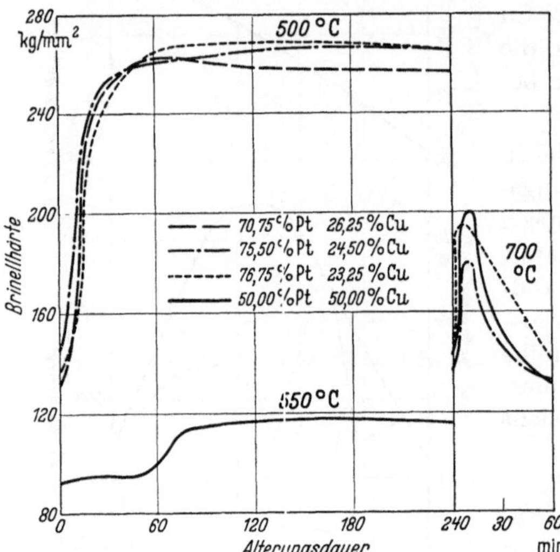

Abb. 118. Hartcänderung von Platin-Kupfer-Legierungen beim Anlassen. (Nach Nowack.)

Linde[4] zeigte, daß die Überstrukturphasen ähnlich wie bei anderen Systemen durch Kaltverformung wieder aufgehoben werden.

Die diamagnetische Suszeptibilität wird bei 25 At.-% Cu durch das Auftreten der geordneten Atomverteilung erhöht.

Auf den Elastizitätsmodul wirkt die PtCu$_3$-Umwandlung in gleicher Weise wie die AuCu$_3$-Umwandlung, nur sind die Effekte teilweise etwas schwächer. Immer ist aber auch bei der Bildung der PtCu$_3$-Überstrukturphase aus dem ungeordneten Atomzustand der Anstieg des Elastizitätsmoduls in zwei getrennten Stufen noch deutlich zu beobachten[5].

---

[1] Kurnakow, N. S. u. W. A. Nemilow: Z. anorg. allg. Chem. 210, 1 (1933).
[2] J. O. Linde: Ann. Phys., Lpz. [5] 30, 153 (1937).
[3] Seemann, H. J.: Z. Phys. 95, 97 (1935).
[4] Linde, J. O.: Vgl. Fußnote 2, S. 237.
[5] Köster, W.: Z. Metallkde. 32, 149 (1940).

Die Härtekurve der oberhalb der Umwandlungstemperaturen abgeschreckten Legierungen hat nach Kurnakow und Nemilow[1] einen kontinuierlichen Verlauf mit einem Maximum bei etwa 50 At.-% Pt (Abb. 117). Nach lang dauernder Glühbehandlung unterhalb der Umwandlungstemperaturen und nach langsamer Abkühlung, also im vollgeordneten Zustande, treten bei 50 und 25 At.-% Pt Härtetiefstwerte auf, während bei etwa 42 und 61 At.-% Pt Maxima festzustellen sind. Nach Nowack[2] steigt bei einer Anlaßtemperatur von 500° die Härte bei der PtCu-Umwandlung um etwa 100% und fällt nach 4stündigem Anlassen noch nicht ab. Bei einer Anlaßtemperatur von 700° sinkt sie nach raschem Anstieg unter die Abschreckhärte (Abb. 118). Der Zwischenzustand bei der Bildung der $PtCu_3$-Überstrukturphase hat nur eine gegenüber dem regellosen oder vollgeordneten Atomzustand wenig erhöhte Härte. Die mechanischen Eigenschaften einiger Platin-Kupfer-Legierungen sind in Zahlentafel 43 zusammengestellt. Danach ist bei

Zahlentafel 43. Eigenschaften der Platin-Kupfer-Legierungen.
(Nach Atkinson und Raper.)

Zusammensetzung der Legierung in %	Proportionalitats-grenze kg/mm²		Zugfestigkeit kg/mm²		Dehnung %		Bruchquer-schnittsabnahme %	
	hart	geglüht	hart	geglüht	hart	geglüht	hart	geglüht
97 Pt/3 Cu	33,5	11,8—15,2	56,0	36,7—40,1	2,5	26—34	84	91
95,5 Pt/4,5 Cu	37,5	14,6—17,4	63,4	42,9—47,0	2,5	24—28	64	86
	Brinellhärte kg/mm²							
95 Pt/ 5 Cu	110							
90 Pt/10 Cu	135							
85 Pt/15 Cu	142							
80 Pt/20 Cu	145							

kleinen Zusätzen der Härteanstieg des Platins fast gleich dem durch Ruthenium, bei über 15% Cu bleibt er jedoch noch hinter dem durch Iridium.

In Legierungen mit geringem Kupfergehalt oxydiert sich das Kupfer beim Glühen in sauerstoffhaltiger Atmosphäre nur langsam.

Tammann beobachtete in keinem Falle die bei 0,25 Mol Pt zu erwartende Resistenzgrenze. Bei dem Angriff durch Goldchlorid und Salpetersäure von der Dichte 1,44 lag sie bei 0,32 Mol Pt, durch Palladiumchlorür wurden die Legierungen bis zu 0,30 Mol angegriffen. Auch Merkuronitrat wirkte bis zu 0,27 Mol Pt ein.

Nach Rienäcker und Hildebrandt katalysiert die $PtCu_3$-Überstrukturphase die Zersetzung von Ameisensäure mit einer um 7 bis 9 kcal

[1] Kurnakow, N. S. u. W. A. Nemilow: Z. anorg. allg. Chem. 210, 4 (1933).
[2] Nowack, L.: Z. Metallkde. 22, 94 (1930).

geringeren Aktivierungsenergie als die ungeordneten Mischkristalle. Durch Ätzen der Legierung in Königswasser ändert sich dieser starke Überstruktureffekt nicht. Beim Ätzen mit Königswasser tritt also keine wesentliche Verschiebung der Zusammensetzung der Oberfläche ein, vor allem unterbleibt die Bildung einer platinreichen Oberflächenschicht[1].

b) Palladium-Kupfer. Die Umwandlungen in der Palladium-Kupfer-Mischkristallreihe unterscheiden sich in mehrfacher Hinsicht von denen der Gold-Kupfer-Legierungen, zu welchen sie oft in Vergleich gesetzt wurden.

Die PdCu-Überstrukturphase hat ein kubisch raumzentriertes Gitter mit einer Gitterkonstante von 2,96 Å bei einem Palladiumgehalt von 43 At.-% gegenüber einer solchen von 3,72 Å der ungeordneten kubisch flächenzentrierten Phase. Die Ordnung der Atome erfordert zu ihrer schärfsten Ausprägung einen Kupferüberschuß[2]. Der geringste Fehlordnungsgrad wird bei etwa 40 At.-% Pd erreicht. Die Umwandlung verläuft unter Keimbildung und Kornwachstum unstetig, mikroskopisch inhomogen. Die Umwandlungsgeschwindigkeit sinkt mit steigendem Palladiumgehalt. Bei Einkristallen geht der Übergang in den ungeordneten Atomzustand von instabilen Stellen des Kristalls aus, z. B. von der Oberfläche oder plastisch verformten Stellen. Dabei entsteht aus dem Einkristall ein vielkristallines Gefüge, das eine deutliche Umwandlungstextur zeigt, deren Beziehungen zum Ausgangskristall von Graf[3] untersucht wurden. Borelius, Johansson und Linde[4] beobachteten eine ausgesprochene Temperaturhysterese, die bei 38 At.-% Pd etwa 120° und bei 50 At.-% Pd 55° erreichte. Taylor[5] und Jones und Sykes[6] konnten dagegen nur eine Temperaturhysterese von geringen Ausmaßen feststellen.

Der Widerstandsanstieg bei der Zerstörung der geordneten Atomverteilung durch Verformen wird bei der PdCu-Phase mit zunehmendem Verformungsgrad stärker, bei der PdCu$_3$-Phase schwächer. Durch Kaltverformung wird der Ablauf des Ordnungsvorganges bei der PdCu-Umwandlung zu tieferen Temperaturen verlegt[7].

Nach Jones und Sykes vollzieht sich die PdCu$_3$-Umwandlung nur zwischen etwa 10 und 20 At.-% Pd wie bei der AuCu$_3$-Umwandlung ohne Gitteränderung, wobei die schärfste Ausprägung der Überstrukturlinien bei 17 At.-% Pd zu beobachten ist. Bei 22 bis 25 At.-% Pd hat die Überstrukturphase ein tetragonales Gitter.

[1] Rienäcker, G. u. R. Burmann: Z. Metallkde. **32**, 242 (1940).

[2] Borelius, G., C. H. Johansson u. J. O. Linde: Ann. Phys., Lpz. [4] **86**, 291 (1928).

[3] Graf, L.: Phys. Z. **36**, 489 (1935).

[4] Vgl. Fußnote 2, S. 240.

[5] Taylor, R.: J. Inst. Met. **54**, 255 (1934).

[6] Jones, C. u. F. W. Sykes: J. Inst. Met. **1939**, 65 (Advance copy).

[7] Seemann, H. J. u. F. Glander: Z. Metallkde. **30**, 68 (1938).

Im Gebiet der $PdCu_3$-Phase zeigen die spezifische Wärme und der elektrische Widerstand beim Übergang in den ungeordneten Atomzustand charakteristische Änderungen. Bei 300° macht sich die zunehmende Fehlordnung durch einen Anstieg der spezifischen Wärme bemerkbar (Abb. 119). Etwa 65° unterhalb der kritischen Temperatur ist ein Maximum festzustellen, das nach Jones und Sykes seine Erklärung durch Spannungen findet, die bei der Änderung des Achsenverhältnisses mit zunehmender Fehlordnung auftreten und der weiteren Änderung entgegenwirken. W. Köster[1] konnte auch durch Messung des Elastizitätsmoduls den in zwei Stufen erfolgenden Umwandlungsverlauf bestätigen.

Die Widerstands-Temperaturkurven weisen dicht oberhalb der kritischen Temperatur noch Anomalien auf[2]. Die spezifische Wärme liegt nach dem Überschreiten der kritischen Temperatur noch über der der regellosen Mischkristalle.

Auch der Elastizitätsmodul sinkt nach Überschreitung der kritischen Temperatur nicht sofort linear mit steigender Temperatur, sondern langsamer. Erst oberhalb 605° stellte Köster den für den vollständig ungeordneten Atomzustand kennzeichnenden linearen Temperaturgang des Elastizitätsmoduls fest. Im übrigen weisen aber alle Änderungen der Elastizitätsmodul-Temperaturkurve die Merkmale einer sich ohne Gitteränderung vollziehenden Umwandlung auf. Die von Jones und Sykes festgestellte tetragonale Verzerrung des Gitters der $PdCu_3$-Überstrukturphase hat also auf den Elastizitätsmodul nicht den entscheidenden Einfluß wie die Bildung der tetragonalen Überstrukturphase bei Legierungen vom Typ des AuCu.

Stärkere Temperaturhysterese ist bei der $PdCu_3$-Umwandlung nicht festzustellen.

Die kalorimetrisch bestimmten Molekularwärmen an Proben mit 0,25 und 0,5 Mol Pd weichen in ihrem Temperaturgang bei regelloser Atomverteilung von der Kopp-Neumannschen Regel teilweise ab[3]. Die Legierung mit 25 At.-% Pd zeigt oberhalb 200° ein ähnliches Verhalten wie die Au-Ag-Legierung mit 25 At.-% Au, allerdings bleibt bei letzterer auch bei hoher Temperatur die Abweichung von der

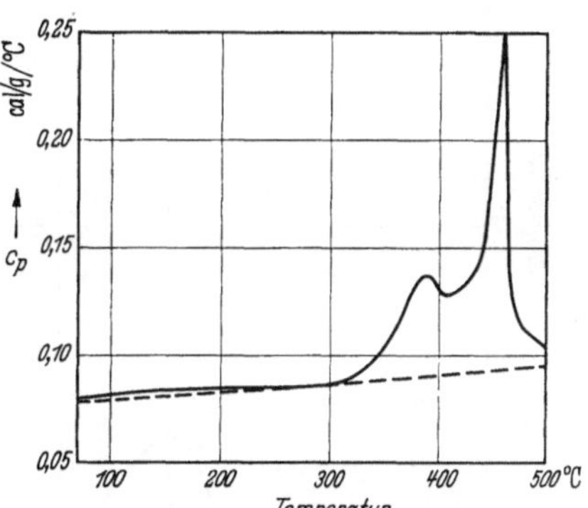

Abb. 119. Temperaturkurve der spezifischen Wärme der geordneten $PdCu_3$-Phase (24,9 At.-% Pd). (Nach Jones und Sykes.)

---

[1] Köster, W.: Z. Metallkde. **32**, 149 (1940).

[2] Borelius, G., C. H. Johansson u. J. O. Linde: Ann. Phys., Lpz. **86**, 291 (1928).

[3] Poppema, T. I. u. F. A. Jaeger: Proc. Sect. Sci. Amsterd. **38**, 836 (1935).

Raub, Edelmetalle. 16

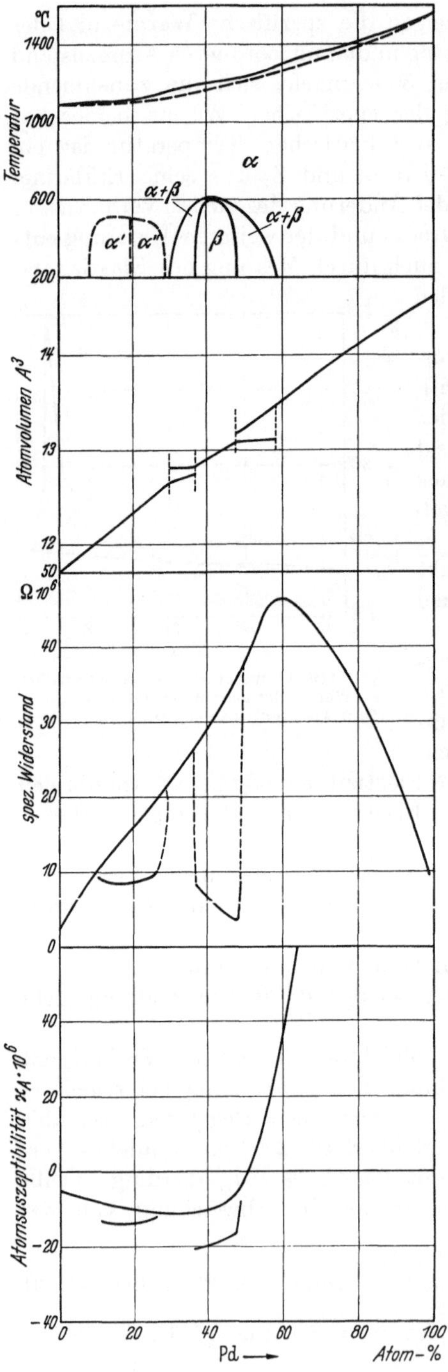

Abb. 120. Zustandsbild, elektrischer Widerstand und magnetische Suszeptibilität der Palladium-Kupfer-Legierungen. (Nach Jones und Sykes und Svensson.)

Mischungsregel nur klein[1]. Jones und Sykes errechneten aus der Abweichung des Verlaufs der spezifischen Wärme bei geordneter Atomverteilung von dem Temperaturgang bei regelloser Atomverteilung die Bildungswärme der tetragonalen Überstrukturphase bei 25 At.-% Pd zu 0,51 kcal/g At.

Abb. 120 gibt neben dem Zustandsbild einige physikalische Eigenschaften wieder. Der spezifische Widerstand und die magnetische Suszeptibilität lassen die Verschiebung der Umwandlungsgebiete von den einfachen Atomverhältnissen zu höheren Kupfergehalten erkennen. Die Überstrukturphasen erreichen das Widerstandsminimum bei 15 und 47 At.-% Pd. In der Widerstandskurve der regellosen Mischkristalle fand Taylor[2] deutliche Knickpunkte bei 32,5 und 42 At.-% Pd. Das Minimum des Temperaturkoeffizienten des Widerstandes erreicht nach Stockdale[3] die 69,92% Pd enthaltende Legierung mit einem Wert von $1,1 \cdot 10^{-4}$.[4]

[1] Poppema, T. I. u. F. A. Jaeger: Proc. Akad. Wetensch. Amsterd. 35, 929 (1932).

[2] Taylor, R.: J. Inst. Met. 54, 255 (1934).

[3] Stockdale, D.: Trans. Faraday Soc. 30, 310 (1934).

[4] Nur wenige binäre Legierungen der Platinmetalle haben gleich tief liegende α-Werte, z. B. noch die Kupfer-Platin-Legierung mit 75% Pt ($1,2 \cdot 10^{-4}$) und die Silber-Palladium-Legierung mit 60% Pd (0,3 bis $0,7 \cdot 10^{-4}$).

Die diamagnetische Suszeptibilität des Kupfers ändert sich durch
Palladium nur wenig. Erst ab etwa 50 At.-% Pd werden die regellosen
Mischkristalle paramagnetisch. Die Überstrukturphasen weisen eine
höhere diamagnetische Suszeptibilität auf als die regellosen Mischkristalle.

Der Zerfall von Ameisensäure wird durch ungeordnete Mischkristalle
mit 0 bis 62 At.-% Pd mit gleicher Wirksamkeit katalysiert wie durch

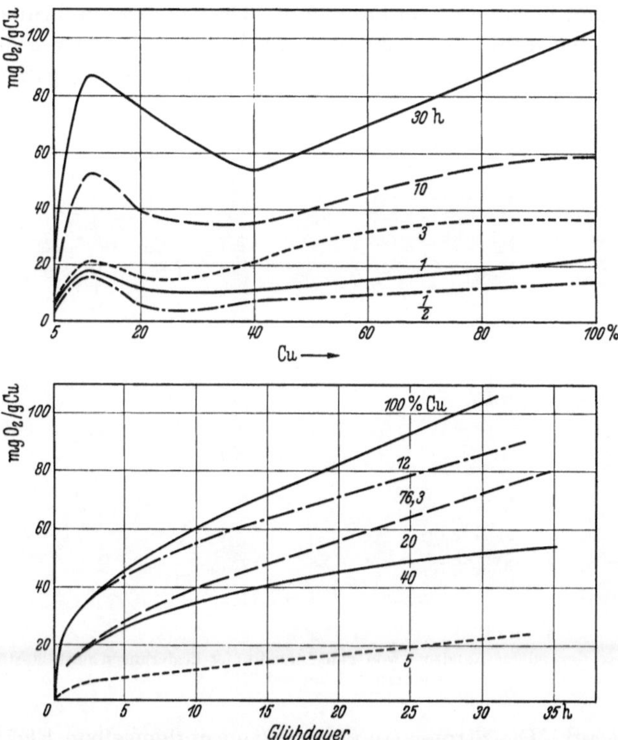

Abb. 121. Zunderung von Palladium-Kupfer-Legierungen. Atmosphäre: Sauerstoff, Temperatur 750°.

Kupfer. Mit weiter steigendem Palladiumgehalt fällt die Aktivierungsenergie rasch auf die des Palladiums. Die geordneten Mischphasen sind
bessere Katalysatoren als die ungeordneten[1].

Der Härteanstieg im Zwischenzustand erreicht bei der PdCu-Umwandlung nach Nowack[2] etwa 40%. Wise und Crowell beobachteten
auch bei 25 At.-% Pd einen deutlichen Anstieg der Festigkeit. Die
Zugfestigkeit und Härte der Mischkristalle mit statistischer Atomverteilung weisen einen Höchstwert bei 50 bis 60 At.-% Pd auf, der für
die Zugfestigkeit 67,5 kg/mm² erreicht.

---

[1] Rienäcker, G., G. Wessing u. G. Trautmann: Z. anorg. allg. Chem.
236, 252 (1938).

[2] Vgl. Fußnote 2, S. 239.

Die Anlaufbeständigkeit der Palladium-Kupfer-Legierungen wächst
nach Wise, Crowell und Eash mit dem Palladiumgehalt etwas langsamer als bei den Palladium-Silber-Legierungen. Die Farbe der anlauf-
und mundbeständigen Legierungen mit einem Palladiumgehalt von
25 At.-% ist weiß.

Nowack[1] beobachtete gegenüber Polysulfid, Laugen, alkoholische
Pikrinsäure und Lösungen von Palladium-, Quecksilber- und Silbersalzen
eine Einwirkungsgrenze be 0,20 bis 0,28 Mol Pd. Bei der anodischen
Behandlung in $nCuSO_4$-Lösung als Elektrolyt hörte der Angriff bei über

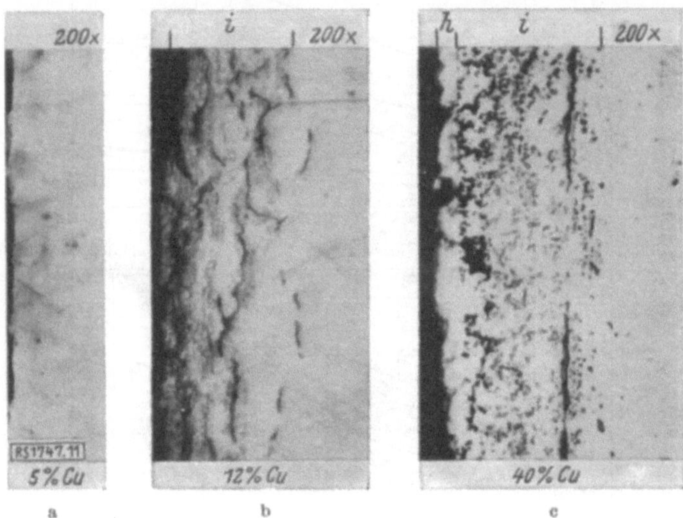

Abb. 122 a—c. Gezunderte Randzor e von Palladium-Kupfer-Legierungen nach 30-stündiger
Zur derungsdauer bei 750°.

0,22 Mol Pd auf. Die Stromspannungskurven in demselben Elektrolyten
ergaben von 1 bis 0,28 Mol Pd die gleiche Zersetzungsspannung. Die
Spannung, bei der ein stärkerer, andauernder Gegenstrom auftrat, war
wie bei Palladium-Silber-Legierungen bis $^4/_8$ Mol Pd gleich der des
Palladiums.

Beim Glühen in oxydierender Atmosphäre zundern Legierungen mit
geringem Kupfergehalt nur wenig (Abb. 121 und 122)[2]. Mit dem Kupfergehalt steigt die Zunderungsgeschwindigkeit rasch an, erreicht bei
12% Cu ein Maximum, fällt dann bis zu einem Minimum bei 40% Cu
und steigt mit weiterem Kupferzusatz langsam auf die des reinen Kupfers,
bleibt aber bei allen Palladium-Kupfer-Legierungen unter der von reinem
Kupfer. Die weitgehende Beständigkeit der kupferärmsten Legierungen

[1] Nowack, L.: Z. anorg. allg. Chem. 113, 1 (1920).
[2] Raub, E. u. M. Engel: Vgl. Fußnote 1, S. 212.

mit weniger als 5% Cu beruht wahrscheinlich auf der Bildung einer dünnen, dichten Palladiumoxydulschicht, die bei kupferreicheren Legierungen infolge der stärkeren Kupferdiffusion nicht mehr auftreten kann. Es kommt jedoch beim Erhitzen in Sauerstoff zunächst noch nicht zur Ausbildung einer dichten Zunderschicht aus Kupferoxydul an der Oberfläche, sondern die Zunderung erfolgt in der Hauptsache durch Diffusion von Sauerstoff, wobei das Kupfer im Palladium oxydiert wird. Mit weiter steigendem Kupfergehalt wird die Zunderungsgeschwindigkeit wieder

verzögert durch die Bildung der homogenen Kupferoxydulschicht, die die Sauerstoffdiffusion zurückdrängt, da nur durch Undichtigkeiten des Kupferoxyduls der Sauerstoff zum Metall vordringen und dort diffundieren kann. Bei hohem Kupfergehalt der Legierung steigt die Kupferdiffusion und damit die Zunderungsgeschwindigkeit. Außerdem ändert sich mit wachsender Dicke die Struktur der äußeren homogenen Kupferoxydulschicht. Durch Risse und Poren wird der Sauerstoffzutritt zum Metall

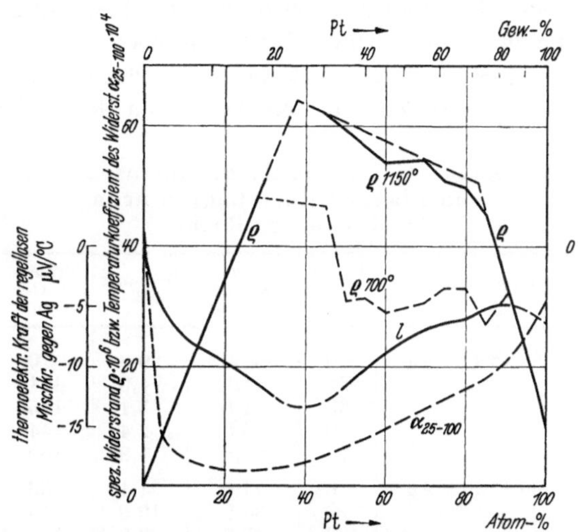

Abb. 123. Eigenschaften der Platin-Silber-Legierungen. (Nach Johnsson und Linde und Kurnakow und Nemilow [α].)

erleichtert, so daß auch die Oxydation unter Sauerstoffdiffusion wieder verstärkt eintreten kann.

c) Platin-Silber. Platin-Silber-Legierungen haben in der Zahnheilkunde, in der Elektrotechnik und in der Schmuckwarenindustrie eine gewisse Bedeutung erlangt, sind aber heute weitgehend durch Palladium-Legierungen ersetzt.

Im System Platin-Silber tritt eine Mischungslücke im festen Zustande auf, die bei der peritektischen Temperatur von 55 bis 88% Pt reicht und sich mit sinkender Temperatur stark erweitert. Unter 750° bilden sich innerhalb der Mischungslücke intermediäre Homogenitätsgebiete mit geordneter Atomverteilung bei 50 und 75 At.-% Pt mit flächenzentriert kubischem Gitter aus[1]. Der große Unterschied im spezifischen Gewicht zwischen den beiden Phasen führt bei dem ziemlich großen Erstarrungsintervall besonders leicht zu starker Seigerung.

---

[1] Johansson, C. H. u. J. O. Linde: Ann. Phys., Lpz. [5] **6**, 458 (1930); [5] **7**, 408 (1930).

Die Widerstandsmessungen von Johansson und Linde erstrecken sich wie die Bestimmung der Gitterkonstante auf Legierungen mit verschiedener Wärmebehandlung. Die Widerstandskurve verläuft auch nach dem Abschrecken von 1150° in dem zweiphasigen Zustandsfeld nicht kontinuierlich. Jedoch erst nach dem Glühen bei 700° sind deutliche Anzeichen für das Vorhandensein der Umwandlungen festzustellen (Abb. 123). Die thermoelektrische Kraft und den Temperaturkoeffizienten des Widerstandes gibt Abb. 123 wieder. Die Legierung mit 10% Ag ist gegenüber Platin ebenso wie die Legierungen des Platins mit seinen Beimetallen thermoelektrisch positiv.

Härte und Zugfestigkeit der Platin-Silber-Legierungen ändern sich nach Kurnakow und Nemilow[1] im Gebiet der silberreichen Legierungen nur wenig; bis zu etwa 40% Pt ist ein schwacher Anstieg zu beobachten, mit weiterem Wachsen des Platingehaltes steigen sie schnell zu einem Höchstwert bei etwa 80% Pt an. Zahlentafel 44 gibt nach Sterner-Rainer[2] einige Eigenschaften der Legierungen mit 20 und 33,3% Pt wieder. Im Gebiet der silberreichen Mischkristalle bis zu etwa 30% Pt treten

Zahlentafel 44. Mechanische Eigenschaften von Platin-Silber-Legierungen. (Nach Sterner-Rainer.)

Zusammensetzung in ‰	Reckgrad in %	Zugfestigkeit kg/mm²	Dehnung %	Brinellhärte kg/mm²
333 Pt/667 Ag	0	34,6	20,8	70
	20	44,5	4,0	111
	33	51,6	3,1	125
	50	56,6	2,4	144
	75	61,8	1,8	162
200 Pt/800 Ag	0	27,6	34,1	53
	20	34,6	10,6	74
	33	40,7	3,9	104
	50	45,3	2,9	119
	75	50,3	2,2	137

im allgemeinen bei der Bearbeitung keine Schwierigkeiten auf. Platinreichere Legierungen sind verhältnismäßig gut verformbar, wenn die Schmelze rasch abgeschreckt wird. Es ist kaum möglich, aus abgeschreckten Schmelzen hergestellte Drähte zu homogenisieren[3]. Durch Glühen nahe bei der peritektischen Temperatur und Abschrecken werden nach Johansson und Linde die Legierungen mit 50 bis 80 At.-% Pt spröde, eine beachtliche Verbesserung der Duktilität bringt längeres Glühen bei 800° und nachfolgendes Abschrecken mit sich. Erniedrigt man aber die Glühtemperatur stärker, so werden sie infolge der auftretenden Umwandlungen wieder spröde. Auch die Legierungen mit weniger als 20 bis 30 und mehr als 90% Pt, die normalerweise gut bearbeitbar sind, werden nach längerem Glühen bei tieferer Temperatur

---

[1] Kurnakow, N. S. u. W. A. Nemilow: Z. anorg. allg. Chem. **168**, 339 (1928).

[2] Sterner-Rainer, L.: Die Edelmetallegierungen in Industrie und Gewerbe, S. 87. Leipzig 1930.

[3] Johansson, C. H. u. J. O. Linde: Ann. Phys., Lpz. [5] **6**, 458 (1930).

hart und spröde. Bei den durch hochdisperse Ausscheidung spröde gewordenen Legierungen gelingt es kaum, durch Glühen bei hoher Temperatur wieder gute Bearbeitbarkeit herzustellen.

Die Korrosionsbeständigkeit des Silbers, insbesondere sein Widerstand gegen Anlaufen, steigt durch Platin im Gebiet der silberreichen Mischkristalle stark. Im zweiphasigen Zustandsfeld ändert sich mit steigendem Platingehalt nach Wise und Eash das chemische Verhalten nur verhältnismäßig wenig, während die platinreichen Mischkristalle dem Platin gleichen.

Tammann[1] konnte gegenüber verschiedenen Angriffsmitteln bei Legierungen mit bis zu 0,35 Mol Pt keine Einwirkungsgrenze beobachten, da die Sättigungskonzentration der homogenen silberreichen Mischkristalle 0,25 Mol Pt nicht erreicht.

Adadurow, Deutsch und Prosorowski[2] fanden, daß Silber bei der katalytischen Verbrennung von Ammoniak am Platinkontakt die Ausbeute herabsetzt. Eine ternäre Legierung mit 80% Pt, 10% Rh und 10% Ag lieferte dagegen bei erhöhter Lebensdauer eine hohe Ausbeute.

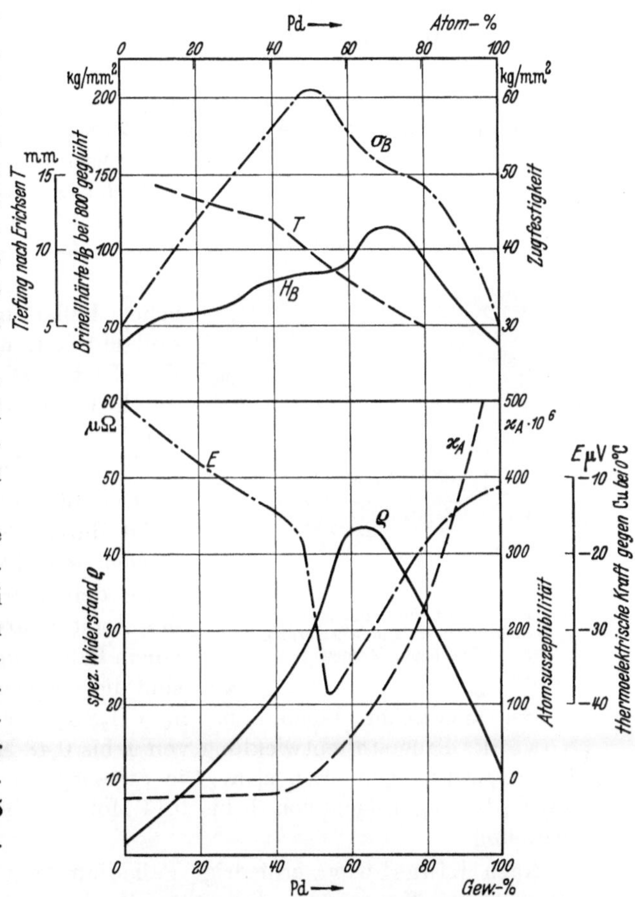

Abb. 124. Eigenschaften der Palladium-Silber-Legierungen.
(Nach Geibel, Svensson und Wise, Crowell und Eash.)

d) Palladium-Silber. Das System Palladium-Silber gehört offenbar zu den wenigen, bei denen eine lückenlose Reihe von Mischkristallen

---

[1] Tammann, G.: Z. anorg. allg. Chem. **142**, 70 (1925).

[2] Adadurow, I. J., J. H. Deutsch u. N. A. Prosorowski: Chem. J., Ser. B, J. angew. Chem. **9**, 807 (1936). Ref. Chem. Zbl. **1937 II**, 1300.

ohne Umwandlungen oder Entmischungen auftritt. Glander[1] vermutet allerdings auf Grund einer Unstetigkeit in der Widerstands-Temperaturkurve eine Mischungslücke unter 400°. Eine Bestätigung dieses Befundes steht aber noch aus. Die Gitterkonstante weicht von der Vegardschen Linie nach tieferen Werten hin ab. Auch der Ausdehnungskoeffizient bleibt unter dem nach der Mischungsregel berechneten[2]. Die Eigenschaften ändern sich mit der Zusammensetzung auf einer kontinuierlichen Kurve ohne sprunghafte Änderungen (Abb. 124). Der spezifische Widerstand und die thermoelektrische Kraft weisen in einem beschränkten Gebiet der Zusammensetzung Spitzenwerte auf[3]. Zugfestigkeit und Härte durchlaufen wie bei anderen Mischkristallegierungen ein Maximum. Sämtliche Palladium - Silber - Legierungen sind gut kalt und warm verformbar. Die Farbe des Silbers ändert sich durch Palladium rasch, Legierungen mit 15 bis 20% Pd haben nahezu die Farbe des Palladiums.

Die Anlaufbeständigkeit des Silbers steigt durch Palladium stark. Legierungen mit 15 bis 20% Pd laufen unter den schwächeren Einwirkungen der Atmosphäre kaum noch an; bei einem Palladiumgehalt von 25 bis 30% sind die Legierungen anlaufbeständig.

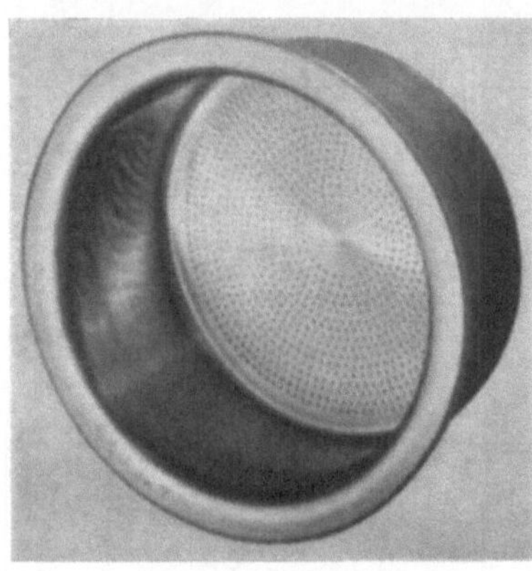

Abb. 125. Kunstseidespinndüse aus einer Gold-Platin-Rhodium-Legierung. (Werkphoto Heraeus.)

Bei anodischer Behandlung in nH_2SO_4 und $nHNO_3$ tritt nach Nowack[4] Sauerstoffentwicklung von 1 bis 0,48 Mol Pd auf, palladiumärmere Legierungen lösen sich. Die Stromspannungskurven in 0,02 m-$AgNO_3$-Lösung zeigen von 1 bis 0,14 Mol Pd die gleiche Zersetzungsspannung.

Nach Kingsbury[5] erniedrigt Palladium sehr stark die Silberüberführung bei Kontakten, die unter Funkenbildung betätigt werden, während die Erniedrigung der Palladiumüberführung durch Silber gering bleibt. Am kleinsten ist die Überführung bei Legierungen mit 70 bis

---

[1] Glander, F.: Metallwirtsch. 18, 357 (1939).

[2] Johansson, C. H.: Ann. Phys., Lpz. [4] 76, 445 (1925).

[3] Nach E. Sedström (Diss. Stockholm 1924, Ref. Hansen: Der Aufbau der Zweistofflegierungen, S. 48, Berlin 1936) zeigt die thermoelektrische Kraft nicht die in Abb. 124 nach Geibel und Borelius wiedergegebene V-Form, sondern sie weist bei 54 At.-% Pd einen ausgesprochenen Höchstwert auf.

[4] Nowack, L.: Z. anorg. allg. Chem. 113, 1 (1920).

[5] Kingsbury, E. F.: Amer. Inst. min. metallurg. Engr., Inst. Met. Div. 78, 804 (1928).

80 At.-% Pd; aber auch, wenn nur 30 bis 40% Pd zugegen sind, ist sie nur etwa $^1/_6$ von der des reinen Silbers.

e) Platin-Gold. Die Platin-Gold-Legierungen werden als Werkstoff für Spinndüsen in der Kunstseidenindustrie gebraucht (Abb. 125). Für diesen Zweck verwendet man Legierungen mit 30 bis 50% Pt, denen allerdings noch Rhodium zulegiert wird, durch das ein feinkörniges Gefüge, sowie eine Verbesserung der Festigkeit und Tiefziehfähigkeit erreicht wird. Bei der platinreichsten Legierung mit 50% Pt erreicht man nach Fröhlich[1] ein Optimum der für Spinndüsen günstigen Eigenschaften, insbesondere ausreichende Feinkörnigkeit, so daß für diese Legierung der Rhodiumzusatz nicht die Bedeutung hat wie für platinärmere Legierungen.

Die Platin-Gold-Legierungen erstarren unter Bildung einer lückenlosen Reihe von Mischkristallen, bei der Abkühlung entmischen sie sich weitgehend unter Auftreten einer goldreichen und einer platinreichen Phase. Johansson und Linde vermuten in dem Entmischungsgebiet intermediäre Homogenitätsgebiete, wie sie in der Mischungslücke der Platin-Silber-Legierungen nachgewiesen wurden, deren Eigenschaften denen der Platin-Gold-Legierungen sehr

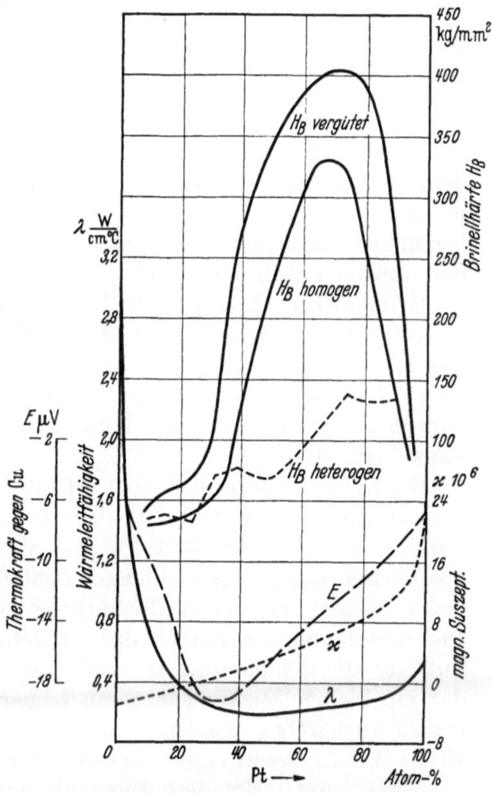

Abb. 126. Eigenschaften der Platin-Gold-Legierungen. (Nach Johannsson und Linde.)

ähnlich sind. Es gelang jedoch nicht, röntgenographisch Überstrukturphasen nachzuweisen, da das Streuvermögen der Goldatome annähernd gleich dem der Platinatome ist.

Wictorin[2] untersuchte die zuerst von Johansson und Hagsten[3] beobachtete Verzögerung des Zerfalls der homogenen Phase infolge metastabiler Zustände in der Nähe der Grenzen der Mischungslücke mit Hilfe von Widerstandsmessungen. Abb. 126 gibt nach Johansson und

[1] Fröhlich, K. W.: Briefliche Mitteilung.
[2] Wictorin, C. G.: Ann. Phys., Lpz. [5] **33**, 509 (1938).
[3] Johansson, C. H. u. O. Hagsten: Ann. Phys., Lpz. [5] **28**, 520 (1937).

Linde[1] einige physikalische Eigenschaften wieder. Die Härte der homogenen Legierungen nimmt mit steigendem Goldgehalt zunächst stark zu, durchläuft bei etwa 25 At.-% Au ein Maximum, fällt dann rasch ab, um sich ab etwa 68 At.-% Au nur noch wenig zu ändern.

Die Härtekurve von bei 900° getemperten, zweiphasigen Legierungen verläuft unregelmäßig und bleibt unter der homogenisierter Proben. Der Übergang vom einphasigen ins zweiphasige Zustandsfeld ist nur auf der Platinseite aus der Härtekurve abzulesen.

Nach Carter[2] fällt der Tiefungswert nach Erichsen zwischen 10 und 40% Pt von 12,2 auf 6,9 mm, die Härte steigt im gleichen Bereich der Zusammensetzung bei den harten Legierungen von 105 auf 226 kg/mm², bei den weichen von 61 auf 174 kg/mm². Alle Platin-Gold-Legierungen lassen sich nach dem Tempern bei 800° und Abschrecken durch Walzen und Ziehen gut bearbeiten[3].

Holzmann[4] beobachtete beim Glühen von Drähten mit 70% Au irreversible Formänderungen, die in einer starken Verkürzung bestehen (bis zu 10%) und mit einer Zunahme des Querschnittes verbunden sind. Das Volumen erfuhr dabei eine geringe Zunahme. Die Größe der Formänderung hängt von der Erstarrungsgeschwindigkeit und der Glühtemperatur ab.

Nowack[5] stellte bei 20% Pt die erste Härtezunahme während des Alterns abgeschreckter Proben fest. Johansson und Linde beobachteten bei etwa 60% Pt den stärksten Härteanstieg. Auch bei goldreichen Legierungen, die nach dem Zustandsbild noch im einphasigen Gebiet liegen, ist schon Aushärtung zu beobachten. Dieses muß auf Verunreinigungen zurückgeführt werden, die von außerordentlichem Einfluß auf die Aushärtung sein können. So konnte Goedecke[6] zeigen, daß ein kleiner Zusatz von Eisen Legierungen mit nur geringem Platingehalt aushärtbar macht. Eine Legierung mit 10% Pt und 0,2% Fe wies beim Anlassen einen maximalen Härteanstieg von 200% der Ausgangshärte auf. Ein dem Eisen ähnlicher Einfluß auf die Aushärtung von platinärmeren Legierungen wurde auch bei Zusatz von Rhodium beobachtet.

f) Palladium-Gold. Wegen der platinähnlichen Farbe, der chemischen Beständigkeit und der guten Bearbeitbarkeit haben die Palladium-Gold-Legierungen im Schmuckwarengewerbe an Stelle von Platin als Weiß-

---

[1] Johansson, C. H. u. J. O. Linde: Ann. Phys., Lpz. [5] **5**, 762 (1930).

[2] Carter, F. E.: Trans. amer. Inst. min. metallurg. Engr., Inst. Met. Div. **1928**, 759.

[3] Auf die besondere Eignung von Gold-Platin-Legierungen mit etwa 7% Pt für Kontakte wurde schon früher hingewiesen.

[4] Holzmann, H.: Z. Metallkde. **30**, 160 (1938).

[5] Nowack, L.: Z. Metallkde. **21**, 94 (1930).

[6] Goedecke, W.: Siebert-Festschr. **1931**, S. 100.

goldlegierungen weitgehende Anwendung gefunden. Die wichtigsten Eigenschaften sind auf Grund der vorliegenden Veröffentlichungen[1] in Abb. 127 zusammengestellt. Der Verlauf jeder Eigenschaft in Abhängigkeit von der Zusammensetzung der Legierungen deutet auf das Vorliegen einer lückenlosen Mischkristallreihe hin, ohne Umwandlungen oder Entmischungen bei tieferen Temperaturen.

Der Elastizitätsmodul des Goldes steigt durch Pd, bei 50 bis 60 At.-% Pd durchläuft er einen Höchstwert und sinkt mit weiterem Palladiumzusatz bis 75 At.-% Pd, um dann bis zum reinen Palladium wieder zu steigen. Einen analogen Verlauf zeigt der Gleitmodul[2].

Die plastischen Eigenschaften ändern sich mit der Zusammensetzung ähnlich wie bei den Palladium-Silber-Legierungen. Nach Wise, Crowell und Eash[3] wird nach dem Weichglühen bei 800° der Höchstwert der Zugfestigkeit bei etwa 65 At.-% Pd und 34,8 kg/mm² erreicht.

Sämtliche Palladium-Gold-Legierungen sind gut verformbar. Beim Schmelzen ist zu beachten, daß die

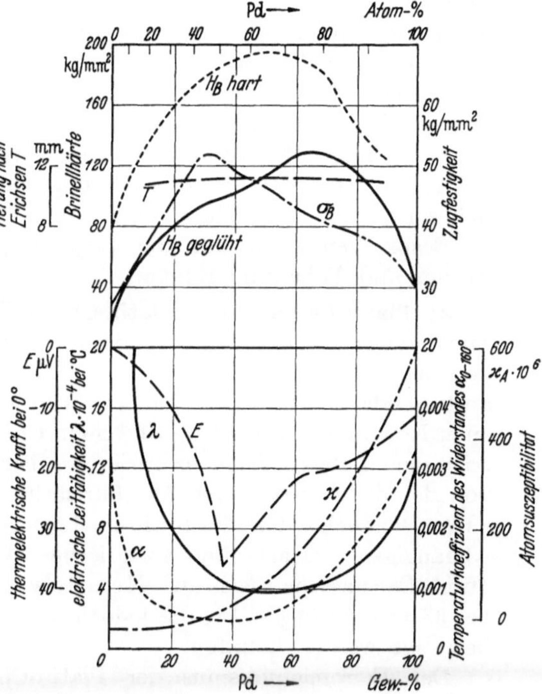

Abb. 127. Eigenschaften der Palladium-Gold-Legierungen. (Nach Geibel; Vogt und Wise, Crowell und Eash.)

palladiumreichen Legierungen besonders leicht Sauerstoff aufnehmen, der unter Spratzen bei der Erstarrung wieder abgegeben wird.

Salpetersäure greift Palladium-Gold-Legierungen bis zu etwa 20% Au an. Die Farbe des Goldes verblaßt durch Palladium sehr schnell, die Legierungen sind ab etwa 20% Pd rein weiß.

---

[1] Literatur: Hansen, M.: Der Aufbau der Zweistofflegierungen, S. 250. Berlin 1936.

[2] Röhl, H.: Ann. Phys., Lpz. [5] 18, 155 (1933).

[3] Wise, E. M., W. G. Crowell u. J. T. Eash: Trans. amer. Inst. min. metallurg. Engr., Inst. Met. Div. 99, 363 (1932).

D. Die Legierungen der Platinmetalle mit den Metallen der 2. bis 7. Gruppe des periodischen Systems.

Die binären Legierungen des Platins und seiner Beimetalle mit den Metallen der 2. bis 7. Gruppe des periodischen Systems sind nur wenig untersucht. Die mit der Aufstellung der Zustandsbilder zusammenhängenden Arbeiten werden von Hansen[1] eingehend besprochen. Die hohe Affinität der Platinmetalle zu den Elementen der 5. Gruppe des periodischen Systems prägt sich auch noch bei den metallischen Elementen dieser Gruppe aus. Schon aus der ersten Hälfte des 19. Jahrhunderts liegen Mitteilungen darüber vor, daß Platin sich mit Antimon beim Erhitzen unter Feuererscheinung oder Aufglühen verbindet[2]. Ähnliches ist auch von Palladium-Antimon bekannt geworden.

Besprochen seien nur die Legierungen Platin-Chrom, Palladium-Chrom und Palladium-Mangan.

a) Platin-Chrom. Die Platin-Chrom-Legierungen weisen im festen Zustande ein weitreichendes Mischkristallgebiet auf. Bei hoher Temperatur löst Platin bis zu 71,5 At.-% Cr[3]. Die in chromreicheren Legierungen auftretende zweite Phase hat ein kubisch raumzentriertes Gitter mit einer Konstanten von $4,673 \cdot 10^{-8}$ cm[4]. Im Gebiet der Platinmischkristalle tritt eine kubisch flächenzentrierte Überstrukturphase mit nur wenig von der der ungeordneten Mischkristalle abweichender Gitterkonstante auf[5]. Die Dichte der Platin-Chrom-Legierungen liegt unter der additiven Abhängigkeit. Härte und spezifischer Widerstand des Platins steigen durch Chrom sehr rasch an. Nemilow beobachtete zwei Härteminima bei 33 und 50 At.-% Pt, die jedoch von Gebhardt und Köster nicht bestätigt werden konnten.

Der Ferromagnetismus der Platin-Chrom-Legierungen wurde von Friedrich[6] festgestellt und später von Friedrich und Kußmann

---

[1] Hansen, M.: Der Aufbau der Zweistofflegierungen. Berlin 1936.

[2] Nemilow, W. A. u. N. M. Woronow [Z. anorg. allg. Chem. **226**, 177 (1936)] bestimmten bei einer Untersuchung über das Platin-Antimon-Zustandsbild auch die Härte und die elektrischen Eigenschaften. Von 0 bis 50% Sb waren die Legierungen vollkommen spröde, so daß Härtebestimmungen nicht durchgeführt werden konnten. Das Antimon steigert die Härte des Platins stark, bei 85 At.-% Pt wird ein Härtemaximum von etwa 140 kg/mm² erreicht. Der spezifische Widerstand des Antimons steigt durch Platin besonders stark und erreicht bei 27 At.-% Pt einen Wert von 270 Mikroohm. Der Temperaturkoeffizient des Widerstandes sinkt sehr rasch, bei 27,4 At.-% Pt wird er negativ.

[3] Gebhardt, E. u. W. Köster: Z. Metallkde. **32**, 262 (1940).

[4] Friedrich, E. u. A. Kußmann: Phys. Z. **36**, 185 (1935). Gebhardt, E. u. W. Köster: Vgl. Fußnote 3, S. 252.

[5] Nemilow, W. A. [Z. anorg. allg. Chem. **218**, 33 (1934)] vermutete auf Grund von mikroskopischen Untersuchungen und Härtemessungen das Vorhandensein zweier Umwandlungen bei 50 und 67 At.-% Cr.

[6] Friedrich: Z. techn. Phys. **13**, 59 (1932).

sowie Gebhardt und Köster näher untersucht. Er ist nicht an bestimmte stöchiometrische Zusammensetzungen geknüpft, sondern tritt bei Legierungen mit etwa 21 bis 44,5 At.-% Cr auf. Alle angrenzenden Legierungen sind stets paramagnetisch. In Abb. 128 ist die Abhängigkeit der Curietemperatur und der magnetischen Sättigung von der Zusammensetzung dargestellt. Die Curietemperatur steigt mit zunehmendem Chromgehalt stark an. Während auf der Platinseite das Verschwinden des Ferromagnetismus festzustellen ist — bei 6% Cr dürfte die magnetische Umwandlungstemperatur den absoluten Nullpunkt erreichen — verschwindet auf der Chromseite der Ferromagnetismus ganz allmählich. Bei etwa 10% Cr erreicht die magnetische Sättigung den Höchstwert von etwa 3000 CGS. Im Gegensatz zu anderen Systemen stimmt also das Maximum der Magnetisierungskurve nicht mit dem Höchstwert des Umwandlungspunktes überein. Eine Hysterese der magnetischen Umwandlung ist nicht festzustellen. Die Koerzitivkraft schwankt unregelmäßig zwischen 10 und 50 Gauß. Durch ein besonders wirksames Abschreckverfahren gelang es Gebhardt und Köster, die regellose Mischkristall-

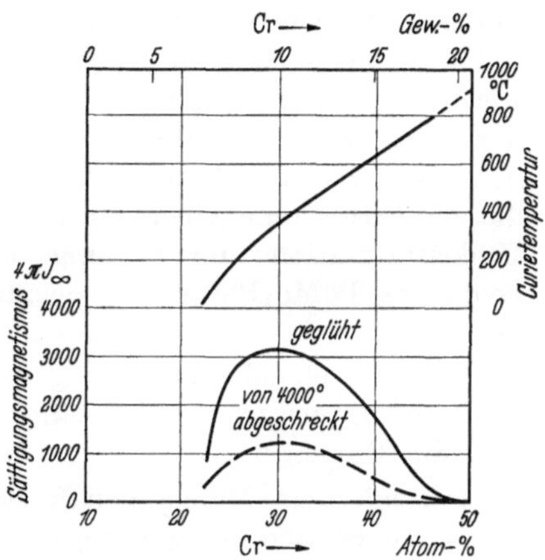

Abb. 128. Magnetische Eigenschaften der Platin-Chrom-Legierungen. (Nach Friedrich und Kußmann.)

phase zu unterkühlen und den Nachweis zu führen, daß das Auftreten von Ferromagnetismus an die Überstrukturphase gebunden ist und daß bei ihrem Verschwinden die Legierungen unmagnetisch werden. Aus der Abhängigkeit der Magnetisierungsintensität von der Abschrecktemperatur bestimmten Gebhardt und Köster die kritische Temperatur der in ihrer Art noch unklaren Umwandlung.

b) Palladium-Chrom. Das System Palladium-Chrom untersuchten Grube und Knabe[1], wobei sie außer der Thermoanalyse mikroskopische und röntgenographische Untersuchungen, Leitfähigkeitsmessungen und Härtebestimmungen durchführten. Auf der Palladiumseite besteht ein bis zu 60% Cr reichendes Mischkristallgebiet. Bei dieser Zusammensetzung tritt die durch ein Schmelzpunktsmaximum gekennzeichnete Verbindung Pd_2Cr_3 auf, die mit dem palladiumarmen Mischkristall auf der Chromseite ein Eutektikum bildet. Die Härte des Palladiums steigt in dem Mischkristallgebiet bis zur Zusammensetzung der Verbindung Pd_2Cr_3, die eine Brinellhärte von 341 kg/mm² hat. Mit weiter steigendem

---

[1] Grube, G. u. R. Knabe: Z. Elektrochem. **42**, 793 (1936).

Chromgehalt sinkt sie nahezu stetig, nur unterbrochen von einer Verzögerung in der Nähe der eutektischen Zusammensetzung. Die Leitfähigkeitsisothermen zeigen den durch die verschiedenen Zustandsfelder gekennzeichneten Verlauf.

c) **Palladium-Mangan**[1]. Die Palladium-Mangan-Legierungen gleichen in ihrem Aufbau den Gold-Mangan-Legierungen. In der palladiumreichen Mischkristallphase treten zwei Umwandlungen auf, die bei den Zusammensetzungen Pd_3Mn_2 und $PdMn$ ihre schärfste Ausprägung finden. Die Umwandlung bei 40 At.-% Mn ist dadurch von anderen unterschieden, daß sich Umkristallisation und Ordnung der Atome bei weit voneinander liegenden Temperaturen vollziehen. Bei 1175° geht das flächenzentriert kubische Gitter in das flächenzentriert tetragonale mit ebenfalls statistischer Atomverteilung über. Unter 530° tritt in diesem Gitter eine Überstrukturphase auf. Bei 50 At.-% Mn erfolgen Umkristallisation und Bildung der Überstrukturphase bei 630°. Die geordnete PdMn-Phase hat ebenfalls ein flächenzentriert tetragonales Gitter.

Von den physikalischen Eigenschaften bestimmten Grube und Mitarbeiter die elektrische Leitfähigkeit, die magnetischen Eigenschaften und die Härte.

Der mit dem Mangangehalt stark steigende spezifische Widerstand zeigte nur bei den manganärmsten Legierungen die normale Temperaturabhängigkeit, bei manganreicheren war in einem mehr oder weniger weiten Temperaturgebiet ein Widerstandsabfall bei steigender Temperatur festzustellen. Die geordnete Pd_3Mn_2-Phase ist unterhalb 350° ferromagnetisch. Die magnetische Suszeptibilität erreicht in diesem Temperaturgebiet einen ausgeprägten Spitzenwert, der mit sinkender Temperatur schärfer hervortritt.

Auch die geordnete PdMn-Phase ist schwach ferromagnetisch, die Magnetisierung erreicht allerdings nur $^1/_{50}$ bis $^1/_{10}$ der ferromagnetischen Pd_3Mn_2-Phase.

Die Härte der getemperten und normal abgekühlten Legierungen steigt mit dem Mangangehalt und erreicht bei den manganreichsten Legierungen sehr hohe Werte. Durch Abschrecken von 1100° lassen sich jedoch ziemlich weiche manganreiche Legierungen herstellen. Bis zu 25 At.-% Mn sind die Legierungen gut kalt bearbeitbar. Ab 40 At.-% Mn sind sie spröde, die manganreichen, von 1100° abgeschreckten sind wieder gut verformbar.

---

[1] Grube, G. u. Mitarbeiter: Z. Elektrochem. **42**, 805, 815 (1936); **45**, 784 (1939).

E. Die Legierungen der Platinmetalle mit den Eisenmetallen.

Platin und Palladium bilden mit den drei Eisenmetallen bei hoher Temperatur eine lückenlose Reihe von Mischkristallen, die aber, abgesehen von den durch die Modifikationsänderungen der Eisenmetalle bedingten Vorgängen, teilweise noch Umwandlungen bei tieferer Temperatur erleiden. Besonderes Interesse haben einige dieser Systeme durch ihr magnetisches Verhalten. Technische Bedeutung erlangten bisher nur einzelne Legierungen. Für die Herstellung langlebiger Verstärkerröhren findet als Glühdraht eine Legierung aus 95% Pt und 5% Ni Verwendung. Platin-Eisen-Legierungen wurden für Formstücke geringer thermischer Ausdehnung vorgeschlagen. Nach Krupp[1] eignet sich eine Platin-Eisen-Legierung mit 80% Pt als rostbeständige Magnetnadel für Schiffskompasse.

a) Platin-Eisen. Die $\alpha \rightleftarrows \gamma$-Umwandlung des Eisens wird, wie Abb.129 zeigt, durch Platin zu tieferen Temperaturen verschoben und ist durch eine starke Temperaturhysterese gekennzeichnet[2]. Bei 25 bis 26 At.-% Pt liegt die Umwandlungstemperatur schon unter 0°. Zwischen etwa 30 und 70 At.-% Pt erleidet die kubisch flächenzentrierte γ-Phase eine Umwandlung, die sich durch Abschrekken nicht unterkühlen läßt, aber

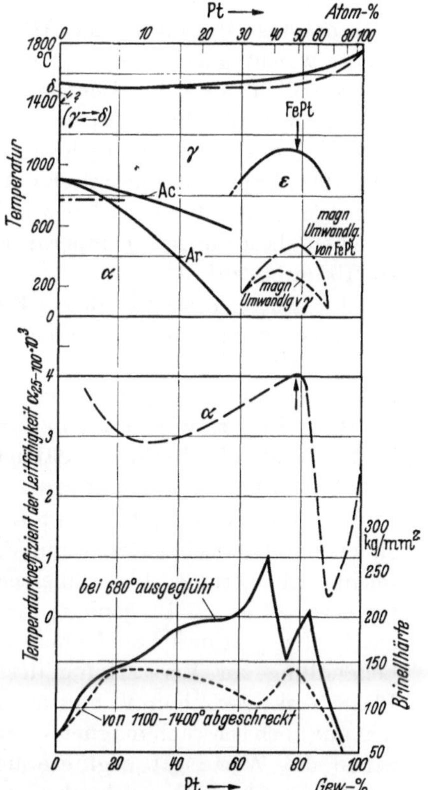

Abb. 129. Zustandsbild und Eigenschaften der Platin-Eisen-Legierungen. (Nach Graf und Kußmann und Nemilow [α und H_B].)

auch durch langdauerndes Glühen nicht vollkommen ausgebildet wird. Nach Graf und Kußmann[3] tritt sie am schärfsten bei 50 At.-% Pt hervor und weist ein kubisch raumzentriertes Gitter mit statistischer Verteilung der Atome und einer Gitterkonstante von $2{,}88 \cdot 10^{-8}$ cm auf. Eine Überstrukturphase konnten Graf und Kußmann in keinem Fall

[1] Krupp, A.: Die Legierungen. Handbuch für Praktiker, S. 359. Wien 1909.
[2] Nach M. Fallot zeigen die Umwandlungskurven bei der Abkühlung und bei der Erhitzung einen etwas anderen Verlauf als ihn Abb. 129 wiedergibt.
[3] Graf, L. u. A. Kußmann: Z. Phys. **36**, 544 (1935).

beobachten. Jellinghaus [1] fand dagegen bei Legierungen, die allerdings unter Verwendung eines Platins mit 5% Rh hergestellt waren, an Stelle der kubisch raumzentrierten Phase eine bei längerem Glühen deutlicher werdende Überstrukturphase.

Nemilow [2] beobachtete bei geglühten Legierungen einen Höchstwert des Temperaturkoeffizienten des elektrischen Widerstandes und ein ausgeprägtes Minimum der Härte bei 50 At.-% Pt (Abb. 129). Die Dichte weicht nach Graf und Kußmann von der additiven Abhängigkeit ziemlich stark in Richtung tieferer Werte ab. Bei Ausdehnungsmessungen beobachtete Kußmann einen Invareffekt, wie er von Eisen-Nickel- und Eisen-Kobalt-Chrom-Legierungen bekannt ist. Zwischen 20 und 70° nimmt die thermische Ausdehnung mit dem Platinzusatz zunächst langsam, dann rascher ab. Legierungen mit 40 bis 47% Pt weisen in einem bestimmten Temperaturgebiet einen negativen Ausdehnungskoeffizienten auf [3].

Die Curietemperatur des α-Eisens ändert sich durch Platin nicht. Das magnetische Moment steigt mit dem Platingehalt nahezu linear und erreicht nach Fallot [4] bei 12,4 At.-% Pt einen Höchstwert von 12,11 Weißschen Magnetonen. Die Lage des Maximums bei etwa 12 At.-% Pt ist, wie Graf und Kußmann hervorhoben, zufällig und kommt zustande durch die Sättigungszunahme der α-Phase und gleichzeitiges Auftreten der unmagnetischen γ-Phase.

Oberhalb etwa 26 At.-% Pt tritt im Gebiet der γ-Mischphase erneut ein ferromagnetisches Gebiet auf, das bis zu etwa 70 At.-% Pt (89 Gew.%) reicht. Ein geringer Platinüberschuß zu der unmagnetischen Legierung bei etwa 26 At.-% Pt genügt, um zu dem stärksten Ferromagnetismus, der in den platinreichen Legierungen auftritt, zu gelangen. Eine Glühbehandlung zur Verstärkung des Anteils der kubisch raumzentrierten Phase senkt zwischen 30 und 60 At.-% Pt die Sättigungsintensität. Bei den nur noch schwach magnetischen Legierungen mit mehr als 60 At.-% Pt gehen die Werte für geglühte und abgeschreckte Legierungen wieder ineinander über. Die kubisch raumzentrierte Phase weist gegenüber der flächenzentrierten, bei hoher Temperatur beständigen, geringeren Ferromagnetismus auf. Die Curietemperatur der kubisch raumzentrierten Phase liegt 100° und mehr über der der flächenzentrierten. Die höchste Sättigungsintensität im Gebiet der platinreicheren ferromagnetischen Phase liegt bei etwa 14000 CGS und einem Platingehalt von 30 At.-% nach dem Abschrecken von 1200°. Die höchste Curietemperatur von etwa 450° erreicht die kubisch raumzentrierte Legierung mit 50 At.-% Pt.

---

[1] Jellinghaus, W.: Z. techn. Phys. **17**, 33 (1936).

[2] Nemilow, W. A.: Z. anorg. allg. Chem. **204**, 49 (1931).

[3] Auwärter, M., A. Kußmann u. K. Ruthardt: DRP. angem. 40b, 4 H 151 157.

[4] Fallot, M.: Ann. Phys., Paris [11] **10**, 291 (1938).

Im Gebiet der eisenreichen ferromagnetischen Legierungen bleibt die Koerzitivkraft klein und zeigt nicht die Abhängigkeit von der Wärmebehandlung wie bei den platinreichen Legierungen. Bei 50 At.-% Pt erreicht sie nach dem Abschrecken von 1200° etwa 1800 Gauß und fällt mit steigendem oder fallendem Platingehalt rasch ab. Die Remanenz abgeschreckter Proben mit 50 At.-% Pt beträgt 3000 bis 4000 CGS. Damit erreicht diese Legierung maximale spezifische Leistungen, die die besten Dauermagnetstähle übertreffen[1]. Die Ursache für die Verbreiterung der Hystereseschleife sind nach Graf und Kußmann Gitterverzerrungen, die durch den Übergang in das kubisch raumzentrierte Gitter entstehen. Sie entspricht also einem martensitähnlichen Zwischenzustand.

b) Palladium-Eisen. Die Palladium-Eisen-Legierungen weisen bei etwa 50 At.-% Pd ein Schmelzpunktsminimum auf[2]. Die Gitterkonstante der γ-Mischkristalle weicht von der Vegardschen Additivität in positiver Richtung ab[3]. Die Löslichkeit des Palladiums in α-Eisen ist nach röntgenographischen Befunden von Hultgren und Zapffe und nach magnetischen Messungen von Fallot[4] klein. Das heterogene Gebiet $(\alpha + \gamma)$ reicht bis über 40 At.-% Pd (Abb. 130). In den γ-Mischkristallen bilden sich zwischen 800 und 700° zwei Überstrukturphasen, die mit AuCu und AuCu₃ isomorph sind. Die höchste Stabilität der beiden geordneten Phasen wurde jedoch nicht bei der theoretischen Zusammensetzung PdFe und Pd₃Fe festgestellt.

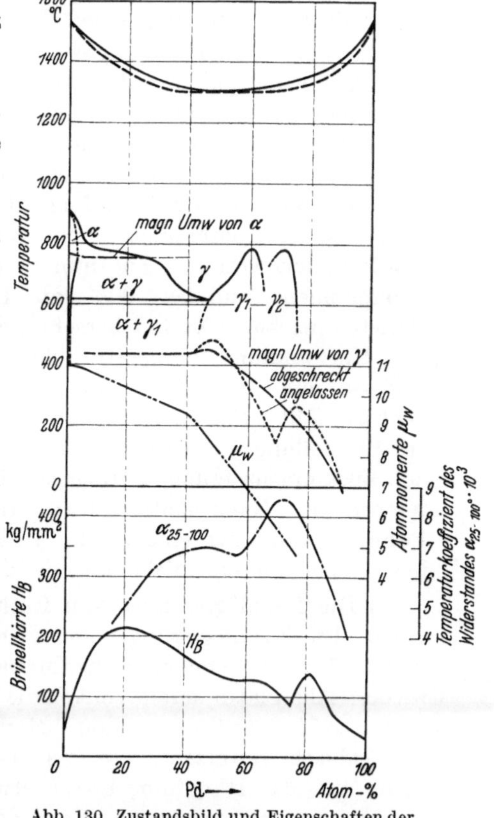

Abb. 130. Zustandsbild und Eigenschaften der Palladium-Eisen-Legierungen. (Nach Hultgren und Zapffe, Fallot und Grigorjew [H_B und α].)

[1] Ferromagnetische Eigenschaften gleicher Größenordnung beobachtete W. Jellinghaus bei einer Gußlegierung, die 50 At.-% Fe und 50 At.-% (Pt + Rh) enthielt.

[2] Grigorjew, A. T.: Z. anorg. allg. Chem. **209**, 295 (1932).

[3] Hultgren, R. u. C. A. Zapffe: Amer. Inst. min. metallurg. Engr., Inst. Met. Div. **133**, 58 (1939).

[4] Fallot, M.: Ann. Phys., Paris [11] **10**, 319 (1938).

Grigorjew bestimmte die Brinellhärte und den Temperaturkoeffizienten des elektrischen Widerstandes an gegossenen, ausgeglühten und abgeschreckten Proben (Abb. 130). Der Temperaturkoeffizient des Widerstandes durchläuft bei der Zusammensetzung Pd_3Fe ein flaches, aber deutlich ausgeprägtes Maximum, die Härte erreicht dagegen bei dieser Zusammensetzung einen Tiefstwert.

Die Palladium-Eisen-Legierungen sind mit den Platin-Eisen-Legierungen ein Beispiel für das Auftreten von Ferromagnetismus im Zustandsfeld des γ-Eisens. Im Gebiet der α-Phase sinkt das magnetische Moment mit steigendem Palladiumgehalt. Im heterogenen Zustandsfeld der $\alpha + \gamma$-Mischkristalle fällt es linear, aber rascher weiter (Abb. 130). Oberhalb 40 At.-%Pd ist infolge der großen magnetischen Härte das magnetische Atommmoment nicht genau zu bestimmen, der Verlauf in Abhängigkeit von der Zusammensetzung deutet auf ein magnetisches Atommoment Null bei 100% Pd. Im Gebiet der α-Kristalle sinkt die Curietemperatur. Nach Überschreiten der Sättigungsgrenze tritt neben der Umwandlungstemperatur des gesättigten Mischkristalls die der γ-Phase mit 40 At.-% Pd auf. Die Curietemperatur der homogenen γ-Phase fällt bei hohen Palladiumgehalten stetig. Nach dem Glühen zur Herstellung der Überstrukturphasen beobachtet man bei entsprechenden Zusammensetzungen Höchstwerte der magnetischen Umwandlungstemperatur. Nach Jellinghaus tritt auch im Zwischenzustand der PdFe-Umwandlung eine starke Erhöhung der Koerzitivkraft auf, die jedoch bei weitem nicht an die der PtFe-Umwandlung heranreicht.

c) Die Eisenlegierungen von Ruthenium, Rhodium, Osmium und Iridium. Die Eisenlegierungen der vier seltenen Platinmetalle untersuchte Fallot[1] mit Hilfe magnetischer Methoden; seine Ergebnisse gibt Abb. 131 wieder. Alle Platinmetalle senken die Temperatur der $\alpha \rightleftarrows \gamma$-Umwandlung stark, so daß teilweise schon bei verhältnismäßig niedrigen Gehalten die kubisch raumzentrierte α-Phase verschwindet. Eine Ausnahme bildet nur das Rhodium; bis zu etwa 20 At.-% Rh fällt die Umwandlungstemperatur zwar auch, steigt dann aber wieder an. Die α- und die γ-Phase können im Gleichgewichtszustand nur bei den Palladium-Eisen-Legierungen in einem bestimmten Bereich der Zusammensetzung nebeneinander auftreten. Infolge der großen Temperaturhysterese können aber bei allen Legierungen teilweise über ein Temperaturgebiet von einigen Hundert Grad hinweg α- oder γ-Mischkristalle nachgewiesen werden.

Die γ-Phase der Eisenlegierungen der vier seltenen Platinbeimetalle ist paramagnetisch. Im Gebiet der α-Phase ändern sich Curietemperatur und die Werte der mittleren Atommomente linear. Bei Zusatz von Platin zum Eisen bleibt, wie schon erwähnt, die magnetische Umwandlungstemperatur des Eisens konstant. Durch Palladium, Iridium und

---

[1] Fallot, M.: Ann. Phys., Paris [11] **10**, 29 (1938).

Rhodium fällt sie wenig, und zwar um 3°/At.-% Pd, um 4°/At.-% Ir
und um 2°/At.-% Rh. Osmium und Ruthenium senken sie stark, das
Osmium um 11°/At.-%, das Ruthenium um 16°/At.-%. Die mittleren
Atommomente der Platin-, Rhodium- und Iridium-Legierungen liegen
über denen von reinem Eisen. Ruthenium-Eisen-Legierungen weisen die

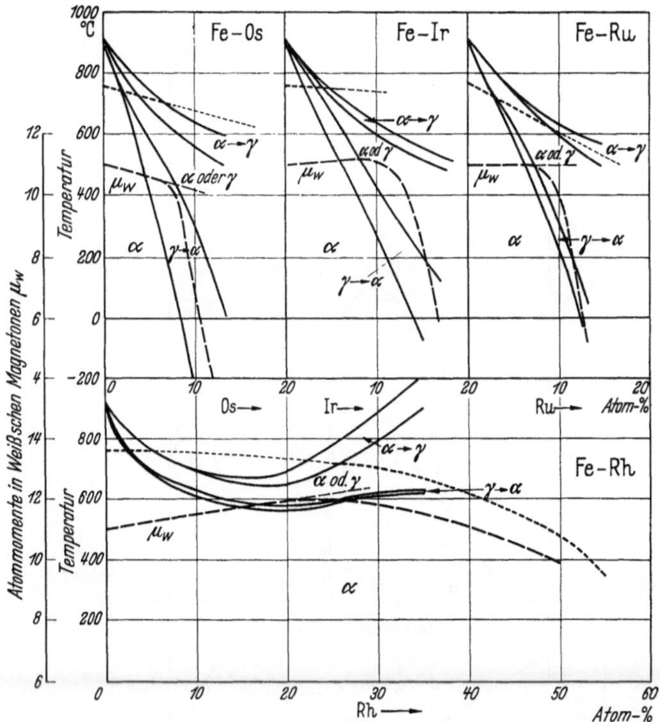

Abb. 131. $\alpha \rightleftarrows \gamma$-Umwandlung, Atommomente und magnetischer Umwandlungspunkt (· · · · · ·)
der Legierungen des Eisens mit den seltenen Platinbeimetallen. (Nach Fallot.)

gleichen Atommomente auf wie Eisen. Durch steigenden Palladiumzusatz sinkt das Atommoment wenig, durch Osmium stark.

d) Palladium-Kobalt[1]. Die lückenlose Mischkristallreihe der Pal-
ladium-Kobalt-Legierungen wird nur durch die Modifikationsänderung
des Kobalts bei den kobaltreichen Legierungen unterbrochen. Die
$\alpha \rightleftarrows \beta$-Umwandlung des Kobalts ist in den Legierungen mit starker
Temperaturhysterese verbunden, sie läßt sich auf den Temperatur-
Magnetisierungskurven nur bis zu 10% Pd beobachten. Die Curietemperatur fällt auf einer kontinuierlichen, schwach gekrümmten Kurve,
bei 90 At.-% Pd liegt sie noch bei 43°. Erst bei reinem Palladium

---

[1] Grube, G.: Angew. Chem. 48, 716 (1935). — Grube, G. u. O. Winkler:
Z. Elektrochem. 41, 52 (1935). — Grube, G. u. H. Kästner: Z. Elektrochem.
42, 156 (1936).

erreicht nach Constant[1] die magnetische Umwandlungstemperatur den
absoluten Nullpunkt. Aus dem von Grube festgestellten Verlauf der

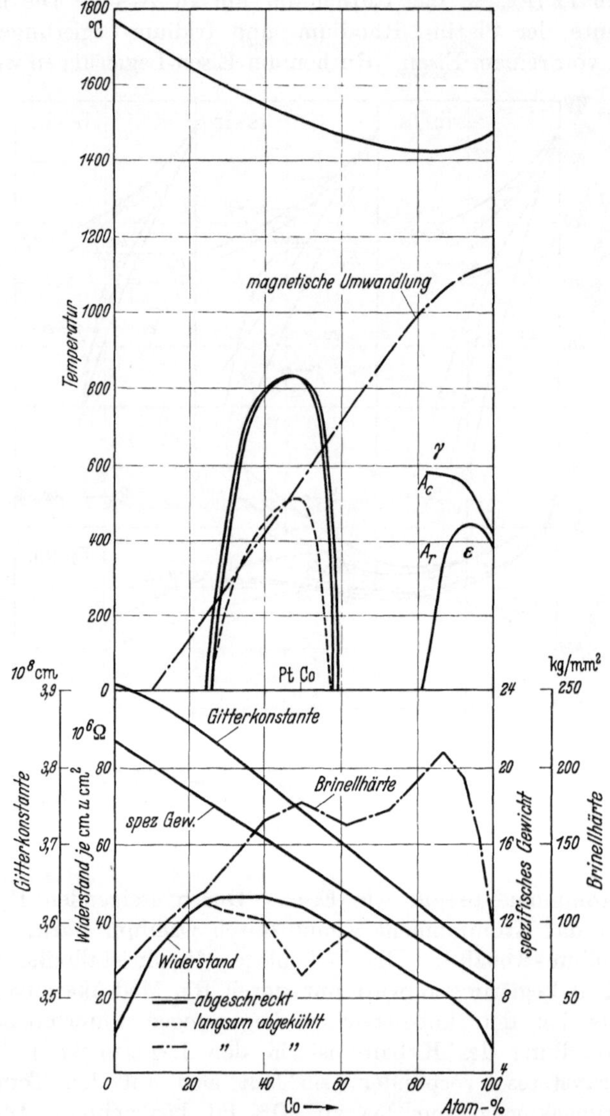

Abb. 132. Zustandsbild und Eigenschaften der Platin-Kobalt-Legierungen.
(Nach Gebhardt und Köster.)

Curietemperatur ergibt sich durch Extrapolation auch für das Palladium
noch eine über dem absoluten Nullpunkt liegende Curietemperatur.

[1] Constant, F. W.: Phys. Rev. **36**, 1654 (1930).

Hartgezogene Drähte haben nach Constant eine höhere magnetische Umwandlungstemperatur als weichgeglühte, das gleiche gilt für die Koerzitivkraft und die Remanenz.

e) Platin-Kobalt[1]. Die lückenlose Mischkristallreihe der Platin-Kobalt-Legierungen wird bei tieferen Temperaturen außer durch die γ/ε-Umwandlung des Kobalts auch durch eine Umwandlung unterbrochen, die ihre schärfste Ausprägung bei 50 At.-% Pt erreicht (Abb. 132). Die γ/ε-Umwandlung läßt sich nur bei Legierungen mit mehr als 82 At.-% Pt beobachten, ihre Temperatur steigt mit dem Platingehalt bei der Erhitzung und bei der Abkühlung unter starker Erweiterung der Hysterese an, durchläuft bei der Abkühlung jedoch einen Höchstwert. Die Temperatur der PtCo-Umwandlung hat bei 50 At.-% Pt ihren Höchstwert von 825°. Die unter der kritischen Temperatur sich bildende, schwach tetragonale Phase ist nach Leitfähigkeitsmessungen von Gebhardt und Köster zunächst ungeordnet. Erst bei tieferer Temperatur tritt innerhalb des tetragonalen Zustandsgebietes eine Überstrukturphase auf, so daß ähnlich wie im System Palladium-Mangan bei der Pd_3Mn_2-Umwandlung zwischen der Gitteränderung und der Ordnung der Atome ein großer Temperaturunterschied besteht.

Abb. 132 gibt nach Gebhardt und Köster einige physikalische Eigenschaften der Platin-Kobalt-Legierungen wieder. Die oberhalb der Umwandlungen abgeschreckten Legierungen haben die von lückenlosen Mischkristallreihen bekannte Abhängigkeit der Eigenschaften von der Zusammensetzung. Das spezifische Gewicht ändert sich additiv, die Gitterkonstante weicht von der einfachen additiven Änderung zu höheren Werten hin ab. Der elektrische Widerstand und die Härte abgeschreckter Legierungen weisen einen kontinuierlichen Verlauf mit einem Höchstwert auf. Die Platin-Kobalt-Legierungen sind nach Constant[2] noch bei sehr kleinem Kobaltgehalt ferromagnetisch. Die Curietemperatur sinkt mit steigendem Platingehalt, dürfte aber erst beim reinen Platin den absoluten Nullpunkt erreichen. Constant beobachtete bei kobaltarmen Legierungen im harten Zustand höhere Curietemperatur und Hysterese als im weichen Zustand.

Die geordnete PtCo-Phase veranlaßt das Auftreten eines starken Widerstandsabfalls. Die Widerstandsabnahme ist ebenso wie die röntgenographisch festgestellten Überstrukturlinien bei 50 At.-% Pt am schärfsten ausgeprägt. Die Härte langsam abgekühlter Legierungen durchläuft bei 50 At.-% Pt ein flaches Maximum mit 177 kg/mm². Ein zweiter, stark ausgeprägter Härtehöchstwert wird bei 88 At.-% Co als Folge der Umwandlung der kobaltreichen Mischkristalle erreicht, von

---

[1] Gebhardt, E. u. W. Köster: Z. Metallkde. **32**, 253 (1940). — Nemilow, W. A.: Z. anorg. allg. Chem. **213**, 283 (1933).

[2] Constant, F. W.: Phys. Rev. **34**, 1217 (1929); **36**, 1654 (1930).

dort aus fällt die Härte dann auf die des Kobalts. Die tetragonale PtCo-
Phase ist nach Gebhardt und Köster unmagnetisch.

Die im Gegensatz zu der Überstrukturphase leicht zu unterkühlende
Gitterumwandlung läßt sich nur sehr schwer vollkommen ausbilden,
so daß durch das Verbleiben von Resten der flächenzentrierten Phase
die Proben auch nach langer Glühbehandlung trotz starker Abnahme
der Magnetisierbarkeit gewöhnlich noch ferromagnetisch bleiben. Nach
Sadron[1] ändert sich das Atommoment der
Legierungen von 0 bis 25 At.-% Pt linear, bei
höherem Platingehalt fällt es zunächst stärker,
dann wieder langsamer. Dieses Verhalten läßt
sich durch das Auftreten der PtCo-Umwandlung erklären, die bei 26 At.-% Pt noch
deutlich nachweisbar ist.

Der Elastizitätsmodul der geordneten, tetragonalen Phase ist nach Gebhardt und
Köster bei 20° gleich 20000 kg/mm², der der
kubisch flächenzentrierten Mischkristallphase
15800 kg/mm². Die unter 440° auftretende
Überstrukturphase äußert sich nicht nur in
der Widerstandskurve, sondern sie tritt auch
in der Elastizitätsmodul-Temperaturkurve als
Knick hervor. Die unstetige Änderung des
Elastizitätsmoduls bei der kritischen Temperatur der PtCo-Umwandlung ist mit einer
Temperaturhysterese verbunden.

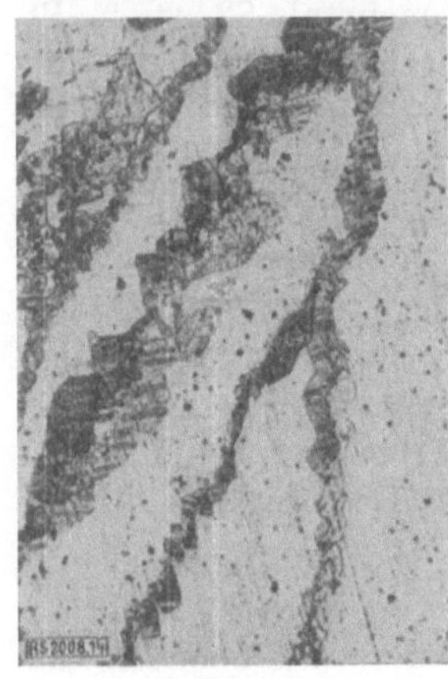

Abb. 133. Umwandlungsgefüge der
PtCo-Phase.
(Nach Gebhardt und Köster.)
Vergr. 200×.

Die Gitterumwandlung im Bereich der PtCo-Phase vollzieht sich, wie
Gebhardt und Köster zeigten, mikroskopisch heterogen im Sinne
einer einfachen allotropen Umwandlung, wie sie von Graf für die PdCu-
Umwandlung gefunden wurde und auch für die Entmischung von Gold-
Nickel- und Silber-Kupfer-Legierungen nachzuweisen war. Während der
Umwandlung läßt sich das Auftreten der Ausgangsphase neben der End-
phase röntgenographisch und mikroskopisch beobachten. Die Um-
wandlung setzt an den Korngrenzen unter Bildung gesetzmäßig orientier-
ter Kristallite ein, verbreitert sich von dort aus (Abb. 133) und greift
allmählich auf das Korninnere über. Die mikroskopisch zu verfolgenden
Gefügeänderungen sind gleich denen bei der Ausscheidung in Gold-
Nickel- oder Silber-Kupfer-Legierungen.

Abb. 134 zeigt die Eigenschaftsänderungen während der Umwandlung. Besonders hervorzuheben ist die starke magnetische Aushärtung.
Während die abgeschreckte Legierung nur eine Koerzitivkraft von
0,5 Oersted aufweist, ist nach dem Anlassen bei über 550° eine zunächst

---

[1] Sadron, C.: Ann. Phys. Paris 10, 418 (1932).

schwache, mit der Anlaßtemperatur stark ansteigende Koerzitivkraft zu beobachten. Nach dem Glühen bei 700° wird ein Höchstwert von 3750 Oersted erreicht. Mit weiterer Annäherung an den Endzustand nach höherer Anlaßtemperatur fällt die Koerzitivkraft zunächst langsam, dann steiler.

Die magnetische Sättigung sinkt beim Anlassen durch das Zunehmen des Anteils der tetragonalen Phase mit steigender Anlaßtemperatur. Die Remanenz steigt zunächst an, wobei sie von 60 auf 90% des Sättigungs-

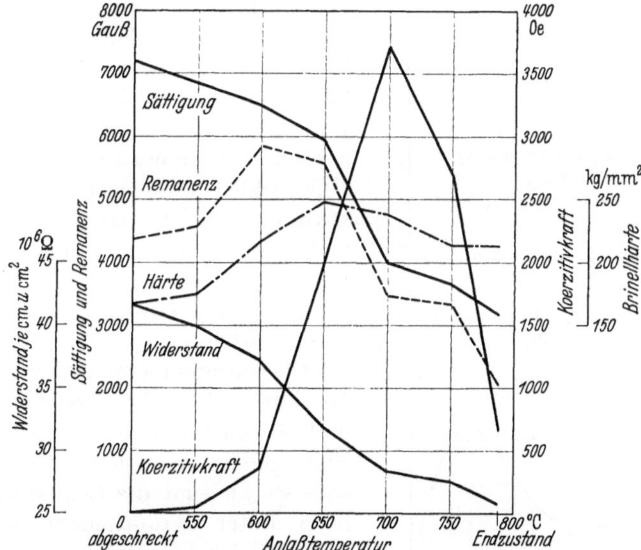

Abb. 134. Eigenschaftsänderungen einer abgeschreckten Platin-Kobalt-Legierung mit 50 At.-% Pt beim Anlassen. (Nach Gebhardt und Köster.)

wertes wächst. Bei Anlaßtemperaturen von mehr als etwa 650° fällt die Remanenz nahezu parallel der Sättigung. Das Anwachsen des Verhältnisses von Remanenz zu Sättigung führt zu einer starken Verbreiterung der Hysteresisschleife, die erst bei längerem Glühen wieder flacher wird. Jellinghaus[1] berechnete für die 3 Stunden bei 650° angelassene Legierung mit 50 At.-% Pt ein Leistungsprodukt von $12 \cdot 10^6$, wodurch, ähnlich wie bei der PtFe-Umwandlung, die besten Dauermagnetstähle bei weitem übertroffen werden.

Nach Gebhardt und Köster ist die Ursache für die mechanische und magnetische Härte bei der PtCo-Umwandlung das Auftreten starker Gitterverspannungen durch die Bildung der geordneten tetragonalen Phase aus der kubischen.

f) Platin-Nickel. Die Gitterkonstante der Platin-Nickel-Mischkristalle folgt mit großer Annäherung dem Vegardschen Gesetz, die Abweichung

---

[1] Jellinghaus, W.: Z. techn. Phys. 17, 33 (1936).

erreicht nur etwa 0,6%. Eine Umwandlung tritt bei 25 At.-% Pt auf unter Bildung einer Überstrukturphase, die durch die geregelte Einordnung der Platinatome in das Nickelgitter gekennzeichnet ist[1]. Die Härte und der elektrische Widerstand des Platins steigen durch Nickel stark an und durchlaufen bei etwa 30% Ni einen ausgesprochenen Höchstwert[2] (Abb. 135).

Die mechanischen Eigenschaften der technisch wichtigsten Legierung mit 5% Ni gibt Zahlentafel 45 nach Wise und Eash wieder. Danach erhöht das Nickel die Festigkeit des Platins stärker als Iridium. Auch bei erhöhter Temperatur bleibt dieser Unterschied bestehen (Abb. 109). Die spanlose Bearbeitbarkeit ist bei den nickel- und platinreichen Legierungen verhältnismäßig einfach, die Legierungen mit mittleren Gehalten sind dagegen spröde.

Die Curietemperatur der regellosen Mischkristalle sinkt nach Kußmann und Nitka fast linear mit steigendem Platingehalt um etwa 9°/At.-% Pt; von 68% Pt ab sind die Legierungen nur noch unter Raumtemperatur ferromagnetisch. Die PtNi₃-Überstrukturphase ruft keine Verbreiterung der Hystereseschleife hervor, die Koerzitivkraft bleibt nahezu unverändert bei 2—4 Oersted. Die Überstrukturphase weist gegenüber den regellosen Mischkristallen eine um 30 bis 40° tiefere Curietemperatur und eine geringere Sättigungsmagnetisierung auf. Außerdem ist ihr Auftreten mit einem deutlichen Abfall des elektrischen Widerstandes verbunden.

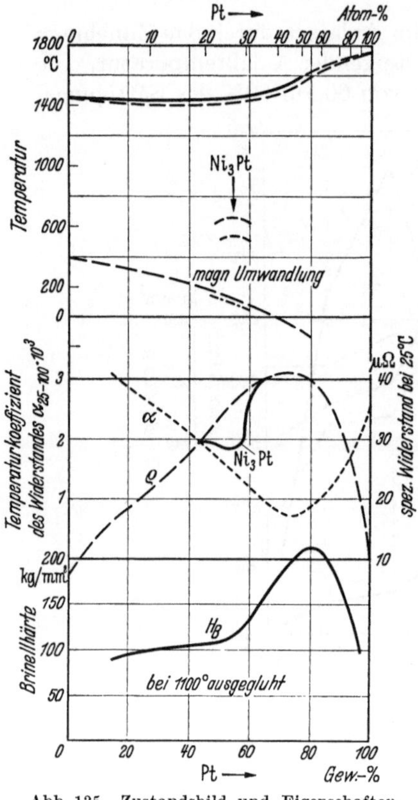

Abb. 135. Zustandsbild und Eigenschaften der Platin-Nickel-Legierungen. (Nach Kußmann und Nitka und Kurnakow und Nemilow [α, ϱ, H_B].)

ringere Sättigungsmagnetisierung auf. Außerdem ist ihr Auftreten mit einem deutlichen Abfall des elektrischen Widerstandes verbunden.

Tammann[3] beobachtete eine Einwirkungsgrenze bei 0,25 Mol Pt gegenüber Palladiumchlorür und Goldchlorid als Angriffsmittel; von Merkuronitrat, das sehr langsam reagiert, wurde diese Grenze nicht ganz erreicht, von Salpetersäure und Eisenchlorid wenig, von Salzsäure

---

[1] Kußmann, A. u. H. Nitka: Phys. Z. 39, 373 (1938). — Metallwirtsch. 17, 657 (1938).

[2] Nemilow, W. A.: Z. anorg. allg. Chem. 210, 13 (1933).

[3] Tammann, G.: Z. anorg. allg. Chem. 142, 61 (1925).

stark überschritten. Die Überschreitung der Einwirkungsgrenze durch diese Lösungsmittel führt Tammann auf unvollkommene Homogenisierung der Proben zurück. Nach 18-jähriger Einwirkung war eine Verschiebung der Resistenzgrenze von 0,24 bis 0,26 Mol Pt zu 0,26 bis 0,28 Mol Pt beim Angriff von Palladiumchlorür und Goldchlorid festzustellen.

g) Palladium-Nickel. Bei den Palladium-Nickel-Legierungen sind auch Umwandlungen oder Entmischungen im festen Zustande vermutet worden [1]. Hultgren und Zapffe [2] konnten jedoch röntgenographisch keinen Anhaltspunkt dafür finden.

Das mittlere magnetische Atommoment bleibt nach Sadron [3] bis etwa 20% Pd innerhalb der Fehlergrenzen gleich dem des Nickels,

Zahlentafel 45. Mechanische Eigenschaften der Legierung mit 95% Pt und 5% Ni.
(Nach Wise und Eash.)

Eigenschaft	Zustand	
	hart	geglüht
Proportionalitätsgrenze kg/mm² .	48,4	22,8
Zugfestigkeit kg/mm²	71,2	45,0
Dehnung %	2,0	23,5
Bruchquerschnittsabnahme . . .	84	93

erst dann fällt es mit weiter wachsendem Palladiumgehalt langsam steigernd ab. Der Temperaturkoeffizient der magnetischen Sättigung wächst zwischen 20 und 40% Pd von 7,2 auf 8,9%, bei 80% Pd erreicht er 40% [4].

Grigorjew [5] beobachtete einen kontinuierlichen Verlauf der Härtekurve, die ein Maximum von 156 kg/mm² bei 60 bis 64 At.-% Pd aufweist. Bei 70,8% Pd erleidet der Temperaturkoeffizient des elektrischen Widerstandes zwischen 60 und 80° eine Unterbrechung seines kontinuierlichen Ganges infolge des Überganges von den magnetischen zu den nichtmagnetischen Legierungen.

Nach Carter lassen sich die Legierungen bis zu 20% Ni spanlos bearbeiten.

---

[1] Hansen, M.: Der Aufbau der Zweistofflegierungen, S. 939—941. Berlin 1936.

[2] Hultgren, R. u. C. A. Zapffe: Trans. Amer. Inst. min. metallurg. Engr., Inst. Met. Div. **133**, 58 (1939).

[3] Sadron, C.: Ann. Phys., Paris [10] **17/18**, 416 (1932).

[4] Bei den Nickel-Ruthenium-Legierungen fällt hingegen mit steigendem Rutheniumgehalt das mittlere Atommoment linear mit ziemlich starker Neigung ab, bei 19,74% Ru hat es noch einen Wert von 1,26 Weißschen Magnetonen gegenüber 3 bei reinem Nickel. Der Temperaturkoeffizient der magnetischen Sättigung beginnt schon bei 5% Ru stark anzusteigen [Sadron, C.: Ann. Phys., Paris [10] **17/18**, 443 (1932)].

[5] Grigorjew, A. T.: Ann. Inst. Platine **9**, 13 (1932). Ref. Chem. Zbl. **1933 I**, 4027. — J. Inst. Met. Abstr. **1934**, 418.

F. Die Legierungen der Platinmetalle
mit drei und mehr Stoffen.

Vollständig untersuchte ternäre Zustandsbilder der Platinmetalle liegen nicht vor. Teiluntersuchungen wurden an mehreren Systemen durchgeführt. Fraenkel und Stern[1] bestimmten die Liquidusisothermen des Systems Palladium-Gold-Nickel. Glander[2] untersuchte den Verlauf der Entmischungslinie im System Palladium-Silber-Kupfer. Im übrigen beschränken sich die vorliegenden Arbeiten auf Legierungen mit begrenzter Zusammensetzung.

1. Die Legierungen auf Palladium-Silber-Grundlage.

Legierungen, die sich auf den Palladium-Silber-Legierungen aufbauen, erlangten in den letzten Jahren steigende Bedeutung für die

Abb. 136. Kontakte in Telephonrelais. (Werkphoto Heraeus.)

Zahnheilkunde, für die Herstellung von Füllhalterfedern und von Kontakten (Abb. 136). Als wichtigste dritte Komponente tritt in diesen Legierungen meistens das Kupfer auf. Die weiterhin gewöhnlich nur in geringer Menge noch vorhandenen Metalle, wie Gold, Platin, Zink und Zinn, dienen dazu, die Eigenschaften der Legierungen in bestimmter Richtung zu modifizieren.

Die technischen Legierungen enthalten im Durchschnitt 20 bis 30% Pd, In der Zahnheilkunde verwendet man für die Herstellung von Kronen kupferfreie Legierungen, die an die Stelle der sonst diesem Zweck

[1] Fraenkel, W. u. A. Stern: Z. anorg. allg. Chem. **166**, 161 (1927).
[2] Glander, F.: Metallwirtsch. **18**, 337, 357 (1939).

dienenden Goldlegierungen mit über 90% Au getreten sind. Für Platten-
und Gußlegierungen gebraucht man dagegen Zusätze von 5 bzw. 10
bis 15% Cu [1]. Diese Legierungen entsprechen in ihrer Verwendung
den Goldlegierungen mit 75 bis 83,3% Au.

a) Die ternären Palladium-Silber-Kupfer-Legierungen. Das ternäre
System Palladium-Silber-Kupfer weist sehr viel Ähnlichkeit mit dem
System Gold-Silber-Kupfer auf. Abb. 137 gibt nach Glander [2] die
Löslichkeitsisothermen zwischen 800 und 400° und die Temperaturen

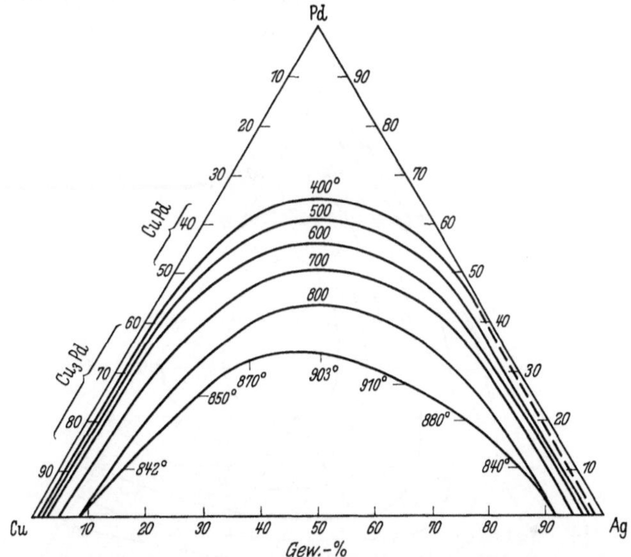

Abb. 137. Entmischungsisothermen und Temperaturen der maximalen Löslichkeit
im System Palladium-Silber-Kupfer. (Nach Glander.)

der maximalen Löslichkeit wieder. Wie bei den Gold-Silber-Kupfer-
Legierungen wird die Mischungslücke mit sinkender Temperatur rasch
breiter und reicht bis dicht an die Palladium-Kupfer- und Palladium-
Silberseite heran. Die Widerstand-Temperaturkurve der Legierungen
auf dem Eckenschnitt Ag-PdCu$_3$ läßt darauf schließen, daß bei Silbergehalten von 1—9% Entmischung und Bildung der Überstrukturphase
eintreten, daß also im Gegensatz zu den Umwandlungen im System Gold-
Kupfer das Silber die PdCu$_3$-Umwandlung nicht stört. Seemann und
Glander [3] bestimmten den Widerstandsanstieg durch Kaltverformung
an einer geordneten PdCu$_3$-Legierung, die 3,4% Silber enthielt, also
schon heterogenes Gefüge aufwies. Der spezifische Widerstand dieser

[1] Spanner, J.: Dtsch. zahnärztl. Wschr. **42**, 179 (1939).
[2] Glander, F.: Metallwirtsch. **18**, 337, 357 (1939).
[3] Seemann, H. J. u. F. Glander: Z. Metallkde. **30**, 68 (1938).

Legierung wies noch die gleiche Abhängigkeit von der Verformung auf wie die silberfreie Überstrukturphase.

Die im Entmischungsgebiet liegenden Palladium-Silber-Kupfer-Legierungen härten sehr stark aus. Wise, Crowell und Eash [1] bestimmten die Grenzzusammensetzung der vergütbaren Legierungen, die in Abb. 138 neben den Werten für die Zugfestigkeit der bei 800° geglühten Legierungen wiedergegeben ist.

Beim Glühen in oxydierender Atmosphäre zundern die Palladium-Silber-Kupfer-Legierungen viel langsamer als die Silber-Kupfer-Legierungen [2], wie Abb. 139 für zwei Legierungen mit 6 und 20% Cu zeigt.

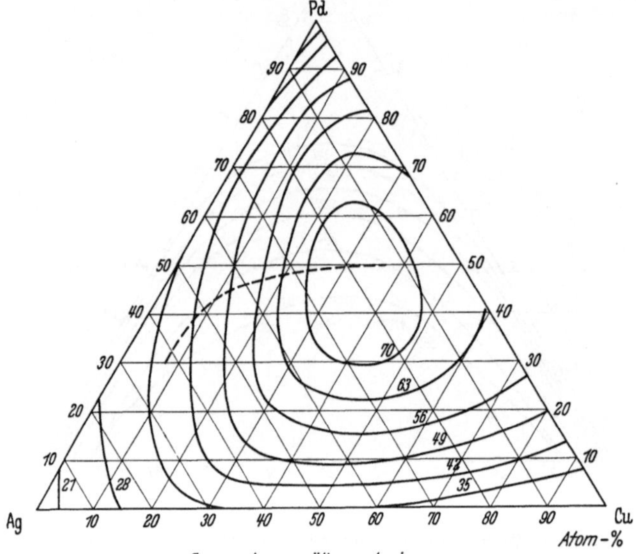

Abb. 138. Zugfestigkeit der Palladium-Silber-Kupfer-Legierungen. (Nach Wise, Crowell und Eash.)

Die Ursache der Herabsetzung der Zunderungsgeschwindigkeit ist die starke Abnahme der Sauerstoffdiffusion, die teilweise auf der Bildung dichterer Zunderschichten an der Oberfläche beruht, teilweise auf die verlangsamte Diffusion des Sauerstoffs im Palladium-Silber-Mischkristall zurückzuführen ist.

b) Mehrstofflegierungen auf Palladium-Silber-Grundlage. Spanner [3] stellte fest, daß Kupfer in den ternären Legierungen das Schmelzintervall für die meisten Bedürfnisse der Zahnheilkunde genügend stark herabsetzt. Durch Zugabe von Kadmium wird nur eine geringe weitere Senkung des Schmelzpunktes erreicht; stärker senkt ihn Zinn.

---

[1] Vgl. Fußnote 3, S. 251.
[2] Raub, E. u. M. Engel: Z. Metallkde. **30**, HV 88 (1938).
[3] Spanner, J.: Dtsch. zahnärztl. Wschr. **42**, 179 (1939).

Die Härte im Gußzustand und nach dem Aushärten wird durch Kadmium nicht deutlich beeinflußt. Größere Zusätze von Zinn setzen die Aushärtbarkeit herab.

Jedele[1] stellte fest, daß goldhaltige Palladium-Silber-Legierungen nach Zusatz von Nickel oder Kobalt aushärten. Kobalt veranlaßt bei palladiumreichen, Nickel bei silberreichen Legierungen die stärkere Aushärtung. Außerdem ergaben auch Zusätze von Zink, Zinn, Magnesium und Aluminium aushärtbare Legierungen. Sehr rasch und stark härteten zink- oder zinnhaltige Legierungen aus. Die stärkste Härtesteigerung wurde beim Altern einer Sechsstofflegierung aus Silber, Palladium, Platin, Gold, Kupfer und Zink beobachtet.

Die chemische Beständigkeit der Zahnlegierungen auf Palladium-Silber-Grundlage ist nach Grube und Nann[2] gegenüber Speichel gleich der von 20karätigem Gold. In galvanischen Elementen mit fremden Legierungen bilden diese Legierungen zumeist die Sauerstoffelektrode. Man beobachtet allerdings das Auftreten der Spannungskorrosion, die bei Legierungen für Füllhalterfedern durch die Einwirkung der Tinte schon nach kurzer Zeit zum Aufreißen führen kann. Die Neigung zur Spannungskorrosion ist vom Zustand und von der Zusammensetzung der Legierungen abhängig. Sie fällt mit steigendem Palladiumgehalt, bei goldhaltigen Legierungen auch mit wachsendem Goldgehalt.

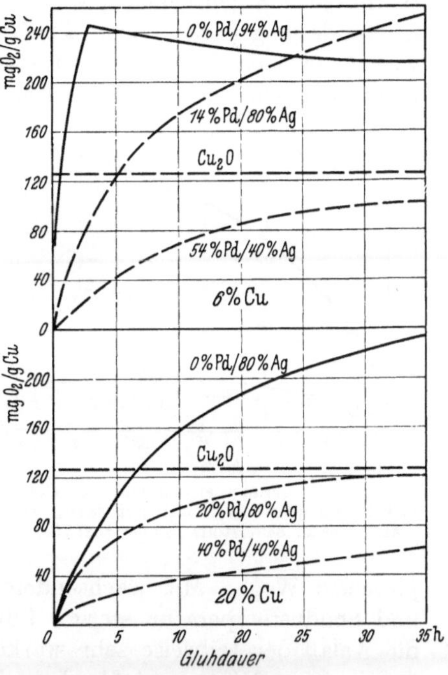

Abb. 139. Zunderung-Zeit-Kurven von Palladium-Silber-Kupfer-Legierungen. Atmosphäre: Sauerstoff, Temperatur: 750°.

2. Legierungen auf Palladium-Gold und Platin-Gold-Grundlage.

Palladium und besonders Platin haben als Zusatz zu den goldreichen Legierungen, die die Zahnheilkunde verwendet, Bedeutung erlangt. Sie dienen der Verbesserung der mechanischen Eigenschaften, insbesondere der Härte und der Federkraft. Das Gold bleibt dabei der Hauptbestandteil

---

[1] Jedele, A.: Z. Metallkde. 30, 158 (1938).
[2] Alba: Das Ergebnis einer Forschung, S. 28. Leipzig 1938.

mit gewöhnlich 40 bis 83%. Der Gesamtgehalt an Platinmetall übersteigt meistens nicht 20%. Außerdem sind Silber, Kupfer und in manchen Fällen noch geringe Mengen von Zink, Nickel und anderen Metallen vorhanden. Coleman[1] untersuchte zahlreiche von den in Amerika gebräuchlichen Legierungen auf ihre chemische Zusammensetzung und die für die Zahnheilkunde wichtigen mechanischen und thermischen Eigenschaften, wobei teilweise den Bedürfnissen der Zahnheilkunde angepaßte, neue Prüfverfahren ausgearbeitet wurden. Es wurden je nach der Zusammensetzung und Vorbehandlung sehr starke Schwankungen in den Eigenschaften der verschiedenen im Handel befindlichen Legierungen festgestellt.

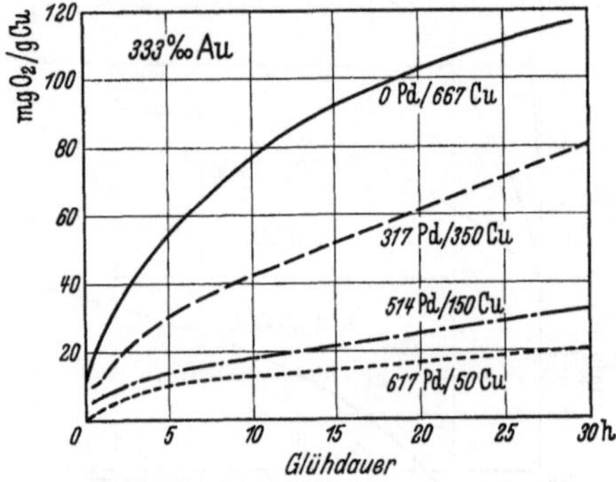

Abb. 140. Zunderung-Zeit-Kurven von Gold-Palladium-Kupfer-Legierungen mit 333⁰/₀₀ Au. Atmosphäre: Sauerstoff, Temperatur: 750°.

Die Entwicklung hat über die goldreichen Platin und Palladium enthaltenden Legierungen hinaus zu den goldarmen oder goldfreien Palladium - Silber - Legierungen geführt.

a) Die palladiumhaltigen Goldlegierungen. Wise und Eash[2] untersuchten Legierungen, die 50 At.-% Au + Pd, 20 At.-% Ag, 29 At.-% Cu und 1 At.-% Zn enthielten, auf thermoanalytischem, mikroskopischem und röntgenographischem Wege. Mit wachsendem Palladiumgehalt steigen Liquidus- und Solidustemperatur stetig. Für die Vorgänge im festen Zustand, die Anlaß der teilweise sehr starken Aushärtung sind, liefern die Ergebnisse von Wise und Eash nicht die richtige Deutung. Träger der Aushärtung ist sicher im wesentlichen die Mischungslücke im System Silber-Kupfer und nicht die AuCu-Umwandlung, die schon durch 5% Ag vollkommen unterdrückt wird. Inwieweit in palladiumreichen Legierungen die PdCu-Umwandlung eine Rolle spielt, ist noch zu klären[3].

Über Schmelzbereich, Farbe und mechanische Eigenschaften einiger Palladium-Gold-Silber-Legierungen mit 33,3% Au und weniger macht

---

[1] Coleman, R. L.: U. S. Bur. Stand. J. Res. 1, 867 (1928).

[2] Wise, E. M. u. T. J. Eash: J. Amer. Inst. min. metallurg. Engr., Inst. Met. Div. 104, 276 (1933).

[3] Seemann, H. J. u. F. Glander [Z. Metallkde. 30, 69 (1938)] bestimmten den spezifischen elektrischen Widerstand von zwei ternären Palladium-Gold-Kupfer-Legierungen, die 48% Cu, 41,55 bzw. 41,18% Au und 10,43 bzw. 10,78% Pd enthielten. Bei abgeschreckten Legierungen stieg durch Kaltverformung der Widerstand deutlich an, Anlassen bewirkte eine kräftige Widerstandsabnahme durch das Eintreten der Atomordnung, die Zerstörung derselben durch Verformung brachte wiederum den von anderen Systemen bekannten Widerstandsanstieg hervor.

Sterner-Rainer [1] nähere Angaben. Seine Versuche bestätigen die bekannte weißfärbende Kraft des Palladiums und lassen auch bei diesen niedrigen Goldgehalten eine Erhöhung des Schmelzbereichs sowie eine Verbesserung der Festigkeitseigenschaften mit wachsendem Palladiumgehalt erkennen.

Palladium setzt die Oxydationsgeschwindigkeit des Kupfers beim oxydierenden Glühen von Gold-Kupfer-Legierungen stark herab [2]. Mit steigendem Palladiumgehalt sinkt die Zunderung fast linear (Abb. 140). Im Gefüge von gezunderten palladiumhaltigen Legierungen verschwindet mit wachsendem Palladiumgehalt die innere inhomogene Zunderungszone, die bei einer Legierung mit 51,7% Pd, 33,3% Au und 15% Cu auch nach längerer Glühdauer in Sauerstoff von Atmosphärendruck schon nicht mehr festzustellen ist. Es bildet sich auf diesen Legierungen nur eine dichte homogene Zunderschicht, die sich mit der Zeit langsam verstärkt.

b) Die Legierungen auf Platin-Gold-Grundlage. Die mechanischen Eigenschaften einiger Mehrstofflegierungen des Goldes, die Platin, teilweise auch Platin und Palladium nebeneinander enthielten, bestimmte Sterner-Rainer [3]. Schäffner [4] untersuchte Schmelzintervall, Kontraktion [5] und Längenänderung bei der Wärmebehandlung und Aushärtung einer Legierung aus 75,0% Au, 12% Ag und 13% Cu, der auf Kosten des Goldes bis 12,5% Pt zugesetzt wurden.

Wise und Eash [6] prüften thermoanalytisch, mikroskopisch, röntgenographisch und dilatometrisch Legierungen, die 50 At.-% Au + +Pt, 20 At.-% Ag, 29 At.-% Cu und 1 At.-% Zn enthielten.

Das Platin steigert die Liquidustemperatur der Goldlegierungen stark, die Solidustemperatur nur wenig. Schon bei ziemlich niedrigen Platingehalten wird ein Peritektikum erreicht, bei dem eine platinreiche Phase entsteht, die nach Rückstandsanalysen von Wise und Eash die Zusammensetzung Pt_2AuCu_3 hat. Bei der peritektischen Temperatur lösen sich etwa 13,5% Pt in dem Gold-Silber-Kupfer-Mischkristall. Mit der Temperatur fällt die Sättigungsgrenze jedoch rasch, so daß bei etwa 400° die Platinlöslichkeit unmeßbar wird. Die platinreiche Phase besitzt ein höheres spezifisches Gewicht als die Schmelze. Bei langsamer Erstarrung beobachtet man daher Schwereseigerung, bei rascher

---

[1] Sterner-Rainer, L.: Dtsch. Goldschmiede-Ztg. **41**, 28 S. 1 (1938).

[2] Raub, E. u. M. Engel: Z. Metallkde. **30**, HV 87 (1938).

[3] Sterner-Rainer, L.: Edelmetallegierungen und Amalgame in der Zahnheilkunde, S. 59. Berlin 1930.

[4] Schäffner, H.: Dtsch. zahnärztl. Wschr. **34**, 1165 (1931).

[5] Leuser, J. [Metallwirtsch. **19**, 77 (1940)] bestimmte im Gußverfahren unter Anwendung einer Schleudergußapparatur die Schwindung zwischen Solidus und Raumtemperatur bei einigen Goldlegierungen mit Platin- und Palladiumzusatz, sowie einer Legierung auf Silber-Palladium-Grundlage.

[6] Wise, E. M. u. T. J. Eash: Vgl. Fußnote 2, S. 270.

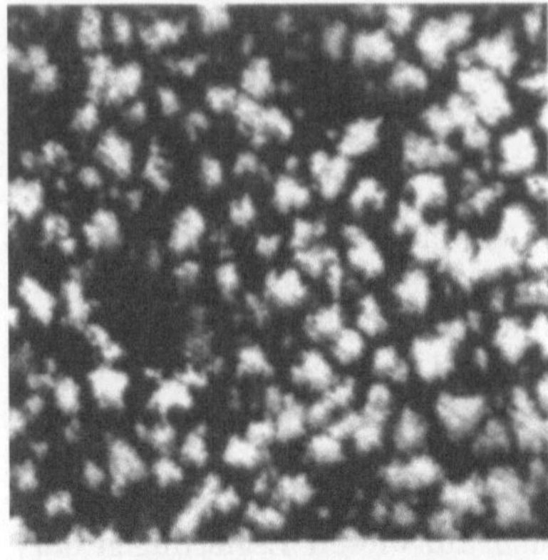

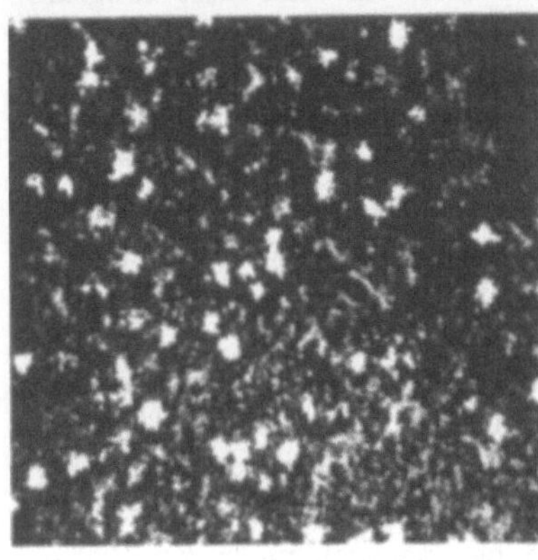

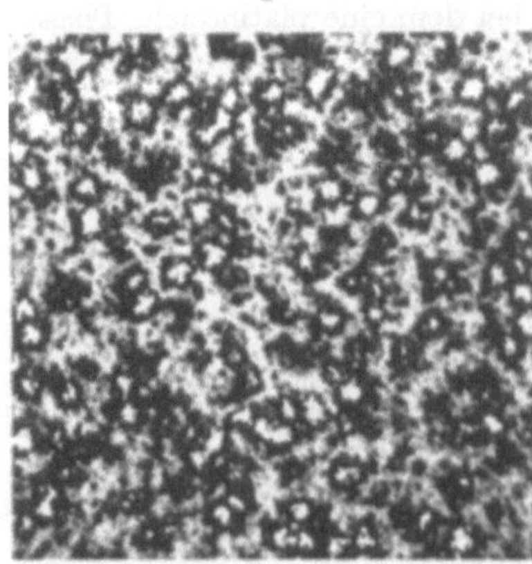

Abb. 141a—c. Gefuge eines platinreichen
Güldischbarrens. Vergr. 350×.
a oben, b Mitte, c unten.

Erstarrung dagegen umgekehrte Blockseigerung, die beim Schmelzen von platinreichem Güldisch die Herstellung einheitlich zusammengesetzter Legierungen ohne Herabsetzung der Platinkonzentration unmöglich machen kann. Abb. 141 stellt das Mikrogefüge eines kleinen platinreichen Güldischbarrens dar; die ungeätzten platinreichenPrimärkristalle sind im Gußstück sehr ungleichmäßig verteilt. Coleman bestimmte bei platinhaltigen, zylindrischen Gußblöckchen mit 12 und 13% Pt bei 10 mm Durchmesser und 20 mm Länge Unterschiede von 0,5 bis 0,6% Pt. Platin steigert die Härte und Zugfestigkeit der Goldlegierungen stärker als Palladium. Nach Schäffner steigt mit dem Platingehalt die zur Erzielung der Höchsthärte bei der Aushärtung günstigste Alterungstemperatur, der Härteanstieg nimmt dagegen ab, so daß im ausgehärteten Zustand die platinreichen Legierungen nicht härter sind als die platinfreien. Wise und Eash fanden dagegen nach der Aushärtung die gleiche Abhängigkeit der Zugfestigkeit vom Platingehalt wie vorher, wenn mit dem Platingehalt auch die Abschrecktemperatur gesteigert wurde.

Schon Palladium, in stärkerem Maße aber Platin, ruft eine deutliche Kornverfeinerung von Goldlegierungen hervor. Nach Raper und Rhodes[1] ist die Kornverfeinerung bei den vier seltenen hochschmelzenden Platinmetallen noch viel stärker, nimmt aber von Iridium nach Rhodium über Ruthenium und Osmium ab. Der günstigste Zusatz liegt

[1] Raper, A. R. u. E. C. Rhodes: Brit. dent. J. **61**, 204 (1936).

für Iridium bei 0,05%. Die zugesetzte Menge sollte 0,1% Ir nicht übersteigen, da sonst grobe Ausscheidungen auftreten, die zu Störungen Anlaß geben.

Der Zusatz von Iridium zu den Zahngoldlegierungen führt gleichzeitig zu einer Verbesserung der mechanischen Eigenschaften.

Siebenter Abschnitt.

Edelmetalle und Gase.

Silber.

a) Silber-Sauerstoff. Die Löslichkeit von Sauerstoff in flüssigem Silber ist am höchsten beim Schmelzpunkt und nimmt mit steigender Temperatur fast linear ab (Zahlentafel 46). Die Abhängigkeit vom Druck

Zahlentafel 46. Löslichkeit des Sauerstoffs in Silber.
(Nach Sieverts und Hagenacker.)

$t\,°C$	$\dfrac{cm^3\ O_2}{10\ g\ Ag}$
	$p\ O_2 = 760\ mm$
923	0,59
973	21,35
1024	20,56
1075	19,39
1125	18,49

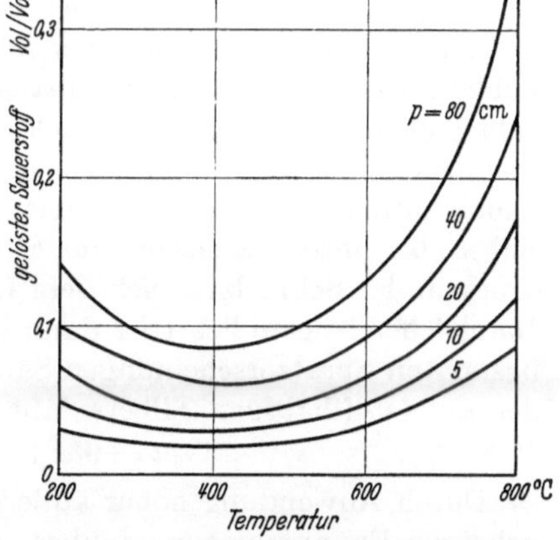

Abb. 142. Isobaren des Systems Silber-Sauerstoff. (Nach Steacie und Johnson.)

wird durch das $\sqrt{p}$-Gesetz wiedergegeben[1]. Nach Krupkowski[2] steigt die Geschwindigkeit der Sauerstoffaufnahme zwischen 992 und 1038° in Luft von 1,74 auf 1,96 mg $O_2/cm^2 \cdot min$. In Sauerstoff erreicht sie einen 4mal höheren Betrag.

Die Abhängigkeit der Sauerstofflöslichkeit in festem Silber von Temperatur und Druck gibt Abb. 142 nach Steacie und Johnson[3] wieder; auch für die Sauerstoffaufnahme im festen Zustande gilt das Sievertsche $\sqrt{p}$-Gesetz. Zwischen 200 und 400° sinkt die Sauerstoffaufnahme, steigt

[1] Sieverts, A. u. J. Hagenacker: Z. phys. Chem. **68**, 115 (1910).

[2] Krupkowski, A.: Hutnik **4**, 138 (1937).

[3] Steacie, E. W. R. u. F. M. G. Johnson: Proc. roy. Soc., Lond. [A] **112**, 341 (1926).

aber mit weiterwachsender Temperatur erst langsam, dann schneller. Unter 200° beobachtet man das Dissoziationsgleichgewicht des Silberoxyds, das sich langsam einstellt, aber von der Seite höherer und tieferer Sauerstoffdrucke zu erreichen ist. Neben der Bildung und Zersetzung von Silberoxyd tritt an fein verteiltem Silber bei diesen Temperaturen auch eine physikalische Adsorption von Sauerstoff ein[1].

Der Tiefstwert der Sauerstofflöslichkeit bei 400° läßt sich durch die Annahme erklären, daß sich bis zu dieser Temperatur die Dissoziation des Silberoxyds noch bemerkbar macht, bei höheren Temperaturen dagegen die mit steigender Temperatur zunehmende Löslichkeit des Sauerstoffs im Silber den Verlauf der Löslichkeitskurven bestimmt.

Parravano und Malquori[2] haben aus der Schmelzpunktserniedrigung des Silbers die Sauerstoffaufnahme berechnet; sie fanden allerdings so zu tief liegende Werte.

Die Diffusion des Sauerstoffs in Silber ist nach Spencer[3] schon bei 232° merklich, steigt bis zu 500° aber nur wenig. Auch Versuche von Johnson und Larose[4] ergaben bei 420° kleine Diffusionswerte, die proportional der Quadratwurzel aus Druck und Temperatur wachsen und mit der Dicke des Silbers linear fallen.

Allen[5] beobachtete bei sauerstoffhaltigem Silber ein von der Abkühlungsgeschwindigkeit unabhängiges Erstarrungsintervall. Mit zunehmendem Sauerstoffdruck sank die Liquidustemperatur, während die Solidustemperatur innerhalb der Fehlergrenzen unverändert blieb. Sauerstoffhaltiges Silber erstarrt unter primärer Kristallisation von Silber, bis unter gleichzeitigem Sinken der Temperatur der Sauerstoffdruck in der Schmelze gleich dem Gesamtdruck über der Schmelze wird. Im gleichen Augenblick tritt dann bei der weiteren Erstarrung unter den bekannten Spratzerscheinungen Sauerstoffabgabe ein. Der Schmelzpunkt des sauerstoffhaltigen Silbers läßt sich wiedergeben durch die Formel
$$t = 961,5 - 22,31 \sqrt{p}.$$
Durch Anwendung hoher äußerer Drucke bleibt die Temperatur der primären Erstarrung unverändert, dagegen sinkt die Solidustemperatur. Allen entwarf das Zustandsbild Silber-Sauerstoff für 800 bis 1000° und 0 bis 6 Atmosphären Druck. Die extrapolierte Schmelzpunkt-Druckkurve kommt mit der Dissoziation-Druckkurve des Silberoxyds bei 500° und 414 Atmosphären zum Schnitt. Durch diese Zahlen werden die Bedingungen annähernd festgelegt, unter denen Silber mit Silberoxyd im flüssigen Zustand im Gleichgewicht sein kann.

---

[1] Benton, F. A.: Trans. Faraday Soc. **28**, 215 (1932).

[2] Parravano, N. u. G. Malquori: Atti R. Accad. Lincei Roma [6] **1**, 417, 622 (1925).

[3] Spencer, L.: J. chem. Soc. **123**, 2124 (1923).

[4] Johnson, F. M. G. u. P. Larose: J. Amer. chem. Soc. **49**, 312 (1927).

[5] Allen, N. P.: J. Inst. Met. **49**, 317 (1932).

Schenck[1] wies zuerst darauf hin, daß die Auflösung des Sauerstoffs in Silber auf der Bildung von Silberoxyd (Ag_2O) beruht, das sich im flüssigen Silber löst und durch die damit verbundene Senkung der Sauerstofftension existenzfähig bleibt. Simons[2] konnte in Silber, das nach der Sättigung mit Sauerstoff in Wasser von 0° abgeschreckt worden war, 0,00313 g Ag_2O/g Ag nachweisen. Für die Adsorptionswärme von $^1/_2$ Mol O_2 fand Gerassimoff[3] 5,2 kcal. Dieser Wert weicht von der Bildungswärme des Silberoxyds nur wenig ab.

Die seit langem bekannte Aufnahme von Silber durch Oxyde in Gegenwart von Sauerstoff untersuchte Westermann[4]. Mit Zementsilber gemischte gepulverte Oxyde wiesen den höchsten Silbergehalt nach dem Erhitzen auf 1000 bis 1100° auf, bei weiter steigender Temperatur nahm die Silberaufnahme wieder rasch ab. Die maximal in die Oxyde übergegangene Silbermenge schwankte mit der Zusammensetzung des Oxyds. Für Kieselsäure war sie 0,16%, für Tonerde 0,45% und für Kaolin 40%.

Die Diffusion des Silbers in diese Oxyde tritt ebenso wie die in Glas[5] nicht in Abwesenheit von Sauerstoff ein; sie beruht daher auf einer Oxydation des Silbers, die unter Bedingungen erfolgt, unter denen das Silberoxyd normalerweise nicht bestehen kann.

Zahlreiche Beobachtungen zwingen zu dem Schluß, daß intermediäres Oxyd auch in Gasform bei hoher Temperatur auftritt.

Brinkmann[6] gelang es, geschmolzenes Silber durch gasförmigen Sauerstoff quantitativ zu Ag_2O zu oxydieren, das über die Gasphase hinweg mit den Wandungen des Reaktionsrohres verschlackte. Wartenberg[7] stellte fest, daß die Verdampfungsgeschwindigkeit des flüssigen Silbers in Sauerstoff viel größer ist als in Stickstoff und daß in dem durch Abschrecken kondensierten Dampf Silberoxyd nachweisbar ist. Walmsley[8] schließt auf die Reaktion des Silbers mit Sauerstoff unter Bildung von gasförmigem Silberoxyd aus der Konstitution von niedergeschlagenem Silberrauch, der durch einen Lichtbogen zwischen Silberelektroden hergestellt worden war. Eingehendere Versuche über die Flüchtigkeit des geschmolzenen Silbers in verschiedenen Atmosphären und über den besonderen Einfluß des Sauerstoffs stellte Lange[9] an.

Aber auch bei relativ tiefen Temperaturen läßt sich die Bildung von gasförmigem, intermediärem Silberoxyd aus festem Silber und Sauer-

---

[1] Schenck, R.: Physikalische Chemie der Metalle, S. 91 u. 116. Halle 1909.

[2] Simons, J. H.: J. phys. Chem. **36**, 652 (1932).

[3] Gerassimoff, A.: Z. Elektrochem. **44**, 709 (1938).

[4] Westermann, I.: Z. anorg. allg. Chem. **206**, 97 (1932).

[5] Kubaschewski, O.: Z. Elektrochem. **42**, 5 (1936).

[6] Brinkmann, G.: Diss. Münster 1928.

[7] Wartenberg, H. v.: Z. Elektrochem. **19**, 489 (1913).

[8] Walmsley, H. P.: Phil. Mag. **7**, 1097 (1929).

[9] Lange, G.: Diss. Breslau 1935.

stoff beobachten. Schon bei 600° nimmt das Gewicht von Feinsilber-
blechen in Luft deutlich ab[1]. In Wasserstoff ist die Flüchtigkeit erst
bei 750° gerade meßbar, in Sauerstoff ist sie bei dieser Temperatur
sehr stark und wird als Anätzung auf der Oberfläche von Blechen sichtbar
(Abb. 143 und 144).

Nach Wartenberg[2] läßt sich die Bildung von Silberoxyd bei
hohen Temperaturen so erklären, daß das Oxyd aus dem Sauerstoffatom
und Silber gebildet wird. Mit dem Sauerstoffmolekül reagiert Silber
nur schwach exotherm, gegenüber dem Sauerstoffatom ist es aber unedel

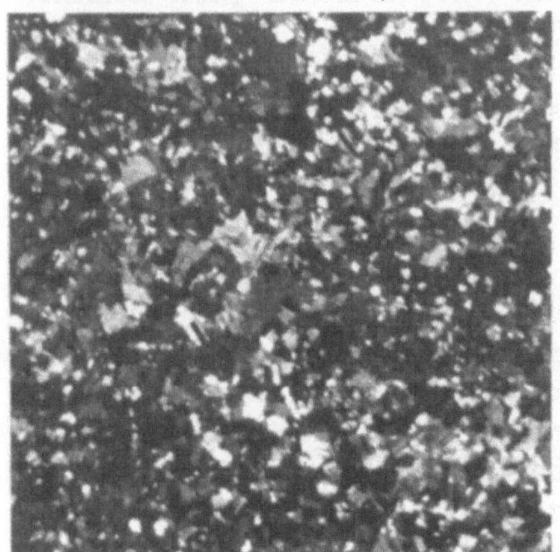 

Abb. 143. Vergr. 6×.   Abb. 144. Vergr. 280×.

Abb. 143 und 144. Durch Glühen in Sauerstoff bei 750° geätztes Silber.

und reagiert unter Bildung von Silberoxyd stark exotherm mit einer
Bildungswärme von 70,8 kcal/Mol.

Die Reaktion des Silbers mit Sauerstoff bei hoher Temperatur ist
in mehrfacher Hinsicht von technischer Bedeutung. Für die Silbergewinnung und für die dokimastische Silberprobe ist das Verhalten zu
Bleioxyd in Gegenwart von Sauerstoff wichtig. Kohlmeyer[3] stellte
eine Silberaufnahme von 6% durch geschmolzene Bleiglätte fest, wobei
sich der Schmelzpunkt der Bleiglätte um 45° erniedrigte.

Die Aufnahme des Silbers durch Kupferoxydul ist nachteilig für
das Abtreibschmelzen der Abfälle von Silber-Kupfer-Legierungen, das
in der Silberwarenindustrie nicht selten gebraucht wird[4]. Durch das
beim Abtreiben angewendete salpeterhaltige Flußmittel werden mit dem
entstehenden Kupferoxydul nicht unbedeutende Mengen Silber in die

[1] Leroux, J. A. A. u. E. Raub: Z. anorg. allg. Chem. 188, 205 (1930).
[2] Wartenberg, H. v.: Z. Elektrochem. 42, 841 (1936).
[3] Kohlmeyer, E. J.: Chemiker-Ztg. 1912, 1079.
[4] Raub, E.: Mitt. Forsch.-Inst. Edelmet. 7, 4 (1933).

Schlacke überführt. Die Silberverschlackung ist hierbei allerdings vorwiegend auf die Löslichkeit des metallischen Silbers in der Kupferoxydulschmelze zurückzuführen, die bei 1200° über 10% erreicht[1].

Das Silber bleibt bei der Abkühlung zum größten Teil als Tropfen in der Schlackenschmelze und friert bei der Erstarrung ein. In gleicher Weise nimmt auch das Silber leicht viel Kupferoxydul auf (Abb. 145).

Wird der Schmelze mit dem Salpeter gleichzeitig so viel Flußmittel[2] zugegeben, daß das Kupferoxydul davon vollkommen gelöst wird, so unterbleibt die atomare Auflösung von Silber in der Schlacke. Dagegen ist auch unter diesen Umständen noch der Übergang von oxydiertem Silber in den Fluß festzustellen.

Zur Verhinderung der Porenbildung beim Gießen von Feinsilber durch Entbindung von Sauerstoff, der beim Schmelzen aufgenommen wurde, gibt man

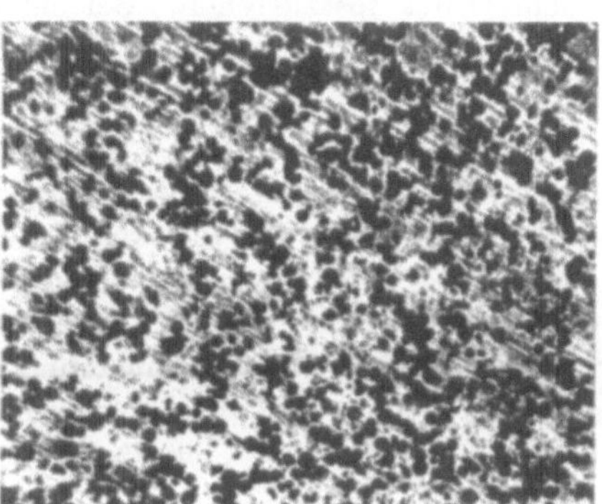

Abb. 145. Oxydierend geschmolzene Silber-Kupfer-Legierung. Vergr. 120×.

dem Silber als Desoxydationsmittel Kupfer, Kadmium oder Zink zu. Soll aber jede Verunreinigung des Silbers vermieden werden, so ist, abgesehen davon, daß während des Schmelzens der Sauerstoffzutritt weitestgehend verhindert wird, die Erstarrung in der Gießform so zu leiten, daß frei werdender Sauerstoff sich im verlorenen Kopf ansammeln kann.

Bei liegendem Blockguß läßt sich das Spratzen am einfachsten dadurch verhindern, daß die Oberfläche durch Bestreichen mit einer Gasflamme möglichst lange flüssig gehalten wird.

In Silber-Gold-Legierungen sinkt die Sauerstofflöslichkeit mit wachsendem Goldgehalt stark, wie Sieverts und Krumbhaar[3] für geschmolzene (Zahlentafel 47) und Toole und Johnson[4] für feste Legierungen zeigten. Die Löslichkeitskurven fester Legierungen verlaufen

Zahlentafel 47. Sauerstofflöslichkeit in Silber-Gold-Legierungen bei 1123°. (Nach Sieverts und Krumbhaar.)

g Au/100 g Ag	g O$_2$ gelöst in 100 g Ag
0,00	0,263
5,8	0,222
11,1	0,161
25,0	0,132
66,7	0,061
122,2	0,023

---

[1] Leroux, J. A. A. u. K. W. Fröhlich: Z. Metallkde. **23**, 250 (1931).

[2] Ein beim Schmelzen von Silberabfällen viel gebrauchtes Flußmittel besteht aus 60% Soda-Pottasche und 40% Borax.

[3] Sieverts, A. u. W. Krumbhaar: Ber. dtsch. chem. Ges. **43**, 898 (1910).

[4] Toole, F. J. u. F. M. G. Johnson: J. phys. Chem. **37**, 331 (1933).

uneinheitlich und hängen von der Zusammensetzung, vom Druck und von der Temperatur ab. Oberhalb 700 bis 750° steigt die Löslichkeit mit der Temperatur regelmäßig an und gehorcht dem $\sqrt{p}$-Gesetz. Bei tieferen Temperaturen treten Störungen durch Adsorptionserscheinungen an der Oberfläche auf. Die vom Silber bekannte Abnahme der Sauerstoffaufnahme zwischen 200 und 400° ist nur noch bis zu 10% Au bei hohem Druck festzustellen. Bei einem Sauerstoffdruck von nur 10 cm ist sie schon bei Legierungen mit 5% Au nicht mehr zu beobachten, dagegen tritt bei 700 bis 750° ein Löslichkeitsminimum auf.

b) Silber-Wasserstoff. Die Löslichkeit des Wasserstoffs in Silber ist gering. Zwischen 600 und 900° bestimmten Steacie und Johnson[1] bei 800 mm Druck die in Zahlentafel 48 wiedergegebenen Werte. Für die Druckabhängigkeit der Wasserstofflöslichkeit gilt ebenfalls das Sievertsche $\sqrt{p}$-Gesetz. Eine merkliche Beeinflussung der Schmelztemperatur des Silbers durch gelösten Wasserstoff ist nicht zu beobachten.

Owen und Jones[2] konnten zwischen 15 und 140° keine Änderung der Gitterkonstante des Silbers durch Wasserstoff bei 760 mm Druck feststellen.

Die Diffusion von Wasserstoff durch Silber ist nach Berthelot[3] bei Rotglut merklich. Sieverts[4] fand bis zu 640° keine deutliche Diffusion. Steacie und Johnson schlossen aus ihren Löslichkeitsmessungen auf eine viel langsamere Diffusion als bei Sauerstoff.

Zahlentafel 48. Löslichkeit von Wasserstoff in Silber bei 800 mm Druck. (Nach Steacie und Johnson.)

Temperatur ° C	Gelöster Wasserstoff ccm H_2/ccm Ag
600	0,019
700	0,025
800	0,036
900	0,046

c) Silber-Stickstoff und -oxydische Gase. Nach Steacie und Johnson löst sich Stickstoff zwischen 20 und 800° nicht in Silber. Sieverts und Krumbhaar[5] fanden auch bei flüssigem Silber bis zu 1300° keine merkliche Stickstoffaufnahme.

Die oxydischen Gase, Kohlendioxyd, Kohlenoxyd und Schwefeldioxyd werden von flüssigem und festem Silber nicht gelöst.

Gold.

a) Gold-Sauerstoff. Das flüssige Gold nimmt nach Untersuchungen von Sieverts und Krumbhaar[6] meßbare Mengen Sauerstoff nicht auf.

---

[1] Steacie, E. W. R. u. F. M. G. Johnson: Proc. roy. Soc., Lond. [A] **117**, 662 (1928).

[2] Owen, E. A. u. J. I. Jones: Proc. phys. Soc., Lond. **49**, 590 (1937).

[3] Berthelot: Ann. chim. Phys. [7] **22**, 307 (1901).

[4] Sieverts, A.: Z. phys. Chem. **60**, 129 (1907).

[5] Sieverts, A. u. W. Krumbhaar: Ber. dtsch. chem. Ges. **43**, 894 (1910).

[6] Sieverts, A. u. W. Krumbhaar: Ber. dtsch. chem Ges. **43**, 893 (1910).

Toole und Johnson[1] erhielten zwischen 300 und 900° an festem Gold schlecht wiederholbare Ergebnisse; die wahrscheinlich vorhandene geringe Löslichkeit blieb bei 900° und 70 cm Druck noch innerhalb der Fehlergrenzen.

b) Gold-Wasserstoff. Wasserstoff wird nach Sieverts und Krumbhaar weder von festem noch von flüssigem Gold gelöst.

Festes Goldhydrid entsteht wie Silberhydrid durch längere Einwirkung von atomarem Wasserstoff auf reinste, durch Schmirgeln leicht aufgerauhte Goldfolie. Es hat eine weißliche Farbe und gibt chemische Reaktionen, die das Vorhandensein von Goldionen erkennen lassen. Die Beständigkeit des Hydrids ist gering.

c) Gold-Stickstoff. Stickstoff wird nach Toole und Johnson zwischen 200 und 900° und nach Sieverts und Krumbhaar bis zu 1300° von Gold nicht gelöst.

Platinmetalle und Gase.

1. Sauerstoff.

Alle Platinmetalle nehmen im geschmolzenen Zustand ähnlich wie Silber viel Sauerstoff auf, der beim Erstarren unter Spratzen abgegeben wird. Quantitative Messungen der Sauerstofflöslichkeit in flüssigen Platinmetallen fehlen infolge der Schwierigkeiten der Messungen bei den erforderlichen hohen Temperaturen.

Die festen Platinmetalle lösen Sauerstoff nicht oder nur sehr wenig[2]. Nach Wise und Eash[3] ist an Palladium, das zuerst in Sauerstoff und dann in Wasserstoff geglüht wurde, in geringem Maße Wasserstoffkrankheit zu beobachten, die auf eine gewisse Löslichkeit des Sauerstoffs deutet; bei Platin tritt nach gleicher Behandlung keine Wasserstoffkrankheit ein. Die bei kompakten, festen Platinmetallen festgestellte Sauerstoffaufnahme beruht in der Hauptsache nicht auf einfacher Auflösung oder physikalischer Adsorption, sondern ist auf eine chemische Umsetzung unter Bildung von Oxyd zurückzuführen. Reischauer[4] beobachtete an blankem Platinblech eine sich in zwei Stufen zwischen 120 und 250° sowie 400 und 800° mit verschiedener Aktivierungswärme vollziehende aktivierte Adsorption.

2. Wasserstoff und schwerer Wasserstoff.

a) Palladium-Wasserstoff und -schwerer Wasserstoff. Die Platinmetalle weisen starke Unterschiede in ihrem Verhalten gegenüber Wasserstoff auf.

[1] Toole, F. J. u. F. M. G. Johnson: J. phys. Chem. **37**, 331 (1933).

[2] Vgl. z. B. für Platin A. Sieverts: Z. phys. Chem. **60**, 129 (1907).

[3] Wise, E. M. u. T. J. Eash: Amer. Inst. min. metallurg., Tech. Pap. **1938**, Nr 899.

[4] Reischauer, H.: Z. phys. Chem., Abt. B **26**, 399 (1934).

Besonderem Interesse begegnete das System Palladium-Wasserstoff, das
Merkmale zeigt, die man lange Zeit als kennzeichnend für dieses Metall
ansah, die heute aber auch von anderen Metallen bekannt sind. Bei tiefen
Temperaturen löst sich viel Wasserstoff, mit steigender Temperatur fällt

Zahlentafel 49. Löslichkeit von Wasserstoff und Deuterium in Palladium
bei 760 mm Hg. (Nach Sieverts und Zapf.)

$t°$ C	L_D	L_H	L_D/L_H	
300	110	164	0,67	
400	93,8	126	0,74	$L_D =$ ccm D_2 je 100 g Pd
600	75,8	92,7	0,82	$L_H =$ ccm H_2 je 100 g Pd
800	72,9	84,0	0,87	
1000	71,5	78,5	0,91	

die Löslichkeit zunächst rasch, dann langsam. Beim Übergang in den
flüssigen Zustand tritt eine weitere sprunghafte Abnahme ein. Nach
Sieverts werden bei 20° bis zu 800 Vol. H_2/Vol. Pd gelöst, bei 140°
lösen sich nur noch 56 und bei 1400° noch 8 Vol. H_2/Vol. Pd. Die Wasserstoffaufnahme bei Zimmertemperatur
ist vom Verteilungsgrad des Palladiums
unabhängig.

Deuterium besitzt zwischen 300 und
1000° eine geringere Löslichkeit (vgl.
Zahlentafel 49) als Wasserstoff, mit
steigender Temperatur sinkt die Deu-
terium-Löslichkeit aber langsamer, so
daß sich das Löslichkeitsverhältnis
$L_D:L_H$ schließlich dem Wert 1 nähert[1].

Die Isothermen der Wasserstofflöslichkeit bestehen nach Hoitsema[2]
unter 200° aus 3 Ästen (Abb. 146). Der
mittlere nahezu horizontale Ast zeigt
das gleichzeitige Auftreten von zwei
waserstoffhaltigen Phasen an. Der erste
ansteigende Ast entspricht dem Zustandsfeld der wasserstoffarmen Phase.

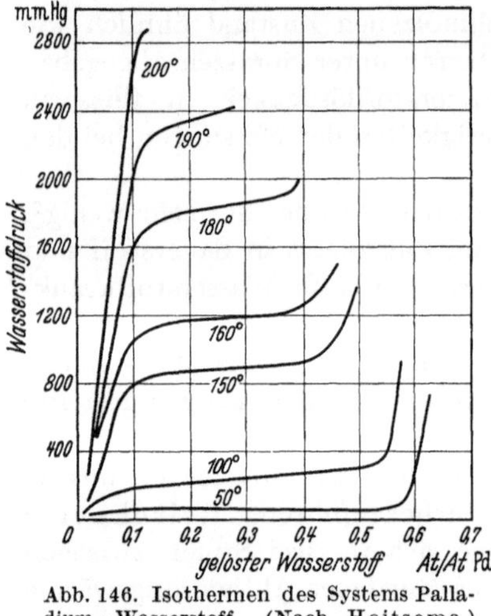

Abb. 146. Isothermen des Systems Palladium - Wasserstoff. (Nach Hoitsema.)

Der dem Horizontalverlauf folgende dritte, ebenfalls steil steigende Ast
ist dem Zustandsfeld des wasserstoffreichen Mischkristalls zuzuschreiben.
Das Bestehen von zwei wasserstoffhaltigen Phasen wurde auch röntgenographisch bestätigt[3]. Es sind zwei kubisch flächenzentrierte Gitter

[1] Sieverts, A. u. G. Zapf: Z. phys. Chem., Abt. A **174**, 364 (1935).

[2] Hoitsema, C.: Z. phys. Chem. **17**, 1 (1895).

[3] Krüger, F. u. Mitarbeiter: Ann. Phys., Lpz. [4] **78**, 72 (1925); [5] **16**, 174
(1933). — Smith, D. P. u. G. J. Derge: J. Amer. chem. Soc. **56**, 2513 (1934). —
Owen, E. A. u. J. I. Jones: Proc. phys. Soc., Lond. **49**, 103 (1937).

nachzuweisen. Die Gitterkonstante der wasserstoffarmen α-Phase steigt von der des reinen Palladiums mit zunehmendem Wasserstoffgehalt linear, die der wasserstoffreichen β-Phase liegt bei etwa $4 \cdot 10^{-8}$ cm und steigt mit dem Wasserstoffgehalt ebenfalls linear.

Die Sättigungskonzentration der α-Mischphase liegt nach Moore[1] bei 30 Vol. H_2/Vol. Pd. Bis zu etwa 1023 Vol. H_2/Vol. Pd reicht bei Raumtemperatur das heterogene Zustandsfeld. Die homogene β-Phase tritt zwischen 1023 und 1300 Vol. H_2/Vol. Pd auf. Darüber hinaus

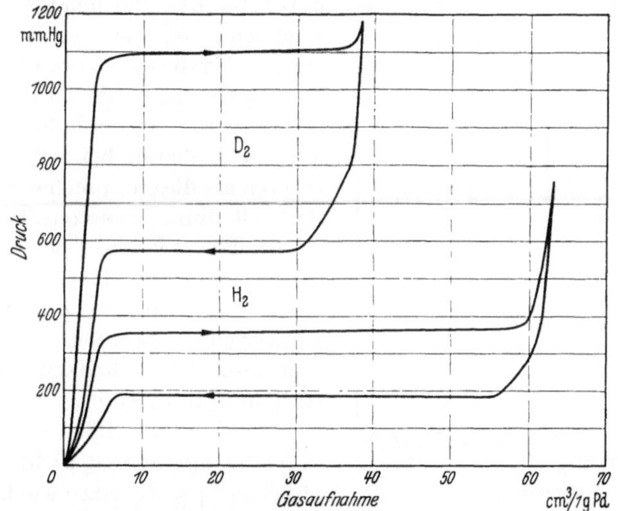

Abb. 147. Isothermen der Systeme Palladium-Wasserstoff und Palladium-Deuterium bei 100° C. (Nach Sieverts und Zapf.)

können durch kathodische Beladung von Palladium noch größere Mengen Wasserstoff aufgenommen werden. Als maximale Gesamtaufnahme stellte Moore 2800 Vol. H_2/Vol. Pd fest.

Die Grenzkonzentration der β-Phase bei 1300 Vol. H_2/Vol. Pd ist gleichzeitig die Grenze des vom Palladium atomar gelösten, gleichmäßig im Gitter verteilten Wasserstoffs. Die weitere Wasserstoffaufnahme wird durch einen Übersättigungszustand erreicht, in dem der Wasserstoff als Ion an Lockerstellen im Palladiumgitter in starker Anreicherung eingelagert ist. Diese Lockerstellen im Gitter, an denen die bis zu 1500 Vol. H_2/Vol. Pd reichende Einlagerung von Wasserstoffionen eintreten kann, sind wahrscheinlich die Gleitebenen, die auch eine um ein Vielfaches höhere Diffusion des Wasserstoffions ermöglichen als die übrigen Teile des Gitters. Die Übersättigung geht mit dem Aufhören des Wasserstoffsdrucks unter Rückentwicklung von Wasserstoff wieder verloren. Sie hängt von der Vorbehandlung des Palladiums ab und kann neben

[1] Moore, G. A.: Trans. electrochem. Soc. 75, 237 (1939).

der Auflösung hergehen, schon lange bevor die Grenzkonzentration der
β-Phase erreicht ist. Die erstmalige Übersättigung einer Palladiumprobe
erfordert höhere kathodische Stromdichten als eine wiederholte. Die durch
eine einmalige Übersättigung erreichte Aktivierung des Palladiums für
die Einlagerung von Wasserstoffionen hält auch nach Jahren noch an[1].

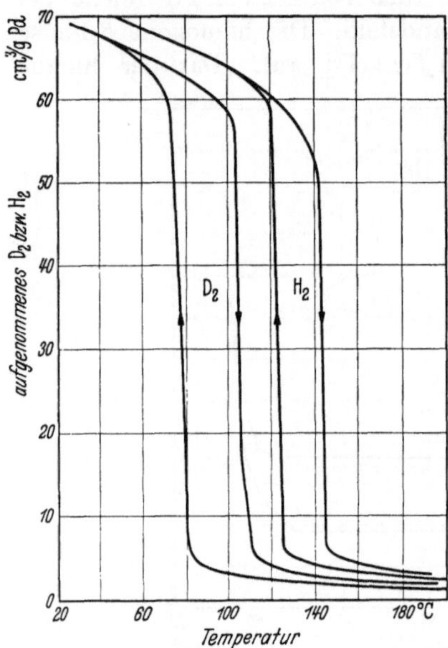

Abb. 148. Isobaren der Systeme Palladium-
Wasserstoff und Palladium-Deuterium bei
740 mm Druck. (Nach Sieverts und Zapf.)

Die Isothermen und Isobaren der
Systeme Palladium-Wasserstoff und
Palladium-Deuterium haben auch
unter 200° den gleichen Verlauf. Kennzeichnend ist das Auftreten einer
starken Hysterese (Abb. 147 und 148).
Die Isothermen für Palladium-Deuterium verlaufen bei höheren Drucken
und die Isobaren bei tieferen Temperaturen als die entsprechenden Kurven
für Palladium-Wasserstoff.

In dem zwischen den Isothermen
liegenden Druckgebiet und dem zwischen den Isobaren liegenden Temperaturgebiet bestehen große Unterschiede in der Löslichkeit von Wasserstoff und Deuterium.

Die Wasserstofflöslichkeit wird bei
tiefen Temperaturen nicht durch das
einfache $\sqrt{p}$-Gesetz wiedergegeben.
Bis 140° gilt bei niedrigen Drucken
die Formel:

$$m = k_1 \cdot \sqrt{p} + k_2\, p. \qquad [2,3]$$

Wegen der Ähnlichkeit des Verlaufs der Isothermen mit Dampfdruck-
kurven setzte Lacher[4] die Wasserstoffaufnahme durch das Palladium
in Analogie zu dem Zustandsbild stark komprimierter Gase und ihrer
kritischen Zustände.

Die Wasserstoffaufnahme hängt von der Vorbehandlung des Palladiums ab, unter Umständen auch von der Art, in der der Wasserstoff
dem Metall zugeführt wird[5]. Durch Belüftung vor der Begasung nimmt
die Geschwindigkeit der Wasserstoffaufnahme stark ab. Diese Herabsetzung wird von Tammann und Schneider auf eine teilweise
Verstopfung der Maschen der Gitternetzebenen durch Wasser zurückgeführt.

<hr>

[1] Moore, G. A.: Vgl. Fußnote 1, S. 281.
[2] Sieverts, A.: Z. phys. Chem. 88, 103, 451 (1914).
[3] k_1 und k_2 sind temperaturabhängige Konstanten, k_2 ist gegenüber k_1 klein.
[4] Lacher, J. R.: Proc. roy. Soc., Lond. [A] 161, 525 (1937).
[5] Tammann, G. u. A. Schneider: Z. anorg. allg. Chem. 172, 43 (1928).

Durch Wasserstoffaufnahme steigt das Volumen des Palladiums. Nach Fischer[1] ist die Längenzunahme von Drähten proportional der Gasaufnahme. Koch[2] beobachtete bei 5 verschiedenen Drähten nach maximaler Beladung mit Wasserstoff eine Zunahme der Länge von 1,7 bis 8% und des Querschnitts von 1,2 bis 7%. Durch Aufhebung der Übersättigung tritt ein starker sprunghafter Volumenabfall ein, dem ein langsamer Wiederanstieg auf das dem noch gelösten Wasserstoff entsprechende Volumen folgt. Derartige Überschreitungen der Volumenänderungen sind bei der Beladung mit Wasserstoff nicht festzustellen.

Der elektrische Widerstand des Palladiums erreicht bei 0,66 At. D/At. Pd das 1,92fache des Widerstandes von gasfreiem Palladium. Durch Wasserstoff wächst der Widerstand nur auf das 1,69fache bei einer Wasserstoffkonzentration von 0,79 At. H/At. Pd. Während die Widerstands - Konzentrationskurve der im heterogenen Zustandsfeld liegenden Palladium - Wasserstoff-Legierungen geradlinig verläuft[3], ist die der Palladium-Deuterium-Legierungen gegen die Konzentrationsachse konvex gebogen (Abb. 149).

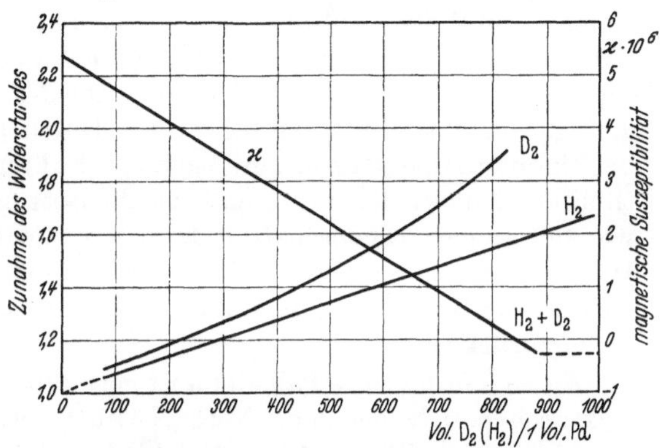

Abb. 149. Einfluß von Wasserstoff und Deuterium auf den elektrischen Widerstand und die magnetische Suszeptibilität des Palladiums. (Nach Sieverts und Danz.)

Mit der Temperatur steigt der Widerstand von mit Wasserstoff gesättigtem Palladium bis zu etwa 190° an. Infolge der starken Wasserstoffabgabe erleidet er jedoch bei dieser Temperatur einen diskontinuierlichen Abfall, um bei weiterem Temperaturanstieg dann wieder wie bei reinem Palladium zu wachsen.

Die Übersättigung mit Wasserstoff oder Deuterium bei kathodischer Beladung bewirkt eine anfangs rasche, sich allmählich verzögernde und einem Grenzwert zustrebende Widerstandsabnahme, die bei Wasserstoff viel höhere Werte erreicht und bis zu höherer Stromdichte anhält als bei Deuterium[4]. Durch Aufhebung der Übersättigung tritt ein dem Volumenabfall ähnlicher Widerstandsanstieg auf, der ebenfalls über den endgültigen Widerstandswert zunächst hinausspringt.

[1] Fischer, E.: Diss. Gießen 1906.

[2] Koch, R.: Ann. Phys., Lpz. 54, 1 (1917).

[3] Fischer, F.: Ann. Phys., Lpz. [4] 20, 503 (1906). — Coehn, A. u. H. Jürgens: Z. Phys. 71, 179 (1931).

[4] Coehn, A. u. H. Jürgens: Z. Phys. 71, 201 (1931). — Sieverts, A. u. W. Danz: Z. phys. Chem. Abt. B 38, 61 (1937).

Die Zunahme des Widerstandes von Palladium durch steigende Sättigung mit Wasserstoff oder Deuterium beruht auf der Bildung der beiden Mischphasen α und β. Bei dem übersättigten Palladium tritt zu der Elektronenleitung der Palladium-Wasserstoff(Deuterium)-Mischkristalle noch eine Ionenleitung durch die auf bestimmten Gitterebenen angereicherten, weitgehend beweglichen Ionen, wodurch verschiedene Eigentümlichkeiten der elektrischen Eigenschaften des übersättigten Palladiums ihre Erklärung finden[1].

Die paramagnetische Suszeptibilität des Palladiums fällt durch Deuterium- und Wasserstoffbeladung bis zur Sättigung in gleicher Weise ab [2] (Abb. 149). Im Gebiet der α-Palladium-Wasserstoffphase sinkt die Suszeptibilität von $6,1 \cdot 10^{-6}$ auf $5,1 \cdot 10^{-6}$. Die β-Phase hat nur noch die sehr geringe Suszeptibilität von $0,01 \cdot 10^{-6}$. Durch Entgasung des Palladiums bei Zimmertemperatur nimmt nach Michel und Gallissot[3] die Suszeptibilität nicht wieder zu, so daß für die Suszeptibilitätsabnahme ähnlich wie für andere Eigenschaftsänderungen nicht das Vorhandensein des Wasserstoffs, sondern die mit seiner Auflösung verbundene Gitteraufweitung maßgebend ist, die während der Entgasung bei tiefer Temperatur nicht zurückgeht.

Wasserstoffhaltiges Palladium ist gegenüber wasserstofffreiem thermoelektrisch positiv geladen. Nach Nübel[4] beträgt die thermoelektrische Kraft je Grad Temperaturunterschied und je Volumen Wasserstoff in dem gashaltigen Schenkel des Elementes 1,6 μV.

Die mechanischen Eigenschaften des Palladiums erleiden mit steigender Wasserstoffaufnahme starke Veränderungen, die Zahlentafel 50 nach Krüger und Jungnitz[5] wiedergibt.

Der E-Modul, die Elastizitätsgrenze und die Zugfestigkeit fallen nach anfänglichem leichtem Anstieg mit steigender Sättigung nahezu linear bis zur Erreichung des Sättigungswertes ab. Bei der Übersättigung mit Wasserstoff ändern sie sich nur noch wenig.

Mit steigender Temperatur nehmen Elastizitätsmodul, Proportionalitätsgrenze und Zugfestigkeit bei mit Wasserstoff beladenem Palladium rascher ab als bei wasserstofffreiem. Der anfängliche Anstieg dieser Eigenschaften bei Zimmertemperatur nach schwacher Wasserstoffbeladung ist bei 52° schon verschwunden[6]. Die Dehnung steigt entsprechend dem stärkeren Abfall der Festigkeit gegenüber dem unbeladenen Palladium mit wachsender Temperatur rascher an.

[1] Moore, G. A.: Vgl. Fußnote 1, S. 281.
[2] Sieverts, A. u. W. Danz: Vgl. Fußnote 4, S. 283.
[3] Michel, A. u. M. Gallissot: C. R. Acad. Sci., Paris **208**, 434 (1939).
[4] Nübel, R. N.: Ann. Phys., Lpz. [5] **9**, 826 (1931).
[5] Krüger, F. u. H. Jungnitz: Z. techn. Phys. **17**, 302 (1936); vgl. auch R. Koch: Vgl. Fußnote 2, S. 283.
[6] Jungnitz, H.: Z. techn. Phys. **20**, 168 (1939).

Zahlentafel 50. Mechanische Eigenschaften von wasserstoffbeladenem Palladium. (Nach Krüger und Jungnitz.)

H₂-Aufnahme Vol.-%	Dehnung %	E-Modul kg/mm²	Elastizitätsgrenze kg/mm²	Zugfestigkeit kg/mm²	Durchmesser der Proben mm
0	0,84	12680	34,6	47,2	0,424
108	0,67	12690	36,0	49,2	0,426
230	0,585	12600	30,8	46,6	0,427
336	0,615	12460	29,0	44,7	0,428
408	0,587	12240	29,9	43,8	0,430
486	0,595	12140	27,1	40,2	0,440
558	0,518	11960	23,3	39,1	0,450
590	0,517	11900	24,5	38,9	0,450
620	0,485	11820	23,3	36,2	0,460
710	0,498	11600	22,9	35,8	0,460
800	0,558	11420	21,8	35,4	0,462
920	0,496	11400	21,5	34,7	0,464
970	0,474	11360	21,1	35,0	0,466
1030	0,476	11390	20,1	34,6	0,466

Die Diffusion von Wasserstoff durch Palladium benutzten Thiel[1] und Drucker[2] für die Herstellung von Diffusionselektroden.

Nach Lombard und Eichner[3] gehorcht die Wasserstoffdiffusion durch Palladium in einem weiten Druckgebiet dem $\sqrt{p}$-Gesetz. Bei kathodischer Wasserstoffentwicklung an Palladium ist die Diffusion der Wurzel aus der Stromdichte proportional. Es besteht also vollkommene Analogie zwischen den Gesetzen des Wasserstoffdurchgangs bei Aufnahme aus dem Gas und bei Aufnahme durch elektrolytische Beladung.

Ham[4] fand, daß Gase, mit denen das Palladium bei erhöhter Temperatur in Berührung war, einen besonders starken Einfluß auf die Wasserstoffdiffusion ausüben; z. B. rief Stickstoff, der selbst sehr langsam diffundiert, eine starke Erhöhung der Durchlässigkeit für Wasserstoff hervor.

Die Temperaturabhängigkeit der Diffusion wird durch den Richardsonschen Faktor $e^{-b/T}$ bestimmt. Die Geschwindigkeit der spezifischen Diffusion (D)[5] in Abhängigkeit von der Temperatur wird bei der Diffusion gegen Vakuum nach Lombard und Eichner[6] oberhalb 250° wiedergegeben durch die Formel:

$$D = 9{,}55\,\sqrt{T} \cdot e^{-1279/\mathrm{T}}.$$

Unter 250° nimmt die Diffusion sehr schnell ab, bei 125° hat sie nur noch den 0,0005-ten Teil der Geschwindigkeit bei 225°.

---

[1] Thiel, A.: DRP. 433520.

[2] Drucker, C.: Z. Elektrochem. **33**, 504 (1927).

[3] Lombard, V. u. C. Eichner: Bull. Soc. Chim. **51**, 1462 (1932). — C. r. Acad. Sci. Paris **196**, 1998 (1933).

[4] Ham, W. R.: Phys. Rev. **45**, 741 (1934).

[5] Vol. H₂ je cm² durch 1 mm starkes Metall in 1 Stunde.

[6] Lombard, V. u. C. Eichner: Bull. Soc. chim. Fr. [5] **2**, 1555 (1935).

Duhm[1] beobachtete in den α- und in den β-Palladium-Wasserstoff-Mischkristallen die gleiche Diffusionsgeschwindigkeit. Der Diffusionskoeffizient betrug in beiden Konzentrationsbereichen $9{,}6 \cdot 10^{-5}$ cm² sec.

b) Palladiumlegierungen-Wasserstoff. Zusätze zum Palladium beeinflussen die Löslichkeit des Wasserstoffs in verschiedener Weise, bei allen untersuchten Systemen wurde aber die vom Palladium bekannte Abnahme der Löslichkeit mit steigender Temperatur festgestellt. Außerdem ließ sich die annähernde

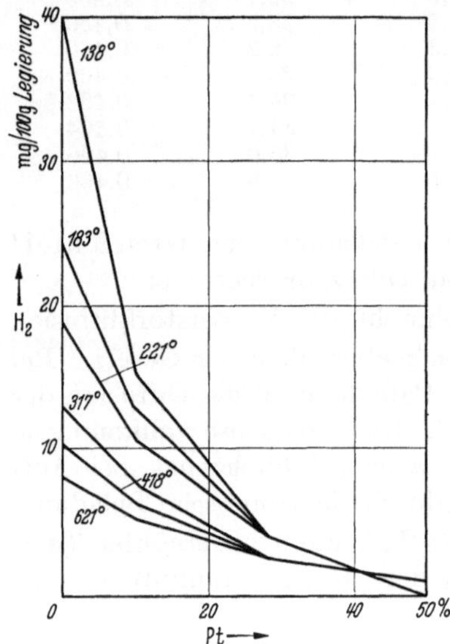

Abb. 150. Wasserstofflöslichkeit in Palladium-Platin-Legierungen, Isothermen bei 760 mm Druck. (Nach Sieverts, Jurisch und Metz.)

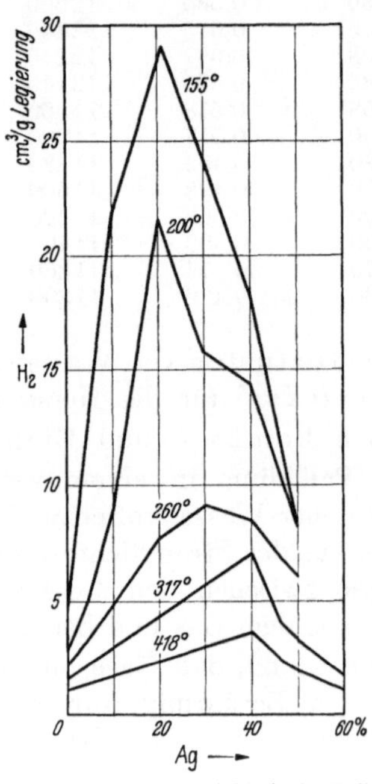

Abb. 151. Wasserstofflöslichkeit in Palladium-Silber-Legierungen, Isothermen bei 760 mm Druck. (Nach Sieverts und Hagen.)

Gültigkeit des $\sqrt{p}$-Gesetzes nachweisen. Über die einzelnen Systeme, deren Untersuchung Sieverts mit seinen Mitarbeitern übernahm, ist folgendes zu sagen:

Platin bewirkt eine starke Abnahme der Löslichkeit, die bei niedrigen Zusätzen am stärksten ist, bei höheren Gehalten allmählich kleiner wird (Abb. 150). Mit steigender Temperatur nimmt die Löslichkeitserniedrigung durch Platin ab.

Bei den anderen Zusätzen beobachtet man bei nicht zu hohen Drucken mit steigendem Gehalt des Zusatzmetalls zunächst einen Anstieg der Löslichkeit, die einen Höchstwert durchläuft und schließlich rascher oder langsamer abfällt.

---

[1] Duhm, B.: Z. Phys. **94**, 434 (1935).

Für Palladium-Silber-Legierungen sind nach Sieverts und Hagen[1] die Löslichkeit-Konzentrationskurven bei 760 mm Druck in Abb. 151 wiedergegeben. Sinkende Temperatur und erhöhter Druck verschieben den Höchstwert der Löslichkeit zu geringerem Silbergehalt. Mit steigender Temperatur, zwischen 155 und 418°, sinkt der Einfluß des Silbers auf die Wasserstofflöslichkeit.

Die Erhöhung der Löslichkeit des Wasserstoffs durch Gold ist geringer als die durch Silber. Mit steigender Temperatur verschiebt sich das Maximum umgekehrt wie bei Silber zu niedrigeren Goldgehalten, bei

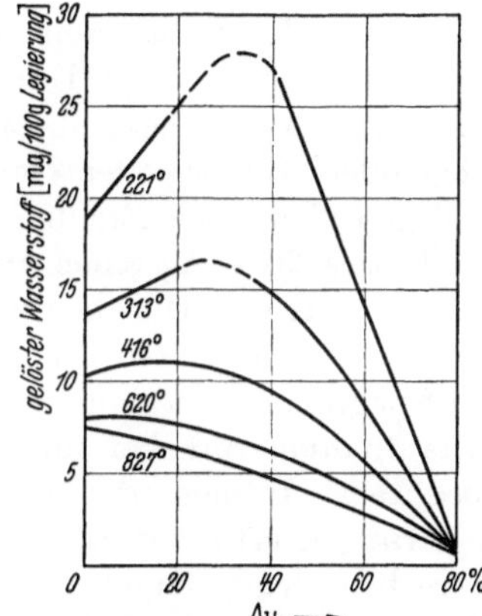

Abb. 152. Wasserstofflöslichkeit in Palladium-Gold-Legierungen, Isothermen bei 760 mm Druck. (Nach Sieverts, Jurisch und Metz.)

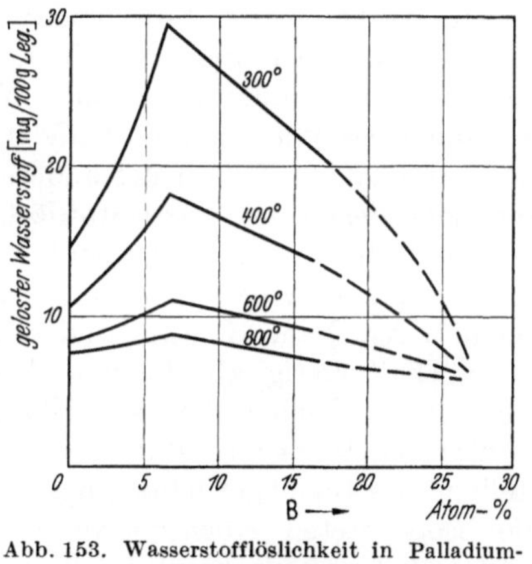

Abb. 153. Wasserstofflöslichkeit in Palladium-Bor-Legierungen. (Nach Sieverts und Brüning.)

Temperaturen oberhalb 620° verschwindet es vollständig, und jeder Goldzusatz ruft, wie Abb. 152 zeigt, eine Erniedrigung der Wasserstofflöslichkeit hervor.

Die Löslichkeitskurven für Bor enthaltende Legierungen (Abb. 153) verlaufen ähnlich wie bei den Palladium-Silber- und Palladium-Gold-Legierungen. Das Maximum der Löslichkeit liegt bei 6,9 At.-% B. Bei 100 und 20° ist allerdings kein Anstieg der Löslichkeit durch Borzusatz mehr zu beobachten.

Die kathodische Beladung von Mischkristallegierungen des Palladiums führt infolge der stark verzögerten Diffusion des Wasserstoffs in den Mischkristallen zu Ergebnissen, die oft schlecht wiederholbar sind. Mehrfach wurde beobachtet, daß bei 20° keine merkliche Wasserstoffaufnahme mehr eintritt, wenn der Palladiumgehalt unter 50 At.-% sinkt[2].

[1] Sieverts, A. u. H. Hagen: Z. phys. Chem. Abt. A **174**, 247 (1935).

[2] Tammann, G.: Z. anorg. allg. Chem. **107**, 96 (1919). — Nowack, L.: Z. anorg. allg. Chem. **113**, 1 (1920). — Tammann, G. u. H. J. Rocha: Siebert-Festschr. 1931, S. 313.

Durch Platin fällt die Wasserstoffauflösung bei kathodischer Beladung nach Tammann und Rocha bis zu 26 At.-% Pt stark und nahezu linear, um dann allmählich auf sehr kleine Werte zu sinken. Vollkommen verschwindet sie jedoch nicht, da auch das Platin bei kathodischer Beladung etwas Wasserstoff aufnimmt. Palladiumreiche Legierungen lösen nach dem Abschrecken von 1300° wesentlich mehr Wasserstoff als nach 10stündigem Glühen bei 700°. Die Löslichkeit des Wasserstoffs in Palladium-Rhodium-Legierungen durchläuft bei kathodischer Beladung bei 10 At.-% Rh einen flachen Höchstwert, fällt nach weiterem Rhodiumzusatz aber rasch ab[1].

Das Verhalten der Silber- und Goldlegierungen des Palladiums bei kathodischer Beladung mit Wasserstoff ist trotz wiederholter Untersuchung nicht eindeutig geklärt. Mehrfach wurde eine nahezu lineare Abnahme der Wasserstofflöslichkeit mit steigendem Silber- oder Goldgehalt beobachtet[2]. Auf der anderen Seite liegen aber auch Ergebnisse vor, nach denen die Wasserstofflöslichkeit bei etwa 20% Ag einen ausgeprägten Höchstwert durchläuft[3]. Krüger und Kallenbach beobachten sogar außerdem noch ein weniger deutliches Löslichkeitsmaximum bei 45% Ag. Nach Krüger und Kallenbach wird eine mit steigendem Silbergehalt stetig abnehmende Wasserstoffaufnahme nur bei unvollkommener Gleichgewichtseinstellung beobachtet. Infolge der stark verzögerten Wasserstoffdiffusion in den Legierungen erfordert die Einstellung des Gleichgewichts lange Zeit. Rosenhall zeigte dagegen, daß die beobachteten Höchstwerte der Wasserstofflöslichkeit auf Fehlern in der Meßmethode beruhen, die durch Sauerstoffdiffusion im Elektrolyten entstehen.

Auch bei Palladiumlegierungen kann die von reinem Palladium bekannte Übersättigung durch kathodische Beladung mit Wasserstoff erreicht werden.

Bei Palladium-Silber-Legierungen verschwinden nach Coehn und Jürgens die Merkmale der Übersättigung oberhalb 50% Ag. Rosenhall beobachtete nach Abschalten des Beladungsstromes außer der Widerstandszunahme durch Aufhebung der Übersättigung noch eine langsame, ohne gleichzeitige Wasserstoffentbindung vor sich gehende Widerstandsabnahme.

Der Verlauf der Löslichkeitsisothermen der Mischkristallegierungen gleicht bei hohem Palladiumgehalt weitgehend dem für reines Palladium.

---

[1] Tammann, G. u. H. J. Rocha: Siebert-Festschr. 1931, S. 319.

[2] Berry, A. J.: J. chem. Soc. Lond. **99**, 463 (1911). — Krüger, F. u. A. Sacklowski: Ann. Phys., Lpz. [4] **78**, 72 (1925). — Schniedermann, J.: Ann. Phys., Lpz. [5] **13**, 761 (1932). — Rosenhall, G.: Ann. Phys., Lpz. [5] **24**, 297 (1935).

[3] Nowack, L.: Z. anorg. allg. Chem. **113**, 1 (1920). — Krüger, F. u. A. Ehmer: Z. Phys. **14**, 1 (1923). — Coehn, A. u. H. Jürgens: Z. Phys. **71**, 179 (1931). — Krüger, F. u. J. Krzoska: Ann. Phys., Lpz. [5] **19**, 721, Anm. 3 (1934). — Krüger, F. u. W. Kallenbach: Z. Phys. **99**, 743 (1936).

Mit sinkendem Palladiumgehalt kommt der in den Isothermen des Palladiums bei tieferen Temperaturen auftretende horizontale Ast und die damit verbundene Hysterese zum Verschwinden, die beiden Mischphasen gehen also allmählich in eine einzige über. Krüger und Gehm[1] und Mundt[2] verfolgten diesen Vorgang röntgenographisch an Palladium-Silber- bzw. Palladium-Gold-Legierungen, die bei Zimmertemperatur mit Wasserstoff kathodisch beladen wurden. Mit zunehmendem Silber- oder Goldgehalt nähern sich die Gitter der beiden wasserstoffhaltigen Phasen immer mehr, bis bei etwa 45% Ag oder Au beide Phasen zusammenfallen.

Der elektrische Widerstand von Drähten aus Palladium-Silber- und Palladium-Gold-Legierungen steigt durch Wasserstoffaufnahme wie der von Palladium linear, solange die wasserstoffhaltigen Legierungen zweiphasig sind[3]. Bei den einphasigen Palladium-Silber-Wasserstoff-Legierungen steigt der Widerstand nach Rosenhall kontinuierlich mit zunehmendem Wasserstoffgehalt bei Ausgangslegierungen mit weniger als 50 At.-% Pd; bei palladiumreichen Legierungen wird eine Widerstandskurve beobachtet, die aus zwei, in einer Spitze zusammenstoßenden Zweigen besteht.

Lichtelektrischer und thermoelektrischer Effekt wasserstoffbeladener Palladium-Silber- und Palladium-Gold-Legierungen erreichen bei einer bestimmten Zusammensetzung der Ausgangslegierungen einen ausgesprochenen Höchstwert, über dessen Beziehungen zum Wasserstoffgehalt die Ansichten noch geteilt sind[4].

Zahlentafel 51. Löslichkeit von Wasserstoff in Platin. (Nach Sieverts.)

$t°$ C	mg H_2 auf 100 g Pt	Vol. H_2 auf 1 Vol. Pt
409	0,006	0,014
827	0,009	0,022
1033	0,021	0,050
1136	0,036	0,086
1239	0,055	0,131
1342	0,084	0,201

c) **Platin-Wasserstoff.** Zahlentafel 51 gibt die von Sieverts[5] gemessenen Löslichkeitswerte für Wasserstoff in Platin wieder. Die Wasserstoffaufnahme steigt mit der Temperatur, bleibt aber auch bei 1342° noch klein. Bei Zimmertemperatur ist keine meßbare Löslichkeit vorhanden. Die beobachtete Wasserstoffaufnahme bei kathodischer Beladung[6]

---

[1] Krüger, F. u. G. Gehm: Ann. Phys., Lpz. [5] **16**, 190 (1933).

[2] Mundt, H.: Ann. Phys., Lpz. [5] **19**, 721 (1934).

[3] Krüger, F. u. G. Gehm: Ann. Phys. [5] **16**, 199 (1933). — Rosenhall, G.: Vgl. Fußnote 2, S. 288.

[4] Krüger, F. u. A. Ehmer: Vgl. Fußnote 3, S. 288. — Gudden, B.: Lichtelektrische Erscheinungen, S. 63. Berlin 1928. — Schniedermann, J.: Vgl. Fußnote 2, S. 288. — Krüger, F. u. W. Kallenbach: Vgl. Fußnote 3, S. 288.

[5] Sieverts, A.: Ber. dtsch. chem. Ges. **45**, 221 (1912).

[6] Thiel, A. u. W. Hammerschmidt: Z. anorg. allg. Chem. **132**, 28 (1923). Tammann, G. u. H. J. Rocha: Vgl. Fußnote 1, S. 288.

gibt einen Zustand der Übersättigung, nicht die wirkliche Löslichkeit wieder.

Mit Wasserstoff gesättigtes Platin weist gegenüber gasfreiem bei 1200° eine thermoelektrische Kraft von 750 μV auf.

Einige Platinlegierungen nehmen nach Feußner[1] beim Schmelzen Wasserstoff auf, den sie beim Erstarren wieder abgeben.

Der starke Einfluß von reduzierenden Gasen, wie Wasserstoff, Kohlenoxyd und Leuchtgas auf die thermoelektrische Kraft des Platin-Platinrhodium-Elementes ist nicht auf eine unmittelbare Einwirkung der Gase zurückzuführen, sondern beruht auf der Reduktion von Oxyden und der dadurch gegebenen Möglichkeit der Verunreinigung der Schenkel des Thermoelements durch Legierungsbildung[2]. Dabei ist der Platinschenkel besonders empfindlich.

Zur Erklärung der Platinverluste bei der Ammoniakverbrennung wird teilweise die Bildung intermediärer flüchtiger Hydride angenommen[3]. Von anderer Seite werden dagegen die Platinverluste darauf zurückgeführt, daß durch abwechselnde Oxydation und Reduktion der Platinoberfläche bei der Ammoniakverbrennung ein lose haftendes Platinpulver entsteht, das vom Gasstrom mechanisch mitgerissen wird[4].

Die Diffusion des Wasserstoffs durch Platin wird zur Trennung von Gasgemischen verwendet, sie ändert sich mit dem Druck nach dem $\sqrt{p}$-Gesetz[5]. Ham[6] untersuchte die Diffusion von Wasserstoff durch Platin und Platin-Nickel-Doppelschichten zwischen 347 und 600°.

d) Rhodium-Wasserstoff. Nach Sieverts und Jurisch löst geglühtes Rhodiumpulver zwischen 420 und 1020° Wasserstoff nicht auf.

Über die Löslichkeit des Wasserstoffs in Ruthenium, Osmium und Iridium liegen keine Untersuchungen vor.

e) Adsorption von Wasserstoff durch Platinmetalle. Kompakte Platinmetalle adsorbieren Wasserstoff nicht oder nur sehr wenig[7]. Sie sind aber zu starker Adsorption nicht nur von Wasserstoff, sondern auch von anderen Gasen befähigt, wenn sie in fein verteiltem Zustande als „Mohr" vorliegen, in der Atmosphäre der betreffenden Gase kathodisch zerstäubt bzw. verdampft werden oder aber vorher aktiviert wurden.

In diesem Zusammenhang ist die Feststellung von Ruthardt von Interesse, daß die Ammoniakverbrennung nur an Drähten mit rauher

[1] Feußner, O.: Heraeus-Festschr. 1930, S. 8.

[2] Stäblein, F. u. J. Hinnüber: Krupp. Mh. **1930**, 245.

[3] Wolkow, A. F. u. M. T. Chaikin: Z. Chem. Industr. Kolloide **16**, 15 (1939). Ref. Chem. Zbl. **1939 II**, 1141.

[4] Figurovski, N. A.: Ref. J. Inst. Met. Abstr. **1938**, 281.

[5] Richardson, Wicol u. Parnell: Phil. Mag. [6] 8, 1 (1904).—Lombard, V.: C. r. Acad. Sci. Paris **184**, 1557 (1927).

[6] Ham, W. R.: J. chem. Phys. **1**, 476 (1933).

[7] Sieverts, A. u. H. Brüning: Heraeus-Festschr. 1930, S. 97.

Oberfläche eintritt, die ein typisches Oberflächengefüge aufweisen. Schon geringe Zusätze können die Bildung der aufgelockerten Oberfläche unter Umständen unterbinden und damit die Ammoniakverbrennung verhindern. Weiterhin ist erforderlich, daß die Verbrennungstemperatur über der Rekristallisationstemperatur liegt. An nicht rekristallisiertem Platin tritt die Verbrennung nicht oder nur mit geringer Ausbeute ein.

Die Sorption von Wasserstoff an Platinmohr ist nicht nur von der Art der Herstellung des Mohrs und von der Vorbehandlung, sondern auch von der Art der Versuchsdurchführung stark abhängig. Nach Sieverts und Brüning[1] sind die beobachteten Adsorptionswerte bei Temperaturen von mehr als 60° ohne weiteres wiederholbar. Bei tiefer Temperatur erhält man nur dann wiederholbare Ergebnisse, wenn die bei über 60° mit Wasserstoff gesättigten Bodenkörper in Wasserstoff abgekühlt werden. Ein Teil des adsorbierten Wasserstoffs wird von dem Platin außerordentlich fest gebunden[2]. Die Druckabhängigkeit des locker gebundenen Anteils wird von Sieverts und Brüning wiedergegeben durch die Formel:

$$m = ap^{1/n} \quad (1/n = 0,12).$$

Das Verhalten des Wasserstoffs bei der Adsorption an Platin wird verständlich durch die Annahme, daß die Gesamtsorption in zwei Teilvorgänge zerfällt. Der erste, rasch verlaufende Teilvorgang besteht in einer einfachen Adsorption des Wasserstoffs an der Oberfläche des Platins. Der zweite, langsam verlaufende Teilvorgang wird bedingt durch Diffusionsvorgänge.

Maxted und Hassid[3] bestimmten den Anteil beider Vorgänge an der Gesamtadsorption. Sie fanden, daß der zweite, langsam verlaufende Teilvorgang mit der Temperatur zunächst wächst, bei 0° einen Höchstwert durchläuft, um dann rasch mit weiter steigender Temperatur auf 0% bei 100° zu fallen. Der Anteil der primären, rasch verlaufenden Adsorption an der Gesamtadsorption fällt von —190 bis 0°, steigt dann aber zwischen 0 und 100° auf 100% an[4].

Zahlentafel 52. Wasserstoffsorption der Platinmetalle. (Nach Müller und Schwabe.)

	Vol. H_2/Vol. Pt-Metall
Ruthenium . .	1520
Rhodium . . .	1210
Palladium . . .	900
Osmium	1640
Iridium	1100
Platin	610

---

[1] Sieverts, A. u. H. Brüning: Z. anorg. allg. Chem. **201**, 122 (1931).

[2] Mond, L., W. Ramsay u. J. Shields: Z. phys. Chem. **19**, 25 (1896).

[3] Maxted, E. B. u. N. J. Hassid: Trans. Faraday Soc. **28**, 253 (1932).

[4] Weil, K. [Z. Phys. **64**, 237 (1930)] beobachtete nach der Entgasung von Platin durch mehrfaches Glühen im Hochvakuum eine Abnahme des elektrischen Widerstandes um 3,5%. In Wasserstoff bei 250 mm Druck erhöhte sich der Widerstand des so aktivierten Platins wieder um 1%.

Untersuchungen über die Wasserstoffadsorption an Mohren sämtlicher Platinmetalle stellten unter vergleichbaren Bedingungen Müller und Schwabe[1] an. Die in Zahlentafel 52 wiedergegebenen Werte für 20° stimmen beim Palladium mit den nach anderen Verfahren bei Raumtemperatur gemessenen Löslichkeitswerten überein. Palladium ist das einzige Platinmetall, bei dem die Wasserstoffaufnahme auf der Bildung von Mischkristallen beruht.

Die Absolutwerte der bei den anderen Platinmetallen beobachteten Adsorption schwanken stark, liegen aber durchweg tiefer als die von Müller und Schwabe ermittelten. So ist z. B. nach Gutbier und Mitarbeitern[2] die Adsorption an Rhodiumschwarz 140, an Platinmohr 160 Vol. H_2/Vol. Metall[3].

---

[1] Müller, E. u. K. Schwabe: Z. Elektrochem. **35**, 165 (1929).
[2] Gutbier, A. u. Mitarbeiter: Ber. dtsch. chem. Ges. **52**, 1366, 2275 (1919).
[3] Weitere Literatur siehe E. Müller u. K. Schwabe: Vgl. Fußnote 1, S. 292.

Namenverzeichnis.

Sachverzeichnis.

Das Sachverzeichnis behandelt die Edelmetalle und ihre Legierungen getrennt voneinander. In dem in Tabellen zusammengefaßten Schlagwörterverzeichnis der Edelmetalle wurden diese nach ihren chemischen Symbolen geordnet. Als Grundlage für die Anordnung des Schlagwörterverzeichnisses der Legierungen dienten ebenfalls die chemischen Symbole, so daß auf die Silberlegierungen die Goldlegierungen und diesen die Legierungen der Platinmetalle jeweils in einfacher alphabetischer Anordnung folgen. Die Legierungen mit mehreren Edelmetallen sind stets nur einmal verzeichnet. Die angegebenen Zahlen beziehen sich auf die Seiten.

	Silber	Gold	Iridium	Osmium	Palladium	Platin	Rhodium	Ruthenium
Atomgewicht				1				
—-nummer				1				
—-radius				1,2				
Ätzen	7, 38	60			88, 89, 99			
Ausblühungen	32—33							
Ausbreitung von Queck-silber	21							
— — — bei Bearbeitung	38							
Ausdehnungskoeffizient .	10	48			69, 70			
— bei Bearbeitung . .	36							
— kubischer von flüssigem Silber.	8							
Bearbeitung.	57	57	98, 100	96	96	96, 97	98, 100	96
Biegezahl, Erholung . .	31				91	91		
Blattmetalle	57	54,57,58			81	81		
— Textur		61						
Brechungsindex		54, 55						
Bromidschichten, Dickenwachstum . .	32							
Bruchquerschnitts-abnahme	18	57			81, 90	81, 90		
— bei Bearbeitung . .		62			90	90		
— Temperaturabhängigkeit					82	82		
Chloride, Flüchtigkeit .	32	60, 61						
Chemische Affinität . .				2				
— Beständigkeit . . .	2, 30, 31, 32	2, 51, 60			2, 82, 87, 88			
Corbino-Effekt. . . .	14							
Dampfdruck	8, 9, 13	46, 51				67		
— bei Bearbeitung . .	36							
Dauerfestigkeit		57						
Dehnung	18, 19	57			81, 90	81, 90		
— bei Bearbeitung . .	35	62			90, 91	90, 91		
— Temperaturabhängigkeit					82	82		
Deville-Debray-Ofen						94		
Dichte	8	46				66		
— bei Bearbeitung . .	36, 163	61				90		
— von flüssigen Metallen	8	46						
— von Preßlingen. . .		46						
— Temperaturabhängigkeit	8	46						
Dichteänderung beim Schmelzen	8	46						

	Silber	Gold	Iridium	Osmium	Palladium	Platin	Rhodium	Ruthenium
Druckversuch	19							
Durchlässigkeit dünner Schichten	16	54, 55				78	79	
Elastische Konstanten von Einkristallen .	21	58						
Elastizitätsmodul . . .	18, 19	56	79			79		
— bei Bearbeitung . .	37							
— Temperaturabhängigkeit	18, 19	56				79		
Emanationsabgabe, Temperaturabhängigkeit .	40							
Energieaufnahme bei Bearbeitung	36							
Entwicklung dünner Schichten	17							
Erholung	38—40	63—64			91-92	91—92, 97		
Ermüdungsgrenze von Einkristallen	21							
Erstarrungsschrumpfung	8	46						
Ettinghausen-Effekt .	14	52	74		74			
Farbe	16	53						
— dünner Schichten . .	17	53, 54						
Federkraft, Erholung .	39				91	91		
Festigkeitseigenschaften	18, 19	51			80, 81	73,80,81		
— Gase, Einfluß . . .					81			
Fließdruck	18, 20	57				81		
Folie, galvanische Herstellung		58						
Galvanische Abscheidung, Textur	5	45						
— — von Einkristallen	5							
Goldschlägerei		57—58						
Geruch und Geschmack	23							
Gießen	120, 277	45				96		
Gitterkonstanten . . .	4	44				66		
Gleitebenen	33	61						
Gleitmodul	18, 19	56			79	79		
— bei Bearbeitung . .	37							
— Temperaturabhängigkeit	19	56			80	80		
Gleitrichtungen	33	61						
Glühelektrische Austrittsarbeit	17	55				79		
Graustrahlung	62	62				62		
— bei Bearbeitung . .	62	62				62		

	Silber	Gold	Iridium	Osmium	Palladium	Platin	Rhodium	Ruthenium
Leitungselektronen, freie Weglänge						71		
Lichtelektrische Austrittsarbeit und Grenzwellenlänge . .	17	55			79	79	79	
Löslichkeit in Alkalizyanidlösung	32, 33	60						
— — Ferrichlorid und Ferrisulfat	38	60						
— — — bei Bearbeitung	38·							
— — Laugen	30	60				88		
— — Säuren	31	60				87, 88		
— — — bei Bearbeitung	38							
— bei Wechselstromelektrolyse						89		
— in Schmelzen von Alkalien, Salzen, Oxyden, Silikaten . . .	30, 275, 276	59				88		
— — Wasser	22							
Lote						97, 98		
Metallübertragung bei Kontakten	13, 50	51, 59			51	51, 73		
Membranen, Herstellung	135							
Nernst-Effekt	14	52	74		74	74		
Netzweberei						96, 97		
Oberflächenspannung . .	17	55						
— gegen Flüssigkeiten und Flüssigkeit und Gas	56	56				56		
Ohms Gesetz, Abweichung bei hoher Stromdichte	11	48						
Oligodynamische Wirkung	22—23	59						
Oxyde, flüchtige (intermediäre)	121, 275, 276		86, 87	85	86	86	86	85
Oxydation	21—23	59				82—83, 85		
Oxyde, Bildungswärmen	275, 276		85		85		85	
— Dissoziation	274		84, 85		84, 85	84	85	
— Stabilisierung durch Siliziumdioxyd und Aluminiumoxyd . .					85			
Oxydische Deckschichten	21, 22	59				82		

	Silber	Gold	Iridium	Osmium	Palladium	Platin	Rhodium	Ruthenium
Peltier-Effekt	15	53			78	78		
Plastizität	19,20,57	57						
Plattierung	31							
Polierte Oberfläche, Struktur		44, 45						
Polonium, Fällungsgeschwindigkeit. . .	38							
— bei Bearbeitung . .	38							
Potential	30							
— bei Bearbeitung . .	37—38							
— dünner Schichten. .		53						
Proportionalitätsgrenze .	19	56			81, 90	81, 90		
— — bei Bearbeitung .	19	56			90, 91	90, 91		
Quecksilberaufnahme bei Bearbeitung	163							
Querdehnungszahl . . .	18	56			79	79		
Reflexion	15—16	53—54	78		78	78	78	
— bei Bearbeitung . .	37							
— dünner Schichten. .	6, 16	53, 54				78	79	
— Einfluß von Rekristallisation und Kornwachstum	39							
— Temperaturabhängigkeit	16	53						
Reibungswiderstand . .	18							
Reinheitsgrad	100	177			224—225			
Rekristallisation . . : .	39—43	63—64	92	92	91-92	88,91,92	100	
— Emanationsabgabe .	40							
— von Lamellen . . .	18							
Rekristallisationsdiagramm	43	64—65				91—92		
Rekristallisationstemperatur	39—41	63, 64			91	91		
— Einfluß des Bearbeitungsgrades	39	63			91	91		
— — von Dauerbeanspruchung	40							
— — von Gasen und anderen Verunreinigungen	40, 41	63, 64						
— — von Kupfer. . .	41	64						
— — von Silber . . .		64						
— — von Mischkristalle bildenden Zusätzen .	40—41	64						
— — — Zwischenglühungen	40							
Rekristallisationstextur .	41, 42	63			91			

	Silber	Gold	Iridium	Osmium	Palladium	Platin	Rhodium	Ruthenium
Texturen	4, 5, 7, 34, 41, 42	45, 61 63			66, 90, 91	66, 89		
Thermoelemente	14		76, 77			74—76	76	
— hoher Empfindlichkeit						76		
— für hohe Temperaturen			76, 77				76	
— Iridium-Iridiumrhodium			77					
— Iridium-Iridiumruthenium			76, 77					
— Platin-Platinrhenium						76		
— — —-rhodium						76		
— Platin-Platinrhodium						·2, 75, 76, 232		
— — — Eichwerte						75		
— — — Empfindlichkeit						75		
— — — Einfluß von Verunreinigungen						75, 290		
— Rhodium-Platinrhodium							76	
— Silber-Konstantan	14							
— Schutzrohrmaterial				77				
Thermokräfte	14, 15	52				74, 75 76	75	
— bei Bearbeitung	37	62				90		
— dünner Schichten		53						
— gegen seine Mischkristalle	15	15						
— Einfluß von Verunreinigungen						74, 75, 90, 290		
Tiefung	35				81, 90	81, 90		
— bei Bearbeitung	35				90	90		
— Einfluß der Walztextur	35							
Thomson-Effekt	15	53			77, 78	77, 78		
Transversaleffekte	13, 14	52	74		74	74		
Troutonsche Konstante	9	47				67		
Umwandlungspunkt dünner Schichten	6	45	66		66, 72	66, 72	66, 72	
Verdampfung	8, 13	46, 51		67		67, 73	67	
— Anstieg durch Sauerstoff	275, 276		86, 87 89	86, 89		67, 86 89	86, 89	
Verdampfungswärme	9	47				67		
Verunreinigungen	100, 101	177			224—225			

	Silber	Gold	Iridium	Osmium	Palladium	Platin	Rhodium	Ruthenium
Widerstand,Temperatur-koeffizient bei Bearbeitung						90		
— Einfluß von Verunreinigungen	11	48				70, 71		
— bei Zug	12					70, 73		
Widerstandsthermometer						2, 71		
Wiedemann-Franzsche Zahl	10	48	70		70	70, 73	70	
Ziehtextur	34	61			90	89		
Zugfestigkeit	18, 19	57				80, 81, 90		
— bei Bearbeitung	35, 37	62				90, 91		
— Einfluß der Belastungsgeschwindigkeit						81		
— — — Rekristallisationstextur	42							
— Temperaturabhängigkeit	20					82		
— — bei Bearbeitung	39							
— Einfluß der Walztextur	35							
Zwillingsgleitung	33, 34	63				99, 100		

VERLAG VON JULIUS SPRINGER IN BERLIN

Reine Metalle. Herstellung, Eigenschaften, Verwendung. Bearbeitet von zahlreichen Fachgelehrten. Herausgegeben von Direktor Professor Dr. **A. E. van Arkel,** Leiden. Mit 67 Abbildungen. VII, 574 Seiten. 1939.
RM 48.—, gebunden RM 49.80

Grundlagen der Metallkunde in anschaulicher Darstellung. Von Professor **Georg Masing,** Göttingen. Mit 121 Abbildungen. V, 127 Seiten. 1940.
RM 8.70, gebunden RM 9.60

Magnesium und seine Legierungen. Bearbeitet von zahlreichen Fachgelehrten. Herausgegeben von Direktor Dr.-Ing. e. h. **Adolf Beck,** Bitterfeld. Mit 524 Abbildungen. XVI, 520 Seiten. 1939.
RM 54.—, gebunden RM 56.70

Metallographie des Aluminiums und seiner Legierungen. Von Dr.-Ing. **V. Fuß.** Mit 203 Textabbildungen und 4 Tafeln. VIII, 219 Seiten. 1934.
RM 21.—, gebunden RM 22.50

Metallographie der technischen Kupferlegierungen. Von Dipl.-Ing. **A. Schimmel.** Mit 199 Abbildungen im Text, 1 mehrfarbigen Tafel und 5 Diagramm-Tafeln. VI, 134 Seiten und 4 Seiten Anhang. 1930.
RM 17.10, gebunden RM 18.45

Der Aufbau der Zweistofflegierungen. Eine kritische Zusammenfassung. Von Dr. phil. habil. **M. Hansen,** Düren. Mit 456 Textabbildungen. XV, 1100 Seiten. 1936.
Gebunden RM 87.—

Die ferromagnetischen Legierungen und ihre gewerbliche Verwendung. Von Dipl.-Ing. **W. S. Messkin.** Umgearbeitet und erweitert von Regierungrat Dr. phil. **A. Kussmann.** Mit 292 Textabbildungen. VIII, 418 Seiten. 1932.
Gebunden RM 44.50

Ferromagnetismus. Von Professor Dr. **R. Becker,** Göttingen, und Dr.-Ing. habil. **W. Döring,** Göttingen. Mit 319 Abbildungen. VII, 440 Seiten. 1939.
RM 39.—, gebunden RM 42.60

C. J. Smithells, Beimengungen und Verunreinigungen in Metallen. Ihr Einfluß auf Gefüge und Eigenschaften. Erweiterte deutsche Bearbeitung von Dr.-Ing. **W. Hessenbruch,** Heraeus Vakuumschmelze A.-G., Hanau a. M. Mit 248 Textabbildungen. VII, 246 Seiten. 1931.
Gebunden RM 29.—

Texturen metallischer Werkstoffe. Von Dr. phil. habil. **G. Wassermann.** Mit 184 Abbildungen im Text. VI, 194 Seiten. 1939.
RM 18.—, gebunden RM 19.80

Zu beziehen durch jede Buchhandlung